Analysis of
Petroleum Products

石油产品分析

丛玉凤　乔海燕　编

化学工业出版社

·北京·

《石油产品分析》共分五章，包括分离与提纯、元素定量分析、官能团检验、石油产品理化性质的测定和原油评价及组成分析，较系统地阐述了石油化工分析所依据的原理、分析方法及影响因素，并附有大量的试验图表，同时对我国新采用的国际先进标准，试验方法及近代物理分析方法在石油化工分析中的应用给予详细的叙述。

《石油产品分析》可以作为工科院校应用化学、化工工艺、精细化工等专业学生的教材，也可以作为理科院校的化学、分析化学等专业的教材，另外也可作为石油化工企业从事分析及质量监控技术人员的参考书。

图书在版编目（CIP）数据

石油产品分析/丛玉凤，乔海燕编. —北京：化学
工业出版社，2017.9（2024.8重印）
ISBN 978-7-122-30166-6

Ⅰ.①石…　Ⅱ.①丛…②乔…　Ⅲ.①石油产品-分
析　Ⅳ.①TE626

中国版本图书馆 CIP 数据核字（2017）第 165419 号

责任编辑：王淑燕　唐旭华　　　　　　　　装帧设计：史利平
责任校对：吴　静

出版发行：化学工业出版社（北京市东城区青年湖南街 13 号　邮政编码 100011）
印　　装：北京天宇星印刷厂
787mm×1092mm　1/16　印张 19　字数 492 千字　2024 年 8 月北京第 1 版第 2 次印刷

购书咨询：010-64518888（传真：010-64519686）　售后服务：010-64518899
网　　址：http://www.cip.com.cn
凡购买本书，如有缺损质量问题，本社销售中心负责调换。

定　　价：58.00 元

前言
FOREWORD

　　随着我国石油化工工业的迅速发展，新产品、新标准和新分析方法不断更新，到目前为止，为石油化工工业分析专业编写的石油化工分析教材非常缺乏，即使有寥寥几本，也由于编写年代久远、数据陈旧、标准更新，而不适合现代教学的需求，或者多为高职高专所用教材，其实用性强，理论性不够，不适合本科生的教学。另外仅有的图书已满足不了飞速发展的石油化工工业的需要和当今本专业技术人员对这方面知识的需求，为满足石油化工专业教学的需要以及从事石油化工的工程技术人员和科研人员的需要，在多年教学和科研的基础上，编写了《石油产品分析》这本书，本书共分五章，包括分离与提纯、元素定量分析、官能团检验、石油产品理化性质的测定和原油评价及组成分析，较系统地阐述了石油化工分析所依据的原理、分析方法及影响因素，并附有大量的实验图表，同时对我国新采用的国际先进标准、实验方法及近代物理分析方法在石油化工分析中的应用给予了详细的叙述。本书既可作为高等工科院校工业分析专业和石油化工分析专业的教材，亦可作为大学、职业院校同类专业师生和相关石油化工企业从事分析及质量检测技术人员的参考书。本书不仅介绍了石油化工分析的一些新实验方法和新标准，而且着重介绍了石油化工产品的性能、指标与其化学组成的关系以及测定的目的和意义，这在以往的同类书中很少见，因此本书无论是对高等院校相关专业的师生，还是对从事石油化工分析以及相关领域的工程技术人员和科研人员都具有一定的阅读价值，对他们更好地理解和系统掌握石油化工分析方面的知识会大有帮助。

　　本书由丛玉凤、乔海燕编写，其中乔海燕编写第一章～第三章，丛玉凤编写第四章和第五章。

　　本书在编写过程中得到了化学工业出版社和辽宁石油化工大学的大力支持，在此，对他们表示衷心的感谢。

　　由于编者水平有限，书中难免出现疏漏和不当之处，望广大读者不吝指出，直言批评。

编　者

2017.6

目录
CONTENTS

◎ 第三章　官能团检验

◎ 第四章　石油产品理化性质的测定

97

◎ **参考文献**

293

第一章

分离与提纯

有机分析的研究对象是有机化合物。而在实际工作中，常遇到的是有机混合物，为了避免分析时的相互干扰，应该先进行混合物的分离、纯化，再做分析。如：有机物结构测定时，首先必须进行分离提纯。

分离是根据有机混合物中各组分彼此之间化学性质或物理性质的差别（如有机物质之间极性的大小及挥发性的高低），将其各组分逐一分开的过程。

纯化是从不纯的有机物质中除去杂质，对固体有机物质的纯化，通常采用重结晶、升华、萃取、色谱等单元操作，但对液体有机物质，一般利用蒸馏、分馏、减压蒸馏等方法来使其纯化。

有机分析根据试样的用量及操作规模不同，分为常量、半微量、微量和超微量分析，分类的大致标准如表 1-1 所示。

表 1-1　常量、半微量、微量和超微量分析的试样用量标准

方法	固体样品约略质量	液体样品约略体积	方法	固体样品约略质量	液体样品约略体积
常量分析	$>0.1g$	$>10mL$	微量分析	$0.1 \sim 10mg$	$20 \sim 500 \mu L$
半微量分析	$0.01 \sim 0.1g$	$0.5 \sim 10mL$	超微量分析	$0.1 \sim 100 \mu g$	$0.2 \sim 20 \mu L$

第一节　半微量分离提纯技术

半微量分离提纯技术法操作接近常量法，技术比微量法易于掌握，设备也易获得，分析速度较常量法快，并且可节约试剂药品。特别适用于从事有机合成等研究却必须兼顾解决所遇到的有机分析问题的人员。

一、重结晶

从有机合成反应分离出来的固体粗产物往往含有未反应的原料、副产物及杂质，必须对它加以分离纯化，重结晶是分离提纯固体化合物的一种重要的、常用的分离方法之一。固体有机物在溶剂中的溶解度与温度有密切关系，通常温度升高，溶解度增大；反之，则溶解度降低。利用溶剂对被提纯物质和杂质溶解度的不同而使它们相互分离，滤掉杂质，冷却，使被提纯物质重新结晶析出，从而达到提纯目的，这种方法称为重结晶。

重结晶实验操作一般在试管中进行，用图 1-1 所示的微量烧杯（$\phi15mm\times50mm$）尤为合适，也可用梨形瓶或小锥形瓶（瓶容积 5mL 或 10mL）。把被提纯物质及溶剂加入，溶液总量不超过容器容量的 2/3。加热时，用试管夹夹住试管在半微量或微量煤气灯下加热，也可以用水浴或油浴来加热（根据溶剂的沸点和易燃性，选择适当的热浴加热）以控制加热温度。水浴或油浴可在 150mL 烧杯中进行。

有时为了避免溶剂挥发及可燃溶剂着火或有毒溶剂中毒，需要采用回流装置。半微量回流加热装置常采用在试管口插入指形冷凝管的方式，如图 1-2(a) 所示，也可以用一般冷凝管插在磨口梨形瓶上（瓶容积 5mL、10mL 或 25mL），如图 1-2(b)、(c) 所示。

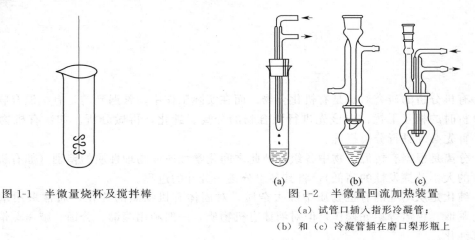

图 1-1　半微量烧杯及搅拌棒　　　　　图 1-2　半微量回流加热装置
　　　　　　　　　　　　　　　　　　　　　　(a) 试管口插入指形冷凝管；
　　　　　　　　　　　　　　　　　　　　　(b) 和 (c) 冷凝管插在磨口梨形瓶上

在溶解过程中应不停振荡或搅拌，以防暴沸。为了避免晶体析出太快，致使下一步过滤发生困难，可以适当多加一些溶剂，使大约比溶剂沸点低 10℃ 时形成饱和溶液。

当物质全部溶解后，即可趁热过滤（若溶液中含有色杂质，则要加活性炭脱色。这时应移去火源，使溶液稍冷，然后加入活性炭，继续煮沸 1～2min，再趁热过滤）。可用多折滤纸及普通玻璃漏斗过滤，也可用吸滤法。①当用多折滤纸及普通玻璃漏斗过滤时，先将漏斗（口径 20～30mm，颈长 10mm）烘热，铺上滤纸；再用预热过的溶剂淋洗滤纸，立即倒入热溶液。滤毕，用少量预热溶剂淋洗滤纸。②吸滤时用 $\phi25mm\times150mm$ 带有侧管的吸滤管，漏斗用口径 20～30mm、柄长 35mm 的普通玻璃漏斗，漏斗中安放一块细孔磁漏板或玻璃钉作承滤板，如图 1-3 所示。也可以用如图 1-4 所示的过滤器直接将滤液收集于锥形瓶中。这种吸滤器高 100mm，内径 45mm。用各种不同高度的软木塞作底座，可随意安放 5mL、10mL 或 25mL 锥形瓶接收滤液。

过滤完毕，将盛滤液的锥形瓶松开，塞上瓶塞，在室温或冰箱中冷却。为了促使结晶析出，必要时可用玻棒（或不锈钢刮匙）摩擦器壁以形成粗糙面（使溶质分子呈定向排列而形成结晶的过程较在平滑面上迅速和容易），或加入几颗"晶种"（同一物质的晶体，供给定型的晶核，使晶体迅速形成）。若溶剂太多，结晶不易析出时，可在热浴上加热蒸发以除去一部分溶剂（注意防止暴沸！）。结晶析出后，用上述吸滤装置过滤收集。待母液吸干后，停止抽气，用滴管滴几滴溶剂于结晶上，用不锈钢刮匙（$\phi3mm\times150mm$ 不锈钢丝制成，如图1-5所示）将结晶轻微搅动（注意勿刮破滤纸！），使全部晶体均受润湿，再吸滤。如此拌洗两三遍，最后用平头玻棒将晶体挤压干得到晶体饼。取下漏斗，用持着漏斗的手的小指轻轻顶一下玻璃钉末端即可将整块压紧的晶体饼块顶出，然后用刮匙拨入表面皿中，如图 1-6 所示。

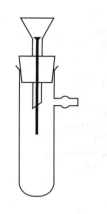

图 1-3　半微量吸滤装置之一

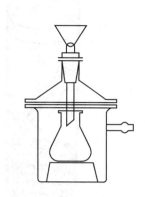

图 1-4　半微量吸滤装置之二

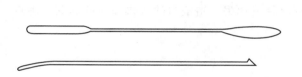

图 1-5　刮匙

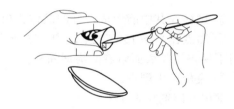

图 1-6　自漏斗取出结晶的操作

抽滤和洗涤后的结晶，表面上还吸附有少量溶剂，因此尚需用适当的方法进行干燥。固体的干燥方法很多，可根据重结晶所用的溶剂及结晶的性质来选择。常用的方法有如下几种。

① 空气晾干：将抽干的固体物质转移到表面皿上铺成薄薄的一层，再用一张滤纸覆盖以免沾染灰尘，然后在室温下放置，一般要放几天后才能彻底干燥。

② 烘干：一些对热稳定的化合物可以在低于该化合物熔点的温度下进行烘干。实验室中常用红外线灯或用烘箱、蒸气浴等进行干燥。

③ 用滤纸吸干：有时晶体吸附的溶液在过滤时很难抽干，这时可将晶体放在两三层滤纸上，上面再用滤纸挤压以吸出溶剂，然后置干燥器中干燥。此法的缺点是晶体上易沾上一些滤纸纤维。

少量结晶样品的干燥可以在如图 1-7 所示的简易干燥器中进行，这种干燥器是用 20mm 口径的硬质试管或玻璃管改装制成的。

在进行重结晶时，选择理想的溶剂是一个关键，理想的溶剂必须具备下列条件：

① 在较高温度时（溶剂沸点附近），试样在溶剂中溶解度比在室温或较低温度下的溶解度大许多（至少大 3 倍）。

② 杂质与样品在这个溶剂中的溶解度相差很大。比如，在较高温度时，杂质在溶剂中的溶解度很小，趁热过滤可以将它除去；或者在较低温度时，杂质在该溶剂中溶解度很大，溶液冷却后它不至于随样品一同结晶析出。

③ 它与待纯化的样品不发生化学反应。

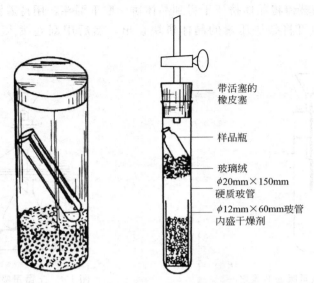

带活塞的
橡皮塞

样品瓶

玻璃绒
φ20mm×150mm
硬质玻管
φ12mm×60mm玻管
内盛干燥剂

图 1-7 简易半微量干燥器

④ 试样在其中能形成良好的晶体析出。

⑤ 沸点在 30~150℃之间。沸点过低溶剂易挥发逸失，造成过滤等操作时的麻烦；沸点太高不易将结晶表面附着的溶剂除去。

⑥ 廉价，无剧毒。

常用的溶剂见表 1-2。

表 1-2 常用的重结晶溶剂

溶剂	沸点/℃	冰点/℃	相对密度/(g/cm³)	与水的混溶性	易燃性
水	100	0	1.0	+	0
甲醇	64.96	<0	0.7914	+	+
95%乙醇	78.1	<0	0.804	+	++
冰醋酸	117.9	16.7	1.05	+	+
丙酮	56.2	<0	0.79	+	+++
乙醚	34.51	<0	0.71	-	++++
石油醚	30~60	<0	0.64	-	++++
乙酸乙酯	77.06	<0	0.90	-	++
苯	80.1	5	0.88	-	++++
氯仿	61.7	<0	1.48	-	0
四氯化碳	76.54	<0	1.59	-	0

溶剂的选择全凭经验。大致说来，物质易溶在结构相似的溶剂中。当找不到符合上述条件的单纯溶剂时，可以考虑混合使用一种"良溶剂"（即样品在其中溶解度较大的溶剂）和一种"劣溶剂"（即样品在其中溶解度较小的溶剂），这两种溶剂本身应该是互溶的。操作方法是：先将样品溶解在少量良溶剂中，加热，再向这个热溶液中，逐滴加入已预热的劣溶剂，直到溶液刚好出现混浊时为止。再滴入一滴良溶剂使混浊消失，然后执行前面操作，冷却，待结晶析出。常用的混合溶剂有乙醇-水，乙醚-甲醇，醋酸-水，乙醚-丙酮，丙酮-水，

乙醚-石油醚，吡啶-水，苯-石油醚等。

二、 蒸馏

蒸馏是提纯物质和分离混合物的一种方法，通过蒸馏还可以测出化合物的沸点，因此它对鉴定纯粹的液体有机化合物也具有一定的意义。

液体的分子由于分子运动有从表面逸出而在液面上部形成蒸气的倾向，这种倾向随着温度的升高而增大。当分子由液体逸出的速度与分子从蒸气中回到液体中的速度相等时，即形成饱和蒸气，饱和蒸气对液面所施的压力，称为饱和蒸气压。当液体的蒸气压增大到与外界施于液面的总压力（通常是大气压力）相等时，就有大量气泡从液体内部逸出，即液体沸腾，这时的温度称为液体的沸点。将液体加热至沸，使液体变为蒸气，然后使蒸气冷却再凝结为液体，这两个过程的联合操作称为蒸馏。利用半微量蒸馏装置，当被提纯物质与杂质沸点不同时，通过蒸馏的方法可以进行液体混合物分离提纯。

应用分馏柱使几种沸点相近的混合物分离的方法称为分馏，实际上分馏就是多次的蒸馏。

水蒸气蒸馏是分离和纯化有机物质的常用方法。当与水不相混溶的物质和水一起存在时，整个体系的蒸气压应为各组分蒸气压之和。当混合物中各组分蒸气压的总和等于外界大气压时，这时的温度即为它们的沸点。这时的沸点必定较任一个组分的沸点都低。因此，在常压下应用水蒸气蒸馏，就能在低于100℃的情况下将高沸点组分与水一起蒸发出来。此法特别适用于分离那些在其沸点附近易分解的物质，也适用于从不挥发物质或不需要的树脂状物质中分离出所需的组分。

图 1-8 所示为各种半微量蒸馏仪器。用这些仪器可蒸馏 5～25mL 的液体。如果操作细致小心，也可以处理 2～5mL 的液体。

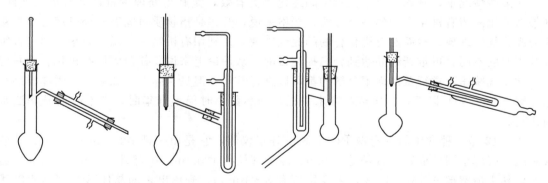

图 1-8 不同类型半微量蒸馏装置

进行较精密的分馏时，液样取量要多一些。容积在 2mL 以下的液体的分馏操作，对于初学者是较困难的，因为滞留量小，分馏效率高的分馏仪器很难做到。图 1-9 所示的是一般的半微量分馏装置。对那些在常压蒸馏时未达沸点即已受热分解、氧化或聚合的物质，宜采用减压蒸馏。图 1-10 所示为半微量减压分馏装置。常用的半微量水蒸气蒸馏装置如图 1-11 所示。其特点在于蒸馏瓶插在水蒸气发生器中，这样可以防止水汽凝结在管中。

进行蒸馏前，需要准备两个接收器，因为在达到需要物质的沸点之前，常有沸点较低的液体先蒸出。这部分馏液称为"前馏分"或"馏头"。前馏分蒸完，温度趋于稳定后，蒸出的就是较纯的馏出物质，这时应更换一个洁净干燥的接收器进行接收。记下这部分液体开始馏出时和最后一滴馏出时的温度读数，即是该馏分的沸程。一般液体中或多或少会有一些高沸点杂质，在所需要的馏分蒸出后，若再继续升高加热温度，温度计读数会显著升高；若维持原来加热温度，就不会再有馏液蒸出，而且温度会突然下降，这时就应停止蒸馏。即使杂质含量极少，也不要蒸干，以免蒸馏瓶破裂造成其他意外事故。

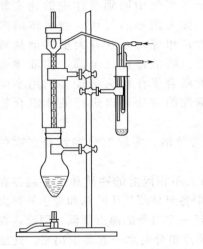 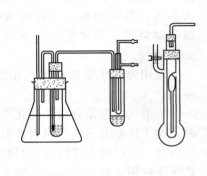

图 1-9　半微量分馏装置　　　　图 1-10　半微量减压分馏装置　　　图 1-11　半微量水蒸气蒸馏装置

三、升华

在某些情况下，升华纯化法比重结晶纯化法更有效，尤其当处理少量样品时更是如此。升华是纯化固体有机化合物的一个方法，严格来说，升华是指物质自固态不经过液态而直接转变成蒸气的现象。然而对有机化合物的提纯来说，是利用有机物在高温下升华，通过各组分升华温度不同，再重新结晶达到分离提纯目的。从理论上来说，任何固体有机化合物凡能够在常压或减压下进行蒸馏而不分解的都可以进行升华；但是实际上，如果一个固体样品在它的熔点 20~50℃ 以下，减压至数微米汞柱，加热数小时仍不升华时，则不能借升华法来纯化它。

图 1-12 是一种常用的少量物质的半微量升华仪器，它是由一截 $\phi25mm\times100mm$ 玻璃管制成，底部呈圆球形，球直径是 30mm；冷凝管长约 120mm，中部外径 8mm，底部呈蘑菇形，其头最宽部分外径 24mm，末端距管底 8~10mm。升华出来的晶体落在蘑菇边沿浅沟中。

可以借分级升华来分离混合物样品。操作步骤是：将底部铺有约 10mg 样品的升华管插入加热溶液中 5~6mm 深，减压至 5~20mm 汞柱（0.67~2.67kPa）。首先在 40~50℃ 下加热 30min，如果无升华现象发生，再升高 10~15℃ 温度加热 0.5~1h。如此逐步进行加热，一直到有升华物凝聚在冷凝管末端为止。当约有 1mg 升华物形成后，缓缓放入空气，将冷凝管小心取出，刮下其上的晶体，进行显微镜鉴定或熔点测定。用溶剂淋洗冷凝管，并将洗液收集在一表面皿上，以便待溶剂挥发后再回收一部分晶体。将洗净并擦干的冷凝管插回升华管中，继续升高温度进行第二级分的升华。如此反复进行，可收得 6~8 个级分，根据熔点测定，可以了解分级情况。

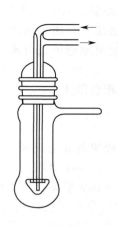

图 1-12　半微量升华仪器

图 1-13　半微量分液管装置

四、萃取

萃取是利用物质在两种不互溶（或微溶）溶剂中溶解度或分配比的不同来达到分离、提取或纯化目的的一种操作。有机分析中常用与水不混溶的有机溶剂自水溶液中萃取有机物。使用的最简易的仪器是 10～30mL 的分液漏斗。用 2～5mL 溶剂在试管中萃取少量物质时，可以用如图 1-13 所示的半微量分液管装置。

第二节　色　谱　法

1906 年俄国植物学家茨维特（Tswett M）所创立的色谱法，是近代有机分析中应用最广泛的方法之一，既可用于有效地分离复杂混合物，又可以用来纯化、鉴定物质，尤其适合于少量物质的分离鉴定。

色谱法是利用混合物中各组分在某一物质中的吸附或溶解性能（即分配）的不同，或其他亲和作用性能的差异，使混合物的溶液流经该种物质，进行反复的吸附或分配等作用，从而将各组分分开。流动的混合物溶液称为流动相；固定的物质称为固定相（可以是固体或液体）。色谱法从不同的角度分为不同的类型。

（1）按流动相和固定相所处的状态分类：用气体作流动相的称为"气相色谱"，用液体作流动相的称为"液相色谱"。由于固定相也可以是液体和固体，因此可按表 1-3 分类。

表 1-3　色谱法分类

流动相	气　　体		液　　体	
方法名称	气相色谱(GC)		液相色谱(LC)	
固定相	固体吸附剂	液体	固体吸附剂	液体
分离依据	吸附	分配	吸附	分配
方法名称	气-固色谱(GSC)	气-液色谱(GLC)，气-液分配色谱(GLPC)	液-固色谱(LSC)	液-液色谱①(LLC)

① 液-液（分配）色谱也包括用化学方法把固定液键合在载体表面上的技术。

（2）按固定相的固定方式不同，又可分为柱色谱法（固定相装在色谱柱中）、纸色谱法

（用滤纸上的水分子作固定相）和薄层色谱法（将吸附剂粉末制成薄层作固定相）等。

（3）根据组分在分离过程的作用性质不同，可分为四种类型：吸附色谱法（利用吸附剂表面对不同组分的物理吸附性能的差异进行分离），分配色谱法（利用不同组分在两相中有不同的分配系数来进行分离），离子交换色谱法（利用离子交换原理进行分离）和排阻色谱法（利用多孔性物质对不同大小分子的排阻作用进行分离）。

本节将扼要叙述柱色谱法、纸色谱法、薄层色谱法和气相色谱法。

一、柱上吸附色谱法

柱上吸附色谱法的作用原理是：利用混合物中各组分在吸附剂和洗脱剂之间吸附和解吸附能力的差异，将各组分分离。当组分分子到达吸附剂表面时，由于吸附剂表面与组分分子的相互作用，使组分分子在吸附剂表面的浓度增大，这种现象称为吸附。当洗脱剂连续通过吸附剂表面时，组分分子会被洗脱剂解吸附下来（洗脱剂对组分分子有作用力），在一定温度下，吸附和解吸附达到平衡。但由于洗脱剂不断地移动，致使这种吸附与解吸附的过程会反复发生并建立新的平衡，组分分子就随洗脱剂移动，移动的速度与组分分子的平衡常数（或称吸附系数）和洗脱剂的流速有关。通过控制流动相（洗脱剂）的流速，各组分就依据其平衡常数的不同而得到分离。方法是将混合物溶于适当溶剂中，使溶液经由填装有吸附剂的吸附柱中流过，前者称为流动相，后者称为固定相。由于各组分被吸附的强弱程度不同，形成一系列色层带。吸附强的组分留在吸附柱上端，吸附弱的留在下端。在色谱法中常将流动溶液称为显层剂或展开剂，溶质移动速率与显层剂移动速率的比值成为比移值，用 R_f 来表示：

$$R_f = \frac{溶质移动速率}{显层溶剂移动速率} \tag{1-1}$$

如果溶质与显层剂在柱上同时出发移动，那么这个比值也可用在一定时间内两者移动的距离来表示：

$$R_f = \frac{溶质移动的距离}{显层剂移动的距离} \tag{1-2}$$

在给定的实验条件下，R_f 值对于某一溶质是一个特征值，因此可借色谱法鉴定物质。被吸附分子与吸附剂间的作用力可能是一种范德华作用力，有时也可能是氢键作用。溶质被吸附的强度与它的分子结构有密切关系。一般来说，随着分子中双键、叁键尤其是共轭键的增加（如果用的是极性吸附剂），以及分子量的增加，极性增加，吸附能力也将增加。极性官能团的极性按下列次序降低：

—COOH＞—OH、—NH₂、—SH＞—C ═O、—CHO、—COOR＞Cl、Br、I

芳香烃的吸附能力大于脂肪烃，不饱和烃的吸附能力大于饱和烃。脂肪族化合物被吸附的能力随碳链的增长而增大。在芳香族化合物中，多环芳烃易被吸附，稠环个数愈多，愈易被吸附。

溶质在吸附剂上的吸附与溶剂在吸附剂上的吸附常相竞争。如果显层剂与吸附剂间的吸附力大于溶质与吸附剂间的吸附力，溶质就不能被吸附而随着溶剂冲下，这就是"洗提"或"洗脱"。如果情况相反，溶质就被牢固地吸附着而显出较低的 R_f 值。溶质、溶剂与吸附剂三者的介电常数、偶极矩、形成氢键的能力以及相对极化度决定着这一竞争的结果。

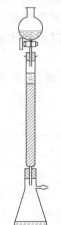

图 1-14 吸附色谱分离装置

柱上吸附色谱法所用的仪器很简单，只需要一只适当长度、适当口径的玻璃管，管下口做一紧缩处及一斜口，再连一个吸滤瓶即可，如图 1-14 所示。一般操作步骤是：先在干燥玻璃管中填装吸附剂（三氧化铝或硅胶等）。自柱顶端加入待色谱试样的溶液，然后用原来溶剂或其他适当溶剂冲洗，使之分出色层带。这一步骤称为"显层"。待溶剂前沿达到管底部后，操作停止。各色层的分离一般有以下两种办法。①推出法：将吸附剂自吸附管中推出，用小刀将各色层带切开（如图 1-15 所示），分别用适当溶剂提取，滤去吸附剂，将滤液浓缩就可以得到各组分。当用这种办法分离时，吸附柱玻璃管不能用下口紧缩的，必须用如图 1-16 所示的吸附柱装置，柱长 130mm，直径 9mm。②洗提法：待显层后，用一种极性较强、吸附力较大的溶剂将各组分依次顶替下来，用几个接收器分别接收流出的各个组分。这一步骤称为"洗提"，洗提用的溶剂称为洗提剂。将各份洗提液浓缩即得到各组分。

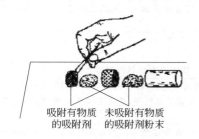

吸附有物质　　未吸附有物质
的吸附剂　　　的吸附剂粉末

图 1-15　色层带的切开操作

图 1-16　推出法用的吸附柱管装置及木杵

　　配制样品溶液时，最好配成较浓的溶液，这样显层的色层带方能很窄，容易分离清楚。所用的溶剂必须吸附力较弱，使吸附剂能将样品自溶液中吸附出来。显层剂的选择往往凭经验决定。大致说来，石油醚、二硫化碳、苯、四氯化碳及氯仿代表弱显层剂；乙醚及异丙醚代表中等强度的显层剂；低分子量醇及酮代表强显层剂。吸附力强的显层剂可用作洗提剂。在尝试选用未知样品的洗提剂时，首先用石油醚，其次使用石油醚-苯混合物（混合比例由 4∶1 至 1∶4），然后依次试用苯、苯-乙醚混合液、乙醚、乙醚-甲醇混合液及甲醇等。有机物自吸附剂上被提取出来的先后次序，随该物质的化学结构类型而定。有机物的极性愈大，被吸附的强度愈大，洗提出来的次序愈后。洗提出来的先后次序一般是：饱和烃，烯烃，双烯烃，芳烃，醚，酯，酮，醇，二元醇及羧酸。

　　吸附剂的选择也往往凭经验决定，一种合适的吸附剂应该具备这样一些条件：①它能够可逆地吸附待色谱的物质；②它不会引起被吸附物质的化学变化；③它的粒度大小应该能使显层剂以合适的速率流过（如 10～15mm/min）；此外，吸附剂最好是白色或浅色的，以便对色层带进行观察。最常用的吸附剂是三氧化铝和硅胶，它们符合上述要求，并且经过不同处理可以随意得到不同活度。例如，三氧化铝可以在不同温度烘干达到各种不同活度。必须指出，活性大的吸附剂用于色谱法不一定最合适，因为活性太大，物质被吸附得太牢，以致不易被洗提下来。其他较常用的吸附剂有二氧化镁（用于吸附烃、醇、酮、醚及硝基化物等），碳酸钙（用于吸附叶色素），硫酸钙（用于吸附花色甙、维生素 K_1），氧化钙、氧化钛、碳酸钡、硫酸镁、无水碳酸钠（用于吸附叶绿素），滑石粉（用于吸附有机酸、酚类、2,4-二硝基苯腙），硅藻土、蔗糖（用于吸附叶绿素）及淀粉等。许多吸附剂遇水会失去活性，这时只能用无水溶剂。

　　当进行无色物质的色谱时，可用下面方法来找出色层带：①将吸附柱系统地切断，将各段逐一用溶剂洗提，鉴定各洗提液中的物质。②连续地洗提吸附柱，分别用接收器接收一定量的洗提液，然后鉴定各洗提液中的物质。③层吸完毕后，用显色剂显色，常用的显色剂见

表 1-4。④用紫外线照射，使能发荧光的物质发出荧光。对于不发荧光的物质，可以用发荧光的吸附剂。在普通吸附剂中加入某种能在紫外线照射下发荧光的无机物（如硫酸锌）或有机染料。该荧光染料以不致降低吸附剂的活性，且在给定的条件下又不会被洗提出者为宜。这时在柱上形成的色层带相应地改变了吸附剂原来荧光的强度，借这种改变可以了解色层带的位置。常用的荧光染料如桑色素用于三氧化铝柱，小檗碱用于硅胶柱，二苯基荧光吲哚磺酸及桑色素用于氧化镁或氧化钙柱。⑤制备有色衍生物，然后进行色谱分析。

表 1-4　柱上色谱常用的各种显色剂①

化合物	显　色　剂
烯烃	先用 3mg 藏红溶于 25mg 水而成的溶液处理，然后用 0.1mol/L KI 溶液（加有 4～5 滴溴）处理。藏红的原来颜色被漂白，但是当有不饱和烃、砜、二芳基胺或三芳基胺存在时，色层带上的红色重新显出
醇类	≥C₄ 的醇可先用 200～300mg/L 钒酸铵溶液处理，再用 8-羟基喹啉溶于 6% 的乙酸所成的 2.5% 的溶液处理。色层带在暗绿色背景上显橙棕色
酚类	①香草醛溶于浓硫酸所成 1% 的溶液，色层带显淡红至红色 ②重氮盐溶液（见胺），色层带显黄至红色
醛与酮	用 2,4-二硝基苯肼饱和的 2mol/L 盐酸，色层带显鲜黄色。醛用希夫试剂处理显紫红色
胺	①四氯对醌在 1,4-二氧六环中的饱和溶液是脂肪胺中最好的显色剂，在橙色背景上色层带显绿色 ②1% 氟硼酸对硝基重氮盐水溶液是检出芳胺色层带的很有效的显色剂，色层带呈现橙至红色（在浅黄色背景上）。酚类也有同样的反应
硫醇	于 7.5g NaOH 在 40mL 水内所成的溶液中加入 1.25g PbO 作为显色剂。如有黄色的色层带出现表示有硫醇存在，这时如再用硫在苯中的饱和溶液处理，色层带即转变为灰色至黑色
硫醚	以 0.5g KI 溶于 25μL 水中，再加入两滴 2mol/L 氯化金配成显色剂。硫醚色层带在粉红色背景上显棕至黑色，胺有同样反应，但胺的吸附力较强，留在吸附柱的上端，因此得与硫醚识别
芳烃	将 10mL 浓硫酸与 0.2mL 37% 的甲醛溶液混合作显色剂。单环芳烃显红色的色层带，一般双环或多环芳烃显绿色或蓝绿色的色层带。这种溶液必须在使用的当天配制，隔夜效果不好。此时，用庚烷为显层剂

① 表中各显色剂是在以苯作显层剂，以硅胶作吸附剂的情况下使用的。各试剂的百分浓度，均为质量分数。

【例 1-1】　柱上色谱法分离邻硝基苯胺、间硝基苯胺与对硝基苯胺（推出法）

分别以苯为溶剂，配置浓度为 5mg/mL 邻硝基苯胺、间硝基苯胺与对硝基苯胺溶液。将 2mL 邻硝基苯胺、2mL 对硝基苯胺及 4mL 间硝基苯胺溶液混合作为试样液。取 1mL 混合试样液用石油醚（沸程 60～70℃）稀释到 5mL，然后进行下述色谱实验。

取 φ18mm×200mm 的吸附柱，管底填一小团棉花，然后加入氢氧化钙吸附剂（自一支宽颈漏斗中加入），边装边敲震吸附柱以装填密实，无空隙槽沟。填装至 150mm 高为止，柱顶盖以 2mm 厚的海砂。

将硝基苯胺的苯-石油醚溶液倒入吸附柱中，柱底轻微抽气。待溶液液面几乎与海砂齐平时，立刻加入纯石油醚作显层剂。分批加入，务必使在层吸过程中柱顶溶液不要流干。待最底层色层带距离管底约 1cm 时，停止层析。令柱干燥，用木杵将吸附剂推出。最上层鲜黄的色层带是对硝基苯胺（带宽约 20mm）。相距 40mm 后，中间出现的黄的色层带是间硝基苯胺（带宽约 25mm），最下层的黄的色层带是邻硝基苯胺（带宽约 50mm）。下层与中间层往往靠得很近，有时相距仅 5mm，必须仔细观察，方可以辨别出来。将各色层带切开分离，用含有 10% 乙醇的苯或纯苯分别萃取。蒸干各萃取液，得到各组分，分别测定熔点。

【例 1-2】　柱上色谱法分离芴与芴酮（洗提法）

称取 12.5g 氧化铝。用一支玻塞上未涂润滑脂的酸式滴定管（50mL）作色谱管，在其中装入 35mL 石油醚（沸程 40～60℃），将一小团棉花用玻棒推至管底。由一玻璃漏斗向滴定管中装入 1cm 厚的海砂，将管轻轻敲震使海砂平整。将氧化铝倒入管中，注意使氧化铝装平装实。在氧化铝顶层再盖一层细砂。打开活塞，令溶剂流出，直到上层砂面之上留有少许溶剂为止。

　　分别取 25mg 芴和 25mg 芴酮溶于少量石油醚中，并倒入柱内。先用石油醚洗提，用预先称好质量的 10mL 锥形瓶作为接收瓶，各瓶均编以号码。每当接收了 5～8mL 石油醚流出液后更换一只接收瓶。当总共用了 20mL 石油醚洗提后，或者滴定管尖端不再显出白色结晶时，表示芴已全部流出，再用苯洗提。这时可以看到芴酮的黄色色层带逐渐向下移动。待黄色色层带移近柱底时，再换一只接收瓶。用苯洗提到这一色层带全部洗下为止。分别浓缩各个级分，可得到纯的芴和芴酮，中间混合物级分几乎没有。测定产物质量及熔点。芴的熔点为 116℃，芴酮的熔点为 84℃。

二、柱上离子交换色谱法

　　离子交换色谱法的原理是：基于溶液中的离子与某种称为离子交换剂的吸附剂表面的离子之间的相互交换作用。离子交换剂实际上是含有碱性基团或酸性基团的高聚物，如取代酚及氨基酚与甲醛的缩合物、磺化煤或磺化聚苯乙烯、聚甲基丙烯酸等。离子交换剂分为如下两类。

　　① 阳离子交换剂：呈酸性，含 $-SO_3H$、$-CH_2SO_3H$、$-COOH$ 或 $-OH$（酚羟基）等酸性基团，具有交换阳离子的能力；

　　② 阴离子交换剂：呈碱性，含 $-NH_2$ 或 $=NH$ 或 $-N(CH)_3^+X^-$ 等碱性基团，具有交换阴离子的能力。

　　用合成的方法可以得到各种活性不同的离子交换剂，用这些离子交换剂，同时采用不同 pH 值的溶液，可从混合物中选择性地提取各种酸、碱或盐类。

　　柱上离子交换色谱法仪器装置与柱上吸附色谱法相似。一支 $\phi50mm$ 具有玻璃活塞的滴定管（酸式滴定管）很适合作离子交换柱。放一小团棉花或玻璃毛在滴定管底部，将离子交换树脂拌着水分倒入滴定管中，装填至 150～200mm 高为止。

　　离子交换树脂放入交换柱中后，在任何时候都必须用水浸满，不使柱内有空气泡存在。

　　某些商品阳离子交换树脂为钠盐，称为 Na 型。在使用之前，需要用稀盐酸将它浸泡处理，使之成为游离酸型，然后用蒸馏水淋洗，直到洗下的水液中不含氯离子为止，这时的树脂称为 H 型。一些阴离子交换树脂是季铵的氯化物，使用之前也需要用碱处理使 Cl 型转变为 OH 型，然后使用。

　　进行离子交换时，经过下列步骤：①制备交换柱；②进行交换；③洗提，用一种电解质溶液将被阻留在树脂上的离子顶替下来；④再生，有时这一步与第三步所用电解质相同，有时用其他电解质处理。

　　每种交换树脂有一定的交换能力。一般每毫克干树脂约可交换 1～9mmol 当量的离子。为了使分离进行得彻底，最好每克树脂只让它交换相当于 1/2 最大交换量的离子。在交换分子量较大的有机离子时，最好选用交换程度较小的交换树脂。离子交换在工业生产及研究工作中应用极广。但在有机分析工作中，利用它来分析一般混合物有一定的局限性。这是由于以下几个原因造成的：①离子交换剂的交换量都很小，在采用实验室规模数量的交换剂条件下，每次只能分离数毫克的物质，因此只适用于自半微量混合样品中除去微量杂质，而不适用于分离半微量物质；②在一般操作条件下，只限于使用水溶液（如果将溶液流过交换柱的流速控制得极低，在这种条件下也可以用饱和了的水的乙醚溶液或 95% 乙醇溶液）；③交换下来的组分存在于极稀的溶液中，用这种极稀的溶液来鉴定或回收待分析的组分是颇为困难的。因此离子交换法最常用的场合是：当所要检验的物质已经处于很稀的水溶液中，而没有更好的分离方法将它分出的时候，所分出的组分需要用微量法来鉴定。

【例 1-3】 除去羰基化合物

凡能与亚硫酸氢钠形成相当稳定的加成产物（α-羟基磺酸钠）的羰基化合物，都可以借亚硫酸氢盐型的阴离子交换树脂的交换作用将它自中性化合物中除去。例如，用这种方法可以自异丙醇中除去丙酮。

准备一支强碱阴离子树脂柱。令 100mL 0.5mol/L 亚硫酸氢钠溶液流过交换柱，流速为 5mL/min，再用 200mL 水淋洗交换柱。

将一滴丙酮加入 40mL 异丙醇及 10mL 水的混合液中，令该混合液以 3mL/min 的流速流过交换树脂柱。丙酮即被树脂阻留，然后可以用 100mL 1mol/L 氯化钠溶液将丙酮洗提下来。要从这么稀的溶液中分离并鉴定原来的丙酮是颇为困难的，极小心地按下述步骤尚可达到这一目的：将洗提液用氯化钠饱和，蒸出 1mL，最后用这 1mL 的丙酮溶液制取其 2,4-二硝基苯腙衍生物来加以鉴定。

【例 1-4】 除去阳离子

从有机物水溶液中除去阳离子，可以借将试液通过强酸性阳离子交换树脂的办法来达到目的。

在交换柱中放入强酸性阳离子交换树脂，装填至 20cm 的高度。以 100mL 10% 盐酸流过树脂。用水淋洗交换柱，直到流出液对甲基橙呈中性反应为止。

取 10～15mg 氯化铁溶于适量的 95% 乙醇中。用所得溶液流过交换柱，流速约 2～3mL/min。流毕，用 50mL 蒸馏水淋洗交换柱，铁离子将被树脂阻留。

三、纸上色谱法

纸上色谱法是以纸作为载体的色谱法，属于分配色谱。其原理是：利用混合物中各组分在两种互不相溶的液相间的分配系数不同，进行各组分的分离。它所使用的固定相一般为纸纤维（由几个葡萄糖分子组成的大分子，其中含有多个亲水性羟基，能与水分子形成氢键）吸附的水（或水溶液），而流动相为与水不相溶的有机溶剂。当被测组分在两相之间进行分配时，由于各组分分配系数的不同得到分离。分配色谱的方法原则上与液-液连续萃取方法相同。大致说来，如果溶质在流动相中的溶解度高，它将移动得快些，因而有较高的 R_f 值；反之，溶质在流动相中的溶解度低，而在固定相中的溶解度高，则它会移动得慢些，因而有较低的 R_f 值。由此可见，凡影响溶质在两个液相中溶解度的各种因素，都会影响分析时的 R_f 值。

纸上色谱法的操作是：取一根在展开溶剂的蒸气中放置过夜的长条滤纸，在滤纸下端 2～3cm 处用铅笔划好起始线，然后将要分离的样品溶液用毛细管点在起始线上，待样品溶剂挥发后，将滤纸的上端悬挂在展开槽的支架上，使滤纸的下端浸入一盛有展开剂的浅皿中，展开剂由于毛细管作用沿纸条上升。当展开剂前沿升到接近滤纸上端时，取下滤纸，记下溶剂前沿位置，使之干燥。如果被分离物中各组分是有颜色的，则滤纸条上就有各种颜色的斑点显出。较常见的情况是被分离物中各组分是无色的，这时待滤纸条干燥后，于纸上喷以显色剂而使各组分化合物的斑点呈现，这种操作方式称作上升纸上色谱法，一般装置如图 1-17（a）所示。如果将要分离的样品溶液滴在滤纸条的上端，将滤纸条的上端浸入展开剂中，溶液便由滤纸的上端向下方移动，装置如图 1-17（b）所示，这种方法称作下降纸上色谱法。上升法一般需要时间较长，但溶质在两相中的分配较易达到平衡，产生的斑点面紧凑圆整，组分易于分开。下降法则快些，省时间，对于容易分离的混合物最好用下降法。

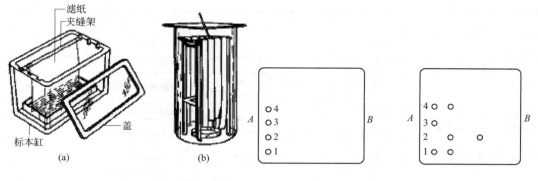

图 1-17 纸上色谱法装置　　图 1-18 单相色谱法　　图 1-19 双相色谱法

上述两种方法都是所谓单相色谱法。如果这种色谱在一张方形滤纸上进行，当色谱完毕，斑点出现情况如图 1-18 所示。如果将滤纸 A 边再浸入到一新溶剂中进行第二次展开（自 A 边移向 B 边），那么形成的色层称为双相色谱法。双相色谱法的意义很明显，如果图 1-18 中四个斑点中某一点含有两个组分，由于它们在第一种展开剂中有相近的 R_f 值，那么在第二种展开剂中它们两者的 R_f 值可能不同，因而在第二次色谱时显出两个斑点，如图 1-19 所示。由第二次色谱结果可知道 1、2、4 三个点确实是代表着两个组分，斑点 3 可能代表一个组分或者也可能代表在两种展开剂中都有相同 R_f 值的两个组分。后一种可能性虽然很小，但也应加以考虑。

纸上色谱法的 R_f 值通常受到下列因素的影响：①纸的质量；②温度；③样品的取样量；④展开溶剂；⑤试样原点与溶剂面之间的距离。

利用纸上色谱法的 R_f 值作为鉴定有机化合物的凭据时，最好用已知标准样品在相同实验条件下，平行对照进行色谱，如果两者 R_f 值相同，方可断定是同一物质。

为了使纸上色谱法得到正确结果必须注意下列事项：①不要用手指直接接触色谱部分的滤纸，以防手上油脂污染滤纸；②滤纸条必须剪平整；③滤纸周围必须用溶剂蒸气所饱和，否则就有可能当显层剂达到纸上某一处时，它的蒸发速度大于毛细管汲引速度，致使已经分开的各组分重新又在这里聚集，随溶剂蒸气压的大小和色谱容器的大小不同，使容器中饱和地充满溶剂蒸气的时间可以从几分钟至数小时；④所用有机溶剂一般需事先用水饱和，以便当它在滤纸上移动时，有足够的水分供滤纸吸附，不过溶剂中水的含量不能太多，否则色谱时不能得到良好的分离，一般溶剂含水量不超过 $10\%\sim20\%$（质量分数）；⑤用蒸气压太低的溶剂有时不合适，因为它们很难干燥除去，以致影响显色反应。采用蒸气压太高的溶剂要注意它们对温度的变化很敏感，容易在纸上蒸发逸去或凝集，以致当温度控制不够严格时，往往引起液相的不规则变化。

进行纸上色谱法时往往采用混合溶剂作为展开剂。表 1-5 中列举了一些有机化合物进行纸上色谱法分析所常用的展开剂和显色剂。

表 1-5　某些有机化合物纸上色谱时常用的溶液及显色剂

化合物	展开剂系统	斑点显色剂
有机酸	甲酸与下列溶剂混合：乙醇,异丙醇,正丁醇及其他醇或酮	溴甲酚绿或溴酚蓝在乙醇中的溶液
酸的酰肼	用丙酮饱和的 pH=11.6 的缓冲液	化合物本身有颜色
羟基及羰基酸	甲苯-乙酸,正丁醇-丙酸	邻苯二胺及紫外线照射

续表

化合物	展开剂系统	斑点显色剂
羰基酸及一切羰基酸化合物的2,4-二硝基苯腙	正丁醇	10% KOH 溶液
有机酸的羟肟酸衍生物	苯酚-异丁酸	三氯化铁
氨基酸	苯酚,苯酚-氨,三甲基吡啶,2,4-二甲基吡啶,2-甲基吡啶,叔丁醇,正丁醇	水合三酮氢茚(0.1%~0.2%乙醇溶液)
含硫氨基酸	叔丁醇	铂碘酸钾水溶液
氨基酸的2,4-二硝基氟苯衍生物	正丁醇-乙酸,三甲基吡啶,苯酚	化合物本身有颜色
醇的2,4-二硝基苯甲酸酯	甲醇-丙酮,甲醇-乙烷,异丙醇,吡啶	5% KOH 溶液
胺	正丁醇-乙酸	水合三酮氢茚,碘溶液
羰基化合物的2,4-二硝基苯腙	乙醚-己烷,丙酮-己烷	10% KOH 溶液
酚衍生物,甲基苯酚	正丁醇-氨	对硝基苯重氮氟硼酸盐
苯偶氮苯磺酸盐	异丙醇-Na$_2$CO$_3$水溶液	化合物有颜色
糖	正丁醇-乙酸,乙酸乙酯-吡啶-水,正丁醇-三甲基吡啶	对氨基二甲苯二胺(锡盐)硝酸银溶液,3,5-二硝基水杨酸溶液,0.3%对氨基马脲酸乙醇溶液

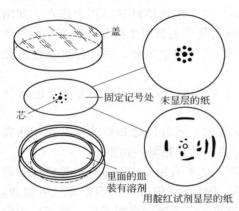

图 1-20 圆纸色谱分离装置

除了上述装置外,还可以用圆形滤纸作纸上色谱分析。取一张圆形滤纸架在直径比它略小的培养皿上,皿中盛显层溶剂。将滤纸自中心剪出一条向下弯折,使这小条滤纸浸入显层剂中(或者在滤纸中心穿一孔,塞入一小卷滤纸作芯),在接近中心处滴一滴试液。将整个仪器盛于一较大培养皿中,盖好。令静置进行色谱。在这种情况下,各组分显层后呈同心圆状层带(图1-20),而不是如长条滤纸上色谱那样呈斑点状。为了利用纸上色谱法原理分离较大量的物质,可将滤纸浆填装入玻璃管中,如柱上吸附色谱法那样进行柱上分配色谱分离。

四、薄层色谱法

薄层色谱法是一种在铺成薄层固体上进行色谱的方法。兼备柱色谱和纸色谱的优点。一方面适用于小量样品(几到几十微克,甚至 0.01μg)的分离;另一方面在制作薄层的时候,把吸附层加厚,将样品点成一条线,则可分离多达 500mg 的样品。此法特别适合挥发性小或在高温下易发生变化而不能用气相色谱分析的物质。一般能用薄层色谱分开的物质也能用柱色谱分开,故薄层色谱常用作柱色谱的先导。

正如经典柱色谱法一样,可以有三种形式:①吸附色谱;②分配色谱;③离子交换色谱。其中应用最广泛的是吸附薄层色谱,这里只讨论它。

当溶液中某组分的分子在运动中碰到一个固体表面时,分子会贴在固体表面上,这就是发生了吸附作用。一般说来,任何一种固体表面都有一定程度的吸附力。这是因为固体表面上的质点(离子或原子)和内部质点的处境不同。在内部的质点间的相互作用力是对称的,其力场是相互抵消的。处在固体表面的质点,所受的力是不对称的。其向内的一面受到固体内部质点的作用力大,表面层所受的作用力小,于是产生固体表面的剩余作用力。这就是固体吸附溶液组分分子的原因,也就是吸附作用的实质。

在吸附色谱过程中,溶质、溶剂和吸附剂三者是相互联系又相互竞争的,构成了色谱分离过程。

　　在吸附薄层色谱过程中，主要发生物理吸附。当固体吸附剂与多元组分溶液接触时，一方面任何溶质都可被吸附（当然单位质量吸附剂所能吸附物质的量，即"吸附量"会因物而异）；另一方面，吸附剂既可吸附溶质分子也可吸附溶剂分子。由于吸附过程是可逆的，因此，被吸附了的物质在一定条件下可以被解吸下来，而解吸也是具有普遍性的。

　　在吸附薄层色谱过程中，展开剂（溶剂）是不断供给的，所以在原点上溶质与展开剂之间的平衡不断地遭到破坏，即吸附在原点上的物质不断地被解吸。解吸下来的物质溶解于展开剂中并随之向前移动，遇到新的吸附剂表面，物质和展开剂又会部分地被吸附而建立暂时的平衡，但立即又受到不断移动上来的展开剂的破坏，因而又有一部分物质解吸并随展开剂向前移动，如此吸附-解吸-吸附的交替过程而构成了吸附色谱法的分离基础。吸附力弱的组分，先被展开剂解吸下来，推向前去，故有较高的 R_f 值，吸附力强的组分，被扣留下来，解吸较慢，被推移不远，因此 R_f 值较低。

　　在吸附薄层色谱中所用的吸附剂主要是硅胶、氧化铝、聚酰胺等，它们的分子中都含有未公用电子的氧原子或氮原子和能形成氢键的—OH 或—NH 基团。

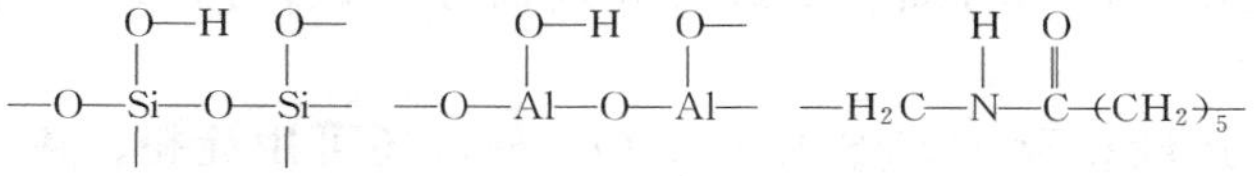

硅胶　　　　　　氧化铝　　　　　　聚酰胺

　　被吸附物与吸附剂之间的作用力包括色散力、静电力、诱导力和氢键作用力。前三者即一般所谓的范德华力。在非极性和弱极性之间，由于分子内电子运动所产生的瞬时偶极而引起的作用力叫色散力。极性吸附剂与极性吸附分子偶极之间的作用力主要是静电力。被吸附的物质的极性越大，与极性吸附剂的作用越强。在极性吸附剂表面与非极性的被吸附物之间相互作用，使非极性分子产生偶极而吸附在吸附剂表面上，这种作用力就是诱导力。氢键作用力，X—H…Y 是一种特殊的范德华引力，其与范德华力的不同之处在于它具有方向性和饱和性。X，Y 表示电负性很大的原子，例如，F、O、N。X 与 H 间以极性共价键相连，H…Y 间是表示氢键。氢键的强弱和 X、Y 的电负性大小有关，也与 Y 原子的半径有关。Y 的电负性越大，半径越小，氢键越强。碳原子电负性小不能形成氢键，因此烃类与吸附剂之间不能形成氢键。这四种作用力的强弱次序是：

氢键作用力＞静电力＞诱导力＞色散力

　　因而在各类有机化合物中，饱和烃的吸附力最小，如果分子中含有某些官能团，例如，—NO$_2$，—COOR，—CHO，—OH，—COOH，—NH$_2$，＝NH，常有显著的氢键作用力存在，则吸附力增大。由实验结果得知，含单官能团的有机化合物与硅胶或氧化铝亲和力大小次序如下：

　　羧酸＞醇、酰胺＞伯胺＞酯、醛、酮＞腈、叔胺、硝基化合物＞醚＞烯＞卤代烃＞烷；分子中双键数目增加，亲和力也增加，特别是双键处于共轭时更是如此；芳环的影响比双键大；芳香化合物随着环的数目增加，吸附亲和力增大；同系物中，分子量越大，吸附力也越大。

　　分子中极性官能团数目增多，一般情况下吸附亲和力增加。但若两个官能团处于邻位而能发生分子内氢键缔合时，则将使它们与吸附剂形成氢键的力量削弱。其吸附亲和力将小于不发生分子内氢键缔合的位置异构体，如：

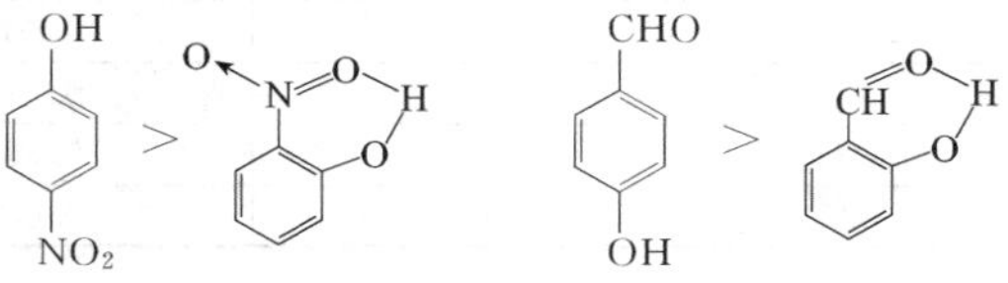

在薄层色谱中，就是凭借上述基本概念来选择吸附剂、展开剂和估定 R_f 值顺序的。这个规律在下面的气相色谱法中也同样适用。

制备薄层色谱板一般适用于分离几十毫克至几百毫克的样品。当然，在多块薄层板上进行重复分离也可制备更大量的纯化合物。薄层色谱比柱上色谱分析较迅速，并且分离效果较佳。

为了增加每块板的载量，薄层可厚一些，一般在 0.5～2mm 之间。更厚的薄层只适用于 R_f 值具明显差异的物质的粗略分离。制备薄层板的尺寸一般是 20cm×20cm 或 20cm×40cm。

样品溶液的浓度一般在 5%～10%，在 20cm×20cm×0.5mm 的薄层上分离样品一般为 10～50mg，有时可达 100mg。为了分离较大量的样品，可用许多块薄层板分离。例如，有资料介绍曾用 150 块 20cm×20cm 的薄层板分离了 15g 物质。

硅胶是无定形多孔性物质，略具酸性，适用于酸性物质的分离分析。薄层色谱用的硅胶分为"硅胶 H"——不含黏合剂；"硅胶 G"——含煅石膏黏合剂；"硅胶 HF_{254}"——含荧光物质，可在波长 254nm 紫外线下观察到荧光信号；"硅胶 GF_{254}"——既含煅石膏黏合剂又含荧光剂等类型。

与硅胶相似，氧化铝也因含黏合剂或荧光剂而分为氧化铝 G、氧化铝 GF_{254} 及氧化铝 HF_{254} 等。

黏合剂除了用上述煅石膏（$2CaSO_4 \cdot H_2O$）外，还可用淀粉、羧甲基纤维素钠。通常将薄层板按加黏合剂和不加黏合剂分为两种，加黏合剂的薄层板称为硬板，不加黏合剂的称为软板。

薄层板制备的好坏直接影响色谱的效果。薄层板应尽量均匀且厚度（0.15～1mm）固定。否则展开式溶剂前沿不齐，色谱结果也不容易重复。

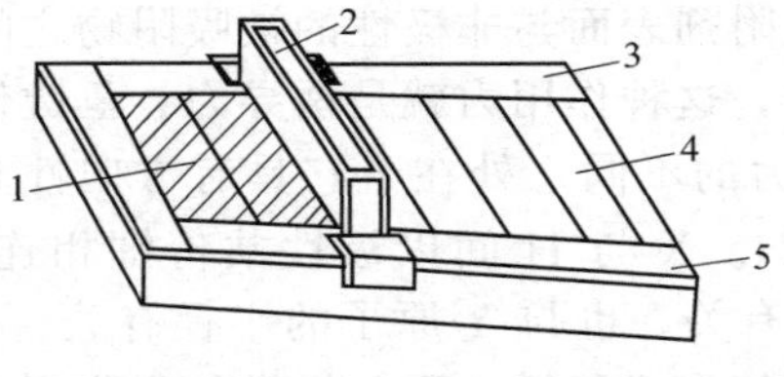

图 1-21　薄层涂布器
1—吸附剂薄层；2—涂布器；3、5—夹玻板；
4—玻璃板（10×3cm）

薄层板分为干板和湿板。湿板的制法有以下两种。

① 平铺法：用商品或自制的薄层涂布器（图 1-21）进行制版，它适合科研工作中数量较大要求较高的需要。如无涂布器，可将调好的吸附剂平铺在玻璃板上，也可得到厚度均匀的薄层板。②浸渍法：把两块玻璃片背靠背紧贴，侵入调制好的吸附剂中，取出后分开、晾干。

把涂好的薄层板置于室温晾干后，放入烘箱内加热活化，活化条件根据需要而定。硅胶板一般在烘箱中渐渐升温，维持 105～110℃下活化 30min。氧化铝板在 200℃烘 4h 可得活性 II 级的薄层，150～160℃烘 4h 可得活性 III～IV 级的薄层。薄层板的活性与含水量有关，其活性随含水量的增加而下降。

氧化铝板活性的测定：将偶氮苯 30mg，对甲氧基偶氮苯、苏丹黄、苏丹红和对氨基偶氮苯各 20mg，溶于 50mL 无水四氯化碳中，取 0.02mL 此溶液滴于氧化铝薄层上，用无水四氯化碳展开，测定各染料的位置，算出 R_f 值，根据表 1-6 中列出的各染料的 R_f 确定其活性。

表 1-6　氧化铝活性与各偶氮染料 R_f 的关系

偶氮染料	活性级别 伯劳克曼活性级的 R_f 值			
	II	III	IV	V
偶氮苯	0.59	0.74	0.85	0.95
对甲氧基偶氮苯	0.16	0.49	0.69	0.89
苏丹黄	0.01	0.25	0.57	0.78
苏丹红	0.00	0.10	0.33	0.56
对氨基偶氮苯	0.00	0.03	0.08	0.19

硅胶板活性的测定类似：取对二甲氨基偶氮苯、靛酚蓝和苏丹红三种染料各 10mg，溶于 1mL 氯仿中，将此混合液点于薄层上，用正己烷-乙酸乙酯（9：1，体积比）展开。若能将三种染料分开，并且 R_f 值二甲氨基偶氮苯＞靛酚蓝＞苏丹红，则与Ⅱ级氧化铝的活性相当。

　　为了避免样品在薄层上由于扩散而增宽，最好采用挥发性的非极性溶剂配制样品溶液。在距薄层板底边 1.5cm 处滴加样品溶液，有的点成虚线，有的点成直线。最简单的办法是用一毛细移液管或滴管沿着一把不锈钢尺直接点样可得到满意结果。如果一次点不完，必须分几次点样时，在每次点样后要用吹风机吹干前次所点样品，才能加入第二次，以防样点过大，造成拖尾、扩散等现象，影响分离效果。也可以用一排毛细管点样，所用毛细管要挑选内径一致的、笔直的，固定在硬纸板上。每条毛细管与相邻毛细管之间用一条较短的毛细管隔开。也有介绍用刀片将薄层的预定点样位置上划两条细缝线，彼此相距 3mm，切成 3mm 宽的槽带。把样品溶液注于此槽带上，投料完毕，用干的吸附剂填满细缝，如图 1-22 所示，再进行展开。

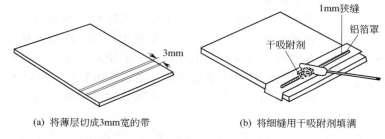

(a) 将薄层切成3mm宽的带　　　　　(b) 将细缝用干吸附剂填满

图 1-22　薄层点样法

　　为了获得狭窄整齐的点样带，有时在点样后展开分离之前，先用极性较大的溶液将全部样品齐头推进一个短距离（大约在原来起始线之上 1cm 处），使成一条整齐狭窄的新的点样线，晾干后，再换适当的展开剂进行展开。薄层色谱的展开，需要在密闭容器进行，常用的展开槽有：长方形盒式和广口瓶式（图 1-23），展开方式有以下几种。

　　① 上升法：用于含黏合剂的薄层板，将薄层板垂直置于有展开剂的容器中。

　　② 倾斜上升法：薄层板倾斜 15°[图 1-23(a)]，用于无黏合剂的软板，含黏合剂的色谱版可倾斜 45～60°。

　　③ 下降法（图 1-24）：展开剂放在圆底烧瓶中，用滤纸或纱布将展开剂吸到薄层板的上端，使展开剂沿板下行，这种展开的方法适合 R_f 值小的化合物。

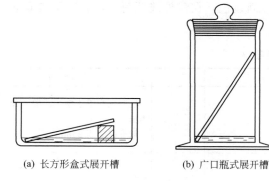

(a) 长方形盒式展开槽　　　(b) 广口瓶式展开槽

图 1-23　倾斜上升法展开

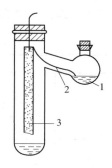

图 1-24　下降法展开

1—溶剂；2—滤纸条；3—薄层板

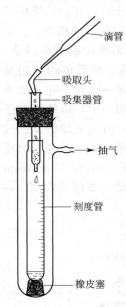

滴管

吸取头

吸集器管

抽气

刻度管

橡皮塞

图 1-25　抽气洗脱装置

分离后，通常通过显色法确定被分离物质的所在位置。如果物质是有色的或发出荧光的，或能吸收紫外线的，色带的定位就比较简单。对于无色化合物可用桑色素制成荧光板，展开后再于紫外线灯下检出该物质的位置，洗脱时要把桑色素弃去。方法是在小色谱管中先装入约 1cm 厚的活性氧化铝，桑色素与氧化铝形成螯环化合物而被牢固吸附住，然后用适当溶剂将所需要化合物淋洗下来。当然，若用氧化铝薄层板，此步骤可以省去。用紫外线，特别是短波紫外线照射薄层时要注意有可能使化合物分解或异构化等。

无色化合物也可以用参比色谱定位。在展开后的薄层两侧距边缘 0.8～1cm 处用刮刀小心切割一条直线。将薄层的中间部分用另一玻板严密盖好，仅留边缘的窄条进行显色。然后将中间的部分在相应的位置作出记号。把两侧参比部分用刮刀或硬橡皮刮铲干净，再用棉花揩净不留下污染的粉末。

在大多数情况下，可以用碘蒸气定位。显色后作出色带记号，然后将色谱板置于空气中令碘挥发逸去。但要注意有些化合物如不饱和烃、苯酚类，与碘易发生反应，不能用此法定位。亲脂性化合物可以由喷水检出，这是由于吸附剂与亲脂性物质有不同的润湿性，喷水后，整片薄板润湿并呈半透明状，亲脂性物质则在半透明背景上呈现白色不润湿点（带）。在透射光下较易观察，但灵敏度不高。

如果是硬板，按所标记位置刮下带有样品的吸附剂，放在小色谱管或离心管中，进行洗脱。如果是软板，可利用减压抽吸，将被分离物质连同吸附剂抽吸到小色谱管中（见图 1-25），然后用溶剂洗脱。为了使过滤或洗脱过程顺利进行，应避免使用颗粒过于细小的吸附剂。为了减少吸附剂所含杂质的污染，最好将硅胶或氧化铝吸附剂事先在抽提器中用甲醇抽提 8h。由制备薄层色谱法所分离得到的物质通常还要经重结晶或蒸馏一次，以保证其中不含吸附剂及其他杂质。

【例 1-5】　在显微镜载片上进行薄层色谱

用显微镜载片作基片制备薄层（硅胶 G）板，临用前在 105℃烘 10min 活化。取出，在干燥器中冷却。距一端边 0.5cm 处刻划一线作顶线，距此线 6cm 处再划一线作点样起始线。取一底径 8～10cm，高 2.5cm 的玻璃培养皿作色谱缸，内盛 4mL 展开剂，摇动 20s 使蒸气饱和。将点好样的薄层板放入，盖好。当展开剂升至顶线，取出薄层板，晾干。用下述的染料显色，酚类则用 0.2% 2,7-二氯荧光素醇溶液喷洒显色，在紫外线照射下，各类酚在黄色荧光背景下显示紫色斑点，结果见表 1-7。

表 1-7　实验结果

样品	斑点颜色	R_f	展开剂及时间
染料混合样 1 号			展开剂为甲乙酮∶乙酸∶异丙醇＝2∶2∶1
荧光素	黄	0.85	
罗丹明 B	红	0.43	展开时间为 20min
孔雀绿	绿	0.12	
染料混合样 2 号			
苏丹黄	橙	0.83	同上
结晶紫	紫	0.20	
亚甲基蓝	蓝	0.02	

样品	斑点颜色	R_f	展开剂及时间
酚类样品			
邻硝基酚		0.73	
邻甲苯酚		0.60	
间甲苯酚	用 0.2% 2,7′-二氯荧光素醇溶液喷洒,在紫	0.53	展开剂为甲苯∶二氧六环＝
间硝基酚	外线灯下,所有酚类在黄色荧光背景下显紫色	0.45	50∶8
邻羟基苯甲醛	斑点	0.30	展开时间为 10min
间苯二酚		0.23	
间苯三酚		0.07	

五、气相色谱法

色谱法的分离原理是：使混合物中各组分在固定相和流动相间进行交换。由于各组分在性质上和结构上的不相同，当它们被流动相推动经过固定相时，与固定相发生相互作用的大小、强弱会有差异，以致各组分在固定相中的滞留时间有长有短，而按顺序流出，达到分离的目的。

当气体作为流动相时，称为气相色谱。在气相色谱中，固定相有两类。如果固定相是一种活性固体，即吸附剂，称这类固定相的气相色谱法为气固色谱法（简称 GSC）；如果固定相是附着在惰性固体上的液体（或称固定液），用这类固定相的气相色谱法称为气液色谱法（简称 GLC）。在 GLC 中，混合试样各组分根据在固定液中的溶解度不同而进行分离。在固定液中溶解度小的组分会较快地被流动相（载气）带出色谱柱。因载气流是连续地流过色谱柱，溶解在固定液中的分子会与新过来的载气相互平衡，气相中的组分被载气流带入一段新的固定液中，以便达到再平衡。样品中各组分在固定液和流动的气相中进进出出反复多次再平衡就是气液色谱过程的基本机理。常用的固定液是难挥发的有机化合物，它们在常温下是液体或固体，在工作温度下是液体。将它们涂渍在惰性固体，如耐火砖粉末、硅藻土粉末的表面上，填装入色谱柱，形成固定相。

在 GSC 中，基本机理与 GLC 是相似的，也是混合物试样中各组分在气相与固相间发生反复多次再平衡而达到分离的目的。但不是根据溶解度的差别，而是根据各组分在作为固定相的吸附剂上被吸附的强弱不同导致分离。常用的吸附剂有硅胶、活性炭和分子筛等。这种色谱柱主要用来分离永久性气体及挥发性碳氢化合物。

（一）定性分析

1. 根据保留值定性

各种物质在一定的色谱条件下均有确定不变的保留值，因此保留值可以作为一种定性指标，正如在纸上色谱法或薄层色谱法利用 R_f 值作为定性指标相似。在气相色谱中，根据保留值定性有下列几种方式。

（1）利用相对保留值定性：选用某种化合物作为标准物质，把它的保留值当成 1，然后求出在同一条件下未知物与标准物质的保留值的比值 α，即相对保留值：

$$\alpha = \frac{t'_{R(i)}}{t'_{R(s)}} = \frac{V'_{R(i)}}{V'_{R(s)}} \tag{1-3}$$

式中，i、s 分别表示测定物质和标准物质；t'_R 为调整保留时间；V'_R 为调整保留体积。相对保留值受固定液用量和操作条件影响较小，作为定性指标，比保留值本身较为可靠。

测出了未知峰的 α 值后，根据未知物的来源及性质等估计出它可能是哪种化合物，取这个"可能化合物"的纯品，在相同条件下也求出相应 α 值。若这 α 值与未知样品的相同，证明对未知物的判断不错。

当操作条件不易控制稳定和相邻物质的保留值较接近时，准确测定保留值有困难。在这种情况下可以取"可能化合物"的纯品直接加入分析样品中进行色谱分析，若相应的色谱峰增高，而半峰宽不相应增加，那么推证未知样品就是这个"可能化合物"。

（2）利用保留值与碳数或沸点变化规律定性：若找不到"可能化合物"的纯品与未知物进行上述对比实验时，可以根据同系物间保留值与碳数或沸点的经验规律进行定性。

实验证明，许多类型化合物的同系物中各组分的保留值的对数与碳数或沸点呈线性关系，即：

$$\lg Z = a_1 + b_1 N_c \tag{1-4}$$

$$\lg Z = a_2 + b_2 T_b \tag{1-5}$$

式中，N_c 和 T_b 分别为碳数和沸点；a_1、a_2、b_1 及 b_2 为经验常数；Z 为保留值的一般形式（它可能是调整保留体积、相对保留值或比保留体积等）。

实际操作是：先取几个能够得到的同系物进行色谱实验，根据所测得 Z 值及 N_c 或 T_b 划出直线图，或者求出上列式中的 a_1、a_2、b_1、b_2 值。将未知化合物在同样条件下进行色谱分析，求出其相应 Z 值，然后对照直线图或代入上列式中求出其碳数、或沸点，即可推知其为何物。

（3）利用多柱定性：同系物在一种固定相上的保留值与在另一种固定相上的保留值呈线性关系，即：

$$\lg Z_1 = a_3 + b_3 \log Z_2 \tag{1-6}$$

式中，Z_1 和 Z_2 分别为在第 1 号及第 2 号色谱柱上测得的保留值；a_3、b_3 为经验数值。如果未知物与"可能化合物"在两种不同极性的色谱柱上所测得的相应保留值都一致时，则二者是同一物质的可靠性较用一种固定相测得者大得多。

（4）用在不同柱温下保留值定性：在同一色谱柱上，物质的保留值的对数与柱温（绝对温度）的倒数成直线关系，可以利用这一经验规律进行未知物的定性，即：

$$\lg Z = a_4 + \frac{b_4}{T_c} \tag{1-7}$$

式中，Z 为保留值的一般形式；a_4、b_4 为经验常数；T_c 为柱温的绝对温度数值。

2. 应用化学反应定性

（1）制备衍生物定性：若色谱分析中一未知组分的保留值与一个"可能化合物"纯品在同样条件下测得的相应保留值相同时，两者可能为同一物质。为了确证起见，可将两者制成相同的衍生物，将这些衍生物分别测其保留值，若二者又一致时，就能更可靠地推证未知物与"可能化合物"为同一物质。

一般难挥发的组分往往制成它们的挥发性衍生物进行色谱分析，各类化合物的常用衍生物列于表 1-8 中。

制备衍生物，不只是为了定性，还有下面的目的：一些难以挥发的高级醇（如甾醇、糖类）、氨基酸、羧酸以及胺类，本身很难用气相色谱进行分析，若制成挥发性衍生物，如三甲基硅醚、醛、甲酯及三氟乙酰胺等，则色谱分析得以顺利进行；此外，对于一些不含电负性基团，因而不便于用高灵敏度的电子俘获检测器进行气相色谱痕量分析的化合物，若事先制备成含氟、含氯或硝基的衍生物，即可克服此困难。

表 1-8 气相色谱法用衍生物制备

化合物	衍生物	试剂	方法
环烷烃	芳烃	氧化铬-氧化铝(脱氢催化剂)	
烯烃	①烷烃	①H₂,铂催化剂	
	②醛	②O₃,三苯膦	柱前反应
炔	甲酯	O₃(甲酯中反应)	柱前反应
醇	①三甲基硅醚	①六甲基二硅胺	
	②亚硝酸异戊酯	②NaNO₂和酸	柱前反应
	③烯烃	③P₂O₅/硅胶	柱前反应
二元醇	三甲基硅醚	六甲基二硅胺	柱前反应
多元醇	三甲基硅醚	六甲基二硅胺	柱前反应
醚	①三甲基硅醚	①六甲基二硅胺	柱前反应
	②三氟乙酸酯	②三氟乙酸酐	
酚	苯基二乙基磷酸酯	二乙基磷酰氯	
醛、酮	①五氟苯基肟	①五氟苯基羟胺	
	②2,4-二硝基苯腙	②2,4-二硝基苯肼	
羧酸	①甲酯	①重氮甲烷	
	②三氟乙酯	②三氟乙醇	
	③对溴苯乙酮酯	③对溴苯乙酮溴化物	
羟基羧酸	三甲基硅醚	六甲基二硅胺	
酯	酸酯	KOH	柱前反应
伯、仲胺	三氟乙酰胺	三氟乙酐	
氨基酸	①醛		
	②N-三氟乙酰衍生物	茚满三酮	柱前反应
	③三甲基硅烷衍生物		
硫醇	苯甲酸酯	苯甲酰氯	
苯磺酸	磺酰氯		

利用衍生物保留值来进行定性鉴定时，必须事先知道化合物中所含有的官能团。所制成的衍生物一般是：热稳定性好，挥发度高，产量高，过量试剂与可能的副反应产物不干扰测定（因反应产物一般不再进行分离，反应后直接注入色谱柱进行分析），其保留值与原来化合物保留值应相差大。将未知物转化为衍生物的反应可在色谱以外单独进行，也可在注射器针筒内、柱前微型反应器内或直接在色谱柱中进行。

（2）扣除法定性：利用官能团特征反应，使未知样品与某一试剂反应后生成不挥发衍生物而被扣留，于是色谱图中相应峰的被消除得以鉴定原来组分属何种类型的化合物。

扣除法可以用三种形式进行：①将扣除剂涂浸在载体上填充于一段柱内，这种柱可装在色谱柱前，也可装在柱后，同时进行空白对照，如图 1-26 所示；②用注射器的芯蘸取少量扣除试剂，然后用这个注射器抽取试样，针头部分的气样也要抽入针筒内，将针头插在进样橡胶垫上进行封闭，放置足够时间，把样品注进色谱柱；另取一注射器，不蘸扣除试剂，抽取气样进行空白对照分析；③对于反应慢的扣除剂可在色谱柱外在毛细管中与试样混合，封闭加热一定时间后，再用微量注射器抽取试样进行色谱分析。最后一种方式较少采用。

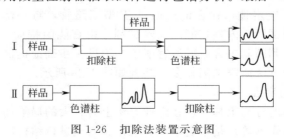

图 1-26 扣除法装置示意图

　　各种扣除试剂列于表 1-9 中。从表 1-9 中可以看出，为了扣除某一类化合物，除了采用化学试剂外，也可以用吸附剂如分子筛等扣留。在应用这些方法前最好用已知化合物先进行核验。扣除法定性示例见图 1-27。

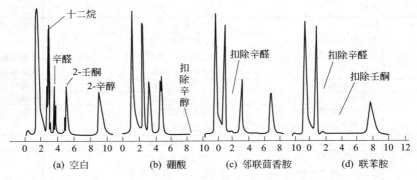

图 1-27　扣除法定性示例

表 1-9　气相色谱用扣除试剂及方法

被扣除物	扣除试剂及方法
直链烷烃	5A 分子筛柱(直链烯、醇等也被扣除)
烯	①高氯酸汞柱:60mL 水、19mL 70%高氯酸和 18g HgO 混合,加入 100g 担体,92℃烘干 1.5h,装入 φ9mm×200mm 柱。其中填 7~8cm 高氯酸汞、5cm 无水 $MgClO_4$、5cm 碱石棉、2.5cm $MgClO_4$(也吸收芳烃) ②硫酸汞柱:67g $HgSO_4$+220mL 22% H_2SO_4(W/W),与相同质量担体混合,烘干。装 φ5mm×100mm 柱(一般不吸收芳烃,选择性吸收烯)
炔	Cu_2Cl_2-Al_2O_3
芳烃	①10X 分子筛 ②浓硫酸涂于担体上;也可涂于注射器芯上
共轭双烯	顺丁烯二酸酐/硅胶
卤代烃	Versamid 900 涂敷在担体上(扣除卤代烷、卤代苯、α-溴代脂肪酸酯)
醇	①硼酸涂于担体上 ②注射器中放钠片
酚	NaOH-石英
环氧化物	磷酸-担体(其他含氧化物也被扣除)
醛	①FFAP(Free Fatty Acid Phase) ②邻联茴香胺-担体 ③$KMnO_4$饱和溶液,注射器中 ④$NaHSO_3$/乙二醇-担体 ⑤微碱性 Ag_2O 粉(内掺部分毛玻璃)装柱,柱口装少许 $CaCl_2$ 脱水
醛酮	①微酸性 2,4-二硝基苯肼-担体(柱口装少许 $CaCl_2$ 脱水) ②联苯胺-担体 ③4g 盐酸羟胺溶于 40mL 水,注射器筒反应
羧酸	氧化锌
伯胺	苯甲醛

　　(3) 官能团特征反应定性：在色谱柱通过 T 型三路管，将一部分流出物通往检测器，一部分流出物通入微型试管，内盛官能团检验试剂。由官能团特征反应的显色或产生沉淀，对未知峰作初步鉴定，判断其中含有哪种官能团，为进一步确证提供参考。由于官能团反应灵敏度不是很高，这个方法所需试剂较多。装置如图 1-28 所示。

3. 与其他仪器联用定性

　　气相色谱是极有效的分离工具，但在定性方法上有较大的局限性；而波谱法（紫外、红外、核磁、质谱及拉曼光谱等）是鉴定单纯有机化合物或进行结构剖析的强有力的工具，但

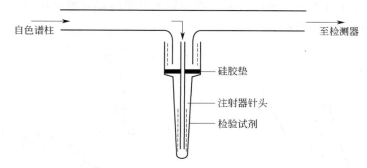

图 1-28　官能团检验定性装置

波谱法分析复杂混合物又有一定的局限性。如果将气相色谱法与波谱法联用起来，可以互相取长补短，相得益彰。这是目前色谱法发展的方向之一。

与气相色谱仪直接联用的仪器必须具有两个条件：①其灵敏度必须足以鉴定经色谱柱分离的极微量组分；②必须具有快速扫描装置以适应从色谱柱分离出各组分的速度。

在这些联用技术中以气相色谱和质谱联用（简称色-质联用技术）发展得最为迅速，应用也最广泛。色-质仪器已是现代有机化学实验室中鉴定复杂多组分混合物不可缺少的工具。

除色-质联用外，气相色谱与红外光谱联用技术的迅速发展也是非常引人注目的。

（二）定量分析

用微分型检测器，每个组分的信号-峰高或峰面积可按下式换算成物质的质量：

$$h \times f = m \tag{1-8}$$
或
$$A \times f = m \tag{1-9}$$

式中，h 代表峰高；A 代表峰面积；m 表示物质的质量（g）；f 称为定量校正因子。

气相色谱定量时，首先要准确量出峰高或峰面积，其次要准确求出定量校正因子，然后计算物质的含量。

1. 峰面积的测量

若色谱峰形尖窄对称，半峰宽不变，可由峰高定量，这时测量峰高是比较简单的。但是在大多数情况下，峰形较宽或呈扁宽形，若用峰高定量，误差较大，必须用峰面积定量。峰面积的测量比较复杂，常用的方法可分为两大类：自动测量法和手工测量法。前一类最重要的是电子计算机法，后一类较常用的是几何图解法、剪纸称重法或机械积分仪法等。

计算机引用到气相色谱中，即能快速处理色谱分离所提供的数据，又使整个色谱分析过程自动化，从而可使监视控制生产自动化。计算机处理色谱数据还有下面特点：①不需要用手工确定峰的起点和终点；②自动补偿基线漂移；③免除大峰小峰并存时经常调衰减的麻烦；④遇到疑难峰能将保留值打印出来。另外除了具有处理数据的功能外，还有检查文献、储存数据、总结实验规律等能力。

在几种手工测量峰面积的方法中，实验室应用最多的是几何图解法。峰面积等于峰高（h）与半峰宽（$W_{1/2}$）乘积的 1.065 倍，即：

$$A = 1.065 \times h \times W_{1/2} \tag{1-10}$$

因此，可用峰高乘半峰宽法来代替实际峰面积作定量计算。

在用峰面积进行定量分析时，须注意下列两个经常遇到的问题。

① 基线漂移：在手工测量中，扣除基线漂移的方法是将峰起点和终点间的联线当作峰底，从顶对时间轴作垂线，对应的时间即保留时间，垂线在峰顶至峰底间的一段即峰高，如

图 1-29 所示。对于未完全分离的峰，不能逐个划出基线时，可根据出峰前和出峰后的总基线来决定峰高，如图 1-30 所示。

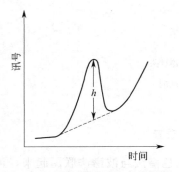

图 1-29　基线飘移时峰高的测量

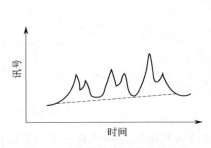

图 1-30　未完全分离峰基线画法

② 未完全分离峰的测量：通常采用经验方法。例如：a. 峰形对称，交叠不多时，从峰谷向基线作垂线，以这条线作为两峰的交界线，分别计算峰面积，如图 1-31（a）所示。b. 峰形对称，交叠严重时，可在峰的转折点画切线与基线相交，构成如图 1-31（b）所示的三角形 ABC 和 DEF，然后测量这个三角形的面积。c. 当小峰落在主峰一侧时，沿着主峰的尾部作平滑线画出小峰的基线，用面积计测出小峰的面积，如图 1-31（c）所示。

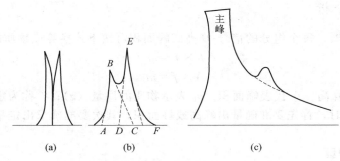

图 1-31　重叠峰的测量

2. 定量校正因子

定量校正因子最好是在具体分析条件下用纯物质求出。如果没有纯物质时则引用文献上总结的一些校正因子。为了克服实验条件的影响，通常采用相对校正因子，即以一个标准物的校正因子定为 1，在同样条件测得分析样品化合物校正因子与标准物的比值。相对校正因子有两种：相对质量校正因子（RWR）和相对物质的量校正因子（RMR）。不同的检测器测出的校正因子不同。

3. 百分含量的计算

（1）归一化法：当进样量无法进行精确测量，而样品中所有组分全部出峰时，各组分的百分含量按下式计算：

$$X_i\% = \frac{m_i}{m_1 + m_2 + \cdots} \times 100\% = \frac{f_i'A_i}{f_1'A_1 + f_2'A_2 + \cdots} \times 100\% \tag{1-11}$$

如果组分含量在鉴定器线性范围内变化，半峰宽不随进样量变化，可直接用峰高计算，上式变为：

$$X_i\% = \frac{f_i'h_i}{f_1'h_1 + f_2'h_2 + \cdots} \times 100\% \tag{1-12}$$

【例 1-6】 测混合一元苯羧酸

色谱条件：固定相：1,2,3,4-四氰乙氧基丁烷涂浸于 6201 担体（液/担＝5%）

柱：不锈钢 ϕ4mm×3000mm

柱温：125℃

载气：H_2，60mL/min，表压 176.5kPa

检测器：热导池，桥流 150mA，125℃

气化室温：250℃

操作：将试样用重氮甲烷乙醚溶液在室温甲酯化。反应完毕，温水浴中除去过量试剂（通风橱中进行）。然后将甲酯溶于氯仿中进行气相色谱分析。

测相对校正因子 f_i'：以联苯作标准物，取 0.5000g 放入 25mL 容量瓶中，用氯仿溶解并稀释至刻度。

准确称取 20mg 对甲苯甲酸放入小试管中，用吸量管准确加入 1.5mL 内标溶液（共含联苯 30mg），溶解后取 2μL 进行色谱分析，测得峰面积数据如下：

对甲苯甲酸峰	联苯峰
400mm²	900mm²

相对质量校正因子：

$$f_{对}' = \frac{f_i}{f_s} = \frac{\dfrac{m_i}{A_i}}{\dfrac{m_s}{A_s}} = \frac{A_s m_i}{A_i m_s} = \frac{900 \times 20}{400 \times 30} = 1.5$$

测若干次测得 $f_{对}'$ 的平均值。

若已知试样中同时含对、邻、间甲基苯甲酸及苯甲酸，并且全部在色谱图上出峰，除了求出对甲基苯甲酸的相对重量校正因子外，还必须求出其余三种羧酸的 f'。设求出值为：

项 目	苯甲酸	邻甲苯甲酸	间甲苯甲酸
f'	1.20	1.30	1.40

样品分析：样品经甲酯化后溶于适量氯仿中，注入色谱柱，由色谱图中求得各峰面积为：

苯甲酸峰	对甲苯甲酸 峰	邻甲苯甲酸峰	间甲苯甲酸峰
60mm²	450 mm²	20mm²	70mm²

则可求得：

$$对甲苯甲酸(\%) = \frac{450 \times 1.50}{450 \times 1.50 + 20 \times 1.30 + 70 \times 1.40 + 60 \times 1.20} \times 100\% = 77.5\%$$

其他苯羧酸含量可以类似方法求得。

（2）内标法：此法是把已知量的内标物加入到已知质量的分析样品中，根据已知量的内标物的峰面积和样品待测组分的峰面积来计算组分的百分含量。

选择内标物的条件是：①内标物的流出时间最好与样品中所存在的组分流出时间不重叠；②内标物色谱峰位于各组分流出峰的中间位置，距离待测组分不太远；③性质尽可能与待测组分接近。

此方法与上述方法比较有下面优点：不要求全部组分在色谱图上都出峰，也不必将各组分的定量校正因子都求出来；缺点是每次必须事先精确称量内标物和试样，较麻烦。

计算方法如下：

设质量 m g 的混合试样中待测组分的质量为 m_i g，若在混合试样中加入 m_s g 的内标物，它们之间存在下列关系（设待测组分百分含量为 $X_i\%$）：

$$\frac{m_i}{m_s}=\frac{m_i\times m}{m\times m_s}=\frac{m_i/m}{m_s/m}=\frac{X_i\%}{m_s/m} \tag{1-13}$$

由于待测组分与内标物质量之比等于峰面积之比，可知：

$$\frac{m_i}{m_s}=\frac{A_i\times f_i'}{A_s\times f_s'} \tag{1-14}$$

将式（1-14）及式（1-13），整理可得：

$$X_i\%=\frac{f_i'A_i}{f_s'A_s}\times\frac{m_s}{m}\times100\% \tag{1-15}$$

【例 1-7】 设在【例 1-6】中，精确称取 50.0mg 试样放入小试管中，精确加入 0.3mL 联苯标准溶液（浓度为 20.0mg/mL），加 2mL 重氮甲烷乙醚饱和溶液，甲酯化后，蒸去乙醚，加入适量氯仿溶解后，将溶液注入色谱柱进行分析，色谱条件如前，测得色谱峰面积为：

项　　目	对甲苯甲酸	联苯
峰面积	450mm²	180mm²
相对校正因子	1.50	1.00

则

$$对甲苯甲酸\%=\frac{0.3\times20}{50}\times\frac{150}{100}\times\frac{450}{180}\times100\%=45.0\%$$

（3）外标法（已知样品校正法）：这个方法的原理是：配制已知浓度的标准样（即待测组分的纯样品）溶液进行色谱分析，测出各不同溶液标样的峰面积，求出单位面积的相应含量，取其平均值 k；或者以浓度为横坐标，峰面积为纵坐标绘制标准曲线。然后在与标样实验严格相同的条件下，进入一定量的试样，求出其色谱峰面积，参照标准曲线或根据 k 值计算，可求得待测组分的百分含量。

与上两种方法比较起来，本法操作简便，因此生产上乐于采用。但它要求样品分析条件必须与标样实验严格相同；并且要求进样量准确。对于气体样品用定量管进样容易做到重现性好，对于液体样品，进样重复性存在一定困难。

校正值法由下式计算：$X_i\%=k_i\times A_i\times100\%$

式中，k_i 为 i 组分的校正值，即单位峰面积相当于 i 组分在样品中的百分含量。

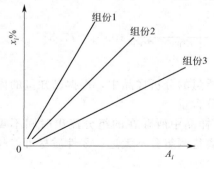

图 1-32　外标法标准曲线
注：由于系统误差，标准曲线
不一定通过原点

如果样品中各组分浓度变化范围不大，可以配一个与样品含量相当的已知混合样品，定量进样后由所得相应的峰面积和已知的样品组分的含量即可算出 k_i。因为原则上 k_i 不应随进样量而变化，所以，可以只作一个浓度求出 k_i，即所谓单点校正法。

但是如果样品浓度变化范围很大，则需预先配制一系列的已知标准样画出如图 1-32 所示的浓度与对应峰面积的标准曲线，验证样品浓度与对应峰面积的线性范围。若在实验条件下存在线性关系，那么分析时直接根据峰面积查图便可得出各组分的浓度，或者测一系列浓度下的校正值的平均值作为 k_i 值按前式进行计算。

外标法虽然简单方便，特别适于工厂生产中的控制分析，但必须注意分析时操作条件要求很稳定，因为它不像归一化法或内标法色谱操作的影响可以有所抵消，因此经常需要用标准样品进行 k 值或标准曲线的校验。影响分析结果的操作因素有载气流速、柱温、气化室温度、热导检测器的桥流等。

（三）反应气相色谱法在测定有机物结构方面的应用

反应气相色谱法指微型化学反应器与气相色谱联用的技术，微型反应器可连在柱前或柱后，或与色谱柱混合为一。反应气相色谱法可克服经典色谱法的不足，例如：①经化学反应使热不稳定或难挥发的物质在柱前转化为热稳定易挥发的产物后进行分析；②用热导池作鉴定器时，在柱后经化学反应转变为同一产物进行检测，以避免各组分逐一测其应答值的麻烦；③对不适用高灵敏度检测器的化合物，柱前转化为含氟或含氯、磷等元素的衍生物后进行检测；④用化学显色反应来鉴定色谱峰；⑤用扣除法来改进重叠峰的分离等。

反应气相色谱法在有机分子结构测定方面的主要应用分别介绍如下。

1. 反应气相色谱法测定有机元素

有机样品（0.5～1mg）在含有少量氧的氦气流中，在四氧化三钴和银的催化剂上瞬间燃烧，生成 H_2O、CO_2 和 NO，后者再经还原铜炉还原为 N_2，在 Porapak Q 填充柱上进行分离，热导池测定。

如果需要测氧，再另取样，在另一个炉中进行。使样品在氦气流中在活性碳上燃烧成 CO 后，在分子筛填充柱上色谱分离（可能伴随有 N_2、CH_4 等峰），热导池测定。

可以自动进样，分析一个 C、H、N 样品只需 10min，分析一个氧样品只需 8min。分析数据可用积分仪自动打字机处理。

图 1-33 所示为 MOD-1104 型 CHNO 自动分析仪结构示意图，图中显示出了典型的 C、H、N 峰色谱图。

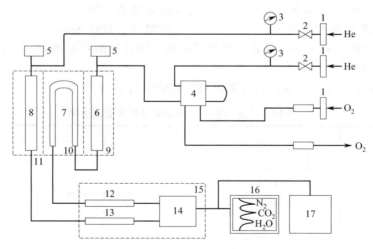

图 1-33　MOD-1104 型 CHNO 自动分析仪结构示意图

1—净化管［内盛 Mg $(ClO_4)_2$＋NaOH］；2—调压阀（压力 49.0～78.5kPa）；3—压力表；4—注氧阀（每次 5mL）；5—进样器；6—CHN 燃烧管（内盛 Co_3O_4＋Cr_2O_3＋Ag，炉温 1050℃±20℃）；7—N_2 还原管（内填还原铜＋石英屑，炉温 600±20℃）；8—氧燃烧管（内填活性炭，炉温 1120℃±20℃）；9—CHN 燃烧炉；10—CHN 还原炉；11—氧燃烧炉；12—CHN 色谱柱（PorapakQ）；13—O 色谱柱（5A 分子筛）；14—热导池检测器；15—恒温箱；16—记录仪；17—积分仪

2. 反应气相色谱法测定有机官能团

（1）活泼氢的测定：将样品与甲基碘化镁或氢化锂铝反应，产生的甲烷或氢气经色谱测定，计算样品中活泼氢含量：

$$Y—H+CH_3MgI \longrightarrow Y—MgI+CH_4 \uparrow$$
$$4Y—H+LiAlH_4 \longrightarrow LiAlY_4+4H_2 \uparrow$$

仪器如图 1-34(a)、(b) 所示。

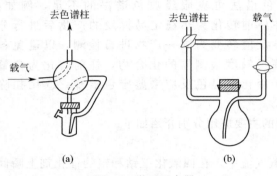

图 1-34　微型反应器

色谱条件：色谱柱为 $\phi 4mm \times 2000mm$ 不锈钢柱，内填装涂渍有己二酸乙二醇聚酯固定液的 6201 担体（60/80 目）。固定液与担体质量比为 15：85，维持柱温为 50℃。载气 N_2 先经 105 号脱氧分子筛除去痕量氧，再经过 $CaCl_2$ 和 P_2O_5 除去水分，然后通入色谱柱，流速 60mL/min，热导池温度 75℃，桥流 130mA。

操作：自反应器进样口注射入 4mL 甲基碘化镁乙醚溶液（4mol/L）。注入 $50\mu L$ 样品溶液，反应 2min 后，将产生的甲烷由载气载入色谱柱进行分析。以苯甲酸为基准物，绘制标准曲线，计算样品中活泼氢含量。

（2）羟基的测定：可用上述活泼氢测定法来测定。

（3）伯氨基的测定：将含伯胺样品与亚硝酸反应，产生的 N_2 用色谱法测定：

$$R—HN_2+HNO_2 \longrightarrow R—OH+H_2O+N_2 \uparrow$$

色谱条件：色谱柱为 $\phi 4mm \times 2000mm$ 不锈钢柱，内填装 5A 分子筛（40～60 目），柱温 50℃，载气 H_2 流速 60mL/min，热导池检测器温度 75℃，桥流 130mA。

操作：反应器同上，称取 1～5mg 试样放入反应瓶中，加入 0.3mL 饱和 $NaNO_2$ 溶液。待基线稳定，切断反应器载气流。注入 0.15mL 冰醋酸，反应 1min。将反应的气体产物经 MnO_2 吸收柱以扣除副产物 NO 后送入色谱柱分析。用甘氨酸作基准物，绘制标准曲线，计算样品中伯氨基数。

表 1-10 列举了用反应气相色谱法测定有机官能团的示例。

表 1-10　反应气相色谱法测定有机官能团示例

官能团	方　法
活泼氢	$Y—H+CH_3MgI \longrightarrow CH_4 \longrightarrow GC$ $Y—H+LiAlH_4 \longrightarrow H_2 \longrightarrow GC$ $Y—H \longrightarrow Y—D \longrightarrow GC$
烯基	烯 $\xrightarrow{硼氢化-H_2O_2} ROH \longrightarrow GC$
醇羟基	$ROH+CH_2{=}CHCN \longrightarrow$ 加成物 过量 $CH_2{=}CHCN \longrightarrow GC$
烷氧基	$ROR' \xrightarrow{KI+H_3PO_4} RH \longrightarrow GC$
羧基	①$ArCOOH \xrightarrow{CuCO_3} CO_2 \longrightarrow GC$ ②$RCOOH+S \xrightarrow{\Delta} CO_2+CS_2+H_2S+GC$ ③$RCOONa \xrightarrow{碱熔} RH \longrightarrow GC$

续表

官能团	方　　法
酯基	①RCOOCH$_3$ $\xrightarrow{NH_2NH_2}$ CH$_3$OH $\longrightarrow$ GC ②R′COOR $\xrightarrow{[H_2O]}$ ROH $\longrightarrow$ GC
酐基	热裂(500℃)$\longrightarrow$ 乙烯酮 $\longrightarrow$ GC
氨基	①RNH$_2$＋HNO$_2$ $\longrightarrow$ N$_2$ $\longrightarrow$ GC ②RNH$_2$ 或 R$_2$NH＋CH$_2$＝CHCN $\longrightarrow$ 加成物 过量 CH$_2$＝CHCN $\longrightarrow$ GC
氮烷基	R′NHR＋KI＋H$_3$PO$_4$ $\longrightarrow$ RI $\longrightarrow$ GC
铵盐	与 K$_2$CO$_3$ 共热 $\longrightarrow$ 胺 $\longrightarrow$ GC
酰胺基 腈基	碱熔 $\longrightarrow$ NH$_3$ 或 RNH$_2$ $\longrightarrow$ GC
氨基甲酸酯基	R′NHCOOR＋KOH $\xrightarrow{\triangle}$ ROH $\longrightarrow$ GC
氨基酸	氨基酸＋茚满三酮 $\longrightarrow$ CO$_2$ $\longrightarrow$ GC
亚硝胺基	亚硝胺＋三氟过乙酸 $\longrightarrow$ 硝胺 $\longrightarrow$ GC
脲基	脲 $\xrightarrow[\triangle]{H_3PO_4}$ CO$_2$ $\longrightarrow$ GC
巯基	①RSH＋NaN$_3$＋I$_2$ $\longrightarrow$ N$_2$ $\longrightarrow$ GC ②RSH＋HNO$_2$ $\longrightarrow$ 亚硝基物 $\xrightarrow{HgCl_2}$ N$_2$ $\longrightarrow$ GC ③RSH＋CH$_2$＝CHCN $\longrightarrow$ 加成物 过量 CH$_2$＝CHCN $\longrightarrow$ GC
磺酸及磺酸盐基	①ArSO$_3$M＋M′OH $\longrightarrow$ ArOH＋MM′SO$_3$ $\qquad\qquad$ $\longrightarrow$ GC ②RSO$_3$H(或 RSO$_3$Na)H$_2$S $\longrightarrow$ GC
二硫化氨基甲酸盐	①R$_2$NCSSMCS$_2$ $\longrightarrow$ GC ②R$_2$NCSSM $\longrightarrow$ R$_2$NCSSR′ $\longrightarrow$ GC

3. 高聚物裂解色谱鉴定

其原理是：在仔细控制的条件下，将样品放在裂解器内升温，使之迅速裂解成可挥发性的小分子，即"裂解碎片"，用气相色谱法分离，分析这些裂解碎片，从色谱图的特征来推断样品的组成、结构和其他性质，如热稳定性等。

裂解色谱法具有下列特点：①设备比较简单，价格较廉，可得到结构信息。质谱虽然也是很有用的测定高聚物结构的工具，但比裂解色谱仪器复杂昂贵得多。②取量少，快速，灵敏，分离效率高。一般数百微克样品即可分析，半小时内可完成一个分析周期，由于与高效色谱柱和高灵敏度检测器相匹配，对于结构相似（如同系物）或同类高分子之间的微小差异，材料中的少量组分等，裂解色谱法都能灵敏地检验出来。③在进行裂解反应时，无论是黏稠液体、粉末、薄膜、纤维及弹性体等各种物理状态的高分子样品，都能方便地处理和进样，材料中若存在无机填料和少量小分子添加物（如增塑剂、防老剂等）并不影响分析结果。因此，通常不必事先进行分离纯化等手续，对于已固化的树脂、涂料、硫化橡胶等不熔融材料均可直接进料分析。这在红外光谱分析或其他波谱法分析时是难以做到的。

但是，裂解色谱也有它的局限性，由于裂解反应复杂，分析结果受实验条件影响很大，重复性较差，在定性鉴定方面尚无法得到象红外光谱那样通用的标准图谱，由于精密度差，用于定量分析方面尚不令人满意。

常用于裂解色谱的裂解器有下列几类。

（1）炉式（或管式）裂解器：结构如图 1-35 所示，由石英管（内径 5～8mm）和外围加热的电炉构成。样品放在铂或金质小舟内。当电炉加热到所选择的裂解温度时，借推杆将样品推送到电炉的加热区进行裂解。炉温借温度控制器控制，由热电偶（焊接在样品舟托盘底部）随时测定。石英管通入色谱柱一端，填一些石英棉用以除去某些高沸点"碎片"。

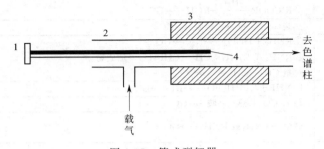

图 1-35　管式裂解器
1—推动杆；2—石英管，3—加热炉；4—样品舟

管式裂解器的优点是：①炉温可连续调节、稳定控制和测量，温度重复性较好；②适应各种状态的样品，而且样品称量、残渣称量和清除方面都很方便。但它有下列缺陷：①因加热区较长，二次反应严重；②TRT（Temperature Rise Time，即使样品达到某一裂解温度的时间）大，通常样品上升至 500℃约需 4s 的时间，二次裂解反应因而容易发生，因此裂解重复性差；③死体积比其他种类裂解器要大，影响色谱峰形和分离效果。炉式裂解器一般用于鉴定（与相同条件下测得的标准样品裂解指纹图对照），也间或用于定量分析，但受二次反应的限制，不适于进行结构的分析。

（2）热丝裂解器：图 1-36 是热丝裂解器的一种。其中将铂丝或镍铬丝绕成线圈作为发热元件，线圈固定在玻璃磨口塞上，样品附着线圈上，连同线圈一起插入裂解室。通电后热丝很快被加热至所需温度，样品立即被裂解，产生的"碎片"随载气导入色谱系统（载气用四通活塞切换）。样品裂解后立即切断电源。通电时间用时间继电器控制，热丝温度用已知熔点的晶体来测定。

对于可溶性样品，用热丝沾取样品溶液，待溶剂挥发后，便能在热丝上均匀涂渍成膜；对于不溶性样品，可将样品装在一小段石英毛细管内，石英毛细管插入线圈中裂解。

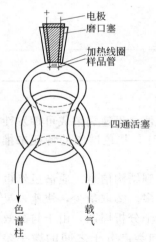

图 1-36　热丝裂解器

热丝裂解器的优点是：结构简单，制作容易，裂解室的环境温度低，死体积小。缺点是：TRT 长（数秒钟）；温度不易测定；热丝反应多次会老化，几何形状也易改变，因而影响加热的重现性；并且由于热丝直接与样品接触，对某些反应可能还有催化副作用，使结果复杂化；处理不溶样品及清除残渣较不方便。

（3）居里点裂解器：铁磁性物质处在高频交变磁场中其磁矩随磁场方向的变化而运动，磁滞损耗就变成热，因而磁铁体本身能迅速升温。当升到某一温度时，铁磁性物质便从铁磁体变成顺磁体，不再吸收磁场的能量，因此温度不再上升。这一点温度就叫做居里点温度。这种方法可使铁磁物质（发热元件）迅速发热并维持在一个恒定的温度上。这就是居里点裂解器的原理。随着铁磁物质组成不同，居里点温度也不一样，据此可以得到一系列温度。

通常将铁磁性物质制成 0.5mm 的丝（也有制成箔状和毛细管状的），作为发热元件，并承载样品。对于可溶性样品的涂渍和制备方法，与热丝裂解器相同。对于不溶性样品，可将合金丝敲成带状，夹注样品薄片进行裂解。裂解器的结构如图 1-37 所示。

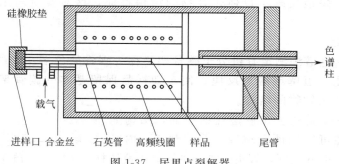

图 1-37　居里点裂解器

　　居里点裂解器的最大优点是：升温速度快，升温速率视电源的功率不同，从几十毫秒到
1.5s，而且平衡温度可精密控制和严格重复，使裂解结果的重复性大大提高；同时，样品受热方式是内热式，因此"碎片"与热以同一方向向冷区扩散；当裂解结束时，加热也就停止；环境温度较低；使二次反应的几率减少。因此它是最理想的裂解器，特别是在定量分析和微观结构分析研究中更显出它的长处。但它也有些不足，如分析不溶性样品时，处理比较困难，将固体样品直接夹在合金箔上裂解，使样品受热不均匀，影响实验结果。因为裂解室体积小（毛细管），毛细管壁温度低，裂解

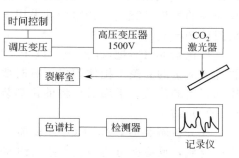

图 1-38　CO_2 激光裂解气相色谱装置图

碎片往往容易凝集在管壁处。另外，裂解温度的选择受合金组成的限制，不能任意和连续调节，合金丝也可能起催化作用，使结果复杂化。

　　(4) 激光裂解器：激光裂解在原理上和热裂解一样，不同的是样品通过激光能的照射升温裂解。激光裂解器的结构如图 1-38 所示。从脉冲激光器所发射出来的光束，经过透镜聚焦后，照射到样品室内样品表面，样品获得激光能而瞬间升温裂解。由于激光束具有极大的能量密度，加热样品可获得 10^6℃/s，因此 TRT 仅用 $100\sim500\mu s$，比任何裂解方式都快，是唯一能与高分子裂解速度相适应的加热方式。因为样品在这样短的时间内发生裂解，二次反应降低到最低限度，而且系统的死体积小，可得到比较简单的裂解色谱图。

　　图 1-39 是用管式炉裂解器、热丝裂解器和用 CO_2 激光裂解器分别裂解聚苯乙烯的

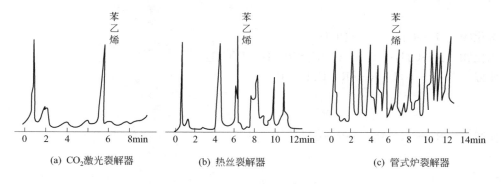

(a) CO_2激光裂解器　　　(b) 热丝裂解器　　　(c) 管式炉裂解器

图 1-39　聚苯乙烯在三种裂解器中所得的裂解谱图

裂解图，可看出后者裂解图比较简单，而 CO_2 激光裂解器裂解产物中占优势的是高聚物的单体，比较清楚地反映了母体化合物的结构特征，这对鉴定高聚物，特别是共聚物的分析有利。

4．碳骨架测定

利用反应气相色谱法测定有机分子碳骨架又称为碳骨架色谱。它的原理是：利用比较温和的催化氢化、氢解或脱氢反应，使未知样品保留基本的碳骨架，转化为已知的简单化合物，推断未知物的结构。

碳骨架色谱的反应柱装在色谱柱的前面，结构如图1-40所示。反应柱可以用硬质玻璃、石英制成，内径约4mm，长度在8～15cm之间，管头的隔膜进样口供液体样品注射进样用，侧管供固体样品进样用。固体样品可置于镍制小舟或微坩埚（约 $\phi3mm\times3mm$）中，借磁铁吸引。反应柱的加热（280～350℃）可采用电烙铁芯子，载气的流速约 20～60mL/min。

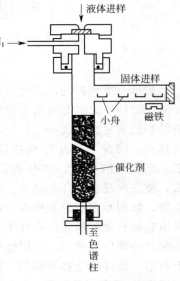

图1-40　碳骨架色谱的反应柱

催化剂是 1％钯/硅藻土：以 $PdCl_2$ 溶于 5％醋酸中，再加入适量的硅藻土担体而成。有时要加入一些碳酸钠以中和释出的盐酸。干燥后，将催化剂装入柱中，加热通氢（200℃）约 1h。

在分析胺类时，Na_2CO_3 宜多加一些。对于分子量较大的物质，反应柱可适当短一些（约8cm）。一般进样量是 10～30μg，最多不宜超过 1mg。

碳骨架色谱的规律是：

醇　　R-┆-CH$_2$OH→RH(RCH$_3$)

醛　　R-┆-CHO→RH(RCH$_3$)

酸　　R-┆-COOH→RH(RCH$_3$)

醚　　R-┆-CH$_2$—O-┆-CH$_2$—R'→RH，RCH$_3$，R'H(R'CH$_3$)

酯　　R-┆-COO-┆-CH$_2$-┆-R'→RH，RCH$_3$，R'H(R'CH$_3$)

胺　　R-┆-CH$_2$-┆-NH$_2$→RH(RCH$_3$)

酰胺　　$R-\overset{\quad}{\underset{\underset{O}{\|}}{C}}-NH_2 \rightarrow RH$

$R-\underset{\underset{O}{\|}}{C}-NH-┆-CH_2-┆-R' \rightarrow RH，RCH_3，R'H$

卤化物　　R—CH$_2$-┆-X→RCH$_3$

硫化物　　R—CH$_2$-┆-S-┆-CH$_2$R'→RCH$_3$，R'CH$_3$

仲醇　　$R—\underset{\underset{OH}{┆}}{CH}—R' \rightarrow R—CH_2—R'$

仲胺　　$R—\underset{\underset{NH_2}{┆}}{CH}—R' \longrightarrow R—CH_2—R'$

上述各类化合物得到的产物是相同碳原子或少一个碳原子的烷烃，反应温度约 300℃。

在 350℃ 的反应温度下，环状化合物，如环烷烃，会脱氢而成芳香烃。

　　碳骨架色谱的反应产物较简单，便于利用保留值来鉴定，对于有机物结构的测定能提供有用的信息。它曾成功地应用于鉴定残留在生物物质中的杀虫剂、鉴定甾体、倍半萜以及石油中的含硫物质等。

　　反应柱中所用催化剂，不仅可以用 Pd，也可以用 Pt、Rh（铑）、Ru（钌）、Ni 等。在用 Ni（1%～3%）为催化剂时，不发生氢解反应，仅是氢化，这对于鉴定不饱和化合物很有用。

第二章

元素定量分析

元素定量测定方法很多，概括起来分两大类：分解定量法和非分解定量法。分解定量法是将试样在适当条件下分解，使被测元素转化为相应的单体或化合物。再采用重量法、容量法、电量法、分光光度法或近代的仪器检测手段，对分解物进行测定。最后通过换算，求出待测元素的含量。非分解定量法一般不需要破坏样品，只要用某种射线照射样品，根据样品中各元素的原子结构对放射线的不同特性响应，即可直接测出待测元素的含量。

经典的元素定量方法常采用常量法和半微量法。样品用量一般在几十毫克以上，测定的时间较长。现在采用的电子天平、色谱、光谱、电化学法等先进技术，试样用量已降至几毫克，分析时间缩短，自动化程度大大提高。

石油产品分析包括石油及石油产品化学组成的分析和理化性质的测定两部分。石油及石油产品的理化性质与化学组成有密切的关系，为了深刻地认识石油及石油产品，必须研究其化学组成，而化学组成的基础是元素组成，因此首先应考察石油及石油产品的元素组成。本章讲述石油及石油产品元素的定量分析。不同产地的石油化学组成差别很大，但从元素组成上看，差别很小，组成石油的元素为碳、氢、硫、氮、氧及微量的金属与非金属。其中碳的含量约占$83\%\sim87\%$，氢含量约占$11\%\sim14\%$，合计约占$96\%\sim99\%$，其余的硫、氮、氧及微量元素含量总共不过$1\%\sim4\%$。见表2-1。石油中含有的微量金属元素最重要的是钒、镍、铁、铜、铅、钠、钾等；微量的非金属元素中主要有氯、硅、磷、砷等。见表2-2。

表 2-1　某些石油的元素组成

石油产地	元素组成(质量分数)/%				
	C	H	S	N	O
大庆混合原油	85.74	13.31	0.11	0.15	—
大港混合原油	85.67	13.40	0.12	0.23	—
胜利原油	86.26	12.20	0.80	0.44	—
克拉玛依原油	86.10	13.30	0.04	0.25	0.28
孤岛原油	84.24	11.74	2.20	0.47	—
前苏联杜依玛兹原油	83.90	12.30	2.67	0.33	0.74

续表

石油产地	元素组成(质量分数)/%				
	C	H	S	N	O
墨西哥原油	84.20	11.40	3.60	—	0.80
美国宾夕法尼亚原油	84.90	13.70	0.50	—	0.90
伊朗原油	85.40	12.80	1.06	—	0.74
印度尼西亚原油	85.50	12.40	0.35	0.13	0.68
罗马尼亚原油	85.00	13.30	0.15	0.31	0.29

表 2-2　我国一些重质原油的微量金属含量

含量/(mg/kg)	原油				
	辽河高升	大港王官屯	胜利孤岛	胜利	大港羊三木
Fe	22	8.2	4.4	13	7.0
Ni	122.5	92	17	26	25
Cu	0.4	0.1	0.1	0.1	0.17
V	3.1	0.5	2.5	1.6	0.9
Pb	0.1	0.1	0.2	0.2	0.1
Ca	1.6	15	3.6	8.9	38
Mg	1.2	3.0	3.6	2.6	2.5
Na	29	30	26	81	1.2
Zn	0.6	0.4	0.7	0.5	0.5
Co	17	13	1.4	3.1	3.9
As	0.208	0.090	0.250	—	0.140
Mn	<0.1	<0.1	0.1	0.1	0.2
Al	0.5	0.5	0.3	12	1.1

　　石油中微量元素的含量在 10^{-6} 或 10^{-9} 水平，用何种检测手段达到分析测试要求，应该特别注意。目前许多应用于石油及其产品中的先进技术和专用仪器，使操作达到自动化，分析结果的精密度也达到更高水平。

　　测定石油及其产品的元素组成，对研究它们的化学结构、催化反应过程的机理、加工方案的制定、环境治理、改善产品质量等方面，都有重大的意义。

第一节　碳、氢的测定

　　碳和氢是组成石油的理想元素，原油的氢碳比（氢碳质量比或氢碳原子比，记作 H/C 比）是反映原油化学组成的一个重要参数。对于烃类化合物来说，H/C 比是一个与其化学结构和分子量大小有关的参数，随着石油及其产品中环状结构的增加，其 H/C 比下降，尤其是随着芳香环结构的增加，其 H/C 比显著减小。通过 H/C 比可以反映原油的属性，一般轻质原油或石蜡基原油的 H/C 比高（约 1.9），重质原油或环烷基原油 H/C 比低（约 1.5）。此外，H/C 比是一个与物质化学结构有关的参数，同一系列的烃类，其 H/C 比随着分子量的增加而降低，烷烃的变化幅度较小，环状烃的 H/C 随分子量的变化幅度较大；不同结构的烃类，碳数相同时，烷烃的 H/C 原子比最大，环烷烃次之，而芳烃最小；对于环状烃而言，相同碳数时，环数增加，其 H/C 原子比降低。H/C 比也影响着原油及油品的性质，H/C 比降低，油品的密度和沸点升高；而油料的 H/C 比越高其价值越高，因为油料加工过程中氢耗越小；而且通常油料的质量热值随燃料元素组成中 H 含量的增加而增加。由此可见，石油及油品中碳和氢含量的测定在石油化工分析中具有重要的意义。碳和氢含量测定常采用氧化燃烧重量定量法，属分解定量法。

方法原理是：试样在氧气流和催化剂的作用下，经高温灼烧和催化氧化，使试样中的碳和氢分别定量地转变为二氧化碳和水。设法除去干扰元素后，用已称过质量的烧碱石棉（NaOH）吸收管吸收二氧化碳；无水氯化钙（$CaCl_2$）或无水高氯酸镁 [$Mg(ClO_4)_2$] 吸收管吸收水，再称重求得二氧化碳和水的质量后，计算出试样中碳和氢的质量分数。

由此可见，试样中碳和氢的测定，可以分为下述三个步骤。

一、燃烧分解

测定碳氢时，能否使有机物燃烧分解完全、定量地转化为二氧化碳和水是关键。若燃烧分解不完全，即使吸收管的称量准确，也不可能得到准确的分析结果。为此，需要选择高效能的催化剂和适当的燃烧方法。良好的催化剂应具备：①催化氧化效能高，能加快样品燃烧分解的速度，缩短分析时间；②工作温度不能太高，以免影响燃烧管和电炉的使用寿命；③最好具有吸收其他杂元素（或化合物）的能力，以免干扰测定使分析操作简化。

（一）催化剂

在经典的碳氢燃烧分析中，采用氧化铜作为催化剂。它是一种可逆性的催化氧化剂，当有机物在高温下与氧化铜反应时，氧化铜部分地被还原成低价氧化物，同时此低价氧化物又立即被气流中的氧气活化成氧化铜。值得指出的是，氧化铜不仅在氧气流中而且在非氧或混有少量氧的惰性气流中，依然具有这种可逆性。这样为在惰性气流中进行燃烧分解，以及同时测定碳、氢、氮创造了有利条件。实验证明，多孔状的大颗粒（10～20 筛目）氧化铜具有很强的氧化性能。

四氧化三钴也是一种高效催化氧化剂。它是一种可逆性氧化剂，由氧化钴和三氧化二钴混合组成，在氧气流中，较低的温度下就具有很强的催化氧化效能。例如，在 345℃ 时就能使甲烷定量地氧化完全。虽然其工作温度以 600℃ 为宜，但在温度高达 800℃ 时，仍具有良好的氧化效能，并且工作寿命较长，对含氟、磷、砷等的有机物，燃烧后生成的氧化物也有较强的抗干扰能力，但是四氧化三钴吸收卤素和硫的能力不如高锰酸银的热解产物强。

另一类催化氧化剂是金属氧化物的银盐（如钒酸银、铬酸银、钨酸银、高锰酸银等）的热解产物，这类氧化剂的特点是除具有很强的催化氧化性能外，还能高效地吸收卤素和硫等干扰元素。其中应用最多的是高锰酸银的热解产物，它是一种带金属光泽的黑色粉末，由高锰酸银结晶加热分解而成。经化学分析和 X 射线衍射等方法进行研究后知道这种物质在不超过 790℃ 时，组成以银：锰：氧为 1：1：（2.6～2.7）的比例存在（通常写成 $AgMnO_2$）。它的内部结构是金属银呈原子状态均匀分散于二氧化锰中，并处于晶格表面的缺陷中形成活性中心，使其形成了很强的吸收卤素和硫的能力。而且，这种物质组成中的二氧化锰在较低的氧化温度下（500℃），有很高的催化氧化性能，能在氧气流下将烃类定量氧化成为二氧化碳和水。但是，它在氧化温度大于 600℃ 时容易分解，颜色变成褐红色，氧化效能降低；而通常在 500～550℃ 的工作温度下，对于某些难分解的样品（如含 C—Si、C—B、C—S 键的有机物）又存在氧化不完全的问题。为此，多使用混合型的催化剂。例如：采用四氧化三钴与氧化银热分解产物联合使用的办法，有 $AgMnO_2/Co_3O_4$ 或 $AgMnO_2/Co_3O_4/AgMnO_2$。这样既发挥了银盐能吸收卤素和硫的优点，又使两种催化剂的氧化性能协同作用，提高了催化氧化效能。这是碳、氢定量分析中应用较广的催化剂。实践证明，几种催化剂混合联用，确是一类行之有效的性能优良的催化氧化剂。

（二）燃烧方法

分解有机物的方法，最早采用燃烧管分解法。原理是将试样和适当的催化氧化剂放在燃烧管中加热分解，分解产物借助氧气流慢慢地赶入催化剂填充区，在那里完成氧化作用。由于当时使用的催化剂效能较低，因此，约束了氧气的流速和燃烧的速度，造成燃烧管分解法所需分析时间较长。

真空燃烧法是将试样在抽真空的密封燃烧管中，借助于填充的氧化铜催化剂进行燃烧分解，然后打开燃烧管，导入氧气，烧尽试样，并把燃烧产物送到吸收系统中，进行碳、氢的定量测定。本法适用于易爆和易挥发的试样及含氮有机物中碳和氢的测定。

空管燃烧法是在无填充催化剂的空管中，在高温时，加快氧气流速（50mL/min），将试样燃烧。常用的方法是将试样装在一个一端开口，另一端封闭的玻璃套管中，套管置于燃烧管中，使套管开口端背向氧气流，而朝向燃烧管末端，然后以与氧气流相反方向移动加热器加热试样，这样，使试样在氧气不足的情况下，首先迅速汽化和热解，再通以50mL/min的快速氧气流，使裂解产物氧化。本法的最大优点是燃烧速度快、效果好；缺点是小套管在装样时，其表面容易吸收水汽，干扰氢的测定。另外应防止试样在受热分解时，产物冲出套管，引起燃烧分解氧化的不完全。

二、干扰元素的排除

测定碳、氢元素的过程中，样品中的硫、氮、卤素等有机化合物在催化剂的作用下生成卤化氢或卤素、硫和氮的氧化物。它们的存在影响碳、氢的定量测定。

（一）卤素和硫化物干扰的排除

通常用银丝吸收卤化氢或卤素及硫化物。卤化氢或卤素在600℃左右与银作用生成卤化银。硫在燃烧时必须生成三氧化硫，才能被银丝吸收生成硫酸银。由于这种吸收剂的吸收效率低，常用增加银丝层的厚度和表面积（如采用载银的沸石等）来提高它的吸收能力。金属氧化物的银盐是卤素和硫化物的高效吸收剂，常用的银盐有高锰酸银热分解产物、钨酸银、银和四氧化三钴混合物等，它们既是高效的催化剂，又是高效的吸收剂。这些吸收剂中的银是以原子状态均匀分散在氧化物中，它不仅具有很强的吸收卤素和硫化物的能力，又可以将样品中的硫完全氧化成为三氧化硫，使脱硫完全。

$$HCl + Ag \longrightarrow AgCl + \frac{1}{2}H_2 \uparrow$$

$$Br_2 + 2Ag \longrightarrow 2AgBr$$

$$I_2 + 2Ag \longrightarrow 2AgI$$

$$SO_3 + 2Ag \xrightarrow{[O]} Ag_2SO_4$$

（二）氮氧化物干扰的排除

有机氮化物在燃烧过程中生成氮气和一定数量的氮氧化物，氮氧化物影响碳的测定结果，常用以下两种方法排除其干扰。

（1）吸收法：生成的氮氧化物包括一氧化氮和二氧化氮，常用二氧化锰作吸收剂，在室温下可吸收二氧化氮，生成硝酸锰：

$$2NO \xrightarrow{[O]} 2NO_2$$

$$MnO_2 + 2NO_2 \longrightarrow Mn(NO_3)_2$$

燃烧产物的一氧化氮在吸收管的空间中与氧气充分混合，转化成二氧化氮也被内层的二氧化锰吸收。二氧化锰吸收二氧化氮主要是由于表面存在的羟基具有吸附活性，二氧化氮由羟基吸附后，再与二氧化锰作用生成硝酸锰并放出水分。因此，在二氧化锰层的后部要加一段无水高氯酸镁，使水分不致进入二氧化碳吸收管内。

$$Mn(OH)_4 + 2NO_2 \rightleftharpoons Mn(NO_3)_2 + 2H_2O$$
$$MnO_2 \cdot 2H_2O$$

（2）还原法：用金属铜作还原剂，在550℃温度下，将氮氧化物还原为氮气。

$$2Cu + NO \xrightarrow{550℃} Cu_2O + \frac{1}{2}N_2$$

$$4Cu + NO_2 \xrightarrow{550℃} 2Cu_2O + \frac{1}{2}N_2$$

由于金属铜也与氧作用生成氧化铜，所以还原法只限用于含少量助燃氧气的惰性气流中。燃烧分解后多余的氧气也被金属铜吸收。这种方法常用在碳、氢、氮同时测定的流程中。

三、燃烧产物的测定

试样燃烧生成的二氧化碳和水，经典的定量方法是重量法：采用装有相应吸收剂的吸收管，依次把水和二氧化碳分别吸收，称量吸收管的增重，通过计算，求得碳和氢的百分含量。常用的吸水剂有无水氯化钙、硅胶、五氧化二磷、无水高氯酸镁等，其中无水高氯酸镁为最佳。其吸收容量可达自身重量的60%，使用寿命比其他吸收剂长，吸水后体积收缩率小，是使用最广泛的吸水剂。

一般用烧碱石棉作为二氧化碳吸收剂。它是一种浸有浓氢氧化钠的石棉，干燥后粉碎成10～20筛目的颗粒待用。其中的氢氧化钠可吸收二氧化碳，生成碳酸钠并放出1mol的水。

$$2NaOH + CO_2 \longrightarrow Na_2CO_3 + H_2O$$

因此在二氧化碳吸收管内，在烧碱石棉后部必须另加一段无水高氯酸镁作吸水剂，以免造成碳的误差。同时，也使经过水和二氧化碳两根吸收管前后的气流保持同样的干燥度。

图2-1是高锰酸银热分解产物作催化剂的碳、氢测定装置示意图。分为氧气净化、燃烧分解和吸收三部分。先做空白实验，然后取样（3～5mg）分析。燃烧完毕，称取各个吸收管的增重，计算碳、氢百分含量：

$$C\% = \frac{a - a_0}{W} \times 27.37 \times 100\% \tag{2-1}$$

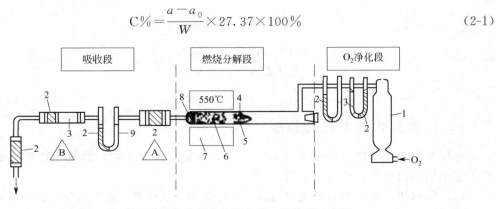

图2-1 高锰酸银热分解产物测定碳、氢装置示意图

1—干燥塔；2—Mg(ClO₄)₂；3—烧碱石棉；4—铂舟；5—小套管；

6—高锰酸银热分解产物；7—电炉；8—银丝；9—MnO₂

$$H\% = \frac{b - b_0}{W} \times 11.19 \times 100\% \tag{2-2}$$

式中，a 为样品燃烧生成二氧化碳的质量，mg；a_0 为二氧化碳空白值，mg；b 为样品燃烧生成水的质量，mg；b_0 为水的空白值，mg；W 为样品质量，mg；27.37 为二氧化碳中含碳量，%；11.19 为水中含氢量，%。

第二节 氮 的 测 定

石油中氮含量通常在 0.05%～0.5%，我国石油中氮含量通常在 0.1%～0.5%之间，属含氮量较高的原油类。目前我国已发现的原油中氮含量最高的是辽河油区的高升原油，氮含量占 0.73%。氮含量随着石油馏分沸点升高而增加，约有一半以上氮以胶状沥青状物质集中于减压渣油中。轻质油中含氮量较少。石油中的氮主要是以各种含氮杂环化合物的形态存在。含氮化合物可分为碱性氮化合物和非碱性氮化合物两类，还有少量脂肪胺和芳香胺类。现已从石油中分离出来的碱性含氮化合物主要为吡啶、喹啉、异喹啉及其同系物，非碱性含氮化合物主要是吲哚、吡咯、咔唑及其同系物，石油中还有另一类非碱性氮化合物，即金属卟啉化合物。石油中含有微量重金属，如钒、镍、铁等，这类重金属与氮化合物形成金属卟啉化合物。金属卟啉化合物分子中包含四个吡咯环。这类化合物的发现具有特殊的意义，因为动物体内的血红素和植物的叶绿素都是卟啉化合物，它们与石油中的这类化合物结构是一致的，而卟啉化合物被认为是生物标记。因此，石油中这类化合物的发现，为石油的有机成因提供了证据。石油的二次加工过程中，由于重油馏分内复杂氮化物的裂解，所以二次加工的轻质石油产品中，氮含量比较高。人造石油含氮量较天然石油高，石油中含氮量虽然不高，但其对石油的催化加工和油品的使用性能都有不利的影响：①引起油品的不安定性，影响油品质量，存储运输过程中，易生成胶状沉淀；②使油品颜色变深，气味变臭，使用中易在气缸中形成积炭，对发动机造成磨损；③催化重整过程中，为防止催化剂中毒，要控制预加氢生成油的氮含量小于 1mg/kg。因此，研究和掌握不同数量级氮含量的测定方法是必要的。

氮含量的测定方法有：杜马燃烧法、凯（克）达尔法、镍还原法、微库仑法和化学发光法，均是对样品进行破坏性分析，属于分解定量法。

一、杜马燃烧法

普遍用于石油及有机化合物中氮含量测定，适用于高沸点的馏分油，如原油、渣油等，常量、百分数量级氮含量的测定。

测定的方法原理是：使有机含氮化合物在催化剂作用下，在二氧化碳气流中加热分解，生成氮气和氮的氧化物。它们随二氧化碳气流经过还原剂（金属铜）后，把氮的氧化物定量地转化为氮气。反应中可能产生的氧气（例如由 CO_2、H_2O、N_2O 等气体分解产生）也可由金属铜吸收除去。然后由二氧化碳气流将生成的气体赶入量氮计中，用 50%氢氧化钾溶液将酸性气体全部溶解吸收。测量不溶于氢氧化钾溶液的氮气体积，计算氮的百分含量。反应如下：

$$有机含氮化合物 \xrightarrow{氧化剂} N_2 + 氮的氧化物 + CO_2 + H_2O + O_2$$

$$氮的氧化物 + Cu \xrightarrow{\triangle} N_2 + CuO$$

$$O_2 + 2Cu \xrightarrow{\triangle} 2CuO$$

该方法关键是选择高效催化剂。常用的催化剂有氧化铜、四氧化三钴及二氧化锰与高锰酸银热分解产物的混合物。图 2-2 是杜马燃烧法测氮装置示意图。

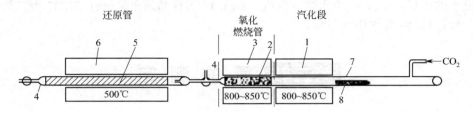

图 2-2　杜马燃烧法测氮装置示意图

1,3,6—电炉；2—CuO；4—石棉；5—还原铜；7—石英套管；8—样品＋Co₃O₄

计算测定结果：

$$N\% = \frac{1.2505V_0}{W} \times 100\% \tag{2-3}$$

$$V_0 = 0.988V \frac{P}{101.3} \times \frac{273}{273+t} - V' \tag{2-4}$$

式中，V' 为校正为标准状态下的空白结果，mL；V 为未校正的样品氮气体积，mL；P 为大气压力，kPa；t 为室温，℃；W 为样品质量，mg；V_0 为已校正为标准状态下的样品氮气体积，mL；1.2505 为标准状态下氮气密度，mg/mL；0.988 为校正系数。

考虑到氢氧化钾溶液附着管壁以及其蒸气压，气压计的温度校正等，可产生偏高的误差。根据经验，为氮气体积读数的 1.2%，故测定结果应乘以校正系数。

杜马燃烧法用于分析含角甲基的化合物（如甾族化合物）时，由于生成的甲烷气体不溶于氢氧化钾溶液中，使分析结果偏高。用于分析渣油、长链脂肪酰胺、嘌呤、嘧啶及含氮稠杂环化合物时，由于不完全氧化而生成含氮焦炭，使分析结果偏低。但因杜马法适用于大多数有机氮化物，又有仪器装置不需经常更换和分析速度较快的优点，所以广泛应用，是一种公认的定氮方法，并常作为衡量其他方法准确度的一个标准方法。

二、凯（克）达尔法

设备简单，可同时进行多个试样的测定。也是一种公认的定氮方法。

测定的方法原理是：在凯氏烧瓶中，将含氮有机物用浓硫酸及催化剂煮沸分解，其中的碳和氢，分别生成二氧化碳和水蒸气，氮转变为氨气，被浓硫酸吸收，生成硫酸铵。再用氢氧化钠碱化，使硫酸铵分解。分解产物进行水蒸气蒸馏，蒸出的氨气用硼酸溶液吸收，最后用标准溶液滴定。由于消耗的盐酸的物质的量与氨气的物质的量相等，可以根据盐酸标准溶液的消耗量（$C \cdot V$）计算出氮的百分含量。

（一）煮沸分解（消化）

煮解的仪器装置见图 2-3。煮解的反应为：

$$有机氮化物 \xrightarrow[\triangle 催化剂]{浓 H_2SO_4} (NH_4)_2SO_4$$

煮解是测定氮的关键步骤。为使试样在浓硫酸作用下分解完全，常加入少量硫酸钾，以便提高煮解反应的温度，使反应液的沸点从 290℃ 提高到 460℃ 以上，促使有机氮化物定量

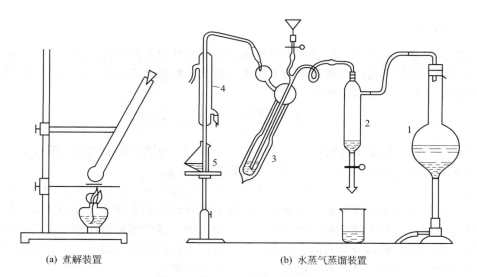

(a) 煮解装置　　　　　　　　　(b) 水蒸气蒸馏装置

图 2-3 凯（克）达尔法装置图

1—水蒸气发生瓶；2—分离器；3—蒸馏管；4—冷凝器；5—接收瓶

地转化为硫酸铵。但硫酸钾会消耗部分硫酸，生成硫酸氢钾，而使消化液中硫酸用量不足，因此，硫酸钾用量不可过多。此外，反应中还需加入催化剂。常用催化剂有硒粉、汞、氧化汞、氯化汞、硫酸汞和硫酸铜等。它们可以单独使用或两种催化剂混合使用。其中汞催化剂分解效能高，对难分解的含氮有机物，汞催化剂比铜催化剂有效；但铜催化剂不会与氮生成络合物，也没有汞蒸气的毒害作用。而用汞或汞化合物作催化剂时，会产生不挥发的硫酸铵汞络合物，使测定结果偏低。为此，煮解完后，要加入硫代硫酸钠或硫化钠溶液，使它分解，并将汞沉淀。并以饱和硫酸铜溶液除去过量的硫代硫酸钠，以免后续蒸馏时产生挥发性硫化物，妨碍滴定终点的观察（因为硫有颜色）。

$$Hg\begin{matrix} NH_3 \\ \diamondsuit \\ NH_3 \end{matrix}SO_4 + Na_2S_2O_3 + H_2O \longrightarrow HgS\downarrow + Na_2SO_4 + (NH_4)_2SO_4$$

$$CuSO_4 + Na_2S_2O_3 =\!=\!= CuS_2O_3 + Na_2SO_4$$

因此，对不用汞类催化剂能完全消化的有机含氮化合物，尽可能不用汞催化剂，以便简化操作。硒催化剂比铜催化剂活性好，也不与氨形成络合物，但有使氮损失的危险。实验表明当硒用量恰当时，是可以达到既有催化作用又有无氮损失的目的。容易煮解的有机化合物，一般使用硫酸钾、硫酸铜和硒粉等混合催化剂，就能得到满意的结果。

煮解反应完成后，加入过量的氢氧化钠溶液，进行碱化，使氨游离出来。

$$(NH_4)_2SO_4 + 2NaOH \longrightarrow 2NH_3\uparrow + 2H_2O + Na_2SO_4$$

（二）蒸 馏

用水蒸气蒸馏的方法，把碱化后反应液中游离的氨蒸馏出来，并通入 4% 的饱和硼酸溶液，氨被定量吸收，生成硼酸铵。反应如下：

$$3NH_3 + H_3BO_3 \longrightarrow (NH_4)_3BO_3$$

生成的硼酸铵是一种两性化合物，根据酸碱滴定的原理，可选用强酸标准溶液如盐酸来进行滴定。

（三）滴定

用标准盐酸溶液滴定时，指示剂为溴甲酚绿和甲基红的乙醇溶液，到终点时，指示剂由蓝色变为灰色。消耗的盐酸的量与氨的量相等，因此，根据计算标准盐酸溶液的消耗量可计算出氮的质量分数。测定结果如下：

$$N/\% = \frac{(V_1 - V_2)C \times 14.01}{W} \times 100\% \tag{2-5}$$

式中，C 为盐酸标准溶液物质的量浓度，mol/L；V_1 为滴定样品消耗盐酸体积数，mL；V_2 为空白实验消耗盐酸体积数，mL；W 为样品质量，mg。

注意事项：①对于硝基类、偶氮类这些含有 N—O 键和 N—N 键的化合物，在浓硫酸煮沸分解时，氮易生成氧化氮和氮气而损失；常在煮沸分解前加入锌粉或葡萄糖作还原剂，使氮定量转化为氨；②对于吡啶类、喹啉类等杂环化合物，因较难分解而使测定结果偏低，常借助于加入硫酸钾来提高分解液的沸点等办法，使测定得到满意的结果。本方法的缺点是煮沸分解时间较长，酸雾污染严重，试剂消耗多，劳动强度大。

三、镍还原法

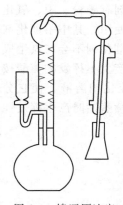

重整工艺对原料油中引起催化剂中毒的氮化物的含量提出了严格的限制。一般控制氮含量在 1mg/kg 以下。对于痕量氮测定的经典方法是采用硅胶或硫酸，将石油中氮化物富集后，再用凯（克）达尔法测定。但这种方法试剂用量大、劳动条件差、分析时间长。而镍还原法适宜于低或微含氮量的测定，重整原料油中痕量氮测定，最低检出限为 0.5mg/kg。

镍还原法的测定原理是：将试油与活性镍催化剂在沸腾回流的条件下，反应 40min。稍冷，加入硫酸，继续加热，使反应物与硫酸作用，生成硫酸铵。再用蒸馏的方法分离除去未反应的有机相；然后，改用图 2-4 装置，从滴液漏斗中加入氢氧化钠与硫酸铵作用，放出的氨吸收于硼酸溶液中。再用 0.01mol/L 氨基磺酸溶液滴定，采用甲基红和溴甲酚绿混合指示剂，当指示剂颜色从蓝色转变为酒红色时，达到终点。由

图 2-4　镍还原法定氮装置图

滴定时消耗的氨基磺酸标准溶液的体积数，计算试样的氮含量：

$$N/(mg/kg) = \frac{(V_1 - V_2) \times 140}{W} \tag{2-6}$$

式中，V_1 为试油消耗氨基磺酸体积，mL；V_2 为空白试验消耗氨基磺酸体积，mL；W 为试油质量，g；140 为氨基磺酸溶液的滴定度，$\mu g/mL$。

本法仪器简单，操作方便，易于推广。本法的关键是要有一个低的稳定的空白值，因为所测油样含氮量是 mg/kg 级，并且要避免污染。本法的缺点是不适于测定重质石油馏分和黏稠试样，且分析时间较长。

四、微库仑法

随着石油化工工业的发展，对分析方法的要求越来越高。1966 年 Martin 首先提出用微库仑法测定氮含量，这种方法具有灵敏度高，分析速度快，准确度高，试剂用量少等优点，而为国内外广大分析工作者采用，现已定为标准方法。

微库仑定氮的方法原理是：试油用微量注射器或样品舟自动进样器推入石英裂解管的汽化段，在氢气流中，高温分解，在蜂窝状镍催化剂作用下，加氢裂解。有机氮定量转化为

氨。同时产生的酸性气体用吸附剂吸收除去。氨由氢气流带入库仑滴定池中，进行氨的定量测定。

氨气与滴定池内电解液中的氢离子反应：

$$NH_3 + H^+ \longrightarrow NH_4^+$$

使滴定池中氢离子浓度降低，引起测量电极电位发生变化，造成指示电极对的输出与给定偏压值不相等。变化后的指示-参比电压与偏压比较，其差值作为库仑计放大器的输入信号。这时，库仑放大器给出一个放大的电压加到电极对上，使发生电解反应：

阳极：
$$\frac{1}{2}H_2 \longrightarrow H^+ + e$$

阴极：
$$H_2O + e \longrightarrow OH^- + \frac{1}{2}H_2$$

阳极电解得到的氢离子补充了与氨作用消耗的氢离子。这一过程随着氢离子的消耗连续进行，直至无氨进入滴定池，氢离子浓度恢复到初始浓度，电位差值信号消失，电解自动停止，滴定到达终点。测量补充氢离子所需的电量，根据法拉第电解定律，计算氮的含量：

$$N/(\mathrm{mg/kg}) = \frac{A \times 0.145}{RVdf} \times 100 \tag{2-7}$$

式中，A 为积分值，$\mu V \cdot s$；V 为进样体积，μL；R 为库仑计积分范围电阻，Ω；d 为试样密度，g/mL；f 为标样回收率，%；0.145 为单位电量析出氨的质量，$ng/\mu C$；100 为每个积分分数值的计数，$\mu V \cdot s$。

图 2-5 是微库仑法测氮流程图。氢气起着载气和反应气两种作用，通过两路供给氢气。一路通过水洗涤器对氢气进行增湿；一路由气瓶直接进入反应管。使氢气保持一定的湿度可减少催化剂生成积炭量，以便保持氨的回收率达到 95% 以上。石英裂解管中部装有蜂窝镍催化剂，尾部装有氢氧化钾碱性吸收剂，用来吸收反应生成的酸性气体（H_2S、HCN、HX、PH_3 等）。高温炉分三段，入口段使试样气化（控制到 500~800℃）；中心段实现加氢裂解反应（控制到 700~800℃），使有机氮转化为氨；出口段为吸附段（控制到 300℃），吸收生成的酸性气体。滴定池内有测量-参考电极对及一对由铂组成的电解电极对。测量电极是涂渍铂黑的铂片，参考电极为铅-硫酸铅。电解液为 0.4% 的硫酸钠溶液。

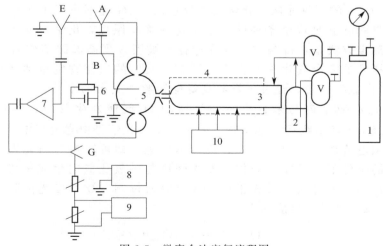

图 2-5　微库仑法定氮流程图

1—氢气瓶；2—增湿器；3—裂解管；4—高温炉；5—滴定池；6—偏压；7—放大器；8—记录仪；
9—积分仪；10—控温装置；A、B、E、G—同步切换振动子

微库仑法用于轻质石油产品中氮含量的测定，对样品沸程为 50～550℃，黏度为 0.2～2mm²/s，氮含量为 0.1～3000mg/kg 时，可得到满意的结果。当样品含硫量大于 5%，对测定有干扰。

对于样品黏度大于 2mm²/s，沸程为 350～550℃ 的馏分油，可用无氮溶剂稀释后再进样分析。对于减压渣油、润滑油和润滑油添加剂等黏稠液体和固体试样，也可用无氮溶剂稀释后进样，或用镍舟进样。为使样品完全气化，裂解管气化段温度可提高至 700～850℃，催化段温度降低到 500℃。由于裂解管气化段温度提高可能使样品在入口处结焦，焦炭中常夹杂有氮而导致测定结果偏低。为此，在用铂舟进样时，催化剂直接加入样品中，气化段保持 850℃，使 50% 左右的有机氮在气化段转化为氨。改进后，对固体石油产品和添加剂中氮含量为 20mg/kg 以上的样品，回收率可达 100%±5%。测量范围的低限为 10mg/kg，高限为 50g/kg。

微库仑定氮方法灵敏、快速、准确。

五、化学发光法

适用于测定原油、馏分油、石油气、塑料、石油化工产品、食物以及水中的总氮含量，测量范围 0.2～10000mg/L，样品状态可以是固体、液体和气体，无论稠稀，常用作微量反应，因为常量发烟严重，激发态比较多，也损伤管子。

化学发光法的基本原理是：某些物质在常温下进行化学反应，生成处于激发态的反应中间体或反应产物。当它们从激发态返回基态时，伴随有光子发射的现象。由于物质激发态的能量是通过化学反应而不是其他途径（例如光照、加热等）获得的，所以将上述发射光子的现象称为化学发光，表明它是通过化学反应产生的光辐射。

产生激发态的条件是，反应的吉布斯函数的变化值应能满足生成电子激发态产物所需的能量。化学发光反应的吉布斯函数的变化值 ΔG 为：

$$-\Delta G \geqslant hc/\lambda$$

或
$$-\Delta G \geqslant 11.97 \times 10^4/\lambda \qquad \text{kJ/mol}$$

式中，h 为普朗克常数；c 为光速；λ 为发射光波长。

在 400～700nm 的可见光区，化学发光反应的 $-\Delta G$ 应不小于 167～293kJ/mol。而很多氧化反应是能够满足这个条件的。基于这一基本原理，化学发光可用于测定油品中氮的含量。测定方法是：待测样品（或标样）被引入到高温裂解炉后，在 1050℃ 左右的高温下，样品被完全气化并发生氧化裂解，其中的氮化物定量地转化为一氧化氮（NO）。反应气由载气携带，经过干燥器高氯酸镁脱去其中的水分，进入反应室。亚稳态的一氧化氮在反应室内与来自臭氧发生器的 O_3 气体发生反应，转化为激发态的 NO_2^*。当激发态的 NO_2^* 跃迁到基态时发射出光子，光信号由光电倍增管按特定波长检测接收。再经微电流放大器放大、计算机数据处理，即可转换为与光强度成正比的电信号。在一定的条件下，反应中的化学发光强度与一氧化氮的生成量成正比，而一氧化氮的量又与样品中的总氮含量成正比，故可以通过测定化学发光的强度来测定样品（或标样）中的总氮含量。反应如下：

$$NO + O_3 \longrightarrow NO_2^* + O_2$$

$$NO_2^* \longrightarrow NO_2 + hc/\lambda$$

化学发光法与凯（克）达尔法和微库仑法比较，优点是仪器结构简单，测定时间比微库仑法还要短，自动化程度高，保养管理方便，是一种很好的常规分析仪器。特别有利于对重质石油产品氮含量的测定。还可用于环境监测中氮氧化物含量的分析，也可作为色谱分离测定氮化物的检测器。表 2-3 是化学发光法与其他分析方法比较的数据。

表 2-3　三种定氮方法比较

油样	氮含量(质量分数)/%		
	化学发光法	微库仑法	凯(克)达尔法
馏分油	0.2046	0.1804	0.1943
渣油	0.9557	1.061	1.005
沥青质	0.9555	1.089	1.173
加氢精制油	0.1190	0.1216	0.1213
重油	0.4204	0.4209	0.4200

第三节　氧 的 测 定

氧是有机化合物中最普遍的组成元素之一。石油中氧含量因产地不同而不同，一般都很少，约在千分之几范围内，只有个别石油含氧量可达 2%～3%。如果石油在加工前或加工后长期暴露在空气中，那么其含氧量就会大大增加。氧在石油馏分中的分布随石油馏分沸点的升高而升高，随馏分的变重而增加，大部分集中在胶状沥青状物质中，因此，多胶重质石油含氧量比较高。石油中的氧元素都是以有机含氧化合物的形式存在的，分为酸性含氧化合物和中性含氧化合物两种类型，中性含氧化合物主要是醛、酮及酯类，酸性含氧化合物有环烷酸、芳香酸、脂肪酸和酚类，石油中的酸性氧化物统称为石油酸。它们的存在能腐蚀设备，也是油品不安定的原因之一，直接影响石油产品的性质。在二次加工中，氧化物在反应条件下会生成水，水的存在会使催化剂的活性和稳定性降低。

测定氧含量应用较普遍的方法是碳还原法，是对样品的破坏性实验，属分解定量法。

一、样品分解还原

含氧有机物在高温的氮气流中进行热分解。为保证载气的纯度，要用纯度为 99.5% 的氮气通过 600℃ 的还原铜，以除去氮中的微量氧。氮气携带热分解产物，通过 900℃ 的铂-碳催化剂，使其中含氧成分定量地转化为一氧化碳。

二、干扰物的排除

含卤素、硫、氮的有机物高温裂解时，生成卤素、硫化氢、氰化氢、硫化碳酰（COS）和氨等气体，它们对测定氧产生干扰，必须除去。酸性气体用烧碱石棉吸收；氨用硅胶-硫酸除去；在铂-碳催化剂后填充纯铜，在 900℃ 的温度下，可除去含硫的干扰物。反应如下：

$$4Cu + CS_2 \longrightarrow 2Cu_2S + C$$

$$2Cu + H_2S \longrightarrow Cu_2S + H_2$$

$$2Cu + COS \longrightarrow Cu_2S + CO$$

（COS 含 O，若不用 Cu 还原取出，会造成测定结果偏低）

按具体情况，分别选用不同的去干扰措施。

三、定量方法

（一）重量法

图 2-6 是重量法测氧的装置图。试样经高温裂解，其中的氧定量地转化为一氧化碳。除去干扰物后，气流（$CO+N_2$）进入氧化管，在 300℃ 温度下与氧化铜作用，一氧化碳定量转化为二氧化碳。用烧碱石棉吸收，称量吸收管的增重，计算氧含量。

$$O/\% = \frac{0.3636W}{G} \times 100\% \tag{2-8}$$

式中，W 为已经空白校正的 CO_2 质量，mg；G 为样品质量，mg；0.3636 为表示 O/CO_2 的比值。

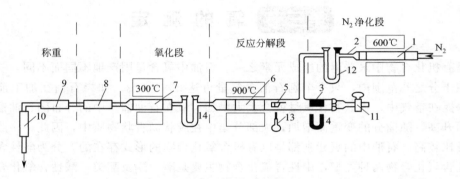

图 2-6 重量法测氧装置图

1—氮气纯化管；2—三通活塞；3—带有铁心的石英送样匙；4—磁铁；5—盛在匙内的铂舟；

6—分解管；7—氧化管；8、10—过氯酸镁；9、12、14—烧碱石棉+过氯酸镁；

11—二通活塞；13—煤气灯

（二）碘量法

图 2-7 是碘量法定氧装置图。

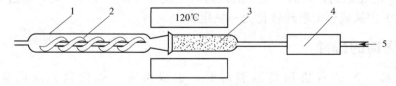

图 2-7 碘量法定氧装置图

1—碘吸收管；2—碱溶液；3—无水碘酸；4—烧碱石棉；5—接热分解管

来自热分解管的气流（$CO+N_2$），通过烧碱石棉管，除去酸性气体后，与 120℃ 的无水碘酸反应。生成的碘用碱液吸收，用碘量法滴定。根据消耗硫代硫酸钠标准溶液的体积数，计算氧的含量。反应式为：

$$15CO + 2HI_3O_8 \longrightarrow 15CO_2 + 3I_2 + H_2O$$

$$5Br_2 + I_2 + 12KOH \longrightarrow 10KBr + 2KIO_3 + 6H_2O$$

$$KIO_3 + 5KI + 3H_2SO_4 \longrightarrow 3K_2SO_4 + 3I_2 + 3H_2O$$

$$2Na_2S_2O_3 + I_2 \longrightarrow Na_2S_4O_6 + 2NaI$$

计算氧含量：

$$O/\% = \frac{V_2 - V_1}{G} \times 0.1333 \times 100\% \tag{2-9}$$

式中，V_2 为样品消耗硫代硫酸钠体积数，mL；V_1 为空白实验消耗硫代硫酸钠体积数，mL；G 为样品质量，g；0.1333 为每毫升 0.02mol/L 硫代硫酸钠相当氧的克数，g/mL。

上述对常量氧的测定，可以取得满意的结果。对轻质油品中氧含量一般为几个至几十个 mg/kg 的痕量氧测定，还存在不少问题。

第四节　硫的测定

石油中含硫量也随产地不同而异，从万分之几到百分之几不等。含硫化合物在石油馏分中的分布一般是随着石油馏分沸程的升高而增加，其种类和复杂性也随着馏分沸程升高而增加。因此，大部分含硫化合物集中在重馏分油和渣油中。石油中含硫化合物按性质可分为：①活性硫化物，主要指 S、H_2S 和 RSH 等，一般认为石油馏分中 S 和 H_2S 多是其他含硫化合物受热分解的产物（在 120℃ 左右有些含硫化合物已开始分解），二者又可以互相转变，H_2S 被氧化成 S，S 和石油烃类作用又可以生成 H_2S；②非活性硫化物，主要含 RSR′、RSSR′ 和噻吩及其同系物。非活性硫化物受热可转化为活性硫化物。硫化物从整体来说是石油和石油产品中的有害物质，因为它们给石油加工过程和石油产品质量带来极大危害，主要有以下危害。

腐蚀设备：炼制含硫石油时，各种含硫化合物受热分解均能产生 H_2S，它在与水共存时，会对金属设备造成严重腐蚀。此外，如果石油中含有 $MgCl_2$、$CaCl_2$ 等盐类，它们水解生成 HCl 也是造成金属腐蚀的原因之一。如果既含硫又含盐，则对金属设备的腐蚀更为严重。石油中的硫化物，在储存和使用过程中同样会腐蚀金属，同时含硫燃料燃烧生成的 SO_2 及 SO_3 遇水后生成 H_2SO_3 和 H_2SO_4 也会强烈腐蚀机件。

使催化剂中毒：在炼油厂各种催化加工过程中，硫是某些催化剂的毒物，会造成催化剂中毒丧失活性，如铂重整所用的催化剂。

影响产品质量：含硫化物使汽油抗爆性变差，影响使用性能。硫化物的存在严重影响油品的储存安定性，使储存和使用中的油品易氧化变质，生成黏稠状沉淀，进而影响发动机或机器的正常工作。

污染环境：含硫石油在炼油厂加工过程中产生的 H_2S 及低分子硫醇等是有恶臭的毒性气体，危害炼厂工人身体健康。含硫燃料油品燃烧后生成的 SO_2 和 SO_3 也会造成对环境的污染。

因此含硫量常作为评价原油的一项重要指标。石油加工过程中要通过精制的办法将硫含量控制到标准范围内。如铂重整原料油中要控制硫含量不大于 10mg/kg；多金属重整原料油要求控制硫含量不大于 1mg/kg。而硫含量的测定已有许多成熟的方法，它们已被列入国家标准或行业标准中。

一、燃灯法

燃灯法 [GB/T 380—77(88)] 适用于测定雷德蒸气压不高于 80kPa 的轻质石油产品（汽油、煤油、柴油等）的硫含量。

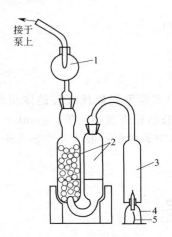

图 2-8　燃灯法测硫装置图
1—液滴收集器；2—吸收器；3—烟道；
4—带有灯芯的燃烧灯；5—灯芯

测定的方法是：将试油装入特制的空气灯中燃烧，用碳酸钠水溶液吸收生成的二氧化硫，过剩的碳酸钠用标准盐酸溶液回滴，测定装置见图 2-8。由消耗的标准盐酸溶液的体积，计算试油中硫的含量。反应如下：

$$有机硫化物 + O_2 \xrightarrow{900\sim950℃} SO_2$$
$$SO_2 + Na_2CO_3 \longrightarrow Na_2SO_3 + CO_2$$
$$Na_2CO_3 + 2HCl \longrightarrow 2NaCl + H_2O + CO_2$$

计算硫含量：

$$S/\% = \frac{V - V_1}{G} \times 0.0008 \times 100\% \tag{2-10}$$

式中，G 为试样的质量，g；V 为空白实验消耗盐酸溶液的体积，mL；V_1 为试样消耗盐酸溶液体积，mL；0.0008 为每毫升 0.05mol/L 盐酸溶液所相当的硫含量，g/mL。

二、管式炉法

管式炉法（GB/T 387—90）适用于测定润滑油、原油、焦炭和渣油等石油产品中的硫含量。图 2-9 是管式炉法定硫的流程图。测定方法是：试样在高温及规定流速的空气中燃烧。用过氧化氢和硫酸溶液将所生成的二氧化硫和三氧化硫吸收。用标准氢氧化钠溶液滴定。反应如下：

$$有机硫化物 + O_2 \xrightarrow{900\sim950℃} SO_2 + SO_3$$
$$SO_2 + H_2O_2 \longrightarrow H_2SO_4$$
$$H_2SO_4 + 2NaOH \longrightarrow Na_2SO_4 + 2H_2O$$

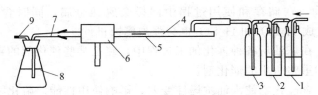

图 2-9　管式炉法定硫流程图
1、2、3—洗气瓶；4—磨砂口石英管；5—瓷舟；6—电炉；
7—石英弯管；8—接收器；9—连接泵的出口管

计算硫含量：

$$S/\% = \frac{V_1 - V}{G} \times 0.00032 \times 100\% \tag{2-11}$$

式中，G 为试样质量，g；V_1 为试样消耗的氢氧化钠溶液体积，mL；V 为空白实验消耗氢氧化钠溶液的体积，mL；0.00032 为每毫升 0.02mol/L 氢氧化钠标准溶液所相当的硫含量，g/mL。

三、氧弹法

氧弹法［GB/T 388—64(90)］适用于测定润滑油、重质燃料油等重质石油产品中的硫含量。

测定方法是将试样装入氧气压力为 3.0～3.5MPa 的氧弹中燃烧（见图 2-10）。使试油中的有机硫化物定量地转化为三氧化硫。用蒸馏水洗出，再用氯化钡沉淀。由生成的硫酸钡沉淀的质量，计算硫的含量。

$$S/\% = \frac{(V_1 - V) \times C \times 32.06}{G} \times 100\%$$

式中，G 为试样质量，g；V_1 为试样消耗的氯化钡标准溶液体积，mL；V 为空白实验消耗氯化钡标准溶液的体积，mL；C 为氯化钡标准溶液的物质的量浓度，mol/L；32.06 为硫的摩尔质量，g/mol。

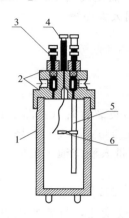

图 2-10　氧弹结构图

1—筒体；2—弹盖；3—针形阀；4—导销；
5—进气管；6—小环

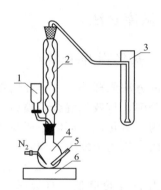

图 2-11　镍还原法定硫装置图

1—滴液漏斗；2—冷凝器；3—吸收器；4—反应烧瓶；
5—插温度计管；6—磁力电热搅拌器

四、镍还原法

（一）镍还原-容量法

测定装置见图 2-11。测定的方法是：使试样在活性镍催化剂作用下，在氮气流中沸腾回流 40～50min，试样中的硫定量转化为硫化镍。稍冷，滴加稀盐酸，使硫化镍分解，硫转化为硫化氢从反应液中逸出，经导管被收集于吸收器的氢氧化钠丙酮溶液中。反应完毕，以双硫腙为指示剂，用乙酸汞标准溶液滴定。根据试样消耗乙酸汞标准溶液的体积，计算试样的硫含量。

本法用于测定轻质油品中硫含量 10mg/kg 以上时，准确度较好；当试样硫含量为 1～10mg/kg 时，误差较大，因此，不能满足多金属重整原料油分析的需要，要用比色法代替。

（二）镍还原-比色法

试样在活性镍催化剂作用下，加热回流生成硫化镍后，加入盐酸与硫化镍反应，放出硫化氢，吸收于 0.1mol/L 醋酸镉溶液中。加入混合显色剂，以亚甲基蓝的形式在 667nm 波长处，进行比色测定。

本方法适用于测定重整原料油中 0.1～3mg/kg 范围内的硫含量，其相对误差不大于±15%。

镍还原法定硫仪器简单，灵敏度高，但操作手续烦琐，试剂用量大。对黏度大和含有不易与活性镍反应的硫化物（如磺酸类和砜类）试样，因不能和活性镍充分反应，导致分析结果偏低。

（三）镍还原法测硫、氮含量

重整原料油的硫、氮含量均需严格控制，它们均可采用活性镍作催化剂进行还原测定。测定时使试油在氮气流中与活性镍回流加热，试油中的硫化物和氮化物均进行了还原反应。稍冷，加入盐酸，与硫化镍作用，放出硫化氢。用氢氧化钠吸收后，以标准醋酸汞溶液滴定，测得硫含量。然后将反应瓶中已被酸化的反应液移入滴定瓶中，进行蒸馏，分离除去有机相。再改用图2-4的装置，从滴液漏斗中加入氢氧化钠溶液使放出氨，用硼酸溶液吸收，以标准氨基磺酸溶液滴定，测得氮含量。此方法使分析时间大大缩短。

五、微库仑法

（一）氧化微库仑法

测定的方法原理是：试样在惰性气流（氮气）下进入石英裂解管（见图2-12）。首先在裂解段热分解，与载气混合经喷射孔喷入氧化段。与氧气在900℃温度下燃烧。试样中的硫化物转化为二氧化硫（同时生成少量的三氧化硫）。由载气带入滴定池。反应生成的二氧化硫与池内的三碘离子发生反应：

$$SO_2 + I_3^- + H_2O \longrightarrow SO_3 + 3I^- + 2H^+$$

使池内 I_3^- 浓度降低，测量-参考电极对指示出 I_3^- 的浓度变化，将该变化的信号输送给微库仑放大器。放大器输出相应的电压加到发生电极对上，发生如下反应：

阳极：
$$3I^- \longrightarrow I_3^- + 2e$$

阳极电解得到的 I_3^- 补充由二氧化硫消耗了的 I_3^-，直至其恢复到初始浓度。测量电解生成三碘离子所需的电量，按法拉第电解定律，计算样品中的硫含量。

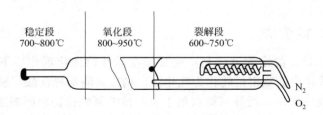

图 2-12　微库仑定硫石英裂解管示意图

滴定池内电解液的组成是 0.05％碘化钾、0.5％醋酸、0.06％叠氮化钠水溶液。测量电极为铂片；参考电极为 Pt/I_3^-（饱和）；电解阳极为铂片；电解阴极为螺旋铂丝。

计算硫含量：

$$S/(mg/kg) = \frac{A \times 0.166}{RVdf} \times 100 \tag{2-12}$$

式中，A 为积分值，$\mu V \cdot s$；V 为进样体积，μL；R 为库仑计积分范围电阻，Ω；d 为试样密度，g/mL；0.166 为单位电量析出硫的质量，ng/μC；100 为每个积分数值的计数，$\mu V \cdot s$；f 为标样回收率，％。

在理想情况下，要求有机硫完全燃烧转化为二氧化硫不生成三氧化硫。因为只有二氧化硫才与 I_3^- 反应，而三氧化硫不与 I_3^- 反应。但事实上燃烧时总有少量的三氧化硫生成，导致测定结果偏低。因此，要选择最优的氧化条件，取得满意的二氧化硫转化率。

根据热力学理论，在氧化过程中，存在下列平衡反应：

$$SO_2 + \frac{1}{2}O_2 \rightleftharpoons SO_3$$

其平衡常数为：

$$K_p = \frac{p_{SO_3}}{p_{SO_2} p_{O_2}^{1/2}} \tag{2-13}$$

式中，p_{SO_3}、p_{SO_2}、p_{O_2}分别为三氧化硫、二氧化硫和氧的分压。

式(2-13)可改写为：

$$\frac{p_{SO_2}}{p_{SO_2} + p_{SO_3}} = \frac{1}{1 + K_p p_{O_2}^{1/2}} \tag{2-14}$$

设R_{SO_2}是二氧化硫平衡收率理论值，则有：

$$R_{SO_2} / \% = \left[\frac{p_{SO_2}}{p_{SO_2} + p_{SO_3}}\right] \times 100\% = \left[\frac{1}{1 + K_p p_{O_2}^{1/2}}\right] \times 100\% \tag{2-15}$$

根据热力学等温方程式的推导，在给定条件下，反应的标准自由能变化（$\Delta G^{\ominus}$）与平衡常数有如下关系：

$$\Delta G^{\ominus} = -RT \ln K_p \tag{2-16}$$

$\Delta G^{\ominus}$是温度的函数，在测定硫的氧化转化温度在500～1500℃的范围内，$\Delta G^{\ominus}$随温度变化的关系用下式表示：

$$\Delta G^{\ominus} = -22600 + 21.36T \tag{2-17}$$

将式(2-16)代入式(2-15)：

$$R_{SO_2} / \% = \left[\frac{1}{1 + p_{O_2}^{1/2} \times \exp\frac{-\Delta G^{\ominus}}{RT}}\right] \times 100\% \tag{2-18}$$

将式(2-17)代入式(2-18)：

$$R_{SO_2} / \% = \left[\frac{1}{1 + p_{O_2}^{\frac{1}{2}} \times \exp\left(\frac{22600}{RT} - \frac{21.6}{R}\right)}\right] \times 100\% \tag{2-19}$$

根据式(2-18)、式(2-19)可知，SO_2的平衡收率是温度和氧分压的函数。按式(2-19)作出图2-13。由图可知，氧化反应温度越高、氧分压越低，收率越高。但温度太高，使石英裂解管的寿命缩短，一般选用900℃。氧气分压应尽可能降低，但要保证有机物燃烧反应完全。实际测定时，回收率控制在80%～90%，即可达到满意的结果。若燃烧反应不完全，生成含氧的醛、酮及不饱和烃等，它们也能够与碘发生反应，引起误差。同时，燃烧不完全可使石英裂解管与滴定池入口处产生积炭，导致硫化物的吸附损失。

样品中若含有卤化物和氮化物，高温裂解时生成卤素和氧化氮，干扰测定。因为它们能与电解液中碘化钾作用放出碘，增加了电解液中碘的浓度产生一个负峰，使测定结果偏低。

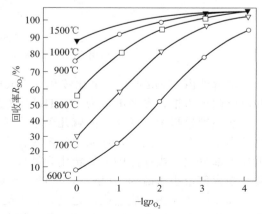

图2-13　R_{SO_2}与温度和氧分压的关系图

因此，要在电解液中加入叠氮化钠，它能快速地与氯和氮的氧化物反应，生成氯化物和分子氮，防止其与碘化钾反应。

样品中如存在钒、镍、铅等金属有机化合物，燃烧时生成氧化物。这些金属氧化物可以与三氧化硫作用，生成难分解的硫酸盐。它破坏了 SO_2/SO_3 的平衡，降低了 SO_2 的转化率，使测定结果偏低。故对含有四乙基铅抗暴剂的汽油，不易用一般的氧化微库仑法测定其硫含量。通常可考虑加入氧化剂，在高温下促使硫酸盐分解，才能得到满意的回收率。

氧化微库仑法对沸点低于 $550℃$，含硫量为 $0.1\sim3000mg/kg$ 的轻质石油馏分，可直接进样测定。分析更高的含硫量时，可用无硫溶剂稀释。当样品中含卤化物总量大于硫含量的 10 倍，总氮含量超过硫含量的 1000 倍时，对测定有严重干扰。当样品中重金属含量超过 $500mg/kg$ 时，本方法不适用。

（二）还原微库仑法

还原微库仑法定硫的方法原理是：将样品注入石英裂解管中，试样在 $750℃$ 下蒸发，与增湿的氢气流混合，接着通过温度为 $1150℃$ 的载铂刚玉催化剂。氢气既是反应气，又是载气。样品在催化剂作用下加氢裂解，其中的硫定量地转化为硫化氢，并由氢气带入滴定池中，与池内银离子发生反应：

$$2Ag^+ + H_2S \longrightarrow Ag_2S\downarrow + H_2$$

池内 Ag^+ 浓度降低，测量-参考电极对指示出 Ag^+ 浓度的变化，并发出信号。微库仑放大器输出相应的电压加到发生电极对上，使阳极发生反应：

$$Ag \longrightarrow Ag^+ + e$$

通过阳极的氧化反应，补充了硫消耗的滴定剂 Ag^+，直至滴定池中 Ag^+ 恢复到初始浓度，反应停止。测量电解生成 Ag^+ 所需电量，按法拉第定律，计算试样中的硫含量。

石英裂解管中催化剂的装填如图 2-14 所示。氢气在进入裂解管前要通过一个增湿器，使氢气中含有一定量的水汽。这有利于除去催化剂表面的积炭，以保持催化剂的活性。

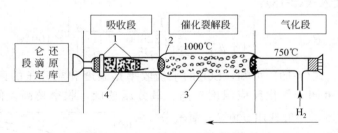

图 2-14 载铂刚玉催化剂装填示意图

1—玻璃毛；2—铂网；3—载铂刚玉催化剂；4—酸性吸附剂

电解液由 $0.3mol/L$ 氢氧化铵和 $0.1mol/L$ 醋酸钠溶液配制而成。滴定池内的测量电极和电解阳极为银，参考电极为 Hg/Hg^{2+}（饱和），电解阴极为铂。

在氢解过程中，样品中的硫几乎按化学计量转化为硫化氢，不取决于样品的结构、硫化物的类型和含量。同时，样品中的氮转化为氨，它能与滴定池中的银离子生成银氨络离子而消耗了部分银；当样品中的氯转化为氯离子时，也因生成氯化银沉淀影响硫的测定。故限定样品中含氮量小于硫的 10 倍，含氯量小于硫的 50% 的情况下，才可顺利进行。

样品中的氮还可能生成氰化氢，它也能与银离子反应干扰硫的测定。氢解生成氰化氢的数量与样品中碳和氮的比例有关。若增加氢气的湿度或增加裂解温度，可使氰化氢生成数量降低。

本方法测量范围为 0.5～200mg/kg 的含硫试样。对高含硫量试样可用无硫溶剂稀释进样；对沸点低于 550℃ 的样品，用注射器直接进样；对气体或液化石油气，可用密封式压力注射器进样；对固体或黏稠液体，用样品舟进样。

（三）氧化微库仑法与还原微库仑法比较

① 两种方法都有相同的精密度和准确度；

② 氧化法设备简单、操作维护较方便，没有催化剂的再生操作，安全性好。还原法在高温下使用氢气需要有严密的防爆措施，石英管使用温度高寿命缩短，要频繁更换管子，同时要求更熟练的操作技术；

③ 氧化法中氯和氮的干扰可加入叠氮化钠消除，但重金属在裂解管内对二氧化硫转化为三氧化硫有催化作用，干扰测定。用还原法在限定氯含量的情况下对测定无影响，氮化物的干扰通过将氢气增湿加以抑制；

④ 氧化法定硫转化率一般只达 80％ 左右。还原法硫化物转化为硫化氢的量符合理论值。

微库仑定硫方法灵敏、快速，其中氧化法操作较简便，已广泛的应用，并已订有标准实验方法。

六、氢解-比色法

测定的方法原理是：样品注入裂解管中，与增湿的高温氢气流混合，高温（1300℃）加氢裂解，使其中的硫定量转化为硫化氢。裂解后的气体经过醋酸溶液增湿，进入反应室。反应室内放有预先用醋酸铅溶液浸渍过再干燥处理后的试纸。硫化氢气体与试纸接触，反应生成黑色的硫化铅，通过测量试纸变黑所引起的光反射度的变化速率，求得硫含量。

测定时使用 Houston Atlas 硫化氢分析仪。装置见图 2-15。仪器的光电管安放在反应室上方，垂直于试纸表面。光束通过反应窗照射试纸。试纸与硫化氢反应变黑。经照射生成醋酸铅的试纸的反射光束与未照射试纸的光束进行比较，得到的信号经放大并转变为电信号，用记录仪记录下来，按信号值与含硫量成正比的关系，计算硫含量。

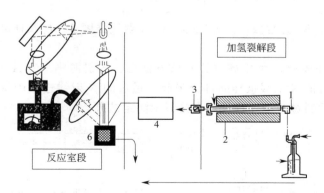

图 2-15　硫化氢测定仪原理图

1—进样口；2—裂解炉；3—过滤器；4—增湿器；5—光源；6—反应室

本方法特别适用于痕量硫的测定，可分析轻质石油产品中小于 1mg/kg 的硫含量，检测下限可达 25ng/kg，而且该方法灵敏、快速，样品中含有的氯、氮等有机化合物对测定无干扰。在痕量硫的测定中，比微库仑法略胜一筹。国外已订立标准方法（ASTM D4045）。

七、X射线法

上述的测定方法首先是对有机试样进行分解，使有机硫化物转化为二氧化硫、三氧化硫或硫化氢，再进行总硫的测定。而放射线法是一种非分解定量法，试样不经破坏、分离等过程，用特定的射线照射样品，再根据样品中各元素的原子结构对放射线不同的特征反应，可直接求得待测元素的含量。广泛用于定硫的有下列两种方法。

（一）吸附法

吸附法的测定原理是：一定波长的X射线投射到试样上时，受到试样的吸收和散射，X射线的强度发生衰减。其衰减率服从朗伯-贝尔定律：

$$I = I_0 \exp(-\mu x) = I_0 \exp(-\mu_m \rho x) \tag{2-20}$$

式中，I_0为入射X射线强度；I为通过试样衰减后的X射线强度；μ为线性吸收系数，cm^{-1}；μ_m为质量吸收系数，cm^2/g；x为试样厚度，cm；ρ为试样密度，g/cm^3。

当试样由碳、氢、硫元素组成时，其质量吸收系数为：

$$\mu_m = \mu_C C_C + \mu_H C_H + \mu_S C_S \tag{2-21}$$

式中，μ_C、μ_H、μ_S为碳、氢、硫的质量吸收系数；C_C、C_H、C_S为碳、氢、硫的质量分数。

对特定能量的X射线，有$\mu_C = \mu_H = \mu_{CH}$，则式（2-20）可写为：

$$I = I_0 \exp\{-[\mu_{CH}(C_C + C_H) + \mu_S C_S]\rho x\} \tag{2-22}$$

整理上式，则有：

$$C_S = \frac{K_1}{\rho} \ln \frac{I_0}{I} - K_2 \tag{2-23}$$

$$K_1 = \frac{1}{(\mu_S - \mu_{CH})x} \tag{2-24}$$

$$K_2 = \frac{\mu_{CH}}{\mu_S - \mu_{CH}} \tag{2-25}$$

由此可知，K_1、K_2为常数，只要准确测得X射线强度I、I_0及样品密度，可求得样品的硫含量。

图2-16为国产FB-4301型定硫（铅）仪方框图。放射源镅（^{241}Am）发出γ射线投射到银靶上，发出的特征X射线被样品部分吸收，透过的X射线进入闪烁探测器，由计数器检出射线强度，然后通过微型计算机，直接显示测定结果。

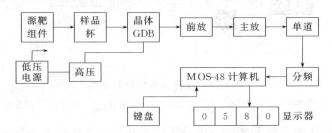

图2-16　FB-4301定硫（铅）仪方框图

测定前，选择与待测试样组成和性质近似的物质作标样，求得K_1、K_2的数值，同时测定试样的密度，输入微机内，再作试样测定。由于仪器的检测系统和数据处理都采用了先进的电子技术，使测量达到灵敏、快速。本方法可测定石油产品中小于 3％的硫含量。测定一个样品仅需 5min。

（二）荧光法

图 2-17 是 X 射线荧光法测定硫原理图。X 射线照射物质时，除发生散射和吸收现象外，还能产生 X 射线荧光。由于 X 射线荧光产生于原子内层电子的跃迁，这种跃迁只能产生特征 X 射线谱线。而特征 X 射线波长与元素的原子序数有确定的关系。根据 X 射线荧光的波长可确定物质的元素组成；根据待测元素波长的 X 射线荧光强度，可测知其含量。

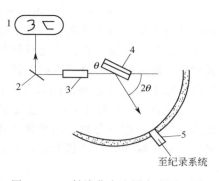

图 2-17　X 射线荧光法测定硫原理图
1—X 射线管；2—样品；3—准直器；4—分析晶体；5—探测器

第五节　碳、氢、氮（氧或硫）的热导法测定

经典的测定碳、氢、氮（氧或硫）的方法，其共同的特点是使有机物在催化剂作用下，分解燃烧（或氢解），生成简单的元素或化合物。然后用重量法或容量法测定。由于分解时间长，多为手工操作，要求熟练的操作技术，远不能满足科学研究和生产的要求。

有机元素快速分析仪是选用高效催化剂，在特定的气流作用下，使有机物瞬时（高速）燃烧分解，又称爆炸氧化。将待测物质转化为易测的元素或化合物，采用先进的物理方法测量。通过记录仪或微型电子计算机，自动显示待测元素的信号和含量。

元素分析仪的物理检测方法，通常按测定原理分为两大类：热导法和电化学分析法。

热导法按混合气体分离方法的不同，主要分为差示吸收热导法和热导检测气相色谱法。电化学分析法有电导、库仑、电导-库仑结合等三种。前面讨论过的微库仑法定硫、氮就属于这种方法。此外，库仑法还可用于碳、氢、氯等元素的测定。本节只讨论热导法。

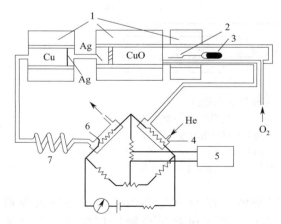

图 2-18　热导检测气相色谱法原理流程图
1—电炉；2—铂舟；3—铁；4—参比池；
5—记录仪；6—热导池；7—色谱柱

一、热导检测气相色谱法

热导检测气相色谱法的原理是：样品进入装有催化剂的石英燃烧管内，在氧气和惰性载气流中瞬时燃烧分解。选择适当的气相色谱柱，将分解生成的产物分离成单一组分。然后依次进入热导池检测器分别测定，原理流程见图 2-18。这些元素分析仪通常是对碳、氢、氮同时测定的，也能改换为对氧或硫的测定。

意大利 Carlo Erba 公司生产的 1106 型碳、氢、氮和氧（或硫）分析仪属于这类仪器。图 2-19 是 1106 型元素分析仪流程图，它分有碳、氢、氮系统和氧（或硫）两个系统。碳、氢、氮的测定是用锡皿称量试样（0.1～

5.0mg），在含纯氧的氦气流下（氦为载气，加入氧气助燃），进入竖式的加热至 1010℃ 的石英燃烧管中。管内装有三氧化二铬催化剂和吸收干扰气体的银试剂（镀银氧化钴）。样品在高温下瞬时燃烧，有机物定量转化为二氧化碳、水、氮及氮的氧化物。其中干扰组分（二氧化硫、卤素）由燃烧管内的银试剂吸收除去，其余混合气通过还原管在 650℃ 温度下，由管内还原铜除去反应剩余的氧气，同时把氮的氧化物还原为氮气。混合气（二氧化碳、水气、氮）在 100℃ 温度下，由载气带入填充有固定相为 Porapok QS 的色谱柱中，把反应生成的三个组分逐一分离。用热导检测器检测。出峰顺序为氮、二氧化碳、水。由自动积分仪用数字显示峰面积，计算测定结果：

$$C/\% = \frac{K_{CO_2}(V_{CO_2} - V'_{CO_2})}{G} \times 100\% \tag{2-26}$$

$$N/\% = \frac{K_{N_2}(V_{N_2} - V'_{N_2})}{G} \times 100\% \tag{2-27}$$

$$C/\% = \frac{K_{H_2O}(V_{H_2O} - V'_{H_2O})}{G} \times 100\% \tag{2-28}$$

式中，G 为样品质量，mg；V'_{CO_2}、V'_{N_2}、V'_{H_2O} 为二氧化碳、氮、水的空白峰面积；V_{CO_2}、V_{N_2}、V_{H_2O} 为样品中二氧化碳、氮、水峰面积；K_{N_2}、K_{CO_2}、K_{H_2O} 为氮、二氧化碳、水的校正因子。

校正因子表示单位峰面积相当于被测元素的毫克数。由标准样品测得。

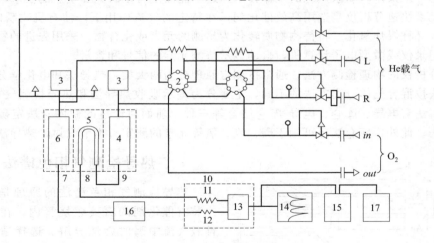

图 2-19　1106 型元素分析仪流程图

1—氧气入口阀（C、H、N）；2—氧气入口阀（S）；3—进样器；4—燃烧管（C、H、N）；
5—还原管（C、H、N）；6—裂解管（O/S）；7—裂解炉（O/S）；8—还原炉（C、H、N）；
9—燃烧炉（C、H、N）；10—恒温炉；11—色谱柱（C、H、N）；12—色谱柱（O/S）；
13—检测器；14—记录仪；15—积分仪；16—阱；17—计算机

氧的测定：取定量的试样在氦气流中瞬时裂解，在 1060℃ 温度下通过特制的镍铂碳催化剂。氧定量转化为一氧化碳，其他有机硫、氮、卤素化合物转化为氮、硫化氢和卤化氢。反应产物进入吸收管，除去酸性的燃烧产物。然后进入填充 0.5nm 分子筛的色谱柱，使一氧化碳与氮分离，用热导检测器测定。由一氧化碳色谱峰面积，求得试样中氧的含量。

硫的测定：试样在含少量纯氧的氦气流中进入加热至 1000℃ 的燃烧管内，在三氧化二钨催化剂作用下，定量转化为二氧化硫。由还原铜除去载气中剩余的氧气后，混合气流进入色谱柱，分离出二氧化硫，用热导检测器测定。由二氧化硫峰面积，计算试样硫含量。

硫和氧的测定共用一个系统。碳、氢、氮和氧（或硫）系统共用一个热导池，彼此互为参考臂。两个系统可以交替使用。使用自动进样器每次可连续分析 23～196 个样品。测量范围为 0.01%～100%。准确度为 ±0.3%。分析一个试样为 5～8min。

我国的 ST-02 型碳、氢、氮和氧元素分析仪即属热导检测气相色谱仪。其采用了高效能钨酸银与三氧化二铬混合物作碳氢的氧化剂，镀银铜为测氮还原剂，镍铂碳为测氧还原剂。用 GDX-105 作二氧化碳、氮、水气分离的色谱固定相，可用于测定高沸点液体和固体试样，对一些难分解的复杂大分子和高聚物也会得到满意的结果。

二、自积分热导法

自积分热导法又称为示差吸收热导法。在常用的热导检测中，由于记录的是时间函数的动态电压，误差主要来自热导池桥路和组分浓度的非线性关系，其次是载气的波动和积分造成的误差。为避免上述缺点，令反应产物在减压密封的静态系统中进行测量。方法是使燃烧产物与载气一起进入一个体积固定的混合管内，压力达到预定值时，让气体密闭在混合管内。待气体扩散达到浓度均匀并恒温后，膨胀进入已抽空的三对热导池中。其中氢热导池两臂间接有高氯酸镁吸收管，当反应产物通过，水汽被吸收，产生氢的示差信号；同样碳热导池两臂间接有烧碱石棉吸收管，吸收二氧化碳产生碳的示差信号；余下的氮、氦（载气）与纯氦比较，得到氮的示差信号。由于膨胀时，气体受限流器的限制，使检测系统在极短时间内达到压力平衡，处于半静止状态，所得信号是一个稳定的电压值，不需积分，故称为自积分热导法。由于燃烧与记录过程分别独立进行，故载气波动对结果影响不大。

（一）碳、氢、氮的测定

图 2-20 是 P-E240C 型碳、氢、氮分析仪装置流程图。样品在少量高纯氧和氦气流下进入燃烧管。控制温度为 850～1000℃，管尾部装有担载在担体 Chromosorb P（60～100 目）上的氧化银和钨酸银催化剂以及吸收干扰产物的银试剂（银和钒酸银的混合物）。样品在燃

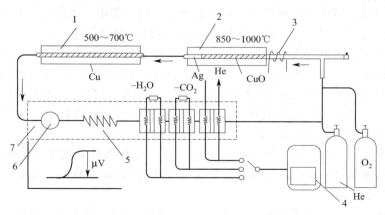

图 2-20　P-E240C 型碳、氢、氮分析仪装置流程图

1—还原炉；2—燃烧炉；3—闪光加热器；4—记录仪；5—计量管；6—混合管；7—恒温槽

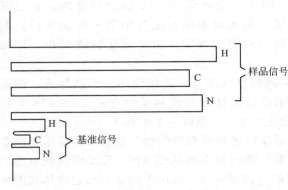

图 2-21　氮、二氧化碳、水的示差信号图

烧管内瞬时高温氧化，由银试剂除去生成的二氧化硫和卤素等干扰物。其他二氧化碳、水、氮和氧化氮等燃烧产物由氦气带入还原段中。还原管温度控制 500～700℃，还原催化剂为 60～100 目的铜。它使氧化氮还原为氮气，同时使燃烧产物中剩余的氧生成氧化铜除去。燃烧产物（氮、水气、二氧化碳）由氦气带入气体混合器中。混合管容积为 300mL，充压 200kPa。四种气态组分在混合管内均匀混合，扩散进入采样器。采样器是蛇形铜管，保证气体混合物以一个恒定的速度流过检测器。为使操作稳定，气体混合管、采样器、压力控制器、检测单元都放在一个恒温系统中。气体混合物依次通过三个检测器，分别测得氮、二氧化碳、水的示差信号。记录谱图为三个狭窄的矩形峰（见图 2-21）。根据峰高与被测元素含量呈线性关系，求出各元素的百分含量。

（二）氧的测定

测氧时需对仪器进行改装，用裂解管和氧化管代替燃烧管和还原管，裂解管和氧化管之间需连接一个 U 形酸性气体吸收管。裂解管内填充镀铂碳作为高温裂解催化剂，裂解温度为 975℃。有机物在氦气流下进入裂解管，其中的氧转化为一氧化碳，生成的干扰测定的裂解产物通过装在裂解管尾部的铜和银（900℃）吸收除去，其中酸性气体通过装有氢氧化锂的 U 形吸收管除去。剩下的是待测气体一氧化碳，由氦气送入氧化管，管内装有温度为 670℃的氧化铜，一氧化碳在此条件下定量地转化为二氧化碳，随后进入碳的检测桥路。根据测得的二氧化碳峰高，求得氧含量。

（三）碳、氮、硫的测定

测定前仪器进行改装。在燃烧管和还原管之间，装上 U 形吸收管，管内装有 8-羟基喹啉，用来吸收卤素。燃烧管内装有催化剂为氧化钨，尾部装有氯化钙作为吸水剂。还原管内装有铜作为还原剂。原来用于测定氢的检测器内的水吸收管由二氧化硫吸收管代替。吸收管内装有氧化银，管外有加热套，使吸收反应保持在 210℃温度下进行。

试样在含少量氧的氦气流下燃烧分解，燃烧管控制温度为 975℃，在催化剂作用下，试样分解定量地转化为二氧化碳、水、二氧化硫、卤素、氮及氮的氧化物。水被氯化钙吸收；卤素被 8-羟基喹啉吸收；氧化氮由铜还原为氮气；剩余的氧在还原管内吸收除去。得到待测的二氧化硫、二氧化碳、氮等气体，由氦气送入三个热导检测器中，分别测得其示差信号，计算硫、碳、氮的百分含量。

型号为 P-E2400 型碳、氢、氮分析仪，仪器系统操作及计算功能均由微机控制，其准确度和自动化程度都进一步提高。自动进样器每次可进入 60 个样品，分析一个样品为 5 分钟，准确度可达±0.3%。

国外另一种自积分热导法元素分析仪是 MT-2 型碳、氢、氮元素分析仪。见图 2-22。

我国 DZF-1 型碳、氢、氮和氧元素分析仪。使用价廉的氩气代替昂贵的氦气作载气。准确度可达±0.3%～±0.5%。

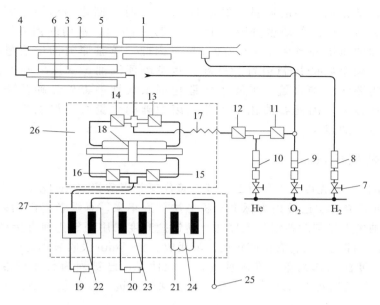

图 2-22　MT-2 型碳、氢、氮元素分析仪流程图

1—试料分解炉；2—氧化炉；3—还原炉；4—保温连接管；5—燃烧管；6—还原管；

7—压力调节阀；8～10—流量计；11～16—电磁阀；17—预热器；18—泵；

19—H₂O 吸收管；20—CO₂ 吸收管；21—延迟盘管；

22～24—T.C.D；25—EXT；26—泵恒温槽；27—检测器恒温槽

第六节　微量元素的测定

　　石油中某些微量元素的存在，对石油加工、储运过程及环境保护，都产生不良影响。原油中碱金属盐和碱土金属盐的存在，在加工过程中会对设备造成严重的腐蚀。某些微量金属的存在，会使二次加工过程中催化剂中毒失活。

　　精细化工、高分子材料、塑料合金和生物工程等石油化工领域，作为其原料，对杂质要求很严格，其铜、铅、砷等微量元素均需控制在 $\mu g/kg$ 的范围内，因此分析工作要为石油加工和石油化工的原料、中间产品和成品提供微量元素含量的数据。又由于石油加工和石油化工过程中常用各种各样的催化剂、添加剂、助剂等，为保证生产顺利进行，常需要对催化剂的污染程度进行监控。为提高石油产品使用性能，需对加入添加剂或助剂的数量进行分析，许多金属型添加剂就是通过对金属含量的测定来控制其加入量的。此外，石油化工厂的设备防腐、三废处理，都需要提供相应的微量元素含量的数据。

一、砷的测定

　　砷是一种广泛存在于原油中的元素。我国原油中的砷一般都不高，只有个别含砷量相当高的原油，如吉林扶余原油含砷 1.89mg/kg，新疆克拉玛依原油含砷 1.72mg/kg，大庆原油含砷 0.90mg/kg 等。

　　催化重整是石油工业生产芳烃和高辛烷值汽油组分的主要工艺过程，重整装置常采用贵金属铂作为催化剂。砷对铂有很强的亲和力，它能与铂形成合金，致使催化剂永久性中毒。当铂催化剂上砷的质量分数超过 0.02% 时，催化剂活性会完全丧失，因此一般要求重整原料油中砷的质量分数小于 $(1\sim2)\times10^{-9}$。常用的钼酸钴预加氢催化剂上最大允许含砷的质量分数为 0.6%～0.8%。因此，重整原料油中痕量砷的控制是石油炼制工业中一项重要的控制项目。另外，蒸发塔顶汽油、常压塔顶汽油及直馏汽油等轻油一般也需要测定砷含量。砷除了使催化剂永久性中毒外，砷及砷化合物是有毒物质，生物毒性很大，因此石油化工工业三废中砷的含量必须严加控制。因此，准确测定痕量砷有重要的意义。

（一）分光光度法

测定砷含量的分光光度法主要有二乙基二硫代氨基甲酸银（Ag-DDC）光度法和砷钼蓝法，其中 Ag-DDC 光度法已被列为标准分析方法。近年来，有学者提出用硝酸银代替 Ag-DDC 测定石脑油中微量砷的新银盐光度法。新银盐光度法用硼氢化钾直接将溶液中的砷离子转化成砷化氢，砷化氢被含有硝酸银的溶液吸收，1～3min 吸收显色完全，然后进行光度分析。新银盐光度法操作简单，准确性高，重现性好，已被列为行业标准 SH/T 0629—1996。鉴于其他分光光度法均是对 Ag-DDC 光度法的改进，以下仅就 Ag-DDC 光度法进行简要介绍。

其原理是：先用过氧化氢和 1:1 硫酸溶液萃取试油中的砷，再加热破坏酸液中的有机物，将有机砷氧化为砷酸：

$$R\text{-}As+[O]\longrightarrow H_3AsO_4$$

用碘化钾、氯化亚锡将砷酸还原为亚砷酸：

$$H_3AsO_4+H_2SO_4+2KI\rightleftharpoons H_3AsO_3+K_2SO_4+H_2O+I_2$$

以上为可逆反应，加入 $SnCl_2$ 与 I_2 作用，使反应向右进行，保证反应完全：

$$H_2SO_4+2SnCl_2+I_2\longrightarrow SnCl_4+SnSO_4+2HI$$

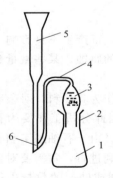

氯化亚锡也起还原剂的作用，可将砷酸还原成亚砷酸：

$$H_3AsO_4+2SnCl_2+H_2SO_4\longrightarrow H_3AsO_3+SnCl_4+SnSO_4+H_2O$$

在反应液中加入无砷锌粒，锌与酸作用产生的初生态氢，与亚砷酸作用，放出砷化氢气体：

$$H_3AsO_3+6[H]\longrightarrow AsH_3\uparrow+3H_2O$$

反应在砷化氢发生器（图 2-23）中进行。砷化氢气体通过浸泡醋酸铅（除去硫化氢干扰）的脱脂棉被二乙基二硫代氨基甲酸银（Ag-DDC）的吡啶溶液所吸收，生成紫红色螯合物，在波长 520nm 处进行比色测定。从工作曲线上求取试样的砷含量。

砷标准溶液配制：称取在 105℃ 下烘干 2h 并冷至室温的 As_2O_3 0.1319g，溶于 10mL 40% NaOH 溶液中，加入 25mL 20% H_2SO_4 再定量移入 1000mL 容量瓶中，用水稀释至刻度，此溶液砷浓度为 0.1mg/mL，贮存于塑料瓶中。

图 2-23　三氢化砷发生器
1—砷化氢发生瓶；2—磨口；
3—浸有醋酸铅的脱脂棉；
4—毛细管；5—吸收器；
6—多孔玻璃板

试样测定前，应先用微量滴定管量取 0、1、3、5、7、9mL 标准溶液于 6 只砷化氢发生器中，采取上述相同方法进行实验，以扣除空白值的各砷标准溶液的净吸收值为纵坐标，相应砷含量为横坐标，绘制工作曲线。

本方法常用于重整原料油、蒸发塔顶汽油、常压塔顶汽油及终馏点小于 180℃ 直馏汽油中痕量砷含量的测定。处理 500mL 试样时，可检测到 1μg/kg。

　　若用于测定原油、渣油、焦化油及石蜡等重质馏分油中微量砷的含量时，试油以硝酸镁为灰化固定剂，淀粉为混合剂，干法灰化试样，所得灰分用稀硫酸溶解，再用水、异丙醇稀释到适当体积，然后以碘化钾、氯化亚锡作还原剂，将试液中 As^{5+} 还原为 As^{3+}，后者同初生态氢作用，放出砷化氢气体，被 Ag-DDC 的吡啶溶液吸收，生成紫红色螯合物进行比色测定。

　　若用于测定石油工业污水中微量砷的含量时，用氨水调节水样的 pH 值在 8～9 之间，再用氢氧化铁共沉淀富集分离出污水中的砷，所得沉淀用稀盐酸溶解后再以碘化钾、氯化亚锡作还原剂，将试液中 As^{5+} 还原为 As^{3+}，后者同初生态氢作用，放出砷化氢气体，被 Ag-DDC 的吡啶溶液吸收，生成紫红色螯合物进行比色测定。

（二）微库仑法

　　微库仑测定砷的方法原理是：取定量油样，用 95% 浓度的硫酸萃取，分层后将水相放入砷化氢发生瓶中，加热萃取液，浓缩至 1mL 左右。将装有待测试液的砷化氢发生瓶按图 2-24 装好。往砷化氢发生瓶内加入酸性硼氢化钾使砷（As^{5+}）或砷（As^{3+}）转化为 AsH_3，然后由载气（氢或氮）携带进入滴定池，并与池内饱和碘-溴化钾复合电解液中的 I_2 和 IBr_2^- 发生反应：

$$AsH_3 + 3I_2 + 2H_2O \longrightarrow AsO_2^- + 7H^+ + 6I^-$$
$$AsH_3 + 8IBr_2^- + 4H_2O \longrightarrow AsO_4^{3-} + 11H^+ + 4I_2 + 16Br^-$$

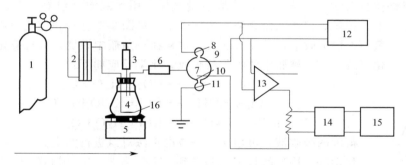

图 2-24　微库仑测定砷原理图

1—高纯氮载气；2—转子流量计；3—硼氢化钠注射液；4—砷化氢发生瓶；5—电磁搅拌器；
6—醋酸铅脱脂棉；7—微库仑滴定池；8—Hg_2I_2 参比电极；9—指示电极；10—电解阳极；
11—电解阴极；12—偏压；13—微库仑放大器；14—积分仪；15—记录器；16—搅拌子

　　使 I_2 及 IBr_2^- 浓度降低。消耗的滴定剂离子 I_2 和 IBr_2^- 由阳极电解产生：

$$2I^- \longrightarrow I_2 + 2e$$
$$4Br^- + I_2 \longrightarrow 2IBr_2^- + 2e$$

测量补充滴定剂离子所需电量，根据法拉第电解定律，计算样品中的砷含量。

　　此方法适用于小于 350℃ 的石油产品中砷含量的测定，测量范围在 $1～10^4\mu g/kg$ 之间。

（三）石墨炉原子吸收光谱法

　　由于石油中砷含量较低，砷化合物沸点不高，在原子光谱中它的灵敏谱线在紫外区，采用石墨炉原子吸收法测定比较有效。石墨炉原子吸收光谱法适用于测定烯烃含量小于 2% 的重整原料油、直馏汽油中微量砷的含量。处理 250mL 油样时，可检测到 $1\mu g/kg$。

　　测定方法是：用碘-甲苯溶液氧化试样中砷化物，用 1% 硝酸萃取，向所得酸萃取液中加入硝酸镁作助剂，然后蒸干萃取液，再用1％硝酸溶解稀释至适当体积。测定是在选定条件下，直接进样于石墨炉原子化器中，经^{2}H灯扣除背景，在波长为193.7nm下进行测定，用工作曲线法定量。

二、氯的测定

原油中的氯以无机氯和有机氯的形式存在，无机氯主要是存在于原油中的无机氯盐，其成分是NaCl（约占75％）、$MgCl_2$和$CaCl_2$（约占25％），但不同地域出产的原油，其三种无机氯盐的含量存在一定的差异。有机氯主要为原油固有以及在原油开采、处理、运输等过程外加助剂所带入的含氯化合物。原油经破乳、电脱盐工艺可脱除大部分无机氯，但基本不能脱除有机氯。石油及其产品中含氯化合物的存在，在加工和储运过程中会发生降解反应产生氯离子而腐蚀金属设备。含氯化合物的存在也会使催化剂中毒，降低催化剂的活性，因此，某些催化反应的原料油需要控制微量氯的含量。此外，氯是各种添加剂的有效组分，经常需要对相应的添加剂及含添加剂的润滑油测定其中氯的含量。

测定氯的方法都是：先把试样中的有机氯化物转化为氯离子，再用化学法或电量法进行定量测定。由于添加剂和含添加剂的润滑油中氯的含量较多，通常属于常量或半微量分析，轻质油品（如重整原料油）内氯含量较少，属于痕量分析。试样的处理方法不尽相同。

（一）添加剂和含添加剂润滑油中氯含量的测定

用烧瓶燃烧法分解试样。方法是：称取适量试样，用无灰滤纸包好，夹在螺旋形铂丝上。铂丝焊接在三角燃烧瓶的塞子上，见图2-25。三角燃烧瓶内盛有过氧化氢的碱性吸收液，并充入氧气。试样在三角瓶中燃烧，有机氯化物转化为氯化氢或氯气，被瓶中的吸收液吸收，化学反应如下：

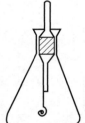

$$RCl + O_2 \longrightarrow CO_2 + H_2O + Cl_2$$
$$Cl_2 + KOH \longrightarrow KCl + KClO + H_2O$$
$$KClO + H_2O_2 \longrightarrow KCl + H_2O + O_2 \uparrow$$

得到的吸收液，可用化学法或电量法对氯进行测定。

化学法：用硝酸将溶液调整到pH值为3～4，用硝酸汞溶液在20％～30％异丙醇水溶液中滴定氯离子，指示剂是二苯卡巴腙。

图2-25 三角燃烧瓶

电量法：将吸收液蒸发浓缩后，定量转移到YS-2A型库仑仪的滴定池中，池内装有恒定银离子的酸性电解液，试样中氯离子与电解液中银离子反应，使指示电流发生变化，指示电极对将这一变化转送给放大器，放大器又输出相应电压加于电解阳极，电解产生银离子以补充消耗的银离子。测量补充银离子所需电量，根据法拉第定律，计算试样的含氯量：

$$Cl/\% = \frac{A}{2700m} \times 100\%$$

式中，A为仪器读数，mC；2700为电解1mg氯所需的电量，mC/mg；m为样品质量，mg。

本法适用于氯含量大于0.3％的添加剂和含添加剂润滑油中氯含量的测定，也适用于其他重质石油产品中氯含量的测定。

（二）轻质石油产品中有机氯含量的测定

轻质石油产品中氯含量的测定，常采用管式炉裂解和微库仑滴定相结合的方法。见

图 2-26。试样注入高温裂解管内，在 800℃左右与氧气混合燃烧。有机氯转化为氯化氢，再由载气（N_2）带入滴定池与银离子反应，生成氯化银沉淀使滴定池中的银离子浓度降低。消耗了的银离子由阳极电解补充。

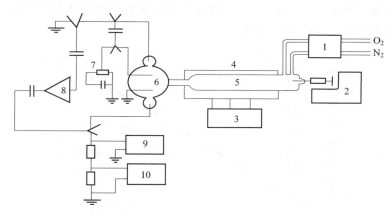

图 2-26　微库仑定氯流程图

1—流控；2—进样器；3—自动温控；4—裂解炉；5—裂解管；
6—滴定池；7—偏压；8—放大器；9—积分器；10—记录器

阳极反应：
$$Ag \longrightarrow Ag^+ + e^-$$

测量补充银离子所需电量，按法拉第定律，求得样品中氯含量：

$$Cl\ 含量/\times10^{-6} = \frac{A\times0.368}{RVdf}\times100$$

式中，A 为积分仪读数，$\mu V \cdot s$；V 为进样体积，μL；100 为每个积分数值的计数，$\mu V \cdot s$；R 为积分范围电阻，Ω；d 为样品密度，g/mL；f 为回收率，%；0.368 为单位电量析出氯的质量，$ng/\mu C$。

本方法适用于测定轻质石油产品（终馏点低于 350℃）中微量氯，测定范围为 0.5～500mg/kg，氯含量大于 500mg/kg 的试样，可用无氯溶剂适当稀释后再进样测定。试样中硫、氮含量不大于 1%，对测定无干扰。

（三）车用甲醇汽油中无机氯含量的测定

GB/T 23799—2009 规定车用甲醇汽油中无机氯离子含量不大于 1mg/kg。标准规定车用甲醇汽油中无机氯含量的实验方法采用 ASTM D512，此法可测定车用甲醇汽油中氯离子含量的范围为 0～100mg/kg，其中当车用甲醇汽油中氯离子的含量≥4.0mg/kg 时，采用直接滴定法测定其中的氯离子含量；当车用甲醇汽油中氯离子的含量＜4.0mg/kg 时，采用标准加入法测定其中的氯离子含量。

① 直接滴定法：以银离子复合电极为工作电极，采用自动电位滴定法，用预先经氯化钠标准溶液标定过的硝酸银标准滴定溶液滴定车用甲醇汽油中的氯离子，电位随滴定剂所用体积变化率 dU/dV 最大点为其滴定终点，根据硝酸银标准滴定液的消耗量计算出车用甲醇汽油中的氯离子含量。

② 标准加入法：用 50mL 移液管分别量取几份等量的 50mL 被测试样于 100mL 烧杯中，再向其中各份试样中分别加入 2mL、3mL、4mL 等浓度为 100mg/L 的氯化钠标准溶液，然后分别加入硝酸溶液（HNO_3：H_2O＝1：3）0.2mL，混合均匀后对每份样品分别用预先经氯化钠标准溶液标定过的硝酸银标准滴定溶液进行滴定，电位随滴定剂所用体积变化

率 dU/dV 最大点为其滴定终点，记录每份样品滴定终点时消耗的硝酸银标准滴定溶液的体积，绘制消耗的硝酸银标准滴定溶液的体积对氯化钠标准溶液加入量 V_i 的曲线，如图 2-27 所示。如被测样品中不含氯离子，曲线应通过原点，如果曲线不经过原点，说明含有氯离子，外延曲线与横坐标相交，交点至原点的为试样中氯离子相当于氯离子标准溶液的体积 V_0，根据 V_0 计算试样中氯离子的含量。

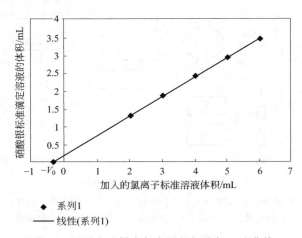

图 2-27 测定试样中氯离子的标准加入法曲线

$$c(\text{Cl}^-) = V_0 c_0 / V_{试样} \rho_{试样}$$

式中，$c(\text{Cl}^-)$ 为被测试样中氯离子的含量，mg/kg；V_0 为标准加入法曲线与 x 轴的交点与原点的距离，mL；$V_{试样}$ 为滴定时所取试样的体积，mL；$\rho_{试样}$ 为试样的密度，g/mL。

三、铅的测定

在车用汽油中加入一定量的四乙基铅，可以降低汽油的敏感度，对提高车用汽油的辛烷值，改善车用汽油的抗爆性，起到一定作用。但是，在汽油中使用四乙基铅存在着许多的问题：一方面是四乙基铅有毒，只需少量就可以使人体中毒；另一方面是四乙基铅在气缸中燃烧后，其中的铅会变成氧化铅沉积下来，增加积炭量，引起气缸过热，增大发动机零件的磨损。为了克服这个缺点，通常在四乙基铅中加入一种导出剂，使铅成为挥发性物质从气缸中排出。可是，含铅化合物的排放，造成了一定程度的环境污染，严重影响人类的健康。目前我国车用汽油已经禁止加铅。GB/T 8020 规定车用汽油含铅量不大于 0.005g/L。航空汽油允许加入少量的铅，95 号航空汽油四乙基铅含量≤3.2g/kg，100 号航空汽油四乙基铅含量≤2.4g/kg。另外，加铅汽油在储存过程中，四乙基铅受光和热或空气中氧的作用能够缓慢分解，导致安定性变差。为指导航空汽油中加铅的调和生产过程；检查储存中汽油含铅量的变化，要对汽油中四乙基铅进行测定。

油中微量铅的存在，可与铂形成稳定的化合物，造成重整催化剂永久性中毒。为此，铂重整原料油中铅含量要控制在小于 $20\mu g/kg$ 范围内；双金属和多金属重整原料油中铅含量控制在小于 $5\mu g/kg$ 范围内。所以根据二次加工和科研的需要，常需对轻质石油馏分、原油或重油中微量铅进行测定。

（一）车用汽油中铅含量的测定

GB 17930—2006、GB 18351—2004 和 GB 22030—2008 分别规定了车用汽油、车用乙醇汽

油、车用乙醇汽油调和组分油中铅含量不大于 5mg/L，三个标准均规定铅含量的实验方法采用 GB/T 8020。此法采用原子吸收光谱法测定铅含量，测定油品中铅的浓度范围为 2.5～25mg/L。方法原理是：汽油试样用甲基异丁基甲酮稀释，加入碘和季铵盐与烷基铅化合物反应使之稳定。以氯化铅为标准试样，用火焰原子吸收光谱法在 2833Å 下测定试样中铅含量。

（二）航空汽油中铅含量的测定

GB 1787—2008 规定航空活塞式发动机燃料（航空汽油）95 号和 100 号牌号中四乙基铅的含量分别不大于 3.2g/kg 和 2.4g/kg，标准规定四乙基铅含量的实验方法采用 GB/T 2432。此法采用络合滴定法测定四乙基铅含量。原理是：用浓盐酸加热分解汽油中的四乙基铅，生成氯化铅。加入过量的乙二胺四乙酸二钠（Na_2H_2Y）标准溶液与氯化铅进行络合反应。用标准氯化锌溶液回滴与铅反应后剩余的乙二胺四乙酸二钠。反应为：

$$Pb^{2+} + Na_2H_2Y \longrightarrow PbY^{2-} + 2H^+ + 2Na^+$$
$$Na_2H_2Y + ZnCl_2 \longrightarrow ZnY^{2-} + 2H^+ + 2Na^+ + 2Cl^-$$

指示剂为二甲苯酚橙。用六次甲基四胺作缓冲剂，控制 pH 值为 5～6。当达到滴定终点时，过量的 Zn^{2+} 与指示剂作用，生成桃红色络合物，溶液由亮黄色变为桃红色，反应到达终点。由标准溶液的消耗量，计算汽油中四乙基铅的含量。

（三）轻质石油馏分中痕量铅的测定

轻质石油馏分中铅含量通常是 μg/kg 范围内，属于痕量分析。需要对试样进行严格的处理和灵敏度较高的测试方法。一般采用分光光度法。

分光光度法可测定试油中（2～100）μg/kg 的铅含量。测定时先在样品中加入过量的溴，使样品中的有机铅化物分解，生成溴化铅。加入稀盐酸与溴化铅作用，生成氯化铅溶于酸层中。用氯仿萃取，有机溴化物及某些干扰离子溶于氯仿中，分层弃去。再向氯化铅溶液中加入缓冲溶液和氯仿。缓冲溶液的组成为柠檬酸铵、氨水、亚硫酸钠和氰化钾。柠檬酸铵的氨溶液能使系统的 pH 值调整在 8.5～11.5 的范围内。这一方面使生成的铅双硫腙络合物定量地被氯仿萃取；另一方面又能保持络合物的稳定性。加入亚硫酸钠可将三价铁离子（或某些弱氧化剂）还原为二价铁离子，防止双硫腙在碱性溶液中被三价铁离子或某些弱氧化剂所氧化。氰化钾作掩蔽剂，它与部分干扰测定的金属离子生成络合物，溶于氯仿中。分出弃去氯仿层后，往待测的氯化铅溶液中定量加入双硫腙氯仿溶液，铅离子与双硫腙化合，生成紫色螯合物溶于氯仿层中。反应为：

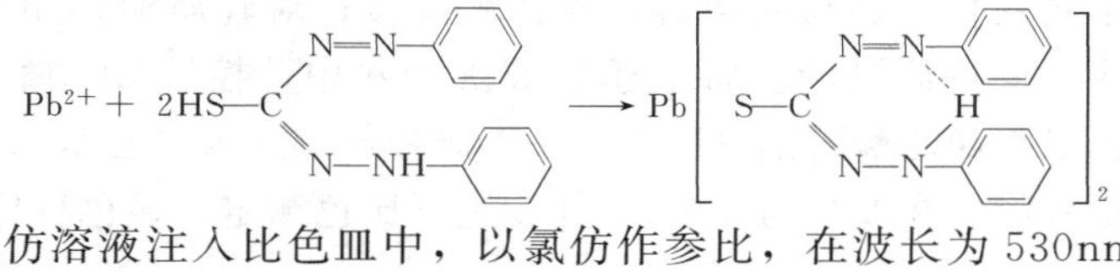

将螯合物的氯仿溶液注入比色皿中，以氯仿作参比，在波长为 530nm 处测其吸光度值。从工作曲线上求试样的铅含量。

分光光度法同样消耗试剂多，测定时间长。石墨炉原子吸收光谱法测定轻质油中的铅含量，不但节省了大量试剂、缩短了分析时间，而且检测铅的最低含量能达到 1μg/kg。

四、其他微量金属的测定

（一）分光光度法

常用分光光度法测定原油、重油、催化裂化原料油及催化剂中微量铁、镍、铜、钒等重金属的含量。方法是：将试油加热蒸发、燃烧，再放入高温炉内灼烧。试样中有机成分转化为金属氧化物（灰分）。加入盐酸溶解灰分，蒸去过量的盐酸，制成待测试液。

量取部分待测试液分析，分别加入掩蔽剂、显色剂，进行比色测定。工作曲线法定量。

1. 铁的测定

量取部分待测试液，用氢氧化钠稀释溶液调整其 pH 值在 2～5 范围内。加入醋酸钠溶液作缓冲剂。加入盐酸羟胺，把三价铁还原成二价铁。加入邻二氮菲显色剂，生成橙红色络合物。在波长 510nm 处进行比色测定。显色反应为：

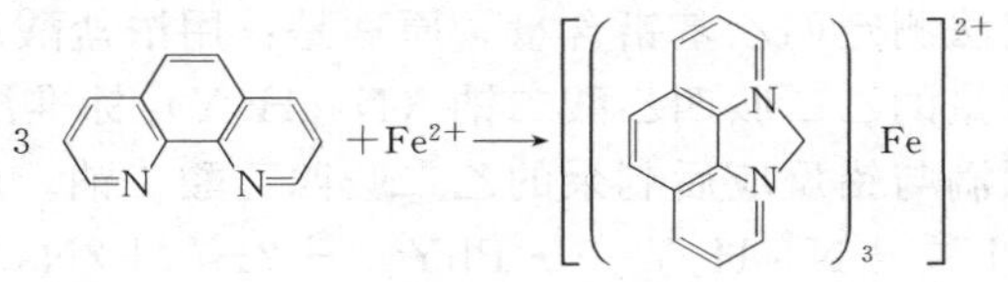

2. 镍的测定

量取部分待测溶液，加入柠檬酸作掩蔽剂。用浓氨水将溶液调至碱性，加入溴水作氧化剂。加入丁二肟显色剂，与溴离子反应生成红色络合物。在波长 445nm 处进行比色测定。显色反应为：

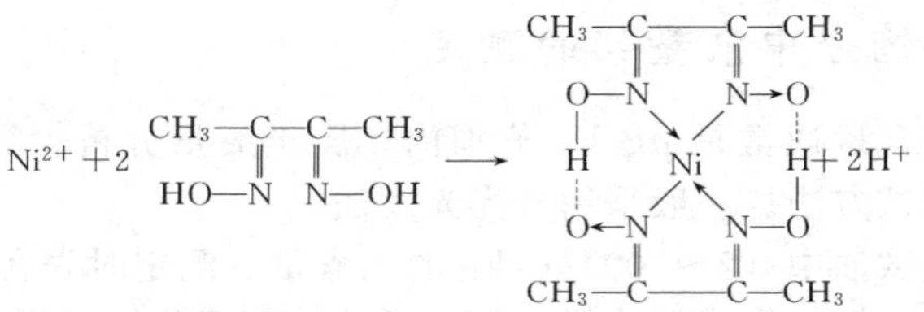

3. 钒的测定

油样经干法灰化后，加入盐酸溶解，得到待测试液通过阳离子交换树脂。用 30mL 水冲洗，弃去流出液。再依次用过氧化氢和水冲洗，可从其他阳离子中分离出钒。在得到的流出液中加入硫代乙醇酸作掩蔽剂，以鞣酸为显色剂，生成靛蓝色的钒络合物。在波长为 600nm 处进行比色测定。显色反应如下：

$$V^{5+} + 鞣酸 \rightarrow 靛蓝色钒络合物$$

4. 铜的测定

对重油试样用干法灰化，加盐酸溶解，得待测试液；对轻质油样用次氯酸钠将试样氧化，再用稀盐酸萃取，得待测试液。将上述试液溶于水中，控制 pH 值为 8.5～9.0 之间。加入柠檬酸铵，以乙二胺四乙酸二钠（EDTA）作掩蔽剂。加入二乙基二硫代氨基甲酸钠作显色剂，生成黄色络合物。在波长为 438nm 处，进行比色测定。显色反应如下：

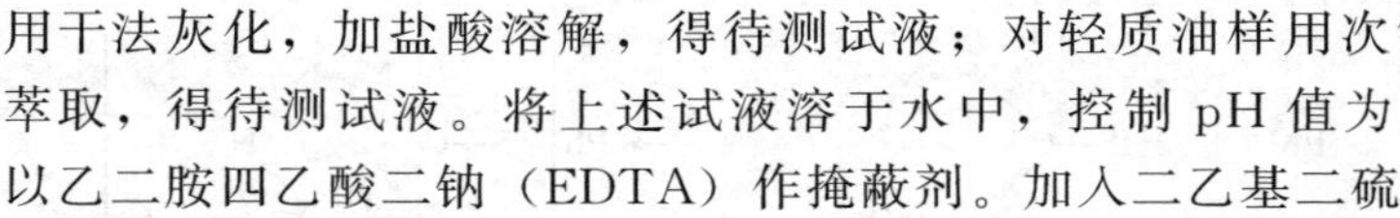

（二）原子吸收光谱法

原子吸收光谱法普遍用于各种微量元素的测定。除测定铅、砷的方法外，还建立了原子吸收光谱法测定重油及原油中微量钠、钾、铁、镍、铜、锌、镁、钙；硅铝催化剂中钠、铬、铜、锌、镉；废航空润滑油磨损金属铁、铜、镍以及轻质油品中微量铜等方法。这些方法都是按照被测样品性质的差别，分别采取不同的方法分解试样。如对重质油品的试样用干法灰化法；对硅铝催化剂试样用铵盐熔样法；对石油工业污水试样用硝酸-高氯酸氧化分解法；对使用后的航空润滑油试样先用三氟乙酸溶解试样中金属颗粒，再用醋酸正丁酯稀释后进行测定；对轻质油品试样先用硫酰氯氧化，再用稀盐酸萃取，最后用萃取液进行测定。制得试液后，选定最佳测定条件（波长、工作曲线范围、灯电流、火焰类型等）在测定各个元素的标准系列后，立即测定试液。从各元素的工作曲线上查出试液中各待测元素的含量。

（三）原子发射光谱法

分光光度法和原子吸收光谱法都是常用的测定方法，但每次只能测定一种元素，工作效率较低。原子发射光谱法可同时对试样中多种金属元素进行测定，能够大幅度地提高工作效率。其中具有电感耦合高频等离子矩光源的发射光谱仪，其稳定性好，准确度高，检出限低，可同时测定 20~30 个元素。在石油微量元素测定中，得到广泛的应用。

为配合原油评价和重油催化裂化工艺的研究，我国建立了发射光谱法测定石油及催化裂化催化剂中微量钒、镍、铅、铜、铁等微量金属含量的方法。关于 ICP 发射光谱法测定原油中微量金属含量的研究，也有文献报道。

第三章

官能团检验

　　对一种单纯未知物进行了初步审查、灼烧实验、元素定性分析、物理常数的测定和溶解度分组实验后，已经知道它含有哪些元素，是碱性、酸性还是中性的化合物。根据实验所得结果及与有关文献资料进行对照如物理常数、颜色、气味等是否相似，对未知物的鉴定已有了一个适当的概念。据此，可以初步推测未知物可能含有哪些官能团。下一步应对未知物的官能团作进一步的鉴定，以便对未知物作出最后的确证。

　　本章将依次列举各类重要官能团的检验方法。

　　在做未知样品的官能团检验时，不需要将全部实验逐一进行，可以根据对未知物试样已做实验的结果，进行综合分析和判断后，选择一部分反应进行，来检验所推测的化合物中的官能团是否存在。例如，若试样不含硫和氮，则凡含有硫和氮的功能团的检验，就可以不做。如果试样中，同时含有两种或多种不同的官能团时，在检验中可能发生相互干扰，这种情况下，一种检验的结果，常常不能确定该官能团是否存在，此时，需要多选择几个实验来进行综合检验。

　　在实验时，要注意所选择的试剂和试样中杂质的干扰。通常，先用各类具有重要官能团的典型化合物进行检验，取得实际经验后，再进行未知物的检验。必要时，可用典型的已知物和未知物同时做平行对照实验，排除疑点。

　　本章内所述的检验方法，主要是根据试样与试剂进行化学反应产生的颜色变化，或产生的沉淀，来判断正、负结果。在根据颜色反应来判断时，应该注意，检验方法中所列的现象是就一般情况而言的，若对具体化合物，检验时产生的颜色与所述现象不一致时，最好用空白实验或典型试样和未知物试样同时做对照检验，经分析审查后再作结论。在用沉淀来判断反应的正、负结果时，则必须注意，液体试样不能用量太多，否则，产生的沉淀会溶解在过量的液体试样中。例如 2,4-二硝基苯肼，是检验丙酮的灵敏试剂，如果丙酮取量太多，而加入的 2,4-二硝基苯肼试剂的量较少，则产生的少量沉淀溶于丙酮中，使反应不呈正结果，而呈负结果，影响正确的判断。

　　特别值得注意的是，每种检验方法，都有其本身的局限性。例如，对不同化合物中的同一种官能团进行检验时，反应的结果有时并不一致。因为官能团的性质常受到分子中其余结构部分的影响。与此相反，不含这种官能团而含有其他官能团的化合物，检验时，有时却得到相同的结果，这是由于产生了干扰作用。所以作官能团的检验时，有时需要经过几个实验，互相引证，以便对照，排除疑问，经综合分析研究后，再作出结论。

对有机未知物功能团的检验，不可能拟出一个常规的统一检验方法。要根据不同未知物的实际情况，在实验中找出检验它们的客观规律来进行鉴定。对于官能团定性反应，样品不需要每次在分析天平上准确称量。

第一节 烃类的检验

烃类主要包括烷烃，烯烃、炔烃及芳香烃。有关它们的检验方法，分别讨论如下。

一、烷烃的检验

烷烃的化学性质非常稳定，所以没有一个合适的化学定性检验方法，只能依据元素分析、物理常数（沸点、密度、折射率等）及溶解度分组实验的结果来进行推测，比较后作出结论。如 $C_1 \sim C_4$ 为气体，$C_5 \sim C_{17}$ 为无色液体，C_{18} 以上为固体，有特殊气味。有条件的实验室可采用红外光谱等波谱方法进行鉴定，如甲基、次甲基和亚甲基的 C—H 伸缩振动通常发生在 $3000 \sim 2800 cm^{-1}$，C—H 弯曲振动位于 $1480 \sim 1370 cm^{-1}$，C—CH$_3$ 的特征吸收在 $1380 cm^{-1}$，从而更便于对未知物作出最后确证。个别的高张力的环烷烃，能使溴水退色，这是值得注意的。还有，用硫酰氯处理烷烃可制得氯代烃。

$$RH + SO_2Cl \longrightarrow RCl + SO_2 + HCl$$

二、烯烃的检验

烯烃物态与烷烃相似，由于结构上有双键、氢的数目少，所以灼烧时常带黑烟，烯烃只溶于浓硫酸，属 N 族。常用的检验方法有溴的四氯化碳实验和高锰酸钾实验。

（一）溴的四氯化碳溶液实验

大多数含有碳-碳双键或三键的化合物能使溴的四氯化碳溶液的棕红色褪去，这主要是发生了加成反应：

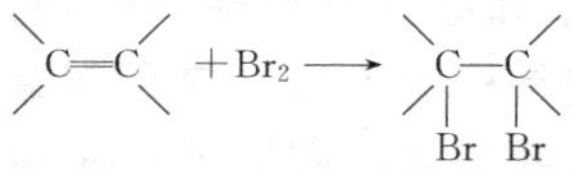

C=C +Br$_2$ ⟶ C—C（Br Br）

方法 溶解 $50 \sim 100 mg$ 试样于 $1 \sim 2 mL$ 四氯化碳中。逐滴向此溶液中加入 2% 溴的四氯化碳溶液。若需要多于两滴的试剂，才能使溴的棕色维持 $1 min$ 之久时，表示有反应发生。

注意事项：

① 一般容易与溴发生取代反应的化合物，如酚类、胺类、醛类、酮类或含有活泼亚甲基的其他化合物均在上述实验条件下能使溴溶液褪色。取代反应与加成反应不同之处在于前者伴随有 HBr 生成，向试管口吹一口气，便有白色烟雾出现，HBr 气体还可用 pH 试纸或蓝色石蕊试纸检出。但当胺类发生取代反应时所生成的 HBr，立即与胺形成盐，故并不放出。因此可将取代反应与加成反应区别开来。

② 当双键上的碳原子连有吸电子基团或空间位阻很大时使加成反应变得很慢，甚至不能进行。三键对亲电试剂的加成不如双键活泼，所以，炔烃与溴的四氯化碳溶液加成反应进行较慢。

(二) 高锰酸钾实验

含有不饱和键的化合物能与高锰酸钾反应，使后者的紫色褪去而形成棕色二氧化锰沉淀：

$$3 \underset{}{\overset{}{C{=}C}} + 2MnO_4^- + 4H_2O \longrightarrow 3 \underset{OH\,OH}{C{-}C} + 2MnO_2 + 2OH^-$$

$$\underset{OH\,OH}{C{-}C} \xrightarrow{[O]} C{=}O + O{=}C$$

这个实验可与溴的四氯化碳实验平行对照进行。

方法 将 20～25mg 试样溶于 2mL 水或丙酮（不含醇）中。向此溶液中逐滴加入 1% 的高锰酸钾水溶液，边加边极力摇荡。如果有多于 1 滴的试剂被还原，表示有反应发生。

注意事项 一些易被氧化的化合物，如酚、醛等，也能使高锰酸钾溶液褪色。但其他化合物对实验的干扰，与对于溴的四氯化碳实验不完全相同，因此两个实验可以平行进行，以资核对。各化合物对两个实验的结果比较列于表 3-1 中。

表 3-1 高锰酸钾实验与溴四氯化碳实验结果比较

化合物类型	高锰酸钾实验	溴四氯化碳实验	
		加成反应	取代反应
烯烃与炔烃	+	+	
$Ar_2C{=}CAr_2$ 及许多 $ArCH{=}CHAr$	+	−	
酚类	+		+
胺类	+		+
酮类	−		+
许多醛类	+		+
伯醇与仲醇	+		−
硫醇	+		−
硫醚	+		−
硫酚	+		−

(三) 四硝基甲烷实验

四硝基甲烷（TNM）遇含不饱和键（不与羰基共轭）的化合物，显黄至红色，可能是生成了一种分子加成物，这个反应是检验不饱和键的灵敏反应。一些复杂的不饱和化合物，如胆固醇等，遇高锰酸钾溶液或溴的四氯化碳溶液反应很慢，检验不出其中的双键，但是与 TNM 能立即发生显色反应，这个反应不仅可用于定性分析，而且可用于定量分析，由显色深度可知道样品含量。经分光光度法分析，由反应产物最大吸收波长范围也可推知样品中双键两端的取代程度。例如，简单的烯烃和炔烃显黄色，四烷基乙烯和简单的共轭双烯显橙色或浅红色，烷基取代的共轭双烯烃显深红色。

方法 由于这种试剂较贵，检验时采用微量法，以节约试剂。在一支洁净的测熔点用毛细管中，装入 0.5mm 厚的试样。取一支尖细毛细吸液管，吸取 TNM 氯仿溶液（1∶1，体积比），装入盛样品管中达 5mm 厚，甩至管底。衬着白色背景观察混合物的颜色变化。

注意事项 在实验室中可借乙烯酮与硝酸作用制备四硝基甲烷，产率 90%：

$$4CH_2{=}CO + 4HNO_3 \longrightarrow C(NO_2)_4 + CO_2 + 3CH_3CO_2H$$

四硝基甲烷在室温下为液体，沸点 126℃，熔点 13℃。它与有机化合物形成的混合物能发生猛烈的爆炸，要避免大量使用，反应时不要加热。

三、共轭烯烃的检验

下面介绍顺式丁烯二酐实验。

含共轭双键的化合物与顺式丁烯二酐反应生成加成物。这是狄尔斯-阿德耳（Diels-Alder）双烯合成反应的一例：

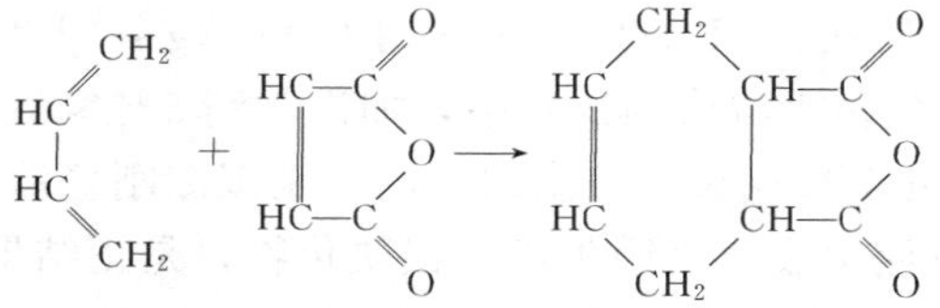

生成的加成物往往是有固定熔点的结晶，借以鉴别原来的双烯。

方法 将 0.1g 双烯烃加到 0.5mL 的顺式丁烯二酐在苯中的饱和溶液内，将混合物温热数分钟。放在室温下冷却，若有沉淀析出，表明是正性结果。通过过滤收集析出的晶体，测定它的熔点。

注意事项 呋喃及其衍生物（但糠醛及呋喃甲酸例外）也能给出加成物，在乙醚中反应，结果更佳。

蒽与顺式丁烯二酐（在二甲苯溶液中）试剂共热 1min 后，能定量地生成 9、10 位置的加成物。许多取代的蒽也有类似反应，反应条件要求更苛刻一些。

用顺式丁烯二酸对苯基偶氮苯亚酰胺（p-phenylazomaleinanil）作为鉴定共轭双烯的试剂。所生成的产物都是有色的晶体，便于进行色谱分析。

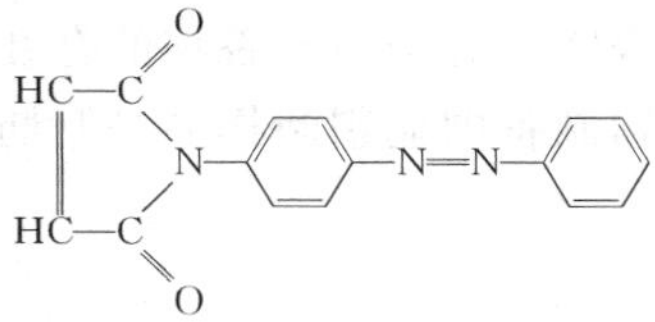

四、炔烃的检验

炔烃与烯烃相似，灼烧时带黑烟，只溶于浓硫酸，属 N 族，对上述检验不饱和键的三个反应也会给出正性结果，要进一步确定是炔烃，需进行下述实验。

（一）重金属炔化合物实验

凡是具 $RC\equiv CH$ 型结构的炔烃，都能与重金属，如亚铜、银或汞的离子形成金属炔化合物沉淀。

方法一 形成亚铜炔化合物

$$RC\equiv CH +[Cu(NH_3)_2]Cl \longrightarrow RC\equiv CCu\downarrow +NH_4Cl+NH_3$$

取 20～25mg 试样放入一小型试管中，加入 0.5mL 甲醇使之溶解。加入 2～4 滴亚铜盐的氨水溶液，摇荡试管。见有红棕色或红紫色的亚铜炔化合物生成，表明是正性结果。

试剂 ①溶解 1.5g 氯化铜及 3g 氯化铵于 20mL 浓氨水中，用水稀释到 50mL。②取 5g 盐酸羟胺溶于 50mL 水中。取 1mL①与 2mL②混合即成。

某些硫醇能生成黄色的亚铜盐，对反应有干扰。

方法二 形成汞的炔化物

$$2RC\equiv CH +K_2HgI_4+2KOH \longrightarrow (RC\equiv C)_2Hg\downarrow +4KI+2H_2O$$

将炔烃 20～25mg 溶于少量 95% 乙醇中，用滴管吸取所得试液并逐滴加到汞盐试剂中。

将生成的沉淀立即过滤，并用50％醇淋洗。将所得汞的炔化物自醇或苯中加以重结晶，测定熔点，进行鉴定。

试剂　由16.3g KI溶于16.3mL水配成碘化钾溶液，将6.6g氯化汞溶解于所配的碘化钾溶液中，再在此汞盐溶液中加入12.5mL 2mol/L氢氧化钾溶液。

方法三　形成银炔化物

$$RC{\equiv}CH + Ag(NH_3)_2OH \longrightarrow RC{\equiv}CAg\downarrow + 2NH_3 + H_2O$$

在存有0.5mL 5％硝酸银水溶液的试管中，加进1滴5％氢氧化钠溶液，此时，有大量灰色沉淀产生，随即用2mol/L氢氧化铵滴加入内，至沉淀刚好溶解为止。在此溶液中加进3～5滴试样，若有白色沉淀生成，表明生成了银炔化物，是正结果。

注意事项　这些重金属炔化物在干燥后极易爆炸，反应完毕后，立即用硝酸酸化，使炔化物分解，随即倒去。

（二）加水反应实验

一元或二元取代的炔烃（$RC{\equiv}CH$ 或 $RC{\equiv}CR'$），都能在硫酸及硫酸汞试存在下，与稀乙醇中的水发生加成反应，生成羰基化合物：

$$RC{\equiv}CR' + H_2O \xrightarrow{HgSO_4} RCOCH_2R'$$

再根据所生成的羰基化合物的衍生物，如2,4-二硝基苯腙，鉴定原来的炔烃。

五、芳烃的检验

带有其他官能团的芳香族化合物，分子中芳香核的存在不需要经过这些实验检验，往往通过该官能团的特征反应及衍生物制备即能判断样品是脂肪族或芳香族化合物。

（一）甲醛-硫酸实验

在浓硫酸的存在下，甲醛与芳烃脱水缩合成二芳基甲烷。二芳基甲烷被浓硫酸进一步氧化成醌型结构的有色化合物：

$$2\ \text{⬡} + HCHO \xrightarrow{H_2SO_4} \text{⬡}-CH_2-\text{⬡} + H_2O$$

$$\text{⬡}-CH_2-\text{⬡} + H_2SO_4 \xrightarrow{[O]} \text{⬡}-CH-\text{⬡}-O + H_2O + SO_2$$

这个实验可区别芳烃与非芳烃。

方法　将30mg试样溶于1mL非芳烃溶剂（如己烷、环己烷或四氯化碳）中。取此溶液1～2滴加到1mL试剂中。试剂须临时配制：取1滴福尔马林（37％～40％甲醛水溶液）加到1mL浓硫酸中，轻微摇荡即成。当加入试样后，注意观察试剂表面所发生的颜色变化，并观察摇荡后试剂的颜色。

注意事项　通常具正性反应的化合物，其颜色变化往往是显棕色或黑色。最好事先将溶剂作一次空白实验，因为其中可能含有芳烃杂质。各种芳烃在本实验中产生的典型变化是：苯、甲苯、正丁苯显红色，仲丁苯显粉红色，叔丁苯、三甲苯显橙色，联苯、三联苯显蓝色或绿蓝色；萘蒽、菲、芴等稠环芳烃显蓝绿色或绿色，卤代芳烃显粉红至紫红色，萘醚类显紫红色，开链烷烃、环烷烃以及它们的卤代衍生物不发生颜色反应，或只显淡黄色。反应之后，偶尔也有沉淀形成。

本试剂除与芳烃反应外，也能与不溶于浓硫酸的其他芳香族化合物显色。它与开链不饱和烃反应生成棕色沉淀。这些化合物可以由分组实验区别出来，实际上对本实验不发生干扰。

显色反应的机理可能是包含有正碳离子的聚合反应。

本实验是放热过程，实验时能感觉到发热，并观察到颜色的变化。

（二）无水三氯化铝-三氯甲烷实验

具有芳香结构的化合物通常在无水三氯化铝存在下，与氯仿反应，生成有颜色的产物。

$$3C_6H_6 + CHCl_3 \xrightarrow{AlCl_3} (C_6H_5)_3CH + 3HCl$$

$$(C_6H_5)_3CH + (C_6H_5)_2CH^+ \longrightarrow (C_6H_5)_3C^+ + (C_6H_5)_2CH_2$$

方法　取约 100mg 无水三氯化铝放入一干燥的 $\phi15mm \times 150mm$ 的试管中，用强烈火焰灼烧，使三氯化铝升华至管壁上，冷却。将 $10 \sim 20mg$ 试样溶于 $5 \sim 8$ 滴氯仿中，将所得溶液沿着管壁倒入上述试管中。注意观察当溶液与三氯化铝接触时所发生的颜色变化。

注意事项

① 本反应是芳烃的特征反应。不溶于浓硫酸的中性脂肪族化合物无显色反应，或只呈极淡的黄色。芳烃在反应中产生的典型颜色是：苯及其同系物呈橙至红色，卤代芳烃呈橙色至红色，萘显蓝色，联苯显紫红色，菲显紫红色，蒽显绿色。有时颜色反应的结果是不同深浅的棕色。

② 反应的产物可能是三芳基甲烷型正碳离子与 $AlCl_4^-$ 形成的鎓盐，而具有颜色。

③ 储瓶中的三氯化铝一般吸有水分，本反应必须用新鲜升华的三氯化铝，否则反应不灵敏。

（三）发烟硫酸实验

芳烃化合物与发烟硫酸作用，芳环发生磺化反应，生成芳烃的磺酸衍生物，并溶解在试剂中，同时还放出热量。

方法　在一干燥试管中，加入 2mL 20％发烟硫酸，再加入 0.1mL 液体试样。摇动后，静止几分钟，观察试样是否溶解，并注意试管是否发热。如果试样不溶解于发烟硫酸，表明它是饱和脂肪烃。

注意事项　试样与发烟硫酸发生正反应时，产生的现象是放热，溶解，并稍有碳化现象。不放热，不溶解者为烷烃。

芳烃与发烟硫酸的反应机理是亲电取代反应。

卤代芳烃需要在热的发烟硫酸中才能起作用，例如对二氯苯需要在 $100 \sim 120℃$ 时，在 20％的发烟硫酸中才能反应。

1,2-二卤代化合物与发烟硫酸的反应很复杂，生成黑色的物质，并析出卤素。其反应过程可能是先脱去卤化氢，生成卤代烯烃。然后，卤代烯烃再发生聚合作用。脱下的卤化氢被浓硫酸氧化析出卤素。

第二节　卤代物的检验

若经元素分析已知道化合物分子中含有卤素，可通过下述实验来推测它是哪种类型的卤化物及含有何种卤素。

一、硝酸银-乙醇溶液实验

卤代烃或其衍生物在乙醇溶剂中，能与硝酸银试剂作用生成卤化银沉淀：

$$R—X+AgNO_3 \xrightarrow{乙醇} AgX\downarrow +R—O—NO_2$$

方法　在一支小试管中，放置 0.5mL 饱和的硝酸银乙醇溶液，加入约 30～40mg（或 3～4 滴）试样，强烈摇动后，在室温下静止 2min，观察是否有沉淀生成，如无沉淀生成，则将溶液加热后，再观察结果。如有沉淀产生，在沉淀中加入 3 滴 5％硝酸溶液，摇动后，再注意沉淀是否溶解。卤化银不溶于稀硝酸，而有机酸的银盐能溶于稀硝酸中。若溶液仅发生混浊，可认为是由于微量杂质所引起的，应为负结果。

注意事项　由于卤原子的种类和化合物分子结构的不同，各种不同卤代烃与硝酸银醇溶液的反应速度有很大的差别，有的甚至不发生反应。

若卤代烃的分子结构相同，卤原子的种类不同时，其反应速度的次序为：RI＞RBr＞RCl＞RF。前两者在室温时即能反应，氯代烃需加热才能反应，氟代烃加热也很难反应，这是因为碳卤键的键能随原子的电负性增大而增大的结果。

若卤代烃的分子结构不同，而卤原子相同时，反应的速度次序为：$R_3CX＞R_2CHX＞RCH_2X$。因为溶剂化电离作用，最有利于叔正碳离子的形成，一旦形成，它在介质内也最稳定。这是由亲核性单分子取代反应的机理所决定的。

双键或芳环的位置，对卤原子的活性也有影响，通常有下列活性次序：

$$CH_2=CH—CH_2X＞CH_2=CH(CH_2)_n—CH_2X＞H_2C=CHX 或 ArCH_2X＞$$
$$Ar=(CH_2)_n—CH_2X＞ArX$$

这是分子内存在共轭效应而产生的结果。芳环上的取代基对芳环上卤原子的活性也有明显的影响。若芳环上负性取代基增多，则环上的卤原子变得更为活泼。活性次序为：

前两者在室温及加热的情况下，对本试剂呈正反应，而后两者却为负反应。

水溶性含卤有机化合物，能迅速与本试剂产生沉淀者有：氢卤酸的铵盐、锌盐、镤盐、卤化季铵盐及分子量低的酰卤。

非水溶性的卤化物，在室温下与本试剂能立刻产生沉淀者有：$RCOCl$，$RCH=CHCH_2X$，$RCHClOR$，R_3CCl，RI，$RCHBrCHBrR$ 等。

在室温下反应很慢，加热后能产生卤化银沉淀者有：RCH_2Cl，R_2CHCl，$RCHBr_2$，2,4-二硝基氯苯等。

在加热煮沸的条件下，也不起反应者：ArX，$RCH=CHX$，$CHCl_3$，$Ar—CO—CH_2Cl$，$R—O—CH_2CH_2X$ 等。

同一碳原子上的多氯代化合物，如氯仿、四氯化碳、三氯乙酸等与本试剂不起作用，而同碳的多溴代化合物，则较一溴代烷反应慢些。

在与硝酸银的醇溶液反应时，环己基卤与开链的仲卤代物比较，显示出低的反应活性。环己基氯不起作用，环己基溴则不如 2-溴己烷活泼，虽然环己基溴在加热时可与硝酸银醇溶液产生沉淀。同样，1-甲基环己氯的反应性比非环状的叔氯代物要小得多。可是 1-甲基环戊基氯和 1-甲基环庚基氯的活性均比开链的类似物大。

必须着重指出的是，卤代化合物和硝酸银乙醇溶液的反应与碘化钠丙酮溶液的反应性质有很大的差别，因此对任何一个含卤化合物来说均须使用两种实验来进行鉴定。

二、碘化钠-丙酮溶液实验

许多氯化物或溴化物能与碘化钠-丙酮溶液反应，除生成碘化物外，还产生不溶于丙酮的氯化钠或溴化钠沉淀：

$$RCl + NaI \xrightarrow{\text{丙酮}} RI + NaCl \downarrow$$

$$RBr + NaI \xrightarrow{\text{丙酮}} RI + NaBr \downarrow$$

方法　在 1mL 碘化钠-丙酮溶液中加入 2 滴氯化物或溴化物试样。若试样为固体，取 50mg 溶于尽可能少量的丙酮中，再将此溶液滴入碘化钠-丙酮溶液中，摇荡试管，令试管在室温下静置 3min，注意观察是否有沉淀生成，并注意溶液是否转变为红棕色（由于有游离碘析出）。若在室温下无反应发生，将反应物在 50℃ 水浴中温热 6min 后取出，冷至室温后再注意观察是否有反应发生。

碘化钠-丙酮溶液的配制　将 15g 碘化钠溶于 100mL 纯丙酮中，盛于棕色试剂瓶内。若溶液久置后呈现红棕色，必须弃去重配。

注意事项　本实验是根据反应后，生成的氯化钠和溴化钠不溶于丙酮，而析出沉淀的事实，来检验卤代烃中的氯原子和溴原子的。这个反应可与硝酸银反应平行对照进行，本实验的反应机理是亲核取代反应，因此，在本反应中，卤代烃的相对反应活性次序是：

$$RCH_2X > R_2CHX > R_3CX$$

这种次序，恰好与它们在硝酸银-乙醇溶液中，进行实验时所表现的情况相反。

当卤代烷的结构相似时，溴代烷的反应比氯代烷的反应快。

下列卤代物：$RCOX$、$RCH=CHCH_2X$、$ArCH_2X$、Ar_2CHX、RCH_2COCH_2X、Ar_3CX、$ArCOCH_2X$、$RCHXCOOR$、$RCHXCONH_2$、$RCHXCN$ 等分子中的卤原子在碘化钠-丙酮溶液中，具有较大的活性，它们在 25℃ 时，3min 内可析出溴化钠或氯化钠沉淀。此外，$RCH=CHX$、$CHCl_3$、ArX 等分子中的卤原子不活泼，它们在本实验中呈负结果。

1,2-二氯及 1,2-二溴化物不仅产生氯化钠或溴化钠沉淀，并且析出游离的碘：

$$\underset{\overset{|}{Br}\quad\overset{|}{Br}}{RCH-CHR} + 2NaI \longrightarrow \underset{\overset{|}{I}\quad\overset{|}{I}}{RCH-CHR} + 2NaBr \downarrow$$

$$\parallel$$

$$RCH=CHR + I_2$$

多溴化物、磺酰氯等与碘化钠-丙酮溶液反应后也析出碘和氯化钠沉淀：

$$ArSO_2Cl + NaI \longrightarrow ArSO_2I + NaCl \downarrow$$

$$\downarrow NaI$$

$$ArSO_2Na + I_2$$

磺酸烷酯与碘化钠的丙酮溶液能起反应，生成磺酸钠沉淀：

$$ArSO_2OR + NaI \longrightarrow ArSO_2ONa \downarrow + RI$$

因此在磺酸烷酯中如果有某一个基团含有卤素时，就应该注意生成何种沉淀。

第三节 羟基化合物的检验

一、一般醇羟基的检验

(一) 金属钠实验

方法 在一干燥的微量试管中加入 2 滴液体试样，用玻勺取数颗钠粒放入试管中。若钠粒表面不断有气泡产生即表示正性结果。

钠粒的制备 在一个带有磨口塞的锥瓶中放入一小块金属钠，加适量的甲苯或二甲苯使有机液体将钠盖住。在石棉网上用火直接加热至甲苯沸腾，并且有机蒸气上升至距瓶口一半距离时为止，这时金属钠融化成液体。盖上玻塞，立刻用毛巾包裹锥瓶极力摇荡，并不时将瓶塞轻微打开令空气进入，以免有机液体冷却时将瓶内造成真空致瓶塞难以打开。制得的钠粒直径约 0.5mm 即可使用，储藏在二甲苯中（操作时必须戴护目镜！）。

注意事项 这个方法鉴定 $C_3 \sim C_8$ 范围的醇类最为有用。无水低级醇不易制备，稍受潮湿即与钠发生作用，但是由于它们具有羟基，能继续与 Na 作用生成白色胶冻状醇钠，借此仍可以识别出来。高级醇与钠作用太迟缓，较难识别。

凡含有活泼氢的化合物，如酸、酚、伯胺与仲胺、硫醇、甲基酮以及活泼亚甲基化合物对此试剂均呈正性反应。

(二) 硝酸铈实验

大多数能溶于水的羟基化合物，遇硝酸铈溶液，都能够生成琥珀色或红色的配合物。

$$(NH_4)_2Ce(NO_3)_6 + 2HNO_3 \longrightarrow 2H_2Ce(NO_3)_6 + 2NH_4NO_3$$

$$RCH_2OH + H_2Ce(NO_3)_6 \longrightarrow H_2Ce(OCH_2R)(NO_3)_5 + HNO_3$$

方法 溶解 $25 \sim 30$mg 试样于 2mL 水（或 1,4-二氧六环）中，加入 0.5mL 硝酸铈试剂，摇荡后观察溶液颜色的变化。呈红色者，为正反应，表示有醇羟基存在。

试剂制备 将 90g 硝酸铈铵 $Ce(NH_4)_2(NO_3)_6$ 溶于 225mL 2mol/L 温热的硝酸中。

注意事项

① 醇类、邻二醇类、羟基酸、羟基酯以及羟基醛酮，其碳原子数不超过 10 者，均能与试剂发生显色反应，呈现亮黄色至琥珀色，橙黄色或红色。氨基酸一般无颜色反应而是产生氢氧化铈沉淀。

② 许多酚类在水溶液中与本试剂反应产生棕绿色或棕色沉淀，在 1,4-二氧六环中产生棕红色或棕色沉淀。

③ 芳胺与噻吩类及易被氧化的化合物遇试剂产生各种颜色，以致对实验有干扰。

(三) 酰氯实验

酰氯与羟基化合物作用，形成酯。酯在水中的溶解度比原来的羟基化合物小，容易分层析出。且低级醇的酯往往易于挥发，具有水果香味，可以此鉴别：

$$RCOCl + R'OH \rightleftharpoons RCOOR' + HCl$$

方法

① 乙酰氯法 将 $50 \sim 100$mg 试样放入一中型干燥试管中，加入 3 滴乙酰氯，放置

3min。如果无反应发生，将试管温热 2min，并加入 2mL 水，用少量固体碳酸钠饱和水层，观察，并闻一下是否具有水果的香味。

② 苯甲酰氯法　于一试管中加入 50mg 试样、3 滴苯甲酰氯及 1mL 10％氢氧化钠溶液，塞紧管口，将试管极力摇荡。用石蕊试纸检验反应液，如果不呈碱性，再加入少许 10％氢氧化钠溶液，再摇荡。溶液呈碱性后，注意观察发生的现象，并注意闻气味。

注意事项：

① 酰氯在上述条件下也能与伯胺或仲胺反应形成酰胺，但没有香味：

$$RCOCl + R_2'NH \longrightarrow RCONR_2'$$

② 叔醇与酰氯反应时，主要产物是卤代烷，它是难溶于水的液体，容易被误认为是酯类，为了避免卤代烷的生成，在叔醇酰化前，可以加入 2 滴 N,N-二甲基苯胺。使反应中产生的氯化氢与之结合成铵盐。

③ 高级醇及酚类与酰氯反应较缓慢，实验时采用苯甲酰氯法法较适宜。

④ 低级脂肪醇的酯易溶于水，为了使它们自水中析出，可在溶液中加入少量固体碳酸钠或碳酸钾，进行盐析，使其浮于液面。如果酯的形成不易从外表现象观察出来时，可将产物进行羟肟酸盐实验。

（四）黄原酸盐实验

在室温下，有碱金属氢氧化物存在时，伯醇和仲醇均能迅速与二硫化碳反应生成水溶性的烃基代黄原酸盐：

$$ROH + CS_2 + NaOH \longrightarrow CS(OR)(SNa) + H_2O$$
$$ROH + NaOH \Longleftrightarrow RONa + H_2O$$
$$RONa + CS_2 \longrightarrow CS(OR)(SNa)$$

所有烃基代黄原酸盐均与含有过量无机酸的钼酸铵溶液反应形成紫色产物。紫色产物的组成是 $MoO_3 \cdot 2CS(OR)SH$，能溶于有机溶剂，如苯、二硫化碳、乙醚、氯仿中，因此可以用这个方法检验伯醇与仲醇。

方法　取 1 滴试液（如果可能，取乙醚溶液）放入 1 支干燥试管中，同时加入 1 滴二硫化碳及数十毫克粉状氢氧化钠。摇荡试管约 5min，加入 1 或 2 滴 1％钼酸铵溶液。当氢氧化钠刚好溶解时，立刻用 2mol/L 硫酸小心将溶液中和，加入 2 滴氯仿，再摇荡。若试液中有伯醇或仲醇存在时，氯仿层显紫色。

注意事项

① 黄原酸-钼酸铵法检验醇不是很灵敏的，因为醇或醇化物转化为烃基黄原酸盐的反应不是定量地进行。而且，当黄原酸盐溶液酸化时，即使在钼酸铵存在下，仍然不可避免地有部分黄原酸分解，重新析出 CS_2 及 ROH。

本法能检验出各种醇的量如下：

1.0mg 甲醇	0.5mg 异戊醇	1.0mg 丁醇
1.0mg 乙醇	1.0mg 丙烯醇	1.0mg 异丁醇
1.0mg 丙醇	0.5mg 环己醇	0.1mg 苯乙醇

② 酯也能如醇一样地进行反应，因为在检验条件下，它们能部分地皂化析出醇。含有 CH_2COCH_2 基团的化合物也能与 CS_2 及碱金属氢氧化物作用，形成橙红色化合物，后者在用钼酸铵处理时产生棕色沉淀，该沉淀不溶于氯仿中，所以它们对用此法检验少量醇时有干扰。

（五）钒-8-羟基喹啉实验

8-羟基喹啉钒化合物（A）为黑绿色，溶于苯、甲苯等中呈灰绿色溶液。当加入醇后，溶液变为红色，可能是由于发生了溶剂化，产生了如（B）所示的产物。利用这个反应检验醇羟基。

$$(A) \qquad\qquad (B)$$

方法　将 1 滴试液（溶于水、苯或甲苯中）放入一小试管中，加入 4 滴溶于苯或甲苯中的 8-羟基喹啉钒灰绿色溶液。将混合物在不时摇荡下放入 60℃ 水浴中温热，在 2～8min 后颜色转变为红色，表明有醇羟基存在。在进行少量醇样品检验时，可进行空白对照实验，以资比较。

试剂　8-羟基喹啉钒化合物的苯溶液配置：将含有 1mg 钒的溶液 1mL 用 1mL 2.5% 的 8-羟基喹啉溶于 6% 乙酸中的溶液处理。将混合物用 30mL 苯摇荡萃取。所得溶液能保存约一日之久。

注意事项　一般醇类都能用这个方法检验出来，但有些含羟基的化合物，如糖类、甘油等无此反应，可能是由于它们不溶于苯的缘故。除了含醇羟基外，还含有羧基或碱性氮原子、酚羟基的化合物，如乳酸、酒石酸、柠檬酸、苦杏仁酸及胆碱氢氯酸盐等均无此反应；能溶于苯的黄料母醇也无此反应；硫醇与胺类产生绿色或黄色变化。

（六）高锰酸钾-2,4-二硝基苯肼实验

伯醇与仲醇能被氧化成为羰基化合物，再使后者转化为 2,4-二硝基苯腙来鉴定。叔醇无此反应。

方法　取 4～5 滴试样放入一中型试管中，加入 5mL 高锰酸钾溶于 2mol/L 硫酸中的饱和溶液。将混合物摇荡 2～3min，伯醇与仲醇被氧化成为醛或酮，高锰酸根离子被还原成二氧化锰（棕色沉淀）。加入足量的乙二酸使二氧化锰溶解，以及使过量的高锰酸根离子还原，溶液变澄清。然后加入 2,4-二硝基苯肼试剂。这时，或者加入 5mL 水以后，若有 2,4-二硝基苯腙沉淀析出，表示正性结果。得到的腙衍生物可以过滤，自乙醇中重结晶，测定熔点以鉴定由醇氧化所产生的羰基化合物。

注意事项　在进行检验前，必须确定原来样品不是一个羰基化合物。本检验不能检出叔醇，也不能检验出高分子量的醇类，因为它们在氧化时反应进行太慢。当然，任何易被氧化的化合物都能被还原高锰酸根离子，因此，实验结果必须有能与 2,4-二硝基苯肼缩合的羰基化合物产生，方能证明醇的存在。

（七）碘酸实验

简单的 $C_2 \sim C_7$ 醇类（甲醇例外）能被碘酸氧化，碘酸本身被还原，析出棕红色的游离碘，可以鉴定羟基的存在：

$$3C_2H_5OH + HIO_3 \longrightarrow 3CH_3CHO + HI + 3H_2O$$
$$3CH_3CHO + HIO_3 \longrightarrow 3CH_3COOH + HI$$
$$5HI + HIO_3 \longrightarrow 3I_2 + 3H_2O$$

除醇类外，醛类、甲基酮类、酚类与苯胺衍生物均有反应，而某些含羟基的化合物如多元醇（1,2-丙二醇及1,3-丙二醇例外）、糖类（戊糖、果糖与蔗糖例外）等却无此反应。

方法 小心将 2.5mL 浓硫酸加到 8mL 水中，冷至室温，加入 100mg KIO_3。在其中加入 50mg 试样，将反应试管浸入沸水液中 1h（若氧化反应迅速发生则不必加热如此之久）。如有棕色碘析出，表明是正性结果。

（八）硝基铬酸实验

硝酸与重铬酸钾的混合物能氧化大多数伯醇和仲醇，产生蓝色反应。此外，糖类、甲醛、乳酸及酒石酸等均有此反应。

方法 取 5 滴 5% $K_2Cr_2O_7$ 溶液加到 5mL 冷却的 7.5mol/L 硝酸中，加入 1mL 10% 的样品水溶液（若样品不溶于水，取 50～100mg 样品直接加入），摇匀。若在 5min 内有鲜明蓝色出现，表明是正性结果。

二、酚类的检验

（一）溴水实验

酚类能使溴水褪色，形成溴代酚析出：

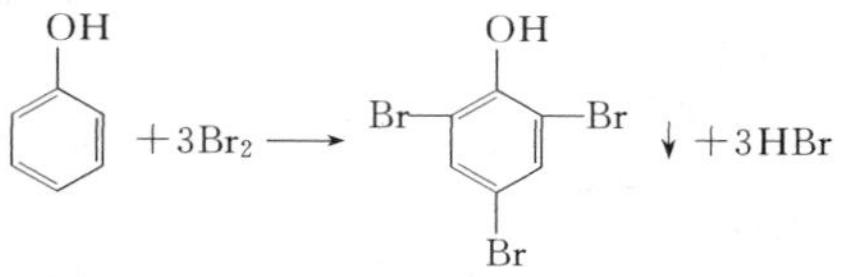

（白色沉淀）

方法 于 20～25mg 试样的水溶液或悬浮液中，逐滴加入饱和的溴水溶液，直到溴的棕色不再褪去为止。若试样能消耗溴水溶液，有时还伴有白色沉淀生成，表明是正性结果。

注意事项 一切含有易被溴取代的氢原子的化合物，以及一切易被溴水氧化的化合物，都有这个反应。

（二）三氯化铁实验

大多数酚类、烯醇类遇三氯化铁均能形成有色络合物。

$$6ArOH + FeCl_3 \longrightarrow 3H^+ + [(ArO)_6Fe]^{3-} + 3HCl$$

方法：

① 水溶性酚。溶解 40～50mg 化合物于 1～2mL 水中，或水与醇的混合溶剂中。加入 3 滴 2.5% 的三氯化铁水溶液，注意溶液的颜色变化或沉淀的生成。

② 非水溶性酚。溶解 30mg 试样于 1～2mL 氯仿中。加入 1～2 滴按下法配成的试剂溶液。溶解 1g 三氯化铁于 100mL 氯仿中，加入 8mL 吡啶，将混合物过滤，所得滤液即为试剂。将观察结果与①法所进行的实验结果加以比较。

实践表明，如果将操作步骤改变如下，有时可以得到更明显的结果。

先配成氯仿的三氯化铁饱和溶液。将此溶液与试样混合，如果无显色反应，那么倾斜地持着试管，沿管壁滴入 1 滴吡啶，若交界面上立即有颜色环生成，表明是正性结果。

注意事项 大多数酚与三氯化铁反应产生红、蓝、紫或绿色反应。颜色随所用溶剂、试剂浓度、反应与观察时间之间隔长久以及 pH 值等的不同而改变。在非水溶液（氯仿）中，并有一个弱碱（吡啶）存在下进行这个反应时，反应灵敏度提高许多，并且使那些在水溶液中实验时呈负性结果的酚类，也能被检验出来。吡啶所起的作用可能是当作一种质子接受者，增加了酚基负离子的浓度。大多数硝基酚类、氢醌、愈疮木酚、间位和对位羟基苯甲酸及其酯类以及2,6-二叔丁基对甲苯酚均显负性结果。

脂肪族羟基酸与三氯化铁反应，产生鲜明的黄色溶液。许多芳香酸类产生褐色沉淀（五倍子酸产生黑色沉淀），烯醇类通常产生褐色、红色或红紫色；肟，如果它们显正性结果的话，如亚磺酸类一样，通常反应后显示红色。羟基吡啶及羟基喹啉产生红、蓝或绿色。

羟肟酸与三氯化铁反应产生蓝红色，或紫色，或猩红色。

（三）亚硝酸实验（李伯曼实验）

酚类与亚硝酸作用形成对-亚硝基衍生物，后者再与过量的酚作用形成靛酚。靛酚是酸碱指示剂，在酸性与碱性介质中有不同的颜色变化，可以检验酚类。反应如下：

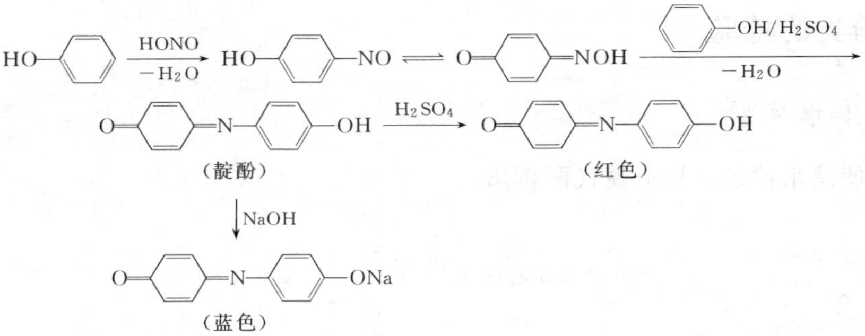

方法　取约50mg试样，放入盛于$\phi 10mm \times 100mm$试管内的1mL浓硫酸中，加入约20mg亚硝酸钠，摇荡试管并温热。若呈现绿色、蓝色或紫红色，表明正性结果。将混合物小心倒入5mL水中，颜色往往变为红或蓝红色。加入20%氢氧化钠溶液，直到混合物呈碱性为止。所得到的碱性溶液一般变为蓝色或绿色。

注意事项　硝基酚类及对位取代的酚类均显负性结果。在二羟基苯酚类中，只有间苯二酚显正性结果。

如果样品很少，按下法实验：取几毫克样品放于白色点滴反应板上，用毛细吸液管吸取1～2滴浓硫酸加在样品上。用玻璃棒搅拌，直到样品溶解。用刮匙尖挑取1～2颗亚硝酸钠晶体，加到所得的硫酸溶液中，逐渐有蓝绿色或红紫色出现（亚硝酸钠不可以加得太多，否则颜色变为深黑，不易观察）。一边搅拌一边滴入4～5滴水，这时颜色往往有变化。如再用20%的氢氧化钠溶液将所得到的混合液加以碱化，颜色又有变化。

在这个实验中，是先使一部分酚试样亚硝基化，再让所产生的亚硝基酚与未反应的酚发生缩合作用形成靛酚。另外，若事先用一种亚硝基酚作试剂，直接与酚试样发生缩合反应也是可以的。这样，在某些情况下，可以提高实验的灵敏度。常用的亚硝基酚试剂是5-亚硝基-8-羟基喹啉。操作手续是：取一滴试样的醇溶液或碱性溶液在微坩埚中蒸干，冷却后加入一滴试剂（1%的5-亚硝基-8-羟基喹啉溶于浓硫酸的溶液）。温热后若有靛酚染料生成，表明正性结果。

（四）氨基安替比林实验

在碱性溶液中，用铁氰化钾作氧化剂，首先使酚氧化成醌，再与4-氨基安替比林缩水生成红色的安替比林染料。

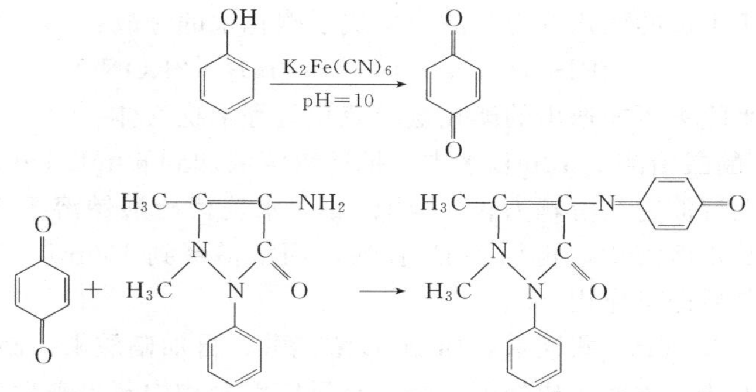

方法　将 0.1g 样品溶于 3mL 水（或甲醇）中，加 2 滴 3% 4-氨基安替比林溶液和 5 滴 1% 的碳酸钠溶液后，再加 5 滴 8% 的铁氰化钾溶液。混合后，溶液显红色、紫色或橙色者，表示正结果，呈黄色者为负结果。

本实验不仅用作酚类的检验，也用于污水中苯酚的比色定量测定。

4-氨基安替比林在碱性溶液中，有铁氰酸根存在时，能将多数酚类氧化成醌型的化合物，铁氰化钾溶液加入前，溶液必须呈弱碱性（pH=10），否则其他类型的有机化合物，也会在中性或酸性介质中产生颜色。

酚的对位若具有下列取代基：R—、Ar—、—NO、—NO$_2$、—ArCO、—CHO、—CN，则产生的颜色很淡，或显负性反应。其中硝基处于邻、对位时，会阻止反应，如果硝基在间位时，则对反应影响不明显。

酚的对位若有下列取代基：—OH、—SH、—X、—COOH、—SO$_3$H、—OR，则不影响反应的进行，仍得正结果，因为这些基团在反应时被取代。

α-萘酚、5-羟基喹啉和 8-羟基喹啉反应后得到红色，而 β-萘酚，3-羟基喹啉，6-羟基喹啉和 7-羟基喹啉反应后却呈绿色。

对位没有取代基的芳香胺类化合物对此有干扰现象。

第四节　醚类的检验

醚类是中性化合物，化学反应活性较低，与烃相近，两者易混淆。但醚中的氧原子可被浓硫酸质子化，并能溶于浓硫酸中，是属于 N 组的中性化合物。这与属于 I 组的烷烃及卤代烷烃是不同的。醚类可借含氧官能团实验法检验出。

醚类有芳香烃醚、脂肪醚和芳烃脂烃混合醚之分。芳香醚能对甲醛-硫酸实验给出正性结果，脂肪醚则不行。脂肪醚能溶于浓盐酸，而二芳羟基醚或芳烃脂烃混合醚则不行。因此可借这些反应来区别它们。此外，可借下述实验进行鉴定。

（一）氢碘酸实验（Zeisel 烷氧基实验）

具有低级烷氧基的醚类，易被氢碘酸裂解，生成易挥发的碘代烷。

$$R—O—R'+2HI \longrightarrow R'I+RI+H_2O$$

方法一　取 20～25mg 试样放入气体检验装置的试管中，用吸量管加入 0.5mL 冰醋酸，再加入 1～2g 苯酚结晶（恒沸剂，控制反应温度在 126℃）及 0.2mL 57% 氢碘酸与几颗沸石。在漏斗中铺一层厚约 8～10mm 的特制药棉，并于漏斗上面盖一块用硝酸汞润湿过的滤纸，将小试管置于 130～140℃ 的油浴中加热，若漏斗上的滤纸显出橙红或朱红色，表明正性结果。这是由于生成的碘代烷与硝酸汞生成了碘化汞的缘故：

$$2RI + Hg(NO_3)_2 \longrightarrow HgI_2 + 2RONO_2$$

特制药棉用来除去可能逸出的碘化氢及硫化氢等干扰气体。

药棉 取 1g 醋酸铅溶于 10mL 水中。把所得溶液加到 60mL 1mol/L 的 NaOH 溶液中，不停地搅拌，直到沉淀完全溶解为止。再取 5g 无水硫代硫酸钠溶于 10mL 水中，将所得溶液加到上述的醋酸铅溶液中，再加 1mL 甘油，用水稀释到 100mL。用这个溶液浸泡棉花，再将棉花取出拧干后即可应用。

硝酸汞试剂 取 49mL 蒸馏水，加 1mL 浓硝酸，再加硝酸汞，制成饱和溶液。

方法二 在方法一中所生成的碘代烷，自反应混合物中蒸出来后，若用溶解在冰醋酸中的溴加以处理，能迅速形成碘酸。后者遇碘化钾析出碘，用淀粉试剂检验，呈蓝黑色。这个方法灵敏度很高，可检出 0.05μg 的碘甲烷。进行样品实验时，必须同时进行空白实验：

$$RI + 3Br_2 + 3H_2O \longrightarrow RBr + 5HBr + HIO_3$$

$$HIO_3 + 5I^- + 6H^+ \longrightarrow 3H_2O + 3I_2$$

取 20~25mg 试样、0.5mL 冰醋酸、1~2g 苯酚及 0.2mL 57% 的氢碘酸，放置于 15mm×150mm 并带有侧管的吸滤管中。塞上软木塞，侧管借橡皮管与一导气管相连。导气管末端拉成尖细毛细管，并插入一盛有 0.5mL 溴的 5%KBr 饱和溶液的小试管中。在吸滤管中紧靠侧管出口的下部，填塞一段上述的药棉，约 2~3cm 厚。将反应管置 130~140℃ 的油浴中加热 5~10min。取下小试管，在水浴中煮沸 2min。冷却后逐滴加入丙烯醇，直到溴的棕色褪去后再多加 1 滴。然后加入 1 滴 5%KI 溶液，其中含有 5% 的淀粉指示剂，若有蓝黑色出现，表明正性结果。

本实验对连在氧原子上的甲基、乙基、正丙基、异丙基都能被氢碘酸裂解成易挥发的碘代烷，它们与硝酸汞相遇后，形成朱红色的碘化汞，呈正反应。

注意事项

① 正丁氧基以上的烷氧基，因为不容易形成碘代烷，并且所生成的碘代烷沸点很高，较难挥发，因此含有这些烷氧基的化合物在本实验中显负性结果。

② 甲醇、乙醇、正丙醇、异丙醇在本实验中，也显正结果。

③ 含甲氧基、乙氧基、丙氧基等的酯类，缩醛类，缩酮类等也可用本实验来检验。本实验也适用于许多甲基化的生物碱和甲基化的糖类的检验。

④ 本反应的主要干扰物是含硫化合物，如硫醚、硫醇等。当它们与氢碘酸一起加热时，生成挥发性的硫醇或硫化氢，与硝酸汞作用，产生灰色的沉淀，以致混淆实验结果。

本实验也是定量测定甲氧基或乙氧基百分含量的经典的蔡塞尔(Zeisel)法的基础。

(二)酯化实验

许多醚类与醋酸及浓硫酸共热后能裂解形成醋酸酯。这个反应不是定量地进行，但所形成的醋酸酯的数量已足够用羟肟酸铁实验法检出。未反应的醚对下一步检验无干扰。反应如下：

$$2CH_3COOH + R_2O \xrightarrow{H_2SO_4} H_2O + 2CH_3COOR$$

方法 将 0.5mL 试样与 2mL 冰醋酸及 0.5mL 浓硫酸混合。将混合物回流加热 5min 后，蒸出一滴。取这一滴蒸出液进行羟肟酸铁试酯法实验（必须保证所用氢氧化钾溶液的量足够使反应混合物呈碱性）。如果酯检验得负性结果，将上述加热的混合物冷却，加 5mL 冰水。如果有有机液层析出，即用以进行酯检验。有时最好用 0.5mL 苯萃取回流加热的混合物，用苯萃取液进行酯检验。

　　注意事项　对于上面检验醚的两个方法，缩醛均有反应。下面方法可以区别醚与缩醛：在 0.5mL 10％的间苯二酚醇溶液中加入 4 滴缩醛，取 1mL 20％硫酸沿倾斜着的试管壁流下。若在两层液体交界处显现红色，摇荡后有颜色沉淀析出，并且在加入 1～6mL 6mol/L NaOH 或 NH₄OH 后，混合物颜色由红变为黄色或棕色，表明试样中有缩醛存在。醚类无此反应。

（三）铁硫氰酸铁实验

　　铁硫氰酸铁是一种深色的盐，它能与醚中氧原子上的未配位电子配位而形成一种稳定的红色配合物并溶于醚中。其反应可能为：

$$2NH_4Fe(SO_4)_2 + 6KSCN + R-O-R \longrightarrow Fe(SCN)_3 : O : Fe(SCN)_3 + (NH_4)_2SO_4 + 3K_2SO_4$$

$$\underset{R}{\overset{R}{|}}$$

　　但是，这种深色盐不能溶于烃类或卤代烷中，也不能在其中形成有颜色的产物。

　　方法　取少量硫酸高铁铵和少量硫氰酸钾晶体，置于干燥的小试管中，用一圆头玻璃棒将晶体研匀，取出粘有少量混合晶体的玻璃棒，插入另一干燥的小试管中，将 3～5 滴液体试样沿玻璃棒滴入（若试样为固体，可先溶于苯或甲苯中制成饱和溶液）。搅动混合物后，溶液呈红色者，表示为正反应。

　　注意事项　本实验检验醚类，并无特效，选择性较差，因为其他含氧化合物，如醇、醛、酮、酯等也产生颜色反应，还有含硫和含氮的化合物，也有颜色反应。但某些含氧化合物，如二苯醚、烷基萘醚、三苯甲醇和硝基化合物等不显颜色。

　　本实验也可制成试纸后使用，但不如上法可靠。铁硫氰酸铁试纸的制备如下：

　　溶解 0.5g 硫酸高铁铵于 5mL 水中，再加入 0.5g 硫氰酸钾充分混合后，将滤纸浸入其中，浸泡 5min，取出并晾干，剪成小纸条后，装入棕色瓶中备用。使用时将 1 小块试纸投入试样中，呈红色者，为正结果。

第五节　醛与酮的一般检验

　　醛和酮的分子中都含有羰基，它们能与某些试剂进行缩合或加成反应。因此，我们可以通过缩合产物或加成产物的生成来检验羰基。

　　醛分子中的羰基，与一个烷基和一个氢原子相连，容易进行缩合或加成反应，并且反应的速度比较快。酮分子中的羰基，因与两个烷基连接，因此，反应比醛困难，速度也比较慢，甚至不能进行。

　　另外，醛容易被氧化，而酮则不易氧化，所以，可采用弱的氧化剂鉴别醛和酮。

（一）2,4-二硝基苯肼实验

　　醛或酮能与 2,4-二硝基苯肼反应生成黄色、橙色或红色 2,4-二硝基苯腙的沉淀：

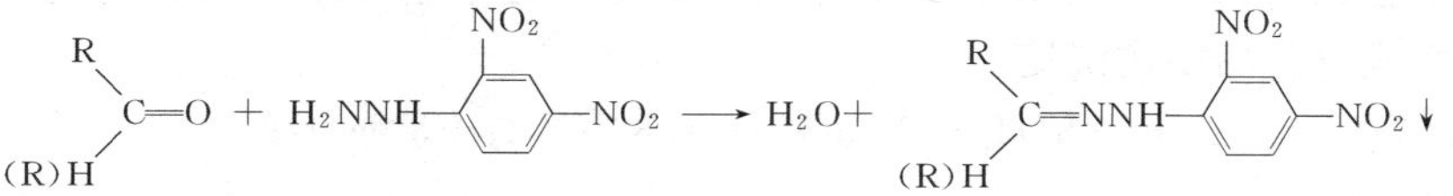

　　方法　在一中型试管中，溶解 40～50mg 试样于 0.5mL 甲醇或甲基溶纤剂（methyl cello-solve）或其他能与水互溶的合适有机溶剂中，然后将此溶液加入到 5mL 2,4-二硝基苯肼试剂

内。塞好试管，极力摇荡，如有沉淀产生，表示为正结果。如果没有沉淀生成，将混合物加热至沸 30s，再摇荡。若有沉淀生成即表明醛或酮的存在，可加入数滴水促使沉淀析出。

2,4-二硝基苯肼试剂的配制方法：

A 法　在 50mL 30％高氯酸（由商品 60％高氯酸加等体积水稀释得到）中，溶解 1.2g 2,4-二硝基苯肼，配制后将溶液储于棕色瓶中，稳定，可长期保存。

B 法　取 3g 2,4-二硝基苯肼溶于 15mL 浓硫酸中。在缓缓搅拌下把所得溶液加入到 70mL 95％乙醇和 20mL 水的混合液中，过滤，滤液备用。

注意事项

① 按 A 法配成的 2,4-二硝基苯肼高氯酸盐溶液与按 B 法配成的试剂相比，A 法配成的高氯酸盐在水中溶解度很大，便于检验稀水溶液中的醛；试剂较稳定，长期储存不变质。

② 某些长链脂肪酮类的 2,4-二硝基苯腙不是晶体而是油状物，例如，2-癸酮和 6-十一酮等均如此。

③ 缩醛很容易被水解生成醛，也能得到正性结果：

$$RCH(OR')_2 + H_2O \xrightarrow{H^+} RCHO + 2R'OH$$

④ 某些醇类易被氧化成为羰基化合物，在本实验中显正性结果，例如，苯丙烯醇、维生素 A$_1$ 及二苯甲醇等；甚至一些三苯甲醇（叔醇类）也能与 2,4-二硝基苯肼发生缩合反应。

（二）偶氮苯苯肼磺酸实验

偶氮苯苯肼黄酸（A）的水溶液与醛类反应生成深红或蓝色溶液，显然是有偶氮苯苯腙（B）形成：

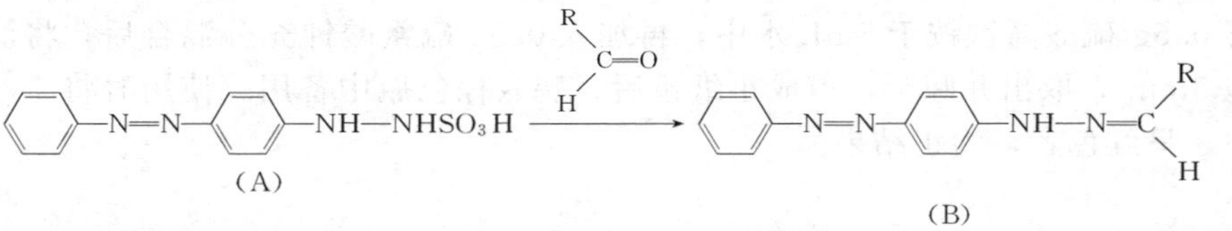

这个反应可用来检验醛。反应在强酸溶液中进行，并加热，反应产物在乙醇存在下用氯仿萃取。需要注意的是脂肪醛和芳香醛的缩合产物的颜色往往不同：前者为红色，后者为蓝紫色，借这个颜色反应足以区别脂肪醛与芳香醛。

酮类也能发生相似的反应，但反应速度比醛类慢得多。酯类、醇类、酚类、胺类、酰胺类、醌类、水合三氯乙醛等均无反应。

方法　于试管中将 1 滴试液、7 滴试剂溶液及 4 滴浓硫酸混合。将反应试管插入沸水浴中 30s，然后令其冷却。再加入数滴乙醇，加入足量的氯仿使之形成一有机层，加入约 5 滴浓盐酸，极力摇荡试管。氯仿层显红色或蓝色即表明正性结果。

试剂配制　溶解 0.018g 偶氮苯苯肼磺酸于 100mL 水中。

（三）次碘酸钠实验（碘仿实验）

凡具有甲基酮（CH$_3$CO）结构或其他易被氧化成为甲基酮结构的化合物，均能与次碘酸钠作用，生成黄色的碘仿沉淀：

$$RCOCH_3 + 3NaOI \longrightarrow RCOCI_3 + 3NaOH$$

$$\downarrow_{NaOH}$$

$$RCOONa + CHI_3$$

　　方法　将 3 滴液体或 100mg 固体试样溶于 1mL 水中（若样品不溶于水，则用 1,4-二氧六环作溶剂）。加入 3mL 10％氢氧化钠溶液，然后逐滴加入碘-碘化钾溶液，边加边摇动，直到溶液中有过量碘存在（溶液显棕红色）为止。将试管插入 60℃的温水浴中，再加入碘溶液直到碘的颜色持续 2min 不退，然后加入数滴 10％氢氧化钠溶液直到碘的棕色刚好褪去。自水浴中取出试管，加入 10mL 水稀释，若有黄色晶体碘仿析出即表明正性结果。碘仿熔点为 120℃，在显微镜下观察其结晶形状（六角形）。

　　碘-碘化钾溶液的制备： 将 100g 碘化钾和 50g 碘加到 400mL 蒸馏水中，搅拌，直到固体全部溶解。

$$I_2 + KI \xrightarrow{H_2O} KI_3$$

　　此溶液由于三碘阴离子的存在而呈深棕色。

　　注意事项　本实验是甲基酮的特征反应。但是，凡是在本条件下能被氧化成甲基酮的仲醇，也能起碘仿反应。乙醛是唯一能发生碘仿反应的醛，乙醇是唯一能发生碘仿反应的伯醇，叔醇呈负性结果。但是，有些含有甲基酮结构的化合物，在本实验条件下能水解产生醋酸盐者，不发生碘仿反应。如乙酰乙酸及其酯类、乙酰苯胺等均如此。另外，1,3-二元醇也呈正反应。而 CH_3COCH_2CN 和 $CH_3COCH_2NO_2$ 等类型的化合物都呈负结果。此外，如果用 1,4-二氧六环作溶剂，必须先作空白试验，检查其中是否含有能起碘仿反应的杂质。

　　次碘酸钠实验可以在显微镜载片上进行，碘仿生成后可以借显微镜来观察鉴定，这种办法特别适合于微量分析。

　　用下述试剂可以鉴别甲基醇和甲基酮；前者与此试剂不起作用，后者能起作用产生碘仿。试剂配制：取 1g 氰化钾、4g 碘片和 6mL 浓氢氧化铵溶液，溶在 50mL 水中。

（四）银氨溶液实验（Tollens 实验）

　　银氨配合离子通常称为 Tollens 试剂。当它与脂肪族醛或芳香醛反应时，银离子被醛还原成金属银，产生银镜。因此本实验也称为银镜实验。其反应原理如下：

$$\underset{H}{\overset{R(Ar)}{O=C}} + 2Ag(NH_3)_2OH \longrightarrow \underset{ONH_4}{\overset{R(Ar)}{O=C}} + 2Ag\downarrow + 3NH_3 + 2H_2O$$

　　酮类比较稳定，不容易氧化，无此反应。所以，可以用来检验醛类。

　　方法　将 40～50mg 试样放至 2mL 新鲜配制的试剂中，摇荡试管，并静置 10min。如果没有银镜出现，将试管置 35℃的温水浴中加热 5min。若有银镜生成，表明正性结果。

　　试剂配制　将 2 滴 5％氢氧化钠溶液加到 2mL 5％硝酸银水溶液中，摇荡试管，逐滴加入 2mol/L 氢氧化铵溶液，直到沉淀的氢氧化银刚好溶解为止。

　　注意事项

　　① 凡易被氧化的糖类、多元羟基酚类、氨基酚类、羟胺类以及其他还原性物质均有这个反应。

　　② 实验用的试管必须极干净。最好先将试管在 10％氢氧化钠溶液中沸煮一会，弃去溶液，再用蒸馏水淋洗试管。在洗净的试管中实验时，往往可以在管壁上生成银镜。不过，当反应生成黑色金属银时，也作正性结果。

　　③ 托伦试剂放置日久能析出黑色的氮化银（Ag_3N）沉淀，它受到振动时即行分解，并发生猛烈的爆炸，甚至潮湿的氮化银也能爆炸。因此，必须在使用时新鲜配制，绝不可配制大量试剂搁置备用。此外，反应时如果用灯焰加热，会产生具有爆炸性的雷酸银（$Ag_2C_2N_2O_2$）。因此，在反应时只能用水温热。实验完毕后，立刻把试管中的液体用稀酸

酸化，然后倒入水槽中，不可久置。

（五）斐林实验（Fehling 实验）

斐林溶液是由硫酸铜和酒石酸钾钠在碱性介质中配制而成的蓝色溶液。它能使脂肪族醛和还原性糖发生氧化，产生红色的氧化亚铜沉淀而呈正结果。但不能氧化芳香族醛和非还原性糖类。其反应原理如下：

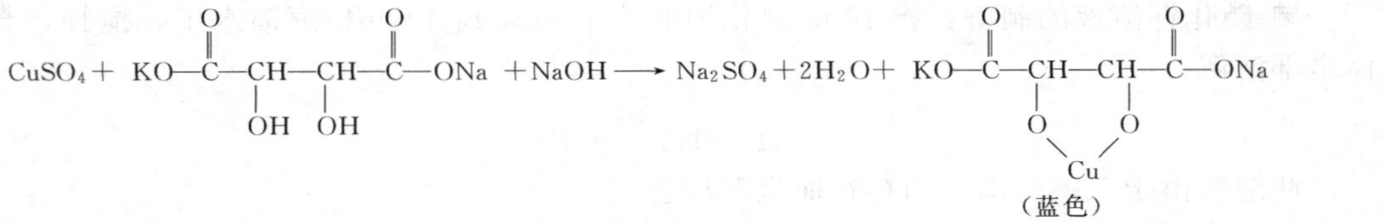

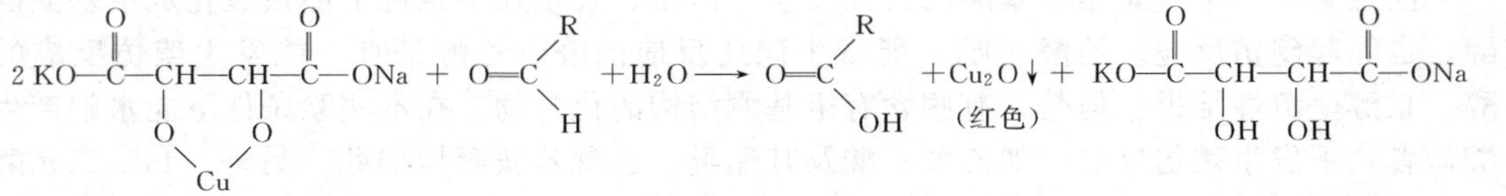

方法 取 1mL 斐林溶液 A 和 1mL 斐林溶液 B，加入一支试管中，摇匀后，加入 0.1g 试样，混合后，放入沸水浴中煮沸 5min，取出冷却。析出红色或黄色沉淀者，表示为正结果。

斐林溶液的配制

A 液 取 3.5g 结晶的五水硫酸铜，溶于 20mL 水中，加 1 滴浓硫酸混匀后，用水稀释到 50mL。

B 液 取 17.3g 酒石酸钾钠和 7.1g 粒状的氢氧化钠，溶于 40mL 水中，再用水稀释到 50mL。

本实验常用于鉴别脂肪醛与芳香醛。脂肪醛呈正结果，芳香醛呈负结果。正结果明显与否，与所用试样的浓度大小有关，当试样的浓度由小到大时，反应中的颜色由草绿色变到黄色，到橙色，到红色沉淀，甚至形成铜镜。

斐林溶液除主要用来鉴别脂肪醛和芳香醛外，还用来鉴别还原性糖和非还原性糖。还原性糖呈正反应，非还原性糖呈负反应。

此外，实验对苯肼、羟胺、酰肼、二苯羟乙酮、多元酚等很容易被氧化的物质，亦能产生正反应。

（六）消色品红实验（Schiff 实验）

品红是一种粉红色的碱性三苯甲烷染料。当品红与亚硫酸作用后，即生成一种无色的品红醛试剂（又称 Schiff 试剂，无色）。此的 Schiff 试剂不甚稳定，易与二分子醛作用生成一种加成复合物。此复合物也不稳定，容易失去一分子亚硫酸，产生一种紫红色的醌型染料，其反应如下：

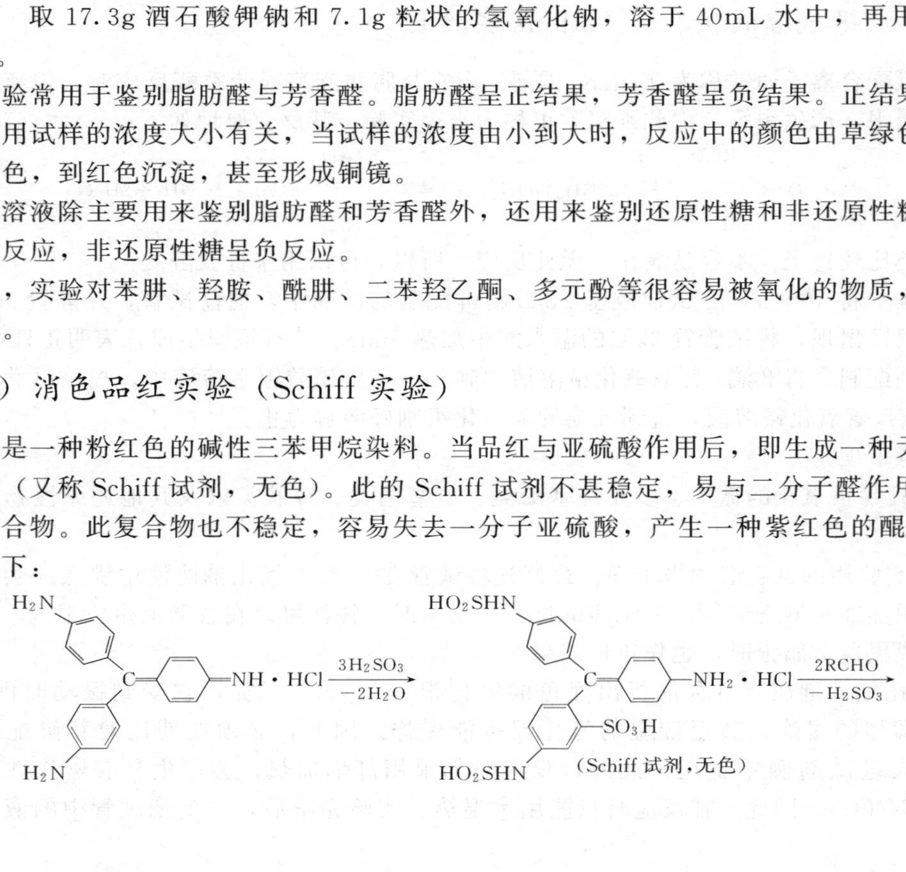

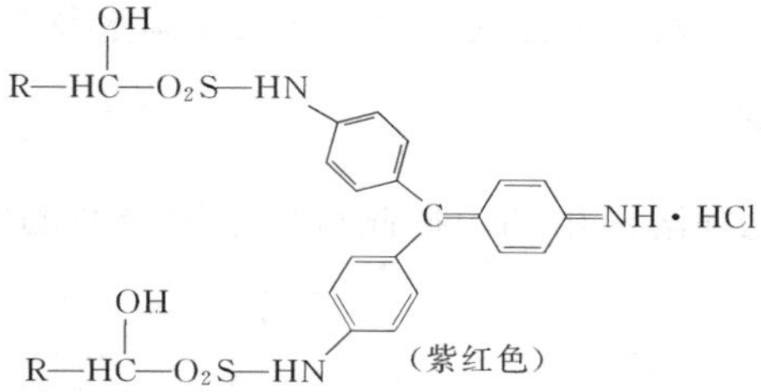

$$R{-}HC{-}O_2S{-}HN$$

（紫红色）

方法　加 2mL 消色品红醛试剂于试管中，加入 2～3 滴试样（不溶于水的试样，可事先溶于不含醛的乙醇中），摇动试管，在 5min 内，溶液呈紫红色者，表示有醛存在。

消色品红溶液的制备

方法一　溶解 250mg 碱性品红于 50mL 温水中，冷却后通入 SO_2 至饱和，此时溶液的粉红色应该退去，再加入 250mg 去色炭，摇动，过滤，将滤液稀释至 250mL 后备用。若备用液久放后，又出现粉红色，则可在使用前重新通入 SO_2 使其达到饱和后消色。

方法二　在 100mL 1% 的碱性品红水溶液中，加入 4mL 饱和亚硫酸钠的水溶液。将混合液放置 1h 后，再加入 2mL 浓盐酸，摇匀后，溶液应该无色。

本实验主要用来区别醛和酮，大多数的醛呈正结果，而酮类则不发生颜色的变化。

实验应在弱酸介质中进行，并且不能加热。因为消色品红醛试剂在碱性中或受热的情况下容易分解，放出亚硫酸，回复到碱性品红的粉红色。

某些甲基酮类和不饱和化合物能与亚硫酸起加成作用，使无色品红溶液变回原品红的粉红色，但不是紫红色。这种情况，不能认为是正反应。没有游离羰基的醛，如三氯乙醛，呈负结果。本实验也可用来鉴别甲醛和其他醛。在紫红色的溶液里加入 1mL 浓盐酸或稀硫酸后，紫红色退去者为其他醛，不退的为甲醛。缩醛 5min 后，甚至更长的时间后，呈桃红色，缩酮及双糖（麦芽糖除外）在一般情况下为负结果。

第六节　羧酸及羧酸衍生物的检验

一、羧酸的检验

羧酸的酸性可直接由溶解度实验和指示剂实验来检出，对直接不易检出的羧酸也可根据羧酸酸性强弱的不同，采用碘酸钾-碘化钾溶液来鉴定。此外，测定羧酸的中和量可先使羧酸转变为衍生物后，用羟肟酸铁实验来进行间接检验。

（一）碘酸钾-碘化钾实验

羧酸与碘酸钾-碘化钾溶液混合后，温热能析出碘，碘遇淀粉溶液则呈蓝色。

$$6RCOOH + 5KI + KIO_3 \longrightarrow 6RCOOK + 3H_2O + 3I_2$$

$$I_2 + 淀粉 \longrightarrow 蓝色$$

方法　取 5mg 试样（或 2 滴其在中性乙醇中的饱和溶液）置于小试管中，加入 2 滴 2% KI 溶液及 2 滴 4% KIO_3 溶液。塞好试管，置沸水浴中加热 1min，冷却，加入 1～4 滴 0.1% 淀粉溶液。若样品为酸性，则呈现蓝色。

在某些情况下需要多加一些淀粉溶液方能出现碘-淀粉复合物的特征蓝色。

固体试样可取数毫克与数毫克干燥的 KI 及 KIO_3 共同研细。若有碘的棕色出现即表明正性结果。如果对判断发生怀疑，可在混合物中加入 5 滴水及 2～4 滴淀粉溶液再进行观察。

（二）中和量的测定

羧酸能被标准的氢氧化钾溶液中和，据此可以求出羧酸的中和量。中和量是指每摩尔 OH^- 可以中和羧酸的克数。

$$R—\overset{\overset{\text{O}}{\|}}{C}—OH + KOH \longrightarrow R—\overset{\overset{\text{O}}{\|}}{C}—OK + H_2O$$

一种羧酸的中和量乘上羧酸分子中羧基的数目，其乘积即为该羧酸的分子量。

方法 准确称取试样 0.2000g，置于 250mL 的锥形瓶中，加水或水与乙醇的混合溶液 20mL，使试样溶解，加 2 滴酚酞作指示剂。再用 0.1mol/L 的氢氧化钾标准溶液滴定至终点。

测定完后，按下列公式计算羧酸试样的中和量。

$$中和量 = \frac{m \times 1000}{C \times V}$$

式中，m 为试样的质量，g；C 为氢氧化钾物质的量浓度，mol/L；V 为滴定时用去氢氧化钾标准溶液的体积，mL。

一般的羟基，不影响中和量的测定，例如水杨酸的中和量，等于它的分子量。而脂肪族 α-氨基酸不能用本法来测定其中和量。

几种典型羧酸的中和量和分子量的关系如表 3-2 所示。

表 3-2 几种典型羧酸的中和量和分子量的关系

羧酸	分子式	中和量	分子量
乙酸	CH_3COOH	60	60
乙二酸	$(COOH)_2 2H_2O$	63	126
丁二酸	$HOOC(CH_2)_2COOH$	59	118
3-羟基丁酸	$CH_3CHOHCH_2COOH$	104	104

不溶于水及乙醇的羧酸，称量后可以先加入定量的过量氢氧化钾标准溶液，加热煮沸，冷却后，再用标准酸溶液来滴定过量的碱。

（三）羟肟酸铁实验

羧酸不能直接与羟胺作用，需将羧酸转变为酰氯后再转变为酯，后者与羟胺作用形成羟肟酸。羟肟酸与三氯化铁在弱酸性溶液中形成有颜色的可溶性羟肟酸铁。大多数这样的铁盐呈现紫红色，但通常也呈深蓝色，尤其当浓度很大时更是如此。反应如下：

$$RCOOH + SOCl_2 \longrightarrow RCOCl + SO_2 + HCl$$
$$RCOCl + R'OH \longrightarrow RCOOR' + HCl$$
$$RCOOR' + NH_2OH \longrightarrow RCO(NHOH) + R'OH$$
$$3RCO(NHOH) + FeCl_3 \longrightarrow (RCONHO)_3Fe + 3HCl$$

方法 放 100mg（或 4～5 滴）试样于一中型试管中，加入 6 滴氯化亚砜。将试管浸入沸水浴中加热，使混合物沸煮 2min。再加入 1mL 正丁醇，再沸煮 1min。若有沉淀出现，再逐滴加入丁醇，并继续加热直到沉淀溶解为止。将试管冷却，加入 1mL 水使过量的氯化亚砜水解，加入 1mL 1mol/L 盐酸羟胺溶液，然后加入足够量的 5mol/L 氢氧化钾溶于 80% 乙醇的溶液，使混合物对石蕊试纸呈碱性反应。将混合物加热至沸，再冷却。以稀盐酸将所得反应混合物酸化，然后逐滴加入 10% 三氯化铁溶液，若有紫红色或紫红色出现，即表明正性结果。

注意事项 通常加 1 或 2 滴三氯化铁溶液即足以出现羟肟酸铁盐的颜色。然而，在某些情况下加入的量需要多一些，直到加入的量已超过 1mL 尚不显色时方可算负性结果。如果有大量酯存在，加入三氯化铁后呈现红棕色。这样的混合物如果用水稀释，一般能显现特征的紫红色。

所有酰卤、酸酐和酯类对本实验都能给出正性结果。这些化合物可以借元素分析（如酰卤含有卤素）、溶解行为（这些化合物均属中性）等实验与羧酸区别开来。

氯化亚砜与二元羧酸作用形成酸酐而不是酰氯，尤其如 $HOOC(CH_2)_n COOH$，当 n 是 2 或 3 时则形成酸酐，当 n 等于 4 或 5 时则形成环状酮类。二氯乙酸及三氯乙酸以及氨基酸与氯化亚砜作用不形成酰氯，α-羟基酸与氯化亚砜作用产生甲酸及一个醛或酮，α,β-不饱和酸遇氯化亚砜，与析出的氯化氢发生加成反应形成 β-氯代酸。

将羧酸转变为酯的另一方法是：溶解或悬浮 20～25mg 试样于 0.5mL 乙二醇中。加入 1 滴浓硫酸，缓和回流加热 2min。冷却，进行上述羟肟酸实验。

二、酰卤的检验

酰卤含有活泼的卤素。低分子量的酰卤遇水易水解，溶液呈酸性反应，遇碱溶液水解更快。酰卤能借羟肟酸铁实验检出，也可借下述实验检验。

苄胺实验 酰卤与苄胺反应产生不溶于水的酰苄胺沉淀。

方法 在小型试管中盛 3 滴苄胺，加入 2 滴试样。当反应缓和后，加入 2mL 冷水，并极力摇荡试管，产生的白色沉淀可自水中重结晶，测定其熔点。

三、酯的检验

鉴定酯的最好方法是羟肟酸铁实验。

四、酸酐的检验

大多数酸酐可以直接转化为羟肟酸而进行检验，无需先将它们转变为酯：

$$RCOOCOR' + H_2NOH \longrightarrow RCOOH + R'CONHOH$$

方法 将 1 滴酸酐加到 0.5mL 1mol/L 盐酸羟胺的甲醇溶液中。将混合物加热至刚好沸腾，冷却，加入 1 滴 10% 三氯化铁溶液。有羟肟酸铁络合物的特征颜色（蓝红色）出现时，表明正性结果。

若事先推测试样可能是一个酸酐，但按上述操作给出负性结果时，那么将 3 滴试样与 3 滴丁醇共热，然后按酯类进行检验。

五、酰胺的检验

（一）羟肟酸铁实验

凡在氮原子上没有取代基的酰胺，均可借羟肟酸铁实验来检验。当然，必须事先知道试样中不再含有其他能起羟肟酸盐反应的官能团。

方法 将 20～25mg 试样加到 1mol/L 羟胺盐酸盐在 1,2-丙二醇（Propylene Glycol）的溶液中。煮沸加热 2min，冷却，加入 0.5～1mL 5% 三氯化铁溶液，如有红到紫色显现，表明正性结果。

（二） 区别芳香酰胺与脂肪酰胺的实验

大多数芳香酰胺能借过氧化氢处理直接转变为羟肟酸，而脂肪酰胺则不行。大多数脂肪酰胺与羟胺的水或醇溶液作用能转变为羟肟酸，而芳香酰胺在同样实验条件下的反应则要缓慢得多：

$$ArCONH_2 + H_2O_2 \longrightarrow ArCONHOH + H_2O$$
$$RCONH_2 + H_2NOH \cdot HCl \longrightarrow RCONHOH + NH_4Cl$$

方法

① 脂肪酰胺的检验　将 40～50mg 酰胺加到 1mL 1mol/L 羟胺盐酸盐的乙醇溶液中，将混合物沸煮 3min。冷却，加入 1～2 滴 5％三氯化铁溶液，有蓝红色显现则表明正性结果。

② 芳香酰胺的检验　悬浮 40～50mg 试样于 2～3mL 水中，塞好试管并且将它极力摇震数秒钟。加入 4～5 滴 6％过氧化氢溶液，将混合物加热接近沸腾。如果酰胺尚未完全溶解，再多加数滴过氧化氢溶液。冷却，加入 1 滴 5％三氯化铁溶液。如果在 1min 之内尚无蓝红色显现，需将试管加以温热，但不使溶液沸腾。在大多数情况下，反应往往经过羟肟酸盐阶段，出现棕色，逐渐析出棕色沉淀。

在上述实验最后所得到的混合物中加入数毫升 10％氢氧化钠溶液，可得到澄清的深红棕色沉淀。

（三） 酰胺水解实验

N-取代的或未取代的酰胺，也可以借水解生成胺及羧酸的方法加以鉴定。

（四） 脲、取代脲及硫脲实验

脲与取代脲在性质上近似于酰胺。当脲、N-取代脲或 N,N′-二取代脲与过量苯肼在 200℃时加热时，得到均二苯氨基脲（Diphenyl Carbazide），并析出氨或胺。例如：

$$H_2NCONHR + 2H_2NNHC_6H_5 \longrightarrow (C_6H_5NHNH)_2CO + NH_3 + RNH_2$$

硫脲则生成二苯氨基硫脲。均二苯氨基脲或均二苯氨基硫脲与镍离子反应形成紫色螯合物，此产物能溶于氯仿。

方法　将 20～25mg 试样置于一中型试管中，加入 2～3 滴苯肼，将混合物置油浴中于 195℃加热 5min。冷却，加入 6 滴浓氢氧化铵及 6 滴 10％硫酸镍溶液。极力摇荡试管，静置 3min。用 10 滴氯仿萃取混合物。若氯仿层显红紫或紫色，表明正性结果。

注意事项　在反应温度下，部分脲转变为缩二脲。不过缩二脲也与苯肼反应产生均二苯氨基脲。许多氨基甲酸酯用这个方法检验，也得正性结果。这个实验的灵敏度，在用于检出脲时比用于检出硫脲时更高。硫脲的存在，可借在 200℃时加热干燥样品使生出 H_2S 的办法来检出。

第七节 **腈 的 检 验**

腈可采用羟肟酸铁实验进行检验。

若一个含氮的化合物，用羟肟酸铁盐实验酯基及酰胺基时均得负性结果，对下述实验能给出正性结果，可推测它是腈，再借水解成为羧酸的办法进一步鉴定。

方法　将 20～25mg 试样加到 2mL 1mol/L 羟胺盐酸盐的丙二醇溶液中，然后加入 1mL

1mol/L 氢氧化钾的丙二醇溶液，沸煮 2min。冷却，加入 0.5～1mL 5％三氯化铁溶液。若有紫色显现，表明正性结果。

注意事项　由于丙二醇的沸点高，上述操作是将一个化合物转变为羟肟酸最强烈的实验条件。在实验之前，必须弄清试样分子中确实不含其他较容易转变为羟肟酸的官能团。酰苯胺类及其他类似的取代酰胺如腈一样，在比较温和的实验条件下不易转变为羟肟酸，而在本实验条件下能转变为羟肟酸；因此在本实验中它们常容易与腈混淆，必须用其他方法加以区别。例如，酰苯胺类在室温下当用硫酸及重铬酸钾处理时产生玫瑰色，其操作方法是将 100mg 试样加到 3mL 浓硫酸中，极力摇荡试管，加入 50mg 粉状重铬酸钾。若有玫瑰色显现，表明正性结果。

腈与 RCONHR′或 RCONR′$_2$ 型的酰胺也可借水解后生成不同的氨及胺类的办法加以区别。

第八节　硝基及亚硝基化合物的检验

一、一般硝基化合物的检验

硝基化合物可分为脂肪族硝基化合物和芳香族硝基化合物两类。对芳香族硝基化合物的检验，一般可利用硝基能被还原的特性，根据还原后所得的产物或还原剂在反应前后的变化特征来检验。而对脂肪族硝基化合物的检验通常利用硝基相邻原子上的活性氢来检验。

（一）氢氧化亚铁实验

氢氧化亚铁试剂适用于一般的脂肪族硝基化合物和芳香族硝基化合物的检验。在碱性介质中，当硝基与氢氧化亚铁反应时，硝基被还原成氨基，同时，氢氧化亚铁被氧化成氢氧化铁，于是试剂的颜色由淡绿色变为红棕色沉淀：

$$R—NO_2 + 4H_2O + 6Fe(OH)_2 \longrightarrow RNH_2 + 6Fe(OH)_3 \downarrow$$

方法　在一支小试管中，混合 20～25mg 试样与 1.5mL 新配制的 5％硫酸亚铁铵溶液，加入 1 滴 1.5mol/L 硫酸及 1mL 2mol/L 氢氧化钾乙醇溶液。立即塞好试管，并加以摇荡。若在 1min 内沉淀由淡绿色变为红棕色，表明正性结果。

溶液的配制

① 硫酸亚铁铵溶液　取 500mL 新煮沸过的蒸馏水，加 25g 硫酸亚铁铵晶体，再加 2mL 浓硫酸，放入一只小铁钉，防止空气氧化。

② 氢氧化钾乙醇溶液　溶解 30g 粒状氢氧化钾于 30mL 蒸馏水中，再加到 200mL 95％的乙醇中。

本实验是检验硝基化合物的通用方法。凡硝基化合物均能产生红棕色到棕色沉淀，表明为正结果。这一沉淀是氢氧化铁，由硝基化合物将氢氧化亚铁氧化而成，硝基化合物则被还原成胺。绿色的沉淀表明是负结果。

空气中的氧能使氢氧化亚铁氧化，所以在实验时，应尽量避免与空气接触。最好在用塞子塞紧试管之前，用一根玻璃管插入试管中，并将惰性气体通入试管中约 30s，以除去空气后，立即紧塞试管，再用力摇动，所得结果更为准确。

本实验对一般的脂肪族及芳香族硝基化合物，在 30s 内，即能显示出结果。但其反应速度与硝基化合物在溶液中的溶解度有关。例如，对硝基苯甲酸，易溶于碱性溶液中，所以立即显出正结果。而 α-硝基萘在碱性溶液中，溶解较小，所以在 30s 以后，才能显出正结果。

凡能氧化氢氧化亚铁的化合物，如亚硝基化合物，醌类，羟胺类，硝酸酯及亚硝酸酯类等，也能显出正结果。颜色深的硝基化合物，不宜采用本法检验。

（二）锌粉-醋酸实验

芳香族硝基化合物在锌粉和醋酸的弱酸性溶液中，能被还原为羟氨类化合物。后者能还原银氨配合离子，可产生银镜。

$$ArNO_2 + 4[H] \xrightarrow[NH_4Cl]{Zn} ArNHOH + H_2O$$

$$ArNHOH + 2Ag(NH_3)_2OH \longrightarrow ArNO + 2Ag\downarrow + 4NH_3\uparrow + 2H_2\uparrow$$

方法　小试管内，溶解或悬浮 40～50mg 于 1～2mL 乙醇中。加入 3 滴冰醋酸及 50mg 锌粉。将混合物加热至沸，搁置 5min。用一张润湿的滤纸进行过滤（或用离心法分离）。将滤液进行银氨溶液实验（Tollens 实验）。如果有银镜或有银粒沉淀生成，表明正性结果。

本实验的原理是，试样硝基化合物在实验条件下被还原为芳香基羟胺，芳香基羟胺可被银铵离子氧化成亚硝基化合物，而本身被还原为金属银。

实验除硝基化合物显正结果外，对亚硝基化合物、偶氮化合物、氧化偶氮化合物等也能得到正结果。它们被还原的程度，由易到难的顺序为：亚硝基＞氧化偶氮基＞硝基＞偶氮基。

试样的溶解度会影响还原的难易，为了加速难溶试样的还原，必要时需加乙醇作溶剂。

注意事项　样品中除了硝基外，尚含有其他能还原托伦试剂的基团（如醛基），本方法不适用。

（三）锡-盐酸实验

用锡和盐酸作还原剂，可以使硝基化合物变为胺。

方法　小型试管内，溶解或悬浮 40～50mg 试样于 2mL 3mol/L 盐酸中，然后分小批加入 100mg 颗粒状的锡。如果反应进行缓慢，将混合物加热。当锡溶解后，将试管放入沸水浴中加热 10min。加入足够量的 6mol/L 氢氧化钠溶液，使溶液呈碱性，并且使形成的氢氧化锡溶解。令混合物冷却，用乙醚（每次取 2mL）将混合物萃取三次。每次萃取后，均用滴管将萃取液吸出，移入另一只大型试管中。加入 0.5mL 6mol/L 盐酸于大试管中，极力摇荡 1 min。静置试管，令其中混合液分层。用滴管吸出酸层，检验其中的伯胺。

注意事项　锌粉-醋酸实验和-盐酸实验也适用于检验亚硝基、氧化偶氮基及偶氮基化合物。

二、亚硝基化合物的检验

亚硝基化合物与硝基化合物一样，能用上述还原试剂检验。也可用下述靛酚实验方法进行实验。

方法　20～25mg 于 2mL 浓硫酸中，加入 40～50mg 苯酚，摇荡试管并将它稍微温热。若有蓝色或绿色显现，并且当逐滴加入水后颜色转变为红色，表明正性结果。

注意事项　实验的反应过程与用亚硝酸检验酚的实验相同，在这里是用一个亚硝基有机化合物代替了亚硝酸。

第九节　胺类的一般检验

一个含氮化合物，假若它的水溶液对指示剂呈碱性反应，或它在盐酸中的溶解度比在水中大许多，或它含有离子状态的卤素或其他酸根离子，那么这个化合物很可能是一个胺或它的盐类。

有些取代的芳胺（如多硝基苯胺或多卤代苯胺），即使它们是伯胺，也往往对指示剂不显碱性反应，并且也不溶于稀盐酸中。但它们对下述氨基的鉴定反应，往往能给出正性结果。所以凡遇到一个含氮的样品，当用其他官能团鉴定反应得不到肯定结果时，最好对这个样品进行至少两种氨基的实验。

（一）酰氯实验

酰氯与伯胺或仲胺反应形成酰胺。

（二）氯醌实验

氯醌（四氯代对苯醌，Chloranil）与大多数伯及仲胺反应产生蓝色、红色、绿色或红棕色。

方法　取 3 滴氯醌在 1,4-二氧六环中的饱和溶液置点滴反应板上，加 20～25mg 试样，若有显色反应即表明正性结果。

注意事项　反应产物的结构尚不清楚。氨基酸无反应。胺盐，如苯胺乙酸盐及萘胺盐酸盐与试剂反应产生灰色。一般情况下，酰胺无此反应，但许多酰苯胺类产生灰紫色、黄绿色或红橙色。氯醌也与许多酚类反应产生有色产物，一般是黄色、或黄橙色或红橙色。二价硫化物反应时，通常产生琥珀色或橙色。

（三）氟硼酸对硝基苯重氮盐实验

与一般重氮盐不同，氟硼酸对硝基苯重氮盐是一稳定的盐，它的水溶液在室温下是稳定的，它是检验芳胺类与酚类很有效的试剂。所有能与重氮盐发生偶联反应的芳胺及酚类，均与本试剂发生反应生成有色溶液或沉淀。当然，那些邻、对位都已被取代的芳胺及酚类，不与本试剂发生反应。脂肪胺类一般反应极微弱，或给出负性结果。

方法　取 20～25mg 置点滴反应磁板上，加 3～4 滴 1％四氟硼酸对硝基苯重氮盐水溶液。若溶液转变为红色、橙色、黄绿色或蓝色，或产生有色沉淀，表明正性结果。

这个实验也可以在滤纸上进行：放数毫克试样于滤纸上，加 1 滴乙醚使试样在滤纸上展开，待乙醚自行挥发后加入 1 滴重氮盐试剂，若有红色、橙色或黄色斑点显现，表明正性结果。在滤纸上实验时不如上述实验灵敏。

试剂　溶解 3.07g 对硝基苯胺于 5mg 四氟硼酸中，将溶液在冰水中冷却。另外配制 1.73g 亚硝酸钠溶于 3mL 水中的溶液，也在冰水中冷却。将第一种溶液置于冰盐冷冻剂中，将亚硝酸钠溶液逐滴加入其中，边加边摇动。当亚硝酸钠溶液全部加完以后，加入 3～4 滴四氟硼酸。吸滤收集析出的沉淀，用冰水 5mL 淋洗两遍。吸干，用 3mL 冷乙醇，接着用 10mL 水淋洗。沉淀干燥后储藏于棕色瓶中。在固体状态时这个试剂十分安定。

用于本实验的 1％试剂水溶液，每数天新配一次。数天之后试剂溶液中将有沉淀生成。将沉淀滤去后，试剂仍保留有足够的浓度能给出正性结果。

第十节 硫化物的检验

一、巯基化合物的检验

硫酚及低分子量的硫醇均不溶于水,溶于氢氧化钠形成钠盐。它们都具有刺鼻的奇臭。

(一) 亚硝酸实验

凡含有自由—SH基团的化合物,均能与新生的亚硝酸发生显色反应,形成亚硝酰硫酸酯:

$$RSH + HONO \longrightarrow RSNO + H_2O$$

方法 将20～25mg试样溶解于乙醇或其他溶剂中,加入数颗亚硝酸钠结晶。当用稀硫酸酸化后,如果试样是伯硫醇或仲硫醇,立刻有红色显现;如果试样是叔硫醇或硫酚,开始时出现绿色,不久变为红色。

注意 硫氰酸(Thiocyanic Acid, HSCN)以及它的易水解的酯类(硫氰酸酯,RSCN)也像硫醇一样产生红色。

黄原酸酯类(xanthates)不含自由的—SH基团,对本实验不发生反应。然而,大多数黄原酸酯与氨作用生成黄原酸酰胺及硫醇或硫醇衍生物:

$$ROCSSR' + NH_3 \longrightarrow ROCSNH_2 + R'SH$$

所以,如果将一个黄原酸试样先与0.5mL浓氨水作用5min,再用10～15mL乙醇稀释,再进行上述实验可得正性结果。

(二) 硫化铅实验

硫醇与铅酸钠首先形成黄色硫醇铅,后者与硫醇反应形成黑色硫化铅及二烃基硫醚。其化学反应,在不同的情况下可能不一致,但是,在所有的情况下,下列两个反应总是能够发生的:

$$Pb(OH)_2 + 2RSH \longrightarrow Pb(SR)_2 + 2H_2O$$

$$Pb(SR)_2 + S \longrightarrow PbS + RSSR$$

方法 将1滴硫醇加到2mL铅酸钠溶液中,极力摇荡,有黄色沉淀生成。加入50mg细粉状硫,沉淀的颜色变为橙色,但在数分钟之内变为黑色。

试剂 将1g醋酸铅溶于10mL水中,将其加到60mL 1mol/L氢氧化钠溶液中,搅拌,直到沉淀溶解为止。

(三) 吲哚醌(Isatin)实验

本实验适合检验硫醇。硫醇在实验中产生绿色,反应原因不明。脂肪硫醚及硫化氢对实验无干扰,因为它们均不产生这样的颜色反应。

方法 取3滴硫醇在乙醇中的稀溶液,加于2mL 1%吲哚醌(靛红)在硫酸中的溶液内,如有绿色出现,表明正性结果。

(四) 亚硝基铁氰化钠实验

本实验适合检验硫醇。硫醇在微碱性的亚硝酰铁氰化钠溶液中产生深酒红色,正如硫化氢所产生的那样。有色络合物的准确组成尚不清楚,不过其中具有硫与亚硝基铁氰化钠中的亚硝基相结合的结构。脂肪烃硫醚也与亚硝基铁氰化钠作用，但所产生的颜色色调更偏于红色而不偏于蓝色。如果用氢氧化铵代替氢氧化钠，也可用本实验检验硫酚。

方法 将 1 滴硫醇试样加到 2mL 1％亚硝酰铁氰化钠溶液中，然后加入 3 滴 10％氢氧化钠溶液，有深酒红色形成。如果用盐酸酸化溶液，颜色转化为黄色。芳香烃硫醚对本实验无反应。

（五） 1-(4-氯汞基苯基偶氮)-2-萘酚实验

1-(4-氯汞基苯基偶氮)-2-萘酚（红硫酚试剂，Bennett's R.S.R. 试剂）与硫醇反应，尤其是与含巯基的氨基酸反应生成红色化合物。反应如下：

（R- 氨基酸基）　　　　（红色）

用本实验检验巯基时灵敏度较高。例如，检验胱胱氨基酸时检出限度是 0.0002mg/mL。

方法 取含巯基的氨基酸约 0.1～0.01mg 溶于 20mL 二次蒸馏水中，加 0.02mL 试剂溶液（在 80％乙醇中的饱和溶液），混合均匀，放置 5min 后，有明显的红色出现。

试剂 取 35.4g 对氨基苯基乙酸汞（熔点 166～167℃，自苯胺直接汞化制得），在 500mL 50％乙酸中，以及在 −5℃ 的温度下，用 7.0g $NaNO_2$ 进行重氮化。过滤后的重氮盐溶液与 2-萘酚偶合（15g 2-萘酚，180g NaOH 溶于 2L 冰水中）。静置数小时后，吸滤收集析出的沉淀，洗涤后溶于 200mL 冰乙酸中，过滤除去不溶物，滤液稀释至 2L。吸滤收集沉淀，洗涤后溶解（水浴上回流加热）于 3L 6％乙醇中，趁热过滤。将澄清滤液回流煮沸，在其中加入 5.8g NaCl 溶于 150mL 60％乙醇中的溶液。立即有絮状 1-(4-氯汞基苯基偶氮)-2-萘酚析出，继续回流加热 30min。将析出的沉淀收集后在正丁醇中重结晶三次（每 1L 沸腾正丁醇溶解 0.9g 试剂），即可得到微细红色针状晶体，产率 95％。晶体在 291.5～293.0℃（校正值）熔化变黑，不溶于水，微溶于乙醇（100mL 乙醇可溶解 0.05g）、氯仿、甲苯及十氢化萘中。

本试剂在保存中切勿见光，且配制的试剂溶液应保持在 15℃ 以下，否则分解。试剂中含有汞，有毒。

二、硫醚及二硫醚的检验

（一） 硫醚的检验

在检验硫醇的实验中，硫醚往往也会发生反应，因而常相互混淆。但两者的气味完全不同，所以不难识别它们。在检验硫醇的亚硝基铁氰化钠实验中，若试样是硫醚则溶液显红色而非蓝红色，并且逐渐变为黄色。在硫化铅实验中，若试样是硫醚，则当初生成的沉淀是很淡的黄色而不是金黄色，加入硫磺后沉淀变为橙色而不变为黑色，除非试样事先已经水解产生了硫醇。

（二） 二硫醚的检验

二硫醚可以很容易地被还原成为相应的硫醇，可通过后者检验它们。

二硫醚可用锌粉-盐酸羟胺还原实验进行检验。

方法　将 20～25mg 试样加到 1mL 1mol/L 盐酸羟胺的甲醇溶液中，加入数毫克锌粉，振荡混合物 1min。当过量的锌粉沉落于试管底之后，用滴管吸出上层清液转移入另一试管中，按上述硫醇检验法进行实验。

三、磺酸的检验

磺酸是有机酸中的强酸，在水中溶解度很大，在空气中往往潮解。与硫酸不同，它们的碱土金属盐类能溶于水，如果元素分析时，样品中含有硫，同时观察到上述现象，样品可能是磺酸。

磺酸可用羟肟酸实验进行检验。

反应为：

$$ArSO_3H + SOCl_2 \longrightarrow ArSO_2Cl + HCl + SO_2$$

$$ArSO_2Cl + H_2NOH \longrightarrow ArSO_2NHOH + HCl$$

$$ArSO_2NHOH + CH_3CHO \longrightarrow CH_3\overset{O}{\underset{NHOH}{C}} + ArSO_2H$$

$$3CH_3\overset{O}{\underset{NHOH}{C}} + FeCl_3 + 3KOH \longrightarrow \left[CH_3\overset{O}{\underset{NHO}{C}}\right]_3Fe + 3KCl + 3H_2O$$

$$3ArSO_2H + FeCl_3 \longrightarrow (ArSO_2)_3Fe\downarrow + 3HCl$$

方法　取 40～50mg 磺酸，放在小型试管中，加 2～3 滴氯化亚砜。将试管浸在沸水浴中加热 1min，放冷。加 0.3mL 盐酸羟胺甲醇溶液（1mol/L）和 1 滴乙醛。逐滴加入 2mol/L KOH 甲醇溶液，直到反应液对石蕊试纸成碱性反应后，再加 1 滴 5% 三氯化铁溶液。若有紫色出现，并有棕红色沉淀产生，表明有磺酸存在。

注意事项

① 磺酸盐可以和盐酸混合蒸干后，用残渣按以上步骤进行检验。

② 磺酰卤一般不像羧酸酰卤那样水解，可直接进行上述实验。

四、磺酰氯与磺酰胺的检验

（一）磺酰氯的检验

磺酰氯为中性化合物，遇 AgNO_3 醇溶液产生氯化银沉淀，可以借羟肟酸实验来鉴定它们。

（二）磺酰胺的检验

磺酰胺类一般本身有良好的晶形及敏锐的熔点可鉴定。RSO_2NH_2 及 RSO_2NHR' 型的磺酰胺能溶于碱溶液；$RSONR_2$ 型的磺酰胺不溶于碱溶液。将磺酰胺用碱水解后，可分别收集胺及磺酸，前者按胺类的一般检验进行检验，后者可按羟肟酸实验进行检验。

N,N-二甲基-α-萘胺实验

方法　首先制备试纸：将等容积的 1% N,N-二甲基-α-萘胺甲醇溶液及 1% NaNO_2 水溶液混合。用滤纸条浸入其中，取出在暗处阴干。

取 1～2 滴试样水溶液或悬浮液加在试纸上，在斑点处放 1 滴 0.2%～0.5% 盐酸。若有磺酰胺存在，立即出现红色或暗玫瑰色。磺酰胺以外的酰胺无反应，只是在滴加样品斑点以外出现橙红色环。

注意事项　这个反应很灵敏，可以检出试剂中 0.05mg 磺酰胺。可借这个实验检出血液中的磺酰胺：将血液用等体积 10% 三氯乙酸处理后滴在试纸上检验。

第四章

石油产品理化性质的测定

第一节 概　　述

一、石油产品理化性质测定目的和意义

原油经过一次、二次、三次加工，精制以及调和等可生产出成千上万种产品及半成品。例如液化气、汽油、航空煤油、灯油、柴油、重油、各种润滑油、润滑脂、石蜡、地蜡、沥青、焦炭及各种化工原料（乙烯、丙烯、丁烯、丁二烯、乙炔、苯、甲苯、二甲苯等）。无论是作为成品还是半成品，都必须符合一定的质量标准。作为产品进入商品市场，必须符合国际或国家、行业以及企业统一制定的规格标准，以满足消费者的使用要求。作为半成品必须满足后继加工的质量要求。规格标准是检验产品质量的尺度，分析方法是检验产品质量的手段，它是由国家批准的，各单位必须严格遵照执行。测定石油产品理化性质除上述目的外，还可用于对原油进行评价，作为制定加工方案的依据，也可用作工艺装置设计的依据，科学研究中的检测手段以及对石油产品的质量进行仲裁等。

石油产品的分析包括理化性质的测定及化学组成分析两个方面。由于石油是由各种碳氢和非碳氢化合物以及少量无机质构成的复杂的有机化合物的混合物，它与纯化合物不同，其理化性质往往随化学组成的不同而有较大的差异。应该说，石油产品理化性质是其化学组成的外在表现，也是组成石油产品的各种化合物性质的综合表现，而化学组成则是内在依据。因此常常需要提供理化性质和化学组成两方面的分析数据供生产和科研参考。

化学组成的测定比较复杂，以组成比较简单的汽油而言，目前采用毛细管气相色谱分析得到的烃类化合物已有四百余种，更不用说柴油、润滑油等更为复杂的油品了。石油产品的理化性质的测定虽然比较容易，但由于它们不是纯化合物，其密度、沸点、蒸气压等也没有固定值，而是随化学组成的不同而异，故需经常测试。测试的方法往往也是条件性的，即要求在指定的条件下，在特定的仪器中，按规定的操作进行测定，这样不仅是测试本身的需要，也是为了使不同测试单位之间有一个可供共同遵循的标准，使分析数据统一，避免争议。

二、石油产品标准和实验方法标准

我国已经制定了一系列的石油产品质量标准和石油产品实验方法标准，随着国际交往日益增多，商品日益国际化，我国的产品标准和实验方法必然也要逐步向国际标准靠拢。目前中国石化总公司半数以上的产品已采用国际标准。

石油产品标准包括：产品分类、分组、命名、代号、品种（牌号）、规格、技术要求、质量检验方法、检验规则、产品包装、标志、运输、贮存、交货和验收等技术内容。

石油及石油产品实验方法标准包括：对方法的适用范围、方法概要、使用的仪器、材料、试剂、测定条件、实验步骤、结果计算、精密度等做出的技术规定。

根据标准的适应领域和有效范围分为三级，内容如下所示。

国家标准：对需要在全国范围内统一的技术要求，要制定国家标准。国家标准由国务院标准化行政主管部门组织制定和颁布，并在全国范围内统一执行。

行业标准（专业标准）：对没有国家标准而又需要在全国行业范围内统一的技术要求，需制定行业标准。行业标准由国务院有关行政主管部门制定颁布，并报国务院标准化行政主管部门备案。部门标准是和行业标准相当的标准，过去是由各专业部（如石油工业部）制定发布的。随着管理体制的改革，按国家标准化法规定，我国将不再制定部门标准。原有部门标准要进行清理（废止），其中一部分将转化为国家标准，而大部分将改变为行业标准，少部分将转化为专业标准。所制定的行业标准不得与国家标准相抵触。

企业标准：企业生产的产品若没有国家标准和行业标准，则需要制定企业标准。企业标准须报当地政府标准化行政主管部门和有关行政主管部门备案，为了提高产品质量，企业亦可制定较国家标准或行业标准更为先进的企业标准。国家鼓励企业制定严于国家标准或行业标准的企业标准。企业标准不得与国家标准或行业标准相抵触。

我国各种标准的编号方法如图 4-1～图 4-4 所示。

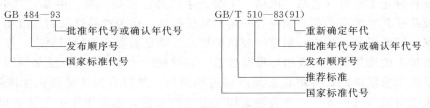

图 4-1　国家标准示例

图 4-2　行业标准示例

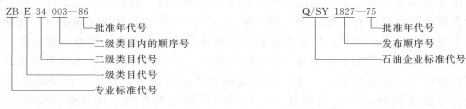

图 4-3　专业标准示例　　　　　　　　图 4-4　企业标准示例

　　制定标准的依据是：一方面要充分考虑社会对产品性能的使用要求；另一方面要结合我国石油资源的特点和生产技术的发展水平，使制定的标准既能反映社会生产发展和消费的需要，不断提高产品质量，又能结合国家的实际情况。我国实行对外开放以来，国际间的经济交往日益增多，为使我国石油产品在国际市场上具有通用性和竞争力，必须逐步地采用国际标准和国外先进标准。这是我国的一项重要技术政策，也是促进科学技术进步的重要措施。"九五"期间，我国国家标准、中石化标准已有 90％达到或接近国际标准和国外先进标准（"八五"期间为 65％）。

　　所谓国际标准，是指由国际标准化组织（ISO）所制定的标准以及他所颁布的其他国际性组织（如国际计量局）制定的标准。国外先进标准是指国际上有权威的区域性组织或经济发达国家所制定的标准。例如：ANSI（美国国家标准）、BSI（英国国家标准）、ГОСТ（前苏联国家标准）、ASTM（美国实验与材料协会标准）、API（美国石油学会标准）、IP（英国石油协会标准）等。

　　我国采用国际标准或国外先进标准的方式有如下三种。

　　等同采用：技术内容完全相同。

　　等效采用：技术内容基本相同，个别条款结合我国情况稍有差异，但可被国际标准接受。

　　参照采用：技术内容与国际标准大体相当，但结合我国实际情况作了某些改动，在通用互换、安全和卫生等方面与其协调一致。

三、石油产品理化性质测定前的准备和数据处理

（一）采样

　　采样是从整批油料中采取少量供测试用的样品的操作过程。正确选取石油产品的试样是保证分析结果准确与否的前提。为保证采得样品具有代表性，要求遵照石油产品取样法［GB/T 4756—84(91)］进行操作。该方法规定了采样的工具，在油船、油罐、油槽车、输油管和各种容器等处采取液体石油产品试样的方法。规定了在不同包装中采取膏状、粉末状、可熔性固体（石蜡、沥青）、不熔性固体（石焦油）等石油产品试样的方法，以及样品的保管和使用的方法。对矿区单井的取样，除按 GB/T 4756—84(91) 的要求进行外，还应在样品容器的标签上注明井号、层位、取样日期、取样人及送样单位等。

（二）数据处理

　　分析测试中，真值虽是客观存在的，但由于测试仪器精度的限制、测试方法不够完善、测试环境的变化和测试人员的技术水平、经验等因素的影响，对有限次数的测定，不可能求得真值，为了表示测定结果的可靠程度，用重复性和再现性表示。重复性是指同一操作者在同一实验室使用同一台仪器，按照实验方法规定的步骤，在较短的时间间隔内，对同一试样作重复测定结果的允许差数；再现性是指不同的操作者，在不同的实验室，使用不同类型的不同仪器，按照实验方法规定的步骤，对同一试样测定结果的允许差数（一般取 95％置信水平是两个结果之差）。

　　国家标准中关于石油产品实验方法精密度确定和应用（GB/T 6683—1997），就是以统计学为基础来确定分析测试的精密度。对于已经公认的具有一定准确度的实验方法，都要按上述方法规定，选用多个试样，在多个实验室开展统计实验。然后对实验结果进行数据处理

和分析之后，即可对方法的精密度作出重复性（r）和再现性（R）的规定。每次测定之后，都应按照实验方法的精密度，对测定数据进行处理和判断。

（1）重复性的应用　日常质量的监测，按实验方法规定，需要进行两次或两次以上的实验。若得到两个实验结果，可用方法的重复性规定值，来检查其测定结果是否有效。检查的方法是求重复测定条件下得到的两个结果之差与规定的重复性数值 r 比较，若小于或等于 r，则结果合格，可取这两个结果的平均值作为测定结果。当两个结果之差大于 r，两个结果都可认为可疑，此时至少要取得三个以上结果（包括最先两个结果），然后计算最分散结果和其余结果平均值之差，其差值与方法的重复性 r 相比较，如果差值小于或等于 r，三个结果都有效，取它们的平均值作为测定结果。如果差值超过 r，则舍弃最分散的结果，再重复上述方法，直至得到一组可接受的结果。如果从 20 个以下结果中舍弃两个或更多结果，就应检查操作方法和仪器。

（2）再现性的应用　两个实验室得到的结果，其差值小于或等于 R 时，则判定这两个结果有效，应取这两结果的平均值作为实验结果。若这两个结果之差值大于 R，则认为两者都可疑 。每个实验室需要至少三个其他可以接受的结果，然后计算每个实验室所有可接受结果的平均值之差，应用 R' 代替 R 来检查。

$$R' = \left[R^2 - \left(1 - \frac{1}{2K_1} - \frac{1}{2K_2} \right) r^2 \right]^{1/2} \tag{4-1}$$

式中，K_1 为第一个实验室的结果数；K_2 为第二个实验室的结果数。

如果有多于两个实验室提供结果，则求最分散结果和其余结果的平均值之差，用此差值与方法的再现性 R 进行比较。如果差值小于或等于 R，则所有结果都有效。取其平均值作为测定结果。如果差值大于 R，则舍去最分散的结果，并按上述方法重复进行到取得有效的一组结果。最后取这些结果的平均值作为测定结果。如果从 20 个以下结果舍弃两个或更多结果，则应检查操作的方法和仪器。其原因可能是：①某实验室的操作者不是严格地按照实验方法进行操作；②某实验室的实验者虽按实验方法进行操作，但存在系统误差；③其中某试样存在污染；④实验室的结果虽然满意，但置信度不到 95％。

第二节　基本理化性质的测定

一、密度和相对密度

（一）密度和相对密度的概念

（1）密度　单位体积所含物质在真空中的质量（m），通常用 ρ 表示，单位为 g/cm³，kg/m³ 和 t/m³。

$$\rho = \frac{m_{真空}}{V} \tag{4-2}$$

（2）标准密度　我国规定 20℃时的密度为标准密度，用 ρ_{20} 表示。

（3）视密度　测量温度下的密度为视密度，用 ρ_t 表示。

（4）相对密度　物质密度与规定温度下水的密度之比为相对密度，用 d 表示。

$$d = \frac{\rho_{油}}{\rho_{水}} \tag{4-3}$$

（5）标准相对密度　我国规定 20℃ 试油的密度与 4℃ 水的密度之比为标准相对密度，用 d_4^{20} 表示。由于 4℃ 纯水的密度 $1g/cm^3$，故 ρ_{20} 与 d_4^{20} 的数值相等，但二者的物理意义不同，并且密度有单位，有量纲，而相对密度无单位，无量纲。

$$d_4^{20} = \frac{\rho_{20油}}{\rho_{4水}} \tag{4-4}$$

（6）国际标准（ISO 标准）相对密度　国际标准规定 15.6℃（60℉）试油的密度与 15.6℃ 水的密度之比为标准相对密度，用 $d_{15.6}^{15.6}$ 表示。

$$d_{15.6}^{15.6} = d_{60℉}^{60℉} = \frac{\rho_{15.6油}}{\rho_{15.6水}} \tag{4-5}$$

d_4^{20} 与 $d_{15.6}^{15.6}$ 可以用表 4-1 中的校正值相互换算，换算关系式为：

$$d_{15.6}^{15.6} = d_4^{20} + \Delta d \tag{4-6}$$

表 4-1　相对密度（d_4^{20} 或 $d_{15.6}^{15.6}$）换算表

d_4^{20} 或 $d_{15.6}^{15.6}$	Δd	d_4^{20} 或 $d_{15.6}^{15.6}$	Δd
0.7000～0.7100	0.0051	0.8400～0.8500	0.0043
0.7100～0.7300	0.0050	0.8500～0.8700	0.0042
0.7300～0.7500	0.0049	0.8700～0.8900	0.0041
0.7500～0.7700	0.0048	0.8900～0.9100	0.0040
0.7700～0.7800	0.0047	0.9100～0.9200	0.0039
0.7800～0.7900	0.0046	0.9200～0.9400	0.0038
0.8000～0.8200	0.0045	0.9400～0.9500	0.0037
0.8200～0.8400	0.0044		

注：$d_{15.6}^{15.6} = d_4^{20} + \Delta d$ 或 $d_4^{20} = d_{15.6}^{15.6} - \Delta d$。

（7）相对密度指数　美国石油协会用相对密度指数（API°）表示石油的相对密度。相对密度指数与相对密度的关系为：

$$API° = 141.5/d_{15.6}^{15.6} - 131.5 \tag{4-7}$$

API° 与 $d_{15.6}^{15.6}$、d_4^{20} 互换见表 4-2。

（二）密度与温度的关系

密度的大小与温度相关，一般温度升高，密度下降；温度降低，密度升高。

（1）当测量温度在 20℃±5℃ 范围内变化时，视密度 ρ_t 与标准密度 ρ_{20} 换算的关系如下：

$$\rho_{20} = \rho_t + r(t-20) \tag{4-8}$$

式中，t 为测量温度，℃；r 为平均密度温度系数，单位 $(g/cm)/℃$，表示温度变化 1℃ 时密度变化的平均数值，r 的数值见表 4-3。

表 4-2 相对密度与 API° 换算表

API°	$d_{15.6}^{15.6}$	d_4^{20}	API°	$d_{15.6}^{15.6}$	d_4^{20}	API°	$d_{15.6}^{15.6}$	d_4^{20}	API°	$d_{15.6}^{15.6}$	d_4^{20}
0.0	1.0760		25.0	0.9042	0.9002	50.0	0.7796	0.7749	75.0	0.6852	0.6805
0.5	1.0720		25.5	0.9013	0.8973	50.5	0.7775	0.7728	75.5	0.6836	0.6788
1.0	1.0679		26.0	0.8984	0.8944	51.0	0.7753	0.7706	76.0	0.6819	0.6772
1.5	1.0639		26.5	0.8956	0.8916	51.5	0.7732	0.7685	76.5	0.6803	0.6754
2.0	1.0599		27.0	0.8927	0.8887	52.0	0.7711	0.7664	77.0	0.6787	0.6738
2.5	1.0560		27.5	0.8899	0.8858	52.5	0.7690	0.7642	77.5	0.6770	0.6722
3.0	1.0520		28.0	0.8871	0.8830	53.0	0.7669	0.7621	78.0	0.6754	0.6706
3.5	1.0481		28.5	0.8844	0.8803	53.5	0.7649	0.7601	78.5	0.6738	0.6690
4.0	1.0443		29.0	0.8816	0.8775	54.0	0.7628	0.7580	79.0	0.6722	0.6674
4.5	1.0404		29.5	0.8789	0.8748	54.5	0.7608	0.7560	79.5	0.6706	0.6658
5.0	1.0366		30.0	0.8762	0.8721	55.0	0.7587	0.7539	80.0	0.6690	0.6641
5.5	1.0328		30.5	0.8735	0.8694	55.5	0.7567	0.7519	80.5	0.6675	0.6625
6.0	1.0291		31.0	0.8708	0.8667	56.0	0.7547	0.7499	81.0	0.6659	0.6610
6.5	1.0254		31.5	0.8681	0.8639	56.5	0.7527	0.7479	81.5	0.6643	0.6594
7.0	1.0217		32.0	0.8654	0.8612	57.0	0.7507	0.7459	82.0	0.6628	0.6578
7.5	1.0180		32.5	0.8628	0.8586	57.5	0.7487	0.7438	82.5	0.6612	0.6563
8.0	1.0143		33.0	0.8602	0.8560	58.0	0.7467	0.7418	83.0	0.6597	0.6548
8.5	1.0107	1.0074	33.5	0.8576	0.8534	58.5	0.7447	0.7398	83.5	0.6581	0.6531
9.0	1.0071	1.0039	34.0	0.7550	0.8508	59.0	0.4728	0.7379	84.0	0.6566	0.6516
9.5	1.0035	1.0004	34.5	0.8524	0.8482	59.5	0.7408	0.7359	84.5	0.6551	0.6510
10.0	1.0000	0.9968	35.0	0.8496	0.8455	60.0	0.7389	0.7340	85.0	0.6536	0.6486
10.5	0.9965	0.9933	35.5	0.9473	0.8430	60.5	0.7370	0.7321	85.5	0.6521	0.6471
11.0	0.9930	0.9897	36.0	0.8448	0.8405	61.0	0.7351	0.7302	86.0	0.6506	0.6456
11.5	0.9895	0.9852	36.5	0.8423	0.8880	61.5	0.7332	0.7283	86.5	0.6491	0.6441
12.0	0.9861	0.9828	37.0	0.8398	0.8354	62.0	0.7313	0.7264	87.0	0.6476	0.6426
12.5	0.9826	0.9794	37.5	0.8373	0.8329	62.5	0.7294	0.7244	87.5	0.6461	0.6410
13.0	0.9792	0.9760	38.0	0.8348	0.8304	63.0	0.7275	0.7225	88.0	0.6446	0.6396
13.5	0.9759	0.9726	38.5	0.8324	0.8280	63.5	0.7256	0.7206	88.5	0.6432	0.6381
14.0	0.9725	0.9692	39.0	0.8299	0.8255	64.0	0.7238	0.7188	89.0	0.6417	0.6366
14.5	0.9692	0.9658	39.5	0.8275	0.8231	64.5	0.7219	0.7169	89.5	0.6403	0.6352
15.0	0.9659	0.9625	40.0	0.8251	0.8207	65.0	0.7201	0.7151	90.0	0.6383	0.6337
15.5	0.9626	0.9592	40.5	0.8227	0.8183	65.5	0.7183	0.7133	90.5	0.6374	0.6321
16.0	0.9593	0.9560	41.0	0.8203	0.8159	66.0	0.7165	0.7115	91.0	0.6360	0.6308
16.5	0.9561	0.9527	41.5	0.8179	0.8134	66.5	0.7146	0.7091	91.5	0.6345	0.6294
17.0	0.9529	0.9495	42.0	0.8155	0.8110	67.0	0.7128	0.7078	92.0	0.6331	0.6279
17.5	0.9497	0.9463	42.5	0.8132	0.8087	67.5	0.7111	0.7061	92.5	0.6317	0.6263
18.0	0.9465	0.9430	43.0	0.8109	0.8064	68.0	0.7093	0.7042	93.0	0.6303	0.6251
18.5	0.9433	0.9399	43.5	0.8086	0.8041	68.5	0.7075	0.7024	93.5	0.6289	0.6237
19.0	0.9402	0.9368	44.0	0.8063	0.8018	69.0	0.7057	0.7006	94.0	0.6275	0.6222
19.5	0.9371	0.9337	44.5	0.8040	0.7995	69.5	0.7040	0.6989	94.5	0.6261	0.6209
20.0	0.9340	0.9306	45.0	0.8017	0.7972	70.0	0.7022	0.6971	95.0	0.6247	0.6195
20.5	0.9309	0.9271	45.5	0.7994	0.7948	70.5	0.7005	0.6954	95.5	0.6233	0.6181
21.0	0.9279	0.9241	46.0	0.7972	0.7926	71.0	0.6988	0.6937	96.0	0.6220	0.6167
21.5	0.9248	0.9210	46.5	0.7949	0.7903	71.5	0.6970	0.6919	96.5	0.6206	0.6154
22.0	0.9218	0.9180	47.0	0.7927	0.7881	72.0	0.6953	0.6902	97.0	0.6193	0.6140
22.5	0.9188	0.9149	47.5	0.7905	0.7859	72.5	0.6936	0.6885	97.5	0.6179	0.6127
23.0	0.9159	0.9120	48.0	0.7883	0.7837	73.0	0.6919	0.6868	98.0	0.6166	0.6112
23.5	0.9129	0.9090	48.5	0.7881	0.7815	73.5	0.6902	0.6851	98.5	0.6152	0.6099
24.0	0.9100	0.9060	49.0	0.7839	0.7793	74.0	0.6886	0.6834	99.0	0.6139	0.6086
24.5	0.9071	0.9031	49.5	0.7818	0.7772	74.5	0.6869	0.6821	99.5	0.6126	0.6072
									100.0	0.6112	0.6059

表 4-3　石油产品的平均密度温度系数

密度，ρ_{20} 或 ρ_t	1℃的温度校正值，r	密度，ρ_{20} 或 ρ_t	1℃的温度校正值，r
0.700～0.710	0.000897	0.850～0.860	0.000699
0.710～0.720	0.000884	0.860～0.870	0.000686
0.720～0.730	0.000870	0.870～0.880	0.000673
0.730～0.740	0.000857	0.880～0.890	0.000660
0.740～0.750	0.000844	0.890～0.900	0.000647
0.750～0.760	0.000831	0.900～0.910	0.000633
0.760～0.770	0.000813	0.910～0.920	0.000620
0.770～0.780	0.000805	0.920～0.930	0.000607
0.780～0.790	0.000792	0.930～0.940	0.000594
0.790～0.800	0.000778	0.940～0.950	0.000581
0.800～0.810	0.000765	0.950～0.960	0.000568
0.810～0.820	0.000752	0.960～0.970	0.000555
0.820～0.830	0.000738	0.970～0.980	0.000542
0.830～0.840	0.000725	0.980～0.990	0.000529
0.840～0.850	0.000712	0.990～1.000	0.000518

（2）当测量温度变化较大时（超出 20℃±5℃范围时）用 GB/T 1885—98《石油密度换算表》中所列的表 1 可将视密度换算为标准密度 ρ_{20}（采用内插法、查表法温度限制在 -25～100℃）。

各种油品的相对密度大约为：原油 0.65～1.06；汽油 0.70～0.77；煤油 0.75～0.83；柴油 0.82～0.87；润滑油 0.85 以上；沥青 0.95～1.10。

（三）测 定 方 法

1. 密度计法（GB/T 1884—2000）**恒重法**

密度计结构示意图见图 4-5。

（1）测定方法原理　以阿基米德浮力定律为基础，即浮力等于物体排开同体积液体的质量。

当把质量为 m 的密度计放入盛油量筒中时产生向下的重力和向上的浮力 F，当达到平衡时：

$$F = m_油 g = V\rho_t g \qquad (4-9)$$

式中，$m_油$ 为密度计排开油品的质量，g；V 为密度计排开油品的体积，ml；ρ_t 为视密度，g/cm^3；g 为常数，一般为 9.8N/kg。

故　　　　　$$\rho_t = m_油 / V_{计油} \qquad (4-10)$$

将一定质量的密度计浸放在不同密度的液体中，密度大的液体浮力较大，故密度计露出液面部分也较多。反之，密度小者，浮力也小，密度计露出液面部分也较少。密度计上按密度单位刻度，以纯水在 4℃时的密度为 1 作为标准。在测量时可根据密度计

图 4-5　密度计的示意图

上的刻标读出油品的密度值 ρ_t。然后由式(4-8) 或 GB/T 1885—98《石油密度换算表》中所列的表 1 将 ρ_t 换算为 ρ_{20}。

【**例 4-1**】 同一只密度计，在同一室温下测量 ρ_1、ρ_2 两油（见图 4-6），问谁的密度大？

答：$\rho_2 > \rho_1$。因为用同一只密度计，则密度计的质量为定值，且 $F = m_油 g$ 为定值（$\rho_t = m_油 / V_{计油}$）。即该密度计无论放在何油中（ρ 大或 ρ 小），排开油的质量一定，但排开的体积不同，排开油的体积大、则 ρ 小，排开油的体积小、则 ρ 大。

由【例 4-1】可知：在同一温度下，对同一只密度计排开液体体积越小，则油的密度越大；相反，排开油的体积越大，油密度越小。所以密度计标杆上的刻度是自上而下读数

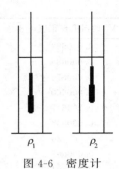

图 4-6 密度计
测量实例

增大。

根据 GB/T 1884—92 规定，石油密度计共有九支，测量范围从 0.6500～1.0100g/cm³，每支的最小分度值为 0.0005 g/cm³。可以根据油样的密度大小分别选用不同测量范围的密度计。

测定密度时的温度一般可在 -18～90℃ 间的任何温度下进行，具体要依据试油的性质而定，通常在室温下进行，但对于在室温下饱和蒸气压高于 80kPa 的高挥发性试样（如石油醚），应在原容器内冷却到 2℃ 以下进行，对于中等挥发性的黏稠油样（如原油）应加热到具有足够流动性的最低温度下进行测定，为计量而测定密度时，应选用精度较高的 SY-Ⅰ 型密度计，并尽量在接近储罐油温的条件下测定，如储罐的油温高于室温时，应在油温的 ±5℃ 范围内测定。在非标准温度下测得的视密度应根据 GB/T 1885—98 中所给出的表 1 换算为标准密度 ρ_{20}。

密度计法测定石油产品的密度快速、简便，但准确度受最小分度值及人的视力限制，不能太高。密度计法可直接测量 $\upsilon_{50} < 200\text{mm}^2/\text{s}$ 液体石油产品的密度，对 $\upsilon_{50} > 200\text{mm}^2/\text{s}$ 的液体石油产品可加热后测量，或采用稀释法测量。

（2）混合法（稀释法）测定油品密度

对 $\upsilon_{50} > 200\text{mm}^2/\text{s}$ 的液体石油产品，由于黏度大密度计不能在油中自由沉浮，故采用混合法测试密度。

测定原理：利用油品密度具有可加性的原理，即混合油品的密度是各组分油密度与相应的体积百分数乘积之和，可用式（4-11）表示：

$$\rho_{混} = \sum_{i=1}^{n} \rho_i V_i = \rho_1 V_1 + \rho_2 V_2 + \cdots + \rho_i V_i \tag{4-11}$$

混合法常用已知密度的煤油与等体积的试油在 20℃ 下混合均匀，用密度计测出混合油的密度按式（4-12）计算试油的 ρ_{20}：

$$\rho_{20试} = 2\rho_{20混} - \rho_{20煤} \tag{4-12}$$

若测试温度为 t℃，则先将 $\rho_{混}$ 换算为 $\rho_{20混}$，再按式（4-12）计算 $\rho_{20油}$。

2. 韦氏天平法

韦氏天平的结构如图 4-7 所示。

用韦氏天平测定密度，同样是根据阿基米德浮力定律，将规定体积和质量的浮沉子浸没在待测密度的油品中，浮沉子所受浮力由天平准确测定。如用同一浮沉子分别测定油样和纯水在同一温度下的浮力（即同体积的两种液体的质量），则二者的比值即为油样的相对密度。

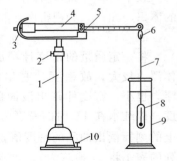

图 4-7 韦氏天平结构示意图
1—支架；2—调节器；3—指针；
4—横梁；5—刀口；6—小钩；
7—细白金丝；8—浮沉子；
9—量筒；10—调整螺丝

韦氏天平配有大小游码五个，两个最大游码质量均等于浮沉子在 20℃ 所排开纯水的质量，其余游码依次为最大游码质量的 1/10，1/100 和 1/1000。四个游码在带刻度的不等臂梁上各个位置的读数如图 4-8 所示。每套游码只适用于该套仪器，不能互换。

测定时先将韦氏天平安装好，把浮沉子挂在小钩上，旋转调整螺丝，使平衡锤指针与固定指针对齐，表明浮沉子在空气中已经平衡。然后向量筒内注入 20℃±0.5℃ 的蒸馏水，使金属丝浸入液面下 15mm 处，再将 1 号游码挂在长臂梁的第 10 分度上，这时天平应保持平衡，如不平衡则应调整游码位置使之平衡，此时得到的读数应在 1.000±0.0004 范围内，然后将量筒内的水倾出，换成与水体积相同的 20℃的试油，放入浮沉子，使金属丝进入液面下约 15mm，然后加游码将天平调至平衡，此时游码所示读数即为液体石油产品的视密度。

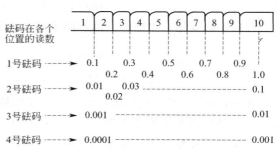

图 4-8　韦氏天平各游码位置的读数

视密度仅是密度的近似值，因为，用韦氏天平测定密度是在 20℃时的空气中进行的，故所测的数值需用下式加以校正，换算为 ρ_{20}。

$$\rho_{20} = \rho_t(0.99823 - 0.0012) + 0.0012 \tag{4-13}$$

式中，0.99823 为纯水在 20℃时的密度，g/m^3；0.0012 为空气在 20℃时及 101.325kPa 下的密度，g/m^3。

如试油是在 t℃时测定的，则从韦氏天平上得到视密度值为 ρ_t，这时可先用式(4-8) 计算 ρ_{20}，然后再用式(4-13) 计算校正空气浮力后的标准密度。

3. 比重瓶法　恒容法

按照标准［GB/T 2540—81(88)］规定，比重瓶法测定石油产品密度所用比重瓶的容积为 25ml，其型式见图 4-9，其中(a) 适合挥发性大的样油，(b) 适合黏稠状的样油。

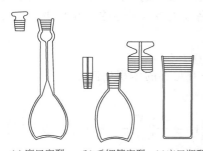

(a) 磨口塞型　(b) 毛细管塞型　(c)广口瓶型

图 4-9　比重瓶

比重瓶法测定石油产品密度的方法原理是根据标准密度的定义，只要准确测定所用比重瓶在 20℃下的容积和该比重瓶在 20℃下一瓶油的准确质量，便可得到 20℃下的密度，经空气浮力校正后可得到标准密度 ρ_{20}。

测定时，首先在 20℃下测得空比重瓶质量 m_1，然后将该空比重瓶充满水，测得瓶加水的质量 m_2，则 $m_2 - m_1 = m$（一瓶 20℃水重，称为水值）所以该比重瓶的容积为：

$$V_{瓶20} = \frac{m_2 - m_1}{\rho_{20水}} = \frac{m}{\rho_{20水}} \tag{4-14}$$

再测量油加瓶重 m_3，则 $m_3 - m_1 = m_{油}$（一瓶 20℃油重），所以被测试油在 20℃时的密度为：

$$\rho_{20油} = \frac{m_3 - m_1}{V_{瓶20}} = \frac{m_3 - m_1}{m}\rho_{20水} \tag{4-15}$$

由于上述三次称量均是在空气中进行的，所以校正空气浮力后被测试油的标准密度为：

$$\rho_{20油} = \frac{m_3 - m_1}{m} \cdot (0.99823 - 0.0012) + 0.0012 \tag{4-16}$$

式中，0.99823、0.0012 分别为 101.325kPa、20℃下水和空气的密度，g/cm^3。

为何要进行空气浮力校正？

因为测量时，天平两边被测物材质、密度、体积不同，所以在空气中浮力不同，故要校正；也因为密度定义是单位体积物质在真空中的质量，而上述三次称量均是在空气中进行的，会造成空气浮力的误差，所以要进行空气浮力的校正。

同理，对固体、半固体石油产品采用广口瓶时则有：

$$\rho_{20油} = \frac{m_3 - m_1}{m - (m_4 - m_3)} \cdot (0.99823 - 0.0012) + 0.0012 \tag{4-17}$$

式中，m_1 为空比重瓶重，g；m_3 为半瓶固体样与瓶重，g；$m_3 - m_1$ 为半瓶固体样重，g；m_4 为半瓶样与半瓶水和瓶重，g；$m_4 - m_3$ 为半瓶 20℃ 水重，g；$m - (m_4 - m_3)$ 为校正后的水值，即相当于比重瓶内半瓶固体样品那么大体积 20℃ 水的质量，g。

比重瓶法测定石油产品密度的特点为：

① 准确度可达万分之一；

② 测量范围广，该方法对轻、重油，液、固体石油产品无论黏度大小均可用之测密度；

③ 误差小，因在 20℃ 下测量可避免加热挥发损失而产生的误差；

④ 样品用量少；

⑤ 测量时间长；

⑥ 恒温要求严格，该方法要求测定温度控制在 20℃±0.1℃。

（四）测定意义

1. 密度与油品化学组成有关

烃类分子中所含碳原子数相同时，芳烃的密度最大，烷烃的密度最小，环烷烃介于二者之间。同族烃类中，所含碳原子数越多，则密度越大。由此可知：同一原油生产的不同馏分油，随馏分加重密度变大；不同原油生产的同一馏分油，密度大者含芳烃多、烷烃少；反之亦然。

2. 密度是石油产品质量指标之一

如 $1^\#\sim3^\#$ 航空煤油，要求 $\rho_{20}\geqslant0.775\text{g/cm}^3$，以保证有足够的体积热值。

3. 由 ρ_{20} 可组成许多复合常数

如：特性因数（K）、相对密度指数（API°）、柴油指数 $\left(\text{DI}=\dfrac{A \cdot \text{API}°}{100}, A\ 为苯胺点，℉\right)$、十六烷值（$\text{CN}=29.26-0.1779X+0.005809X^2$，其中 $X=A/\rho_{20}$，A 为苯胺点，℃）以及 n-d-M 法，E-d-M 法，n-d-v 法（将在第五章第二节中介绍）测定石油产品的结构族组成时，都要用到密度。

4. 计量

密度是计量的重要参数，按密度定义将 $\rho_{20} \cdot V_{20} = m_{真空中}$ 所得的质量是石油产品在真空中的质量。由于石油产品是在空气中按吨计量的，因此需要将真空中的质量换算为空气中的质量。

如已知石油产品的 ρ_{20} 和 V_{20} 可用下二式中任一式计算油品在空气中的质量 $m_空$

$$m_空 = (\rho_{20} - 0.0011) \cdot V_{20} \tag{4-18}$$

$$m_空 = \rho_{20} \cdot V_{20} \cdot F \tag{4-19}$$

式中，0.0011 为对石油密度的空气浮力校正值（g/cm^3 或 t/m^3）；V_{20} 为石油 20℃ 体积（m^3）；F 为换算系数，见表 4-4。

式（4-18）、式（4-19）若有冲突时，以式（4-19）为准。

表 4-4 石油真空中质量换算到空气中质量换算系数表

20℃密度/(g/cm³)	换算系数 F	20℃密度/(g/cm³)	换算系数 F
0.5000～0.5093	0.99770	0.6796～0.7195	0.99840
0.5094～0.5315	0.99780	0.7196～0.7645	0.99850
0.5316～0.5557	0.99790	0.7646～0.8157	0.99860
0.5558～0.5822	0.99800	0.8158～0.8741	0.99870
0.5823～0.6114	0.99810	0.8742～0.9416	0.99880
0.6115～0.6136	0.99820	0.9417～1.0205	0.99890
0.6137～0.6795	0.99830	1.0206～1.1000	0.99900

由于环境温度常常不是20℃，则须用式(4-20)或式(4-21)将环境温度下的石油产品的体积 V_t 换算为标准体积 V_{20}。

$$V_{20} = K \cdot V_t \tag{4-20}$$

$$V_{20} = V_t[1 - f(t-20)] \tag{4-21}$$

式中，V_{20} 为石油在20℃的体积，m³；V_t 为 t℃时体积，m³；f 为石油体积温度系数，单位 1/℃，见表4-5；K 为石油的体积系数，根据 ρ_{20} 从 GB 1885—83 中表2查得。

表 4-5 石油体积温度系数表

20℃密度	体积温度系数 f	20℃密度	体积温度系数 f	20℃密度	体积温度系数 f
0.6000～0.6006	0.00179	0.6553～0.6572	0.00147	0.7281～0.7307	0.00115
0.6007～0.6022	0.00178	0.6573～0.6692	0.00146	0.7308～0.17333	0.00114
0.6023～0.6038	0.00177	0.6593～0.6612	0.00145	0.7334～0.7360	0.00113
0.6039～0.6054	0.00176	0.6613～0.6633	0.00144	0.7361～0.7388	0.00112
0.6055～0.6070	0.00175	0.6634～0.6653	0.00143	0.7389～0.7415	0.00111
0.6071～0.6086	0.00174	0.6654～0.6674	0.00142	0.7416～0.7443	0.00110
0.6087～0.6103	0.00173	0.6675～0.6694	0.00141	0.7444～0.7472	0.00109
0.6104～0.6119	0.00172	0.6695～0.6715	0.00140	0.7473～0.7500	0.00108
0.6120～0.6136	0.00171	0.6716～0.6737	0.00139	0.7501～0.7529	0.00107
0.6137～0.6152	0.00170	0.6738～0.6758	0.00138	0.7530～0.7558	0.00106
0.6153～0.6169	0.00169	0.6759～0.6779	0.00137	0.7559～0.7588	0.00105
0.6170～0.6186	0.00168	0.6780～0.6801	0.00136	0.7589～0.7618	0.00104
0.6187～0.6203	0.00167	0.6802～0.6823	0.00135	0.7619～0.7648	0.00103
0.6204～0.6220	0.00166	0.6824～0.6845	0.00134	0.7649～0.7679	0.00102
0.6221～0.6238	0.00165	0.6846～0.6867	0.00133	0.7680～0.7710	0.00101
0.6239～0.6255	0.00164	0.6868～0.6890	0.00132	0.7711～0.7741	0.00100
0.6256～0.6273	0.00163	0.6891～0.6913	0.00131	0.7742～0.7773	0.00099
0.6274～0.6290	0.00162	0.6914～0.6936	0.00130	0.7774～0.7805	0.00098
0.6291～0.6308	0.00161	0.6937～0.6959	0.00129	0.7806～0.7837	0.00097
0.6309～0.6326	0.00160	0.6960～0.6982	0.00128	0.7838～0.7870	0.00096
0.6327～0.6344	0.00159	0.6983～0.7006	0.00127	0.7871～0.7904	0.00095
0.6345～0.6362	0.00158	0.7007～0.7029	0.00126	0.7905～0.7938	0.00094
0.6363～0.6381	0.00 157	0.7030～0.7053	0.00125	0.7939～0.7972	0.00093
0.6382～0.6399	0.00156	0.7054～0.7077	0.00124	0.7973～0.8007	0.00092
0.6400～0.6418	0.00155	0.7078～0.7102	0.00123	0.8008～0.8042	0.00091
0.6419～0.6437	0.00154	0.7103～0.7127	0.00122	0.8043～0.8078	0.00090
0.6438～0.6456	0.00153	0.7128～0.7152	0.00121	0.8079～0.8114	0.00089
0.6457～0.6475	0.00152	0.7153～0.7177	0.00120	0.8115～0.8151	0.00088
0.6476～0.6494	0.00151	0.7178～0.7202	0.00119	0.8152～0.8188	0.00087
0.6495～0.6513	0.00150	0.7203～0.7228	0.00118	0.8189～0.8226	0.00086
0.6514～0.6533	0.00149	0.7229～0.7254	0.00117	0.8227～0.8265	0.00085
0.6534～0.6552	0.00148	0.7255～0.7280	0.00116	0.8266～0.8304	0.00084

续表

20℃密度	体积温度系数 f	20℃密度	体积温度系数 f	20℃密度	体积温度系数 f
0.8305～0.8343	0.00083	0.8780～0.8827	0.00072	0.9370～0.9431	0.00061
0.8344～0.8384	0.00082	0.8828～0.8876	0.00071	0.9432～0.9494	0.00060
0.8385～0.8425	0.00081	0.8877～0.8926	0.00070	0.9495～0.9559	0.00059
0.8426～0.8466	0.00080	0.8927～0.8978	0.00069	0.9560～0.9626	0.00058
0.8467～0.8509	0.00079	0.8979～0.9030	0.00068	0.9627～0.9695	0.00057
0.8510～0.8552	0.00078	0.9031～0.9083	0.00067	0.9696～0.9766	0.00056
0.8553～0.8596	0.00077	0.9084～0.9138	0.00066	0.9767～0.9840	0.00055
0.8597～0.8640	0.00076	0.9139～0.9193	0.00065	0.9841～0.9916	0.00054
0.8641～0.8686	0.00075	0.9194～0.9251	0.00064	0.9917～0.9994	0.00053
0.8687～0.8732	0.00074	0.9252～0.9309	0.00063	0.9995～1.0076	0.00052
0.8733～0.8779	0.00073	0.9310～0.9369	0.00062	1.0077～1.0100	0.00051

二、平均分子量

分子量是石油产品最基本的物理性质之一，在工艺计算、科研、设计中都要用到。例如常需用分子量数据，结合元素分析和核磁共振等测试手段，测定渣油及重质油的结构族组成参数。在添加剂、化学助剂和高聚物的结构鉴定中，取得分子量数据，结合元素分析，求得试样的分子式，常是对有机物进行剖析的重要一步，因而分子量的测定有重要意义。

由于石油及石油产品主要都是烃类的混合物，故其分子量通常是指其中各组分的分子量的平均值而言，根据平均值的计算方法不同，又有数均分子量（摩尔分子量），重均分子量的区别。常用来表示油品平均分子量的是数均分子量，它是油品中各组分的摩尔分数与其分子量乘积之总和，可用下式表示：

$$\overline{M}_i = \sum X_i M_i = \frac{\sum N_i M_i}{\sum N_i} \tag{4-22}$$

式中，$\overline{M}_i$ 为试油的数均分子量；M_i 为石油中 i 组分的分子量；N_i 为试油中 i 组分的物质的量；X_i 为试油中 i 组分的摩尔分数。

油品的分子量随沸点的升高而增大，或者说是随油品分子中的碳原子数增加而增大。一般汽油为 $100～120$，灯油为 $180～200$，轻柴油为 $210～240$，轻质润滑油为 $300～360$，重质润滑油为 $370～500$，渣油为 $800～1000$。

常用测定分子量的方法有冰点下降法、沸点升高法、半透膜渗透压法以及气相渗透法等。他们的共同理论基础都是理想溶液的依数性，即试样稀溶液的某种测量效应与其摩尔浓度和分子量有某种定量关系的热力学性质。而各种热力学性质的特点，应用范围，测定准确度等都各不相同，其比较情况见表 4-6。

在石化工业中，常用冰点下降法和气相渗透法测定石油化工产品的分子量。

表 4-6　各种测定分子量方法的比较

方法		测定范围 $\overline{M}_n$	适用的样品	主要优点	主要缺点
冰点下降法	经典法(贝克曼温度计)	50～500	<350℃馏分油	设备简单	适用范围小,速度慢,准确度差
	半微量法(专用仪器)			半微量,快速	适用范围小
沸点升高法	经典法(贝克曼温度计)	100～500	润滑油、蜡、不缔合,不分解的添加剂	设备简单 测定温度较高,有利于蜡等样品的溶解	适用范围小,速度慢
	差示法(热敏电阻或热电堆)	100～30000	润滑油、蜡、不缔合,不分解的添加剂	准确度高适用范围广	沸点仪制造复杂

续表

方 法	测定范围 $\overline{M}_n$	适用的样品	主要优点	主要缺点
半透膜渗透压法 （专用仪器）	$2\times10^4 \sim 5\times10^5$	高聚物增黏剂	测定速度较快,准确度尚佳	仪器的结构、维修、操作及半透膜的处理、保护都较繁琐
VPO 法 （专用仪器）	$100 \sim 2.5\times10^4$	除汽油、柴油外的全部石油组分及可溶解,不缔合的添加剂	快速、微量、准确。适用范围广,操作简便	对低沸点油料难于测准

（一）冰点下降法

冰点下降法仪器结构示意图见图 4-10。

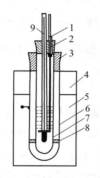

图 4-10 冰点下降法仪器结构示意图

1—搅拌器；2—橡皮塞；3—橡皮环；

4—冷浴；5—冷却介质；6—外试管；

7—内试管；8—支持环；9—贝克曼温度计

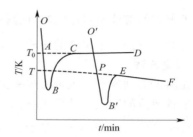

图 4-11 冰点冷却曲线图

1. 方法原理

由理想溶液的依数性—冰点下降性质，即在某一温度下，当纯溶剂中溶有不挥发溶质时，溶液的冰点比纯溶剂的冰点要降低（见图 4-11），然后由冰点下降数值 ΔT（ΔT 等于溶剂的冰点与溶液冰点之差，即 $\Delta T = T_{溶剂} - T_{溶液}$，由拉乌尔定律（$P = P^0 X$）和克劳修斯-克拉贝隆方程 $\left(\dfrac{\mathrm{d}p}{\mathrm{d}T} = \dfrac{P \cdot \Delta H_{液}}{T^2 \cdot R} \right)$ 最终可导出溶质分子量 $M_{质}$ 与冰点下降数值 ΔT 之间的关系式：

$$M_{质} = \frac{K_f \cdot W_{质}}{\Delta T \cdot W_{剂}} \cdot 1000 \tag{4-23}$$

或

$$\Delta T = K_f \cdot C_m \tag{4-24}$$

式中，$M_{质}$ 为溶质分子量；ΔT 为溶液冰点下降数值，℃；$W_{质}$ 为实验时所取溶质的质量，g；$W_{剂}$ 为实验时所取溶剂的质量，g；C_m 为质量摩尔浓度，mol/kg$_{溶剂}$；K_f 为溶剂冰点下降常数，℃/mol。

K_f 含义为：当在纯溶剂中溶解有 1mol 溶质时，K_f 在数据上等于 ΔT。常用溶剂冰点下降常数 K_f 见表 4-7。

表 4-7 常用溶剂冰点下降常数 K_f

项目	冰点	$K_f/(℃/mol)$	项目	冰点	$K_f/(℃/mol)$
苯	5.5	5.12	环己烷	6.6	20.5
硝基苯	5.8	5.80	水	0	1.86

式(4-23)是根据 ΔT 来计算不挥发性溶质的分子量，如果假定石油馏分为一不挥发性溶质，并且假设由它形成的溶液为理想溶液（无限稀溶液），这样配制几种不同质量浓度的溶液测得各对应浓度下的溶液冰点下降数值 ΔT_i，由式(4-23)便可计算出各对应浓度下试油的平均分子量 $\overline{M}_i$，再作 $\overline{M}_i$-ΔT_i（或 C_w）图（见图4-12），再使 $\Delta T \rightarrow 0$（或 $C_w \rightarrow 0$）为无限稀溶液而符合拉乌尔定律，此时纵轴上截点即为试油的 $\overline{M}$，此即为冰点下降法方法原理。

为什么在测量时要配制几种不同浓度的溶液，求出 $\overline{M}_i$ 后，须作 $\overline{M}_i$-ΔT_i 图才能求出准确的 $\overline{M}$？

因为本方法的基本假设是所测试样在溶剂中成理想溶液（无限稀溶液）而符合拉乌尔定律，即溶液为无限稀时测定的 $\overline{M}$ 才是准确的，而实验所用浓度偏大（不是无限稀溶液），从而偏离拉乌尔定律。为解决这一矛盾，故将 $\overline{M}_i$-ΔT_i 作图，曲线外推至 $\Delta T \rightarrow 0$（或 $C_w \rightarrow 0$）即相当于无限稀溶液所对应的 $\overline{M}$ 符合拉乌尔定律，这样利用外推法便解决了由于实验所用溶液浓度大而偏离拉乌尔定律的矛盾，使试油 $\overline{M}$ 得已准确的测量。

2. 测量方法

首先测定溶剂冰点（也可通过有关手册查得），然后按规定配制几种不同质量浓度的溶液。测定各溶液的冰点，计算出冰点下降数值。由式(4-23)便可计算出对应浓度下的被测油样的分子量 $\overline{M}_i$，见表4-8。最后，以 $\overline{M}_i$ 为纵坐标，以 ΔT_i（或 C_w）为横坐标作图可得一直线，然后把此直线延长至纵轴，则在纵轴上的截点所对应的分子量便是被测试样的平均分子量，见图4-12。

表 4-8　按规定配制几种不同浓度溶液

质量浓度 C_w/(g/kg)	冰点/℃	$\Delta T = T_{剂} - T_{液}$	平均分子量
C_{w1}	T_1	ΔT_1	$\overline{M}_1$
C_{w2}	T_2	ΔT_2	$\overline{M}_2$
C_{w3}	T_3	ΔT_3	$\overline{M}_3$
C_{w4}	T_4	ΔT_4	$\overline{M}_4$
C_{w5}	T_5	ΔT_5	$\overline{M}_5$

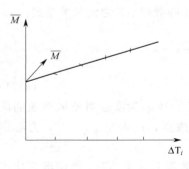

图 4-12　冰点下降法测平均分子量示意图

配制溶液要求：

（1）最后一次（最大浓度）减去最初一次（最低浓度）的冰点下降度数需大于等于 $0.5℃$；

（2）相邻溶液所测得的 ΔT（冰点下降数值）至少要相差 $0.1℃$。

满足这两点要求的溶液才能做实验，否则需重新配制溶液。

3. 讨论

（1）图4-11是冰点冷却曲线。为什么溶液冷却曲线中 EF 段不是水平的而是具有一定斜率的？

这是因为达到溶液冰点而有固相析出时，只是溶剂析出而溶质不析出，这样溶液浓度就要逐渐增大，也就是说溶剂在溶液中浓度逐渐减小，即拉乌尔定律 $P = P^0 X$ 中 X 减小；而溶质浓度逐渐增大，则导致溶液冰点下降数值 ΔT 逐渐增大，即溶液冰点 T 越来越低，所以 EF 线不是水平的，而是随溶液浓度的逐渐增大而降低。

（2）影响方法准确性的因素如下所示。

① 拉乌尔定律要求当溶液析出结晶时，溶质不能有结晶析出。如有结晶析出则对测定结果有影响。由于该法是测各溶液冰点然后计算平均分子量，则要求溶液析出结晶时溶质不析出，如果有溶质析出时则所测结果不准。而我们要测的是石油馏分的平均分子量，所以在所用溶剂冰点附近或多或少都可能有样品中的固体烃结晶析出，而且所测馏分越重，析出结晶的可能性越大，这是产生误差的主要原因。因此为减少误差，本方法只限于测定小于350℃的轻质油的平均分子量，大于350℃馏分油由于上述原因则测不准。

② 溶剂的选择对测量结果也有影响。选择溶剂时必须使试油在其中有较大的溶解度，尤其在低温时也应有一定的溶解度。测石油产品平均分子量常用溶剂为苯和环己烷；对汽油则选氯仿或 CCl_4 为溶剂。

③ 溶液浓度对测量结果也有影响。由于本方法配制溶液时要求冰点下降数值须大于等于 0.5℃。所以配制试样溶液时试样用量就要增大，即浓度越大越偏离拉乌尔定律，并且浓度增大，平均分子量也增大。即使采用外推法，也会带来误差，尤其对重馏分油误差更大。因此，冰点下降法只适用于汽油、煤油和柴油平均分子量的测定。

4. 优缺点

冰点下降法设备简单，主要仪器是 0.01 ℃ 分度值的贝克曼温度计。然而其缺点是适用范围窄，准确度差，测量速度慢。

（二）气相渗透法（VPO 法）

1. 方法原理

VPO 法测定分子量的结构示意图见图 4-13。

由拉乌尔定律可知，当纯溶剂中溶解有不挥发性溶质（X_2）后，稀溶液蒸气压（$P = P^0 X$）要下降，其下降数值如下：

$$\Delta P = P^0_{剂} - P_{液} = P^0 - P^0 X_1 = P^0(1 - X_1) = P_0 X_2 \qquad (4-25)$$

式中，X_2 为不挥发性溶质在平衡液相中的分子分率；X_1 为纯溶剂在平衡液相中的分子分率；P^0 为纯溶剂的蒸气压，Pa；$P_{液}$ 为溶液的蒸气压，Pa。

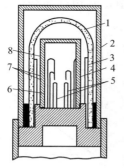

图 4-13　平均分子量测定仪

1—外滤纸罩；2—外层金属罩；3、4—溶剂
喷出导管；5—热变电阻计；6—内滤纸罩；
7—毛细滴管；8—内层金属罩

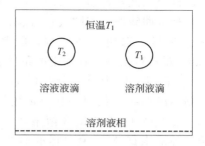

图 4-14　VPO 法测定 $\overline{M}$ 原理示意图

根据理想溶液依数性-蒸气压下降性质，假设在一恒温密闭容器内（见图 4-14），用溶剂饱和其空间，假如在该空间悬有相同温度的溶液和溶剂液滴各一滴，溶剂液滴和容器内空间饱和蒸气保持热平衡，它的温度无变化；而溶液液滴，由于它的饱和蒸气压比纯溶剂蒸气

压低，故其周围的饱和蒸气就要凝结在溶液液滴上，并在凝结过程中放出液化热，使溶液液滴温度上升，直至溶液液滴和纯溶剂液滴蒸气压接近相等时，溶液液滴的温度才不再上升。

溶液液滴温度上升的数值为 $\Delta T = T_2 - T_1$，由于 $\Delta T \propto \Delta P$（溶液蒸气压下降数值）

即 $\Delta T \propto \Delta P = P^0 X_2$

也就是说溶液中溶质（X_2）浓度越大，ΔP 越大，ΔT 也就越大。

最终由热力学推得（由拉乌尔定律和克-克方程）：

$$M_质 = \frac{K_b \cdot W_质}{\Delta T \cdot W_剂} \cdot 1000 \tag{4-26}$$

或

$$\Delta T = K_b \cdot C_m \tag{4-27}$$

式中，ΔT 为溶液液滴温度上升度数，℃；C_m 为溶质质量摩尔浓度，mol/kg；K_b 为沸点上升常数，℃/mol。常用溶剂沸点上升常数见表 4-9。

表 4-9　常用溶剂沸点上升常数

常用溶剂	$K_b / (℃/mol)$
苯	2.57
乙醇	1.20
CCl$_4$	5.03

由式（4-26）可知，只要测得溶液液滴的温度变化值 ΔT 便可求得试样的分子量。

2. 测定方法

由于 ΔT 值很小，必须用灵敏的热变电阻测温计（热敏珠）测量。图 4-15 为测量系统

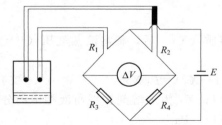

图 4-15　VPO 仪测量系统示意图

示意图。为测定 ΔT 值，用一对匹配好的热敏电阻作为惠斯通电桥的两臂，制成热变电阻测温计，热变电阻计末端悬着的溶剂和溶液液滴的温差，引起电桥指示电阻的变化，产生了不平衡电压 ΔV，ΔV 与 ΔT 成比例，ΔT 与溶液中溶质的浓度成比例，据此可测定溶质的分子量。

由于测温计及仪器其他组件有热损失，ΔV 并不能直接反映 ΔT 的绝对值，常用已知分子量的标准样品与未知试样对比测定，通常采用下面两种测定方法。

（1）标准曲线法（查图法）　该法是选定一种高纯度标准试剂作标样，选用合适溶剂，配制几种不同浓度 C_M（mol/kg）的标准溶液，在给定的条件下分别测定各溶液的 ΔV 值，然后以 ΔV 为纵坐标，以 C_M（mol/kg）为横坐标，绘制标准曲线，见图 4-16。再用相同溶剂配制量浓度为 C_{W1}（g/kg）的未知试样溶液，在相同条件下测出其 ΔV_1 值，然后根据 ΔV_1 值由标准曲线查出相应浓度 C_{M1}，即可计算分子量，$M = C_{W1}/C_{M1}$。

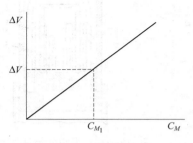

图 4-16　VPO 法标准曲线

本法可由未知试样的一种浓度测出分子量，简便快速，但只适用分子量小于 800 试样的测定。

（2）仪器参数法（外推法）。如前所述，在测定时，溶剂和溶液液滴的温差 ΔT 与溶质浓度 C_M（mol/kg）成比例，如式（4-28）所示。

$$\Delta T = A \cdot C_M \tag{4-28}$$

式中，A 为比例常数，与溶剂性质有关。

电桥的不平衡电压与温差成正比

$$\Delta V = E \cdot \Delta T \qquad (4\text{-}29)$$

式中，E 为比例常数，与电桥电压、热敏电阻材料等有关。

将式(4-28) 代入式(4-29)，得

$$\Delta V = E \cdot A \cdot C_M \qquad (4\text{-}30)$$

令 $K = EA$，代入式(4-30)，得

$$\Delta V = K \cdot C_M \qquad (4\text{-}31)$$

或写作

$$K = \Delta V / C_M \qquad (4\text{-}32)$$

将 $M = C_{W1}/C_{M1}$ 代入式(4-31) 得

$$\Delta V = K \cdot \frac{C_W}{M} \qquad (4\text{-}33)$$

或写作

$$M = K \bigg/ \frac{\Delta V}{C_W} \qquad (4\text{-}34)$$

在上面诸式中 K 称为仪器参数，其余各符号代表的意义同前。

由式(4-34)，如已知 K 值，并测得相应的 $\Delta V/C_W$，即可计算试样的分子量。因为公式来源于理想溶液的推导，要应用此式，必须用外推法，找到零位浓度时的 K 值和 $\Delta V/C_W$ 值。实际测定时，先用标准样品配成 4～5 种不同浓度（mol/kg）溶液，分别测得各自的 ΔT 值，再以各个 C_M 值为横坐标，以相应的 $\Delta V/C_W$ 值为纵坐标，各点连线外推至 $C_M = 0$ 时的 $\Delta V/C_W$ 值，即为仪器参数 K，相当于无限稀溶液时（零位浓度）的 $\Delta V/C_W$ 值，记为 $K = (\Delta V/C_M)_0$，见图 4-17，求得仪器参数 K 值后，分别配制 4～5 种不同浓度的未知样品溶液，用同样的实验条件，测得各自的 $\Delta V'$ 值。同理以相应的 $\Delta V'/C_W$ 作纵坐标，以未知样品溶液的量浓度 C_W 为横坐标作图，外推到 $C_W = 0$ 求得 $(\Delta V'/C_W)_0$ 值。见图 4-18，由此来得 K 和 $(\Delta V'/C_W)_0$ 代入式(4-34)，可求试样的分子量。

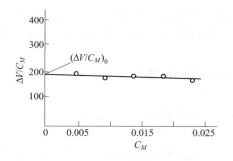

图 4-17　$\Delta V/C_M\text{-}C_M$ 曲线图

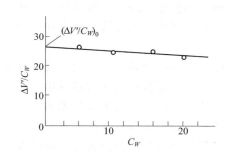

图 4-18　$\Delta V'/C_W\text{-}C_W$ 曲线图

本方法使用的标准样品要求纯度高，性质稳定，易干燥，并能很好地溶于所选溶剂中。一般选用菲、联苯甲酰、三硬脂酸甘油酯、角鲨烷及八乙酰蔗糖等，常用溶剂为苯、氯仿、丙酮、甲苯、四氯化碳、环己烷和水等。

VPO 法测定分子量快速，样品用量少，一般为几十毫克，灵敏度和准确度高，相对误差一般 ≤2%，测定分子量范围为 $100 \sim 2.5 \times 10^4$。适用于除汽油、煤油以外的全部石油馏分及可溶解不缔合的添加剂，可以在溶剂沸点以下的任何温度（只要试样能完全溶解）测定。从而有可能避免沸点法中某些样品因温度高而分解或冰点法中某些样品因温度低而在冰点前析出或缔合等现象，其缺点是对低沸点馏分难以测量。

三、苯胺点

苯胺点是有机化合物的混合物的特性参数之一，具有可加性，即满足可加性公式 $A = \sum_{i=1}^{n} A_i V_i$ 的指标。

（一）概念

苯胺点是衡量轻质石油产品溶解性能的指标。在石油工业中常用苯胺作溶剂，测定油品或某些烃类在苯胺中的溶解度，当苯胺与试油在较低温度下混合时分为两层时，加热，试油在苯胺中的溶解度增大，继续加热至两相刚好达到完全互溶，这时界面消失，此时混合液的温度即为苯胺点（也称为临界溶解温度）。

苯胺点定义可归纳为：苯胺与试油混合后所测得的临界溶解温度，称为苯胺点，单位为℃。

由于组成油品的各种烃类的极性是不同的，按相似相溶理论，各种烃类在苯胺中的溶解度是不同的。烃的结构（极性）与苯胺分子结构（极性）越相似，这种烃类在苯胺中的溶解度就越大，苯胺点越低，也可以说，烃类结构与苯胺分子结构越相似，溶解（互溶，达临界溶解温度）所需温度越低，苯胺点越低。相反，烃类结构与苯胺分子结构越不相似，溶解所需温度越高，苯胺点越高。

对于不同的油品来说，由于组成不同，它的苯胺点是不同的，即使两个沸程范围相同的油品，但来自不同原油，苯胺点也会不同。这是为什么呢？经研究表明，这主要与油品的化学组成有关。除此之外，还与溶剂比和苯胺纯度以及操作条件有关。

（二）影响苯胺点因素

1. 苯胺点与试油化学组成有关

根据相似相溶理论，极性与苯胺相似的烃类在某一温度下与苯胺溶解度大；反之烃类极性与苯胺差别大，则在该温度下在苯胺中溶解度小。各族烃类的极性大小如下（碳原子数相同）：

极性：芳烃＞烯烃＞环烷＞烷烃（因为芳烃有大 π 键、烯烃有 π 键）。

溶解度：随极性增加溶解度增大（相似相溶原理）。

苯胺点：溶解度大的烃类苯胺点低，反之溶解度小苯胺点高。

即各族烃类苯胺点大小顺序为：

烷烃＞环烃＞烯烃＞芳烃，所以烷烃的极性小，与苯胺不相似程度大，达完全互溶所需温度高，即苯胺点高。

表 4-10 列出一些烃类的苯胺点，由该表也看出上述规律。

表 4-10 烃类的苯胺点

碳原子数	苯胺点/℃			
	烷烃	环烷烃	烯烃	芳香烃
C_5	戊烷 71.7	环戊烷 16.6	1-戊烯 19.6	—
C_6	己烷 69.1	甲基环戊烷 34 环己烷 31	1-己烯 22.7	苯＜－30
C_7	庚烷 70.0	1,2-二甲环戊烷 47.8 甲基环己烷 41.0	1-庚烯 27.0	甲苯＜－30

续表

碳原子数	苯胺点/℃			
	烷烃	环烷烃	烯烃	芳香烃
C_8	辛烷 72.0	1,2,3-三甲环戊烷 57.8 1,3-二甲环己烷 51.7	1-辛烯 32.4	邻(对)二甲苯 <-30 间二甲苯 <-20
C_9	壬烷 74.9	丁基环戊烷 50.5 丙基环己烷 50.0 1,2,4-三甲基环己烷 59.0	1-壬烯 38.6	异丙苯 <-15 均三甲苯 <-30 丙基苯 <-30
C_{14}	十四烷 89.5	辛基环己烷 74.7	1-十四烯 59	辛基苯 <-20
C_{26}	二十六烷 116	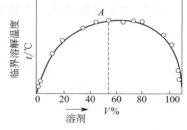		61.0

由表 4-10 中数据可推论：

① 不同原油的同一馏分油，芳烃含量高则苯胺点低，烷烃含量高则苯胺点高；

② 对同族烃类：分子量大苯胺点升高，但增大幅度较小。

2. 苯胺点与溶剂比有关

溶剂比是指溶剂（苯胺）与试油体积比。

如把某一油品分别与不同比例的苯胺混合，可得到各比例混合物对应的临界溶解温度。以临界溶解温度为纵坐标，以溶剂百分体积比为横坐标作图，可得图 4-19。

图中曲线最高点是试油在苯胺中的真正临界溶解温度，称为最大苯胺点，用 t_{max}，最大苯胺点处的溶剂比 $x\%$ 对不同油品是个不同的数值，要多次改变溶剂比才能找到这一点，这样测定苯胺点很麻烦，因此实际应用时是用等体积苯胺点 t_{50} 代替 t_{max} 来表示油品溶解性。

等体积苯胺点 t_{50} 是指试油与苯胺等体积混合所测得的临界溶解温度称为等体积苯胺点，℃。

图 4-19 临界溶解度曲线

t_{max} 与 t_{50} 能否互用？二者有多大差别？

由实验知：

当石油产品中芳烃含量 $<10\%$ 时，$t_{max}-t_{50}=0.2\sim0.3$℃，误差小，$t_{max}$ 与 t_{50} 可通用。

当石油产品中芳烃含量 $>10\%$ 时，误差随芳烃含量增加而增大。

当石油产品中芳烃含量 $>50\%$ 时，$t_{max}-t_{50}=5\sim6$℃，t_{max} 与 t_{50} 二者不可互用。

一般煤柴油中芳烃含量都不大，所以常用 t_{50} 来表示这些油品的溶解性。由于苯胺点与溶剂比有关，所以，实验时试油、苯胺体积要测量准确。

3. 苯胺点与苯胺纯度有关

苯胺纯度是测苯胺点的关键。苯胺在大气中保存易氧化为黄色或棕色，并吸收大气中水，生成的氧化物增加了苯胺极性使苯胺点上升；吸水也使苯胺极性增加，也可使苯胺点测量结果偏大，主要是氧化物和水进一步增大了苯胺与试油的不相似性。

例如：苯胺中如含 1% 的水，苯胺点可提高 $3\sim6$℃，所以苯胺在使用时须提纯。一般采用蒸馏提纯法，即在苯胺中加入 KOH 脱水、蒸馏，收集 $10\% \sim 90\%$ 的馏分，弃去小于 10%（含水）和大于 90% 的馏分（含氧化物），这样蒸馏的苯胺是无色透明的油状液体。其相对密度 $d_4^{20} = 1.022 \sim 1.023$、折射率 $n_D^{20} = 1.5863$、沸点 bp $= 184.13℃$、熔点 mp $= -6.0 \sim 6.5℃$，纯度不小于 90%，用它测正庚烷苯胺点 $A = 69.3℃ \pm 0.2℃$，这样的苯胺可用于实验。

4. 与操作条件有关

影响苯胺点测定结果准确性的主要操作条件有：温度计安装位置、加热速度、降温速度、苯胺点的正确读取等。

（三）测定方法

等体积苯胺点的测定按 GB/T 262—88 执行。测定时，不是测定苯胺与试油混合后两相界面消失时的温度（因很难读准），而是把等体积的苯胺与试油混合，按规定速度加热到两相界面消失，然后在不断搅拌的情况下让混合物冷却，透明混合液开始出现浑浊并不再消失时的瞬间温度，即为苯胺点，单位为℃。

（四）苯胺点的应用

苯胺点是油品具有可加性的物理常数，它反映油品烃类组成情况，在石化工业中应用广泛。

1. 苯胺点可反映油品中烃类的相对含量

不同原油生产的同一馏分油，苯胺点高者含烷烃多、芳烃少，苯胺点低者含芳烃多、烷烃少。

2. 可用于计算柴油十六烷值和柴油指数

$$柴油指数 \ CI = \frac{A(℉) \cdot API°}{100} \tag{4-35}$$

$$十六烷值 \ CN = 29.26 - 0.1779x + 0.005809x^2 \tag{4-36}$$

其中：$x = \dfrac{A(℃)}{\rho_{20}}$

或

$$CN = 2/3CI + 14 \tag{4-37}$$

3. 计算芳烃含量（经验式）

芳烃 $\qquad\qquad\qquad\qquad m\% = k(t_2 - t_1) \tag{4-38}$

式中，k 为苯胺系数，随油品沸程不同和芳烃含量不同而变化；t_2 为试样脱芳烃后的苯胺点，℃；t_1 为试样苯胺点，℃。

4. 计算航空煤油、航空汽油净热值

$$\theta_p = a + bG(1.8A_p + 32) \tag{4-39}$$

式中　θ_p——无硫试油的净热值，MJ/Kg；

$\quad A_p$——试油苯胺点，℃；

$\quad G$——试油 API°（相对密度指数）；

a、b——常数（见 GB/T 2429—88 中表1）。

四、黏度

黏度是评价原油及其产品流动性能的指标，在原油和石油化工产品加工、运输、管理、销售及使用过程中，黏度是非常重要的物理常数之一。例如原油输送过程中，黏度对流量、压力降影响很大，在原油加工中，黏度是检验许多石油产品的重要质量指标。因此黏度是很重要的物理常数，也具有可加性。

（一）黏度的定义、表示方法及单位

1. 定义

在某一温度下，当液体受外力作用而作层流流动时，液体分子间产生的内磨擦力叫黏度。

按照牛顿内摩擦定律，当液体处于层流状态时，一层液体对其相邻一层液体作相对运动时内摩擦力（F）的大小，与两层液体的接触面积（A）成正比，与速度梯度（$\mathrm{d}v/\mathrm{d}x$）成正比。其数字表达式为：

$$F = \eta \cdot A \cdot \frac{\mathrm{d}v}{\mathrm{d}x} \tag{4-40}$$

式中，F 为两液层之间的内摩擦力，N；A 为两液层的接触面积，m^2；$\mathrm{d}v$ 为两液层的相对运动速度，m/s；$\mathrm{d}x$ 为两液层之间的距离，m；$\mathrm{d}v/\mathrm{d}x$ 为与流动方向垂直的速度梯度，s^{-1}；η 为内摩擦系数，即液体的动力黏度，Pa·s。

所以动力黏度可表示为：

$$\eta = \frac{F/A}{\mathrm{d}v/\mathrm{d}x} \tag{4-41}$$

动力黏度的物理意义（见图 4-20）：当两液层面积各为 $1\mathrm{cm}^2$，相距 1cm，相对流动速度 1cm/s，此时两液层之间产生的阻力达因数 $F = \eta$（此时动力黏度在数值上等于两液层间产生的阻力达因数），即在这种条件下，动力黏度等于内摩擦力大小。

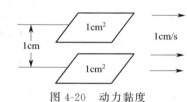

图 4-20　动力黏度
物理意义示意图

2. 黏度的表示方法及单位

（1）绝对黏度，如下所示。

① 动力黏度。来自黏度定义，即

$$\eta = \frac{F/A}{\mathrm{d}v/\mathrm{d}x} \tag{4-42}$$

动力黏度单位：在 CS 制中为 $\mathrm{g/(cm \cdot s)} = 1$ 泊（p）$= 100$ 厘泊（cp）；在工程制中为：$\mathrm{kg \cdot s/m^2} = 9.81\mathrm{p} = 9810\mathrm{cp}$；在 SI 制（国际单位制）中为：$\mathrm{Pa \cdot s} = 10\mathrm{p} = 1000\mathrm{cp} = 1000\mathrm{mPa \cdot s}$；$1\mathrm{Pa} = 1\mathrm{N/m^2}$。

② 运动黏度。运动黏度等于动力黏度与同温度下液体密度之比。

$$v = \eta_t / \rho_t \tag{4-43}$$

运动黏度单位：在 CS 制中为：$\mathrm{cm^2/s} =$ 斯（st）$= 100$ 厘斯（cst）；在 SI 制中为：$\mathrm{m^2/s}$ 或 $\mathrm{mm^2/s}$。$\mathrm{m^2/s} = 10^6 \mathrm{mm^2/s}$（cst）$= 10^4 \mathrm{cm^2/s}$（st）。动力黏度与运动黏度单位的换算：$1\mathrm{mPa \cdot s} = 1\mathrm{mm^2/s}$。

（2）相对黏度（条件黏度），在石油化工中除应用上两种黏度外还有各种条件黏度。

① 恩氏黏度（Engler）是在规定温度下（50℃、80℃或 100℃）从恩氏黏度计中流出 200ml 试样所需时间（秒数）$\tau_{t,油}$ 与 20℃ 的蒸馏水从恩氏黏度计中流出 200ml 所需秒数 $\tau_{20,水}$ 的比值，用 °E 表示，即

$$°E = \frac{\tau_{t,油,200ml}}{\tau_{20,水,200ml}} \tag{4-44}$$

恩氏黏度单位："恩氏度"或"条件度"。在同一温度下，°E 越大，试油黏度越大，反之°E 越小，试油黏度越小。

② 赛氏黏度（Saybolt）是在规定温度（100 ℉、210 ℉）下，从赛氏黏度计中流出 60ml 试样所需秒数。

赛氏黏度单位："赛氏秒"（s），同温度下，该时间越长，试油黏度越大。

赛氏黏度分为赛氏通用黏度（SUS）（不注明时指之）和赛氏重油黏度（SFS）。

③ 雷氏黏度（Redwood）是在规定温度下，从雷氏黏度计中流出 50ml 试样所需的秒数。

雷氏黏度单位："雷氏秒"（s）。

雷氏黏度分为：雷氏 1 型（1 号）——用于商业；雷氏 2 型（2 号）——用于海军用油。

条件黏度在欧美国家广为应用，它是一个公称值，不具有任何物理意义。我国使用运动黏度和恩氏黏度来评定石油及石油产品的流动性。

绝对黏度与条件黏度之间的互换见图 4-21(a)和(b)。各种黏度计的使用范围见表 4-11。

表 4-11　各种黏度计的使用范围

黏度计种类	黏度计的单位	主要采用国家和地区	测定范围(相当于 mm²/s)		使用温度范围/℃	
			最大	常用	最大	常用
运动黏度计	mm²/s	国际通用,公制地区	约25000	1.2～15000	−100～250	20～100
恩氏黏度计	s	苏,德及部分欧洲国家	1.5～3000	6.0～300	0～150	20～100
赛氏(通用)黏度计	s	英美等英制国家	1.5～500	2.0～350	0～100	37.8～98.9
赛氏(重油)黏度计	s	英美等英制国家	50～5000	5～1200	25～100	37.8～98.9
雷氏1号黏度计	s	英美等英制国家	1.5～6000	9.0～1400	25～100	25～120
雷氏2号黏度计	s	英美等英制国家	50～2800	120～500	0～100	0～100

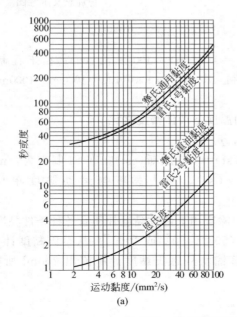 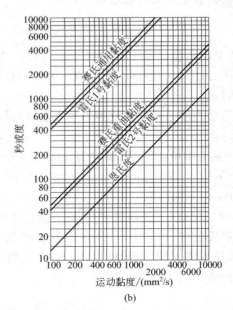

图 4-21　绝对黏度与条件黏度之间的换算图

3. 牛顿内摩擦定律适用条件

（1）层流。即液体流动时必须处于层流状态，滞流及紊（湍）流都不适用，也就是液体流动时必须流速适当，太快、太慢都不适用于牛顿内摩擦定律。

（2）液体必须是牛顿型液体。所谓牛顿型液体就是在一定温度、压力下，流体中的任意微分体积单元上的剪切应力（$\Gamma = F/A$）与垂直于流动方向的速度梯度（$\mathrm{d}v/\mathrm{d}x$）之间呈直线关系，直线的斜率（η）为一常数时的液体称为牛顿型液体，反言之，η 只与温度、压力有关。即满足 $\xi = F/A = \eta^* (\mathrm{d}v/\mathrm{d}x)$ 的液体为牛顿型液体。也就是说，对于一定液体（试油性质确定），在一定温度、压力条件下黏度不变的液体是牛顿型液体。

哪些液体石油产品是牛顿型液体？哪些不是牛顿型液体？

牛顿型液体：在浊点温度以上的大多数液体的石油化工产品都是牛顿型液体，如汽油、煤油、柴油、润滑油、苯、甲苯、二甲苯等，只要无结晶析出均为牛顿型液体。

非牛顿型液体：油品中有石蜡晶体析出时（即浊点温度以下的液体石油产品）；加入高分子添加剂（如增黏剂）制成的稠化润滑油；含胶质、沥青质多的重质燃料油（渣油）、沥青；

所有非牛顿型液体均不符合牛顿内摩擦定律的要求，也就不能用它来表示这些油品的流动性（黏质），即非牛顿型液体就不能用牛顿内摩擦定律来测定其黏度。

（二）黏度与温度的关系

由于黏度是与油料性质和温度、压力有关的物理参数。压力在一般情况下对液体石油产品无明显影响，可以忽略，只有在压力大于 4053kPa 时，黏度随压力的增大而增加，此时应考虑压力对油品黏度的影响。有的资料介绍，轻柴油在 20MPa 压力下其黏度较常压增加 60%。温度对黏度影响很大，黏度随温度的变化情况是润滑油重要质量指标，下面着重讨论温度的影响。

1. 油品的黏度-温度曲线

油料温度升高时，分子运动速度加快，分子间引力相对减弱，同时分子的自由体积增加，分子间容易相互滑动，因此黏度随温度的升高而下降，最终趋向一个极限值，各种油料的极限值都非常接近。在石油商品，特别是润滑油的使用中，黏度与温度的关系对评定润滑油的性质具有重要意义。油品黏度与温度的关系可用下式表示：

通用式：
$$\lg \lg Z = b + m \cdot \lg T \tag{4-45}$$

式中，T 为绝对温度，°K；b、m 为与油品性质有关的常数；Z 为与运动黏度有关的参数。

经大量实验数据和微机处理后：
$$\lg [\lg(v + a + C)] = b + m \times \lg T \tag{4-46}$$

式中，v 为油品运动黏度，mm^2/s。

$$C = \exp(-1.214 - 1.7v - 0.48v^2) = 10^{(-1.214 - 1.7v - 0.48v^2)}$$

当 $v = 1.0 \sim 1.5 \mathrm{mm}^2/\mathrm{s}$ 时，$a = 0.65$；当 $v = 1.5 \sim 2\mathrm{mm}^2/\mathrm{s}$ 时，$a = 0.60$；当 $v > 2\mathrm{mm}^2/\mathrm{s}$ 时，C 项可以忽略，故式(4-46)可简化为：

$$\lg[\lg(v + 0.60)] = b + m \times \lg T \tag{4-47}$$

由式(4-47)，当已知 v_{t_1} 和 v_{t_2} 时，可计算该油品在其他温度下的黏度。方法是：将已知黏度和对应温度分别代入式(4-47)中得到两个方程式，便可求得 b、m（不同油的 b、m 不同），再将 b、m 代入式(4-47)中，便可解得该油在其他温度下的黏度 v_t。

2. 黏温性质的表达方式

油品黏度随温度变化的性质叫黏温性质，黏温性质主要用来评定润滑油黏度随温度的变化情况。在润滑油的使用中，通常总是希望黏度随温度的变化越小越好，黏度随温度变化越小，黏温性质越好。

表示方法如下。

（1）黏度比（VR）可用下式计算：

$$VR = v_{50}/v_{100}（或\ v_{-20}/v_{50}）\tag{4-48}$$

黏度比小，黏度随温度变化小，黏温性质好，反之亦然。

（2）黏度系数（黏度-温度系数 NWZ）。

$$NWZ = \frac{v_0 - v_{100}}{v_{50}}\tag{4-49}$$

或

$$NWZ = \frac{v_{20} - v_{100}}{v_{50}(100 - 20)} \times 100 = 1.25 \times \frac{v_{20} - v_{100}}{v_{50}}\tag{4-50}$$

黏度系数小，黏温性质好，反之亦然。

上述两种表示方法只能反映在一定温度范围内的黏温性质，超出此范围则不准确，并且有些油品 0℃的黏度很难测准。故常用黏度指数 VI 表示油品黏温性能。

（3）黏度指数（VI）。黏度指数 VI 是国际上通用的一种表示黏温性质的方法（也是ISO 标准）。它是一个无量纲的相对比较值，VI 越大，黏温性质越好。

概念：在 VI 测定法中选用两种标准原油：一种是黏温性能很好的美国宾夕法尼亚原油，其黏度指数规定为 100；另一种是美国德克萨斯州海湾沿岸的原油，它的黏温性极差，其黏度指数规定为 0。每种原油都用蒸馏装置分成若干窄馏分，分别测定各窄馏分油在 210℉（98.9℃）和 100℉（37.8℃）时的运动黏度，然后选出在 210℉黏度相同的窄馏分作为一对（v 每改变 0.1mm²/s 的窄馏分作为一对），这样可得许多窄馏分对，再测定各窄馏分对在 100℉的黏度，这样便可得到类似于表 4-12 所示的一系列标准油黏度数据（表 4-12 是我国使用的标准油黏度数据）。

表 4-12 GB/T 1995—98 计算黏度指数用的标准油黏度

$v_{100}/(mm^2/s)$	$v_{40}/(mm^2/s)$		
	L	$D = L - H$	H
7.70	93.20	37.01	56.20
7.80	95.43	38.12	57.31
7.90	97.72	39.27	58.45
8.00	100.00	40.40	59.60
8.10	102.3	41.57	60.74
8.20	104.6	42.72	61.89
8.30	106.9	43.85	63.05
8.40	109.2	45.01	64.18
8.50	111.5	46.19	65.32
8.60	113.9	47.40	66.48
8.70	116.2	48.57	67.64
8.80	118.5	49.75	68.79
8.90	120.9	50.96	69.94
9.00	123.3	52.20	71.10
9.10	125.7	53.40	72.27
9.20	128.0	54.11	73.42
9.30	130.4	55.85	74.57

对待测试油只要测出 $\upsilon_{98.9}$ 和 $\upsilon_{37.8}$ 然后由试油在 98.9℃时的黏度数值从表中选取 L、H、D 值（或按下式计算 L、H、D 值），便可计算出 VI：

$$L_{37.8}=-10.88+7.2436\upsilon_{98.9}+1.05864\upsilon^2_{98.9} \tag{4-51}$$

$$H_{37.8}=-46.46+10.5907\upsilon_{98.9}+0.2116\upsilon^2_{98.9} \tag{4-52}$$

$$D_{37.8}=L_{37.8}-H_{37.8} \tag{4-53}$$

当 VI=0～100 时：$VI=\dfrac{L_{37.8}-U_{试37.8}}{L_{37.8}-H_{37.8}}\cdot 100=\dfrac{L-U}{D}\cdot 100$

式中，$U_{试37.8}$ 为试油在 37.8℃时的运动黏度，mm^2/s。

当试油 VI＞100 时：　$VI=\dfrac{反 \lg N-1}{0.0075}+100=\dfrac{10^N-1}{0.0075}+100 \tag{4-54}$

其中：　　　　　　　　$N=\dfrac{\lg H-\lg U}{\lg \upsilon_{98.9}}=\dfrac{\lg(H/U)37.8}{\lg \upsilon_{98.9}} \tag{4-55}$

式中，$\upsilon_{98.9}$ 为试油在 98.9℃时的运动黏度，mm^2/s。

上述是国际上通用的（ISO 标准）计算 VI 公式。我国根据 GB/T 1995—98 标准，采用 40℃和 100℃时的黏度来计算 VI，所用 L、H、D 值见表 4-12（其中一部分）。

计算式如下：

当 VI=0～100 时：　　　　　$VI=\dfrac{L_{40}-U_{40试}}{D_{40}}\cdot 100 \tag{4-56}$

式中，$U_{40试}$ 为试油在 40℃时的运动黏度，mm^2/s。

若试油 υ_{100} 在 2～70.0mm^2/s 范围内时，可从表 4-12 中直接得 L、H、D 值用上式计算 VI。

若试油 υ_{100}＞70.0mm^2/s 时，须按下式计算 L、D 值：

$$L=0.8353\upsilon^2_{100}+14.67\upsilon_{100}-216 \tag{4-57}$$

$$D=0.6669\upsilon^2_{100}+2.82\upsilon_{100}-119 \tag{4-58}$$

式中，υ_{100} 为试油在 100℃时的运动黏度，mm^2/s。

再用式(4-56) 计算 VI。

当试油 VI＞100 时：

$$VI=\dfrac{反 \lg N-1}{0.00715}+100=\dfrac{10^N-1}{0.00715}+100 \tag{4-59}$$

其中：　　　　　　　　$N=\dfrac{\lg H40-\lg U_{40试}}{\lg \upsilon_{100试}} \tag{4-60}$

若试油 υ_{100} 在 2～70.0mm^2/s 范围内时，由表 4-12 查得 H_{40}，用上式计算 VI。

若试油 υ_{100}＞70.0mm^2/s 时，按下式计算 H_{40}：

$$H_{40}=0.1684\upsilon^2_{100}+11.85\upsilon_{100}-97 \tag{4-61}$$

当 VI＞100 时，说明试油黏温性质比美国宾夕法尼亚原油还好；

VI=100 时，说明试油黏温性质与美国宾夕法尼亚原油一样；

VI=0～100 时，说明试油黏温性质介于美国宾夕法尼亚原油与美国德克萨斯州海湾沿岸的原油之间；

VI=0 时，说明试油黏温性质与美国德克萨斯州海湾沿岸的原油一样；

VI＜0 时，说明试油黏温性质比美国德克萨斯州海湾沿岸的原油还差。

另外，由于我国常用 υ_{50}、υ_{100}，故求 VI 简便方法是测出 υ_{50}、υ_{100}，再由图 4-22（a）（b） （c）（d）（e）（f）（g）直接查出 VI（查图法简便，但有一定误差）。图 4-22 的应用范围是：试油的 v_{100} 为 2.5～65.0mm²/s，VI 在 40～160 之间。

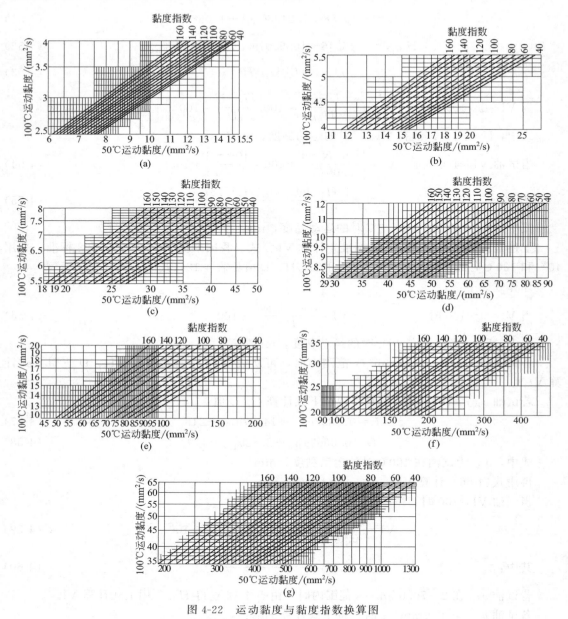

图 4-22　运动黏度与黏度指数换算图

3. 黏温性质与油品的化学组成关系

为什么不同油品表现出不同的黏温性质呢？这是因为油品组成不同，导致黏温性质不同，即油品黏温性质与化学组成有关。

在各族烃中，当碳原子数相近时，正构烷烃黏温性质最好，异构烷烃黏温性质次之，环烷烃、芳烃的黏温性质随侧链上碳原子数增加，VI 增加；分子中环数增加，VI 下降。

各族烃类黏温性质好坏顺序如下（碳数相同或相近）：

正构烷烃＞异构烷烃＞环烷烃＞芳烃＞稠环烷烃＞稠杂环非烃

尽管在各族烃类中，烷烃黏温性质最好，但烷烃凝点高，故不适合于作润滑油（炼油厂就要用脱蜡方法：酮苯脱蜡、尿素脱蜡、分子筛脱蜡等）除去正构烷烃。而稠环短侧链组分和稠环非烃化合物由于黏温性质最不好，是非理想组分。所以炼油厂生产润滑油时需要用丙烷脱沥青或酚精制或糠醛精制等工艺除去非理想组分；余下的少环长链组分黏温性质好，是润滑油的理想组分。

（三）黏重常数（VGC）

黏重常数是由黏度与比重（相对密度）组成的复合常数，它能反映出黏度与比重之间的关系。

在石化工业中，常用 VGC 来反映润滑油特性。

黏重常数的定义式为：

$$VGC = \frac{d_{15.6}^{15.6} - 0.24 - 0.038\lg v_{100}}{0.755 - 0.011\lg v_{100}} \tag{4-62}$$

黏度指数与 VGC 的关系如图 4-23 所示。

由图 4-23 知，对馏分油，VGC 越大，由式(4-62)可知，$d_{15.6}^{15.6}$ 越大，则馏分越重，含稠环芳烃化合物越多（相对）。黏温性质越差，所以 VI 变小。

一般石蜡基原油生产的润滑油，其 VGC 较小，黏温性较好，所以大庆原油生产的润滑油黏温性质好；环烷基原油生产的润滑油，其 VGC 较大，黏温性质较差，所以辽河原油（中间-环烷基）生产的润滑油黏温性质差。通常高沸点石油馏分的黏重常数约在 0.75～0.90 之间，烷基石油的 VGC 较小，通常在 0.82 以下，中间基油的 VGC 约在 0.82～0.85 之间，环烷基油的 VGC 大于 0.85。黏重常数越大的油料，其黏温性质越差。

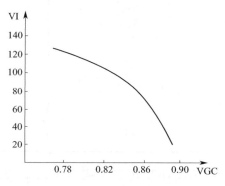

图 4-23　黏度指数与 VGC 的关系

（四）黏度与化学组成关系

既然由黏度可反映出液体分子间内摩擦力的大小，因此，黏度也必然与分子的大小和结构有密切的关系。也就是说，黏度必然要与油品中不同结构的烃类组成有关。并且黏度也是与流体性质有关的物性参数，因此也必然与流体的化学组成密切相关。对石油产品来说，各种烃类相比，烷烃的黏度最小，异构烷烃的黏度则大于正构烷烃，环烷烃的黏度最大，芳香烃居中。且环数增多，黏度增大。其规律是：黏度随环数的增加，异构的程度加大，随着环上碳原子在油料分子中所占比例的增加而增大，详见表 4-13。

表 4-13　烃类黏度比较表

化合物	$v_{98.9}$	黏度指数
C₈—C—C₈ C₈	2.90	117
C₈—C—C₂—⬡ C₈	2.53	108

化合物	$v_{98.9}$	黏度指数
C$_8$—C—C$_2$—苯基；C$_2$—苯基	2.74	77
苯基—C$_2$—C—C$_2$—苯基；C$_2$—苯基	3.82	−15
C$_8$—C—C$_2$—环己基；C$_2$	3.29	101
C$_8$—C—C$_2$—环己基；C$_2$—环己基	4.98	70
环己基—C$_2$—C—C$_2$—环己基；C$_2$—环己基	10.10	−6

对于环数在三个或三个以上的烃类，芳香烃的黏度比对应的环烷烃要高很多，见表 4-14。表 4-15 列出了同一馏分中分离出的芳烃和环烷烃的黏度对比情况。

表 4-14　多环烃中芳烃和环烷烃对黏度的影响

分子式	环烷环数	芳香环数	侧链上碳原子数	运动黏度/(mm^2/s)		黏度指数
				$v_{37.8}$	$v_{98.9}$	
C$_{23}$H$_{26}$	1	3	5	9000	26	−1600
C$_{23}$H$_{40}$	4	0	5	350	10	−300
C$_{25}$H$_{34}$	2	2	7	1600	20	−365
C$_{25}$H$_{44}$	4	0	7	350	12	−150
C$_{28}$H$_{46}$	2	1	14	83	7.8	35
C$_{28}$H$_{52}$	3	0	14	76	7.5	40

表 4-15　石油中分离出的环烷烃与芳香烃黏度

馏分号数	烃类	$d_{15.6}^{15.6}$	运动黏度/(mm^2/s)		
			21℃	60℃	92.5℃
1	环烷烃	0.890	—	32.2	10.9
1	芳香烃	1.020	—	244.5	35.4
2	环烷烃	0.888	40.8	9.6	—
2	芳香烃	1.204	392.5	23.0	—
3	环烷烃	0.903	42.7	9.9	—
3	芳香烃	0.993	88.9	12.5	—

同系烃中分子量越大，分子之间引力增加，故黏度也增大；石油馏分越重，分子量越大，而且环状烃类也随之增多，故黏度明显增大。

不同类型原油生产的润滑油馏分，尽管沸程相近，但由于化学组成不同，黏度却会差别较大。重质原油中含胶质、沥青质较多，故其黏度较高。表4-16列出了两种原油生产的相同沸程馏分的黏度对照情况。

表 4-16　不同类型原油相同馏分黏度对照表

序号	馏程/℃	大庆原油			羊三木原油		
		ρ_{20}	K	v_{50}	ρ_{20}	K	v_{50}
1	200～250	0.8039	11.90	1.44	0.8630	11.12	1.71
2	250～300	0.8167	12.08	2.33	0.8900	11.13	3.43
3	300～350	0.8283	12.28	4.22	0.9100	11.21	7.87
4	350～400	0.8368	12.49	7.41	0.9320	11.25	23.97
5	400～450	0.8574	12.57	16.18	0.9433	11.34	146.30

（五）黏度的测定

1. 运动黏度的测定（GB/T 265—88）

液体石油产品运动黏度的测定按照 GB/T 265—88 采用毛细管黏度计法，毛细管黏度计见图4-24。

（1）方法原理：毛细管黏度计法测定运动黏度的方法原理是根据牛顿内摩擦定律，poiseuille 导出下式：

$$\eta = \frac{\pi r^4}{8VL} p\tau \qquad (4\text{-}63)$$

式中，η 为液体动力黏度，Pa·s；r 为毛细管半径，m；V 为在时间 τ 内从毛细管中流出的液体体积，m³；L 为毛细管长度，m；τ 为液体流出 V 这么大体积所需时间，s；p 为液体流动所受的静压力，Pa。

由于流体流动所受的净压力为：

$$p = \rho g h \qquad (4\text{-}64)$$

$$\therefore \eta_t = \frac{\pi r^4}{8VL} \rho g h \tau \qquad (4\text{-}65)$$

$$\therefore v_t = \frac{\eta_t}{\rho} = \frac{\pi r^4}{8VL} h g \tau = c\tau \qquad (4\text{-}66)$$

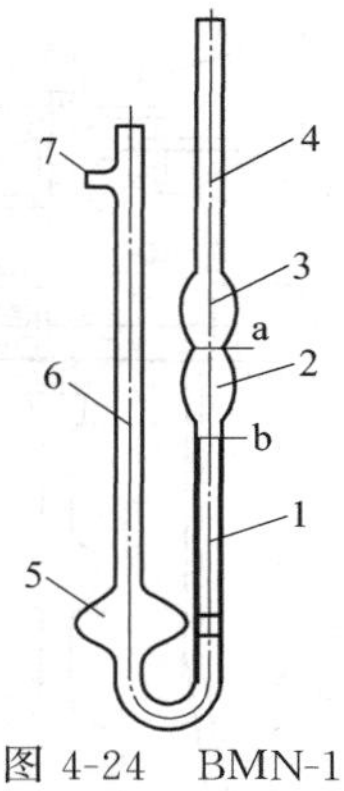

图 4-24　BMN-1 型毛细管黏度计

1—毛细管；

2、3、5—扩张部分；

4、6—管身；7—支管

其中 $c = \frac{\pi r^4}{8VL} h g$ 称为毛细管黏度计常数，单位 mm²/s²。

因对指定的毛细管黏度计来说，仪器尺寸（V，L，r）和 h、g、π 均为常数，所以 c 为常数。因此只要测得油品在某一温度下由刻度 a 到刻度 b 所需时间，则其黏度可由式(4-66)求得。

毛细管黏度计由13支内径不等的黏度计组组成（见表4-17），由这套毛细管黏度计便可测定不同黏度油品的黏度。

表 4-17　玻璃毛细管黏度计

型号	毛细管内径/mm
BMN-1	0.4,0.6,0.8,1.0,1.2,1.5,2.0,2.5,3.0,3.5,4.0
BMN-2	5.0,6.0
BMN-3	1.0,1.2,1.5,2.0,2.5,3.0,3.5,4.0
BMN-4	1.0,1.2,1.5,2.0,2.5,3.0

BMN 型毛细管黏度计适用于测定无色或浅色液体石油产品的黏度。对于深色油品而言，由于黏度大，自上而下流动时会挂壁使时间读不准，故需用逆流法来测定深色油品的黏度。

（2）关键操作

① 层流。即如何正确选择毛细管黏度计。

由于牛顿内摩擦定律要求液体流动时必须处于层流状态，通常当液体由刻度 a 流动到刻度 b 所需时间为 300s±180s 时，则认为液体处于层流状态，否则为滞流（＞480s）或湍流（＜120s），不符合 poiseuille 方程的要求，测量误差大。所以要根据试油以及 300s±180s 来选择合适内径的毛细管黏度计。但也有例外，如测 v_{20} 时液体燃料流动时间可少至 60s；测高黏润滑油 0℃ 的黏度时流动时间可多至 900s。

② 恒温。测量时温度必须恒定在 $t±0.1℃$，否则测量误差大。

③ 垂直。毛细管黏度计在恒温水浴中安装要垂直，否则毛细管垂直高度下降而使静压力下降，流动时间增长，测定结果偏高，并要从两个角度观察垂直才行。

2. 恩氏黏度计法（GB/T 266—88）

恩氏黏度的测定按 GB/T 266—88 规定进行。恩氏黏度计如图 4-25 所示。

恩氏黏度计直接测出的是在某一温度下的试油从黏度计中流出 200ml 所需的时间，再除以水值（20℃ 的纯水从该黏度计中流出同样体积所用之时间）才是恩氏黏度。即

$$°E_t = \tau_t / K_{20} \tag{4-67}$$

式中，τ_t 为试油在 $t℃$ 时从黏度计流出 200ml 所需的时间，s；K_{20} 为黏度计的水值，s；$°E_t$ 为试油在 $t℃$ 的恩氏黏度。

恩氏黏度是条件性黏度，因此在测定时必须严格遵守实验规定的各项条件。

① 恩氏黏度计的各部件尺寸必须符合规定的要求，特别是流出管的尺寸规定非常严格（见 GB/T 266—88），管的内表面经过磨光和镀金，合乎标准的黏度计，其水值应等于 51s±1s，并且每四个月至少要校正一次，水值不符合规定不能用；

② 测定时温度应恒定到要求温度的 ±0.2℃；

③ 在测定过程中，油流不能呈湍流，故规定试油的黏度应为 $°E_t ≥ 1.15$，以免误差增大；

④ 测定时试油必须呈线状流出。当测定高黏度油料时，在试油流出的后期，由于黏度计内油面降低，压头不足，试油可能变为滴状流出，这样就无法得到流出 200ml 试油所需的准确时间。此时可以测定连续流动状态下流出的试油体积 V 及所需时间 τ，然后再将 τ 乘以换算系数 x，换算为流出 200ml 试油所需的时间，换算系数可由下列经验公式求出，

$$x = \frac{1}{3}\left(\frac{800}{V} - 1\right) \tag{4-68}$$

最后用下列计算恩氏黏度

$$°E_t = \tau' x / K_{20} \tag{4-69}$$

式中，x 为时间换算系数；V 为连续状态流出油体积，ml；τ' 为流出 Vml 油所需时间，s；K_{20} 为黏度计的水值，s；$°E_t$ 为试油在 $t℃$ 的恩氏黏度。

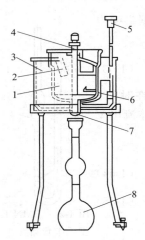

图 4-25　恩氏黏度计
1—内容器；2—温度计孔；
3—外容器；4—木塞；
5—搅拌器；6—小尖钉；
7—流出孔；8—接收瓶

五、闪点、燃点与自燃点

闪点是油气与空气的混合气体在遇到明火时，发生瞬间着火的最低温度。闪点是微小的爆炸，是着火燃烧前的前奏，闪点意味着在此温度下油料挥发产生的油蒸气，已在空气中达到爆炸所需的浓度。当可燃气体与空气混合，达到一定浓度时，遇火就会发生爆炸、燃烧。浓度过小或过大都不会发生爆炸，这个浓度范围称为爆炸界限。在爆炸界限内，可燃气在空气中的最低体积分数称为爆炸下限，最高体积分数称为爆炸上限。常见烃类及油品的爆炸范围见表 4-18。

表 4-18　部分烃类及油品的爆炸界限

名称	爆炸下限(体积分数)/%		爆炸上限　闪点/℃	自燃点/℃
甲烷	5.00	15.00	<−66.7	645
乙烷	3.22	12.45	<−66.7	515～530
丙烷	2.37	9.50	<−66.7	510
丁烷	1.86	8.41	<−60(闭)	405～490
戊烷	1.40	7.80	<−40(闭)	278～550
己烷	1.25	6.90	−22(闭)	234～540
环己烷	1.30	7.80	—	200～520
苯	1.41	6.90	—	540～580
甲苯	1.27	7.80	—	536～550
乙烯	3.05	6.75	<−66.7	287～550
乙炔	2.50	28.6	<0	335
氢气	4.10	80.0	—	510
一氧化碳	12.5	74.2	—	610
石油干气	～3	13.0	—	650～750
汽油	1.0	6.0	−35	415～530
煤油	1.4	7.5	28～60	330～425
轻柴油	—	—	45～120	350～380
重柴油	—	—	>120	300～350
润滑油	—	—	130～340	300～380
减压渣油	—	—	>120	230～240

人们在日常生活中经常遇到有些油品（如汽油、溶剂油等）当遇到明火时立即着火燃烧；另外一些油品（如重油、沥青等）当遇到明火时燃烧速度表现得很迟钝，即不易燃。这与这些油品的挥发性大小、沸点高低有关，即与油品的闪点、燃点有关。而另外一些油品当在密闭容器中加热到不太高的温度下与空气接触便能自动着火燃烧（如渣油、沥青等），有些油品必须加热到较高温度与空气接触才自燃（如汽油、煤油、轻柴油等），这与油品的自燃点有关。

（一）定义

（1）闪点，即可燃性液体蒸气同空气的混合气在一定的浓度范围内临近火焰时，发生短暂闪火（爆炸）的最低温度，单位为℃。

（2）燃点，即在闪点后，继续提高油温，油品可继续闪火，火焰存在时间越来越长，当达到某一温度时，引火后所形成的火焰至少 5s 不熄灭，此时油温即为燃点，单位为℃。

（3）自燃点，即将油品在密闭容器中预先加热至某一温度，然后与空气接触，则不需要点火能发生自动着火燃烧时的最低温度，单位为℃。

由定义知闪点、燃点都需要外部引火，而自燃点无须外部引火。闪点、燃点、自燃点都是衡量油品在储存、运输、保管及使用过程中安全程度的指标。

（二）闪点、燃点、自燃点与油品及组成关系

（1）闪点、燃点、自燃点与油品关系

油品越轻，闪点、燃点越低，但自燃点越高；

油品越重，闪点、燃点越高，但自燃点越低。

（2）闪点、燃点、自燃点与组成关系（碳原子数相近或 v_t 相近）：

各族烃类中闪点高低顺序为：烷烃＞环烷烃、芳烃；

各族烃类中燃点高低顺序为：烷烃＞环烷烃、芳烃；

各族烃类中自燃点高低顺序为：烷烃＜环烷烃＜芳烃。

在同族烃类中分子量大，闪点、燃点高，自燃点低；分子量小，闪点、燃点低，自燃点高。

（三）闪火（爆炸）必要条件

油品闪火爆炸并不是只要油气和空气混合遇明火便能发生，而是需要一定的条件。只有油气（燃气）在空气（助燃气）中达到一定浓度范围并遇到火源（点火）时，才能发生闪火爆炸，这个浓度范围称为爆炸范围，在此浓度范围内可燃性气体在空气中的最小含量叫爆炸下限，最大含量叫爆炸上限。低于下限浓度，油气不足，点火时过剩空气吸收火源放出的热量，不能引起混合气燃烧（爆炸）；高于上限浓度，空气含量不足，点火时，也不能引起闪火爆炸，只有处在上、下限浓度范围之内遇到明火时才能发生闪火爆炸。

表 4-18 列出一些纯烃和某些油品的爆炸上、下限浓度及闪点、自燃点数据。

对于纯烃类爆炸上、下限浓度可用下式计算：

$$L_{\text{下}} = \frac{100}{4.85(m-1)+1} \tag{4-70}$$

$$V_{\text{上}} = \frac{100}{1.21(m+1)} \tag{4-71}$$

式中，m 为燃烧一个烃分子所需氧原子数；$L_{\text{下}}$ 为燃气在助燃气中爆炸下限体积百分浓度，%；$V_{\text{上}}$ 为燃气在助燃气中爆炸上限体积百分浓度，%。

混合烃的爆炸上、下限浓度可用式（4-72）和式（4-73）计算：

$$L_{\text{混（下）}} = \frac{100}{\dfrac{a_1}{N_1} + \dfrac{a_2}{N_2} + \cdots + \dfrac{a_n}{N_n}} \tag{4-72}$$

$$V_{\text{混（上）}} = \frac{100}{\dfrac{a_1}{N'_1} + \dfrac{a_2}{N'_2} + \cdots + \dfrac{a_n}{N'_n}} \tag{4-73}$$

式中，N_1、N_2、$\cdots$、N_n 为混合气中各组分的爆炸下限体积百分浓度，%；N'_1、N'_2、$\cdots$、N'_n 为混合气中各组分的爆炸上限体积百分浓度，%；a_1、a_2、$\cdots$、a_n 为混合气中各组分的体积百分数。

正构烷烃的爆炸上、下限浓度范围可按式（4-74）和式（4-75）计算：

$$L_{\text{下}} = \frac{1}{0.1347n + 0.04353} \tag{4-74}$$

$$V_{\text{上}} = \frac{1}{0.01337n + 0.05151} \tag{4-75}$$

式中，n 为正构烷烃分子中碳原子数。

对于馏分油（混合烃）其爆炸上、下限浓度可用式(4-73)和式(4-72)来表示，但是由于油品，即使是单体烃含量比较少的汽油馏分，其单体烃含量也有 400 余种，况且，到目前为止还不能测定所有馏分油的单体烃含量，故对油品来说它的爆炸上下限浓度是实测的。

在测定闪点时，对于除汽油以外的其他油品，在室温下不能形成爆炸混合气所需的下限浓度，必须加热试油使混合气中可燃性气体浓度达到爆炸下限浓度，这时引火后才能发生闪火爆炸，这时对应的温度便是闪点。对于汽油，由于在室温下已超过爆炸的上限浓度（甚至超过燃点），只有降温才能测出闪点，这时闪火爆炸浓度为上限浓度。

（四）混合油品闪点的计算式（经验式）

由于闪点不具有可加性，因在重油中加入少量轻油则重油闪点大大降低（不是按比例降低），所以当两种油品混合后，混合油品的闪点不能按可加性原理来计算。对一些闪点接近的石油产品，混合后的闪点可按式(4-76)、式(4-77)、式(4-78)所示的经验公式来计算：

$$t_{混} = \frac{At_A + Bt_B - f(t_A - t_B)}{100} \tag{4-76}$$

式中，t 为混合油品的闪点，℃；t_A 为混合油品中高闪点油品的闪点，℃；t_B 为混合油品中低闪点油品的闪点，℃；A 为混合油品中高闪点油品的质量百分数；B 为混合油品中低闪点油品的质量百分数；f 为常数，换算系数，见表 4-19。

表 4-19　混合物闪点计算式中的常数值

A（质量分数）/%	B（质量分数）/%	f	A（质量分数）/%	B（质量分数）/%	f
5	95	3.3	55	45	27.6
10	90	6.5	60	40	29.0
15	85	9.2	65	35	30.0
20	80	11.9	70	30	30.3
25	75	14.5	75	25	30.4
30	70	17.0	80	20	29.2
35	65	19.4	85	15	26.0
40	60	21.1	90	10	20.0
45	55	23.9	95	5	12.0
50	50	25.9	100	0	—

前苏联文献报道了利用两种混合燃料的闪点差值 Δt，建立了计算混合油品闪点（$t_{混}$，℃）的经验公式：

$$t_{混} = -\Delta t \cdot \lg\left(\frac{A}{10^{t_A/\Delta t}} + \frac{B}{10^{t_B/\Delta t}}\right) - B \cdot \Delta t^A \tag{4-77}$$

式中符号意义同式(4-76)。

据介绍按式(4-77)计算结果误差为：$\Delta t < 115℃$ 时，误差 ±1℃；$\Delta t \geqslant 115℃$，误差 ±2℃。

用油品沸点（t_B，℃）也可计算一些高闪点油品（汽油、煤油、轻柴油不适用）的闪点（t_F，℃）：

$$t_F = 0.683t_B + 71.7 \tag{4-78}$$

（五）闪点、燃点、自燃点测定方法

1. 闪点

测定油品闪点的方法有闭口杯法（GB/T 261—08）和开口杯法（GB/T 267—88）两

种。我国为适应外贸需要，制定了测定石油产品闪点和燃点的克利兰夫开口杯法（GB/T 3536—08）。

闭口杯法多用于轻质油品，开口杯法多用于润滑油及重质石油产品，具体如何选用取决于油样的性质和使用条件。轻质油品选用闭口杯法时由于它与轻油品的实际贮存和使用条件相似，可以作为安全防火控制指标的依据；重质油品及多数润滑油，一般在非密闭机件或温度不高的条件下使用，它们含轻组分较少，在使用的过程中又易蒸发扩散，不致造成着火或爆炸，因此采用开口杯法测定闪点。某些轻质溶剂油，多在敞开环境下使用，边使用边挥发，因此规格中只要求控制开杯闪点。对在密闭、高温条件下使用的内燃机润滑油、特种润滑油、电器用油等则要求控制闭杯闪点。

闭口杯闪点测定装置见图 4-26；开口杯闪点的测定装置见图 4-27。

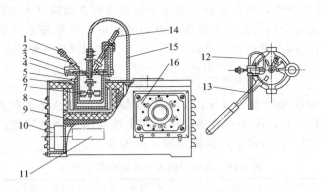

图 4-26　闭口杯闪点测定装置

1—点火器调节螺丝；2—点火器；3—滑板；4—油杯盖；5—油杯；
6—浴套；7—搅拌桨；8—壳体；9—电炉盘；10—电动机；11—铭牌；
12—点火管；13—油杯手柄；14—温度计；15—传动软轴；16—开关箱

测定时将试油装入油杯，在规定条件下加热蒸发，测定油气和空气混合物接触明火时发生闪火的最低温度，即为试油的闪点。闭口杯法和开口杯法的区别是仪器不同，加热和引火条件不同。闭口杯法中的试油在密闭油杯中加热，只在点火的瞬时才打开杯盖；开口杯法的试油时在敞口杯中加热，蒸发的油气可以自由向空气中扩散，不易聚积达到爆炸下限的浓度，因此，开口杯法测得的闪点较闭口杯法的高，一般相差 10～30℃，油品越重，闪点越高，差别越大。重质油品加入少量低沸点油品，不仅使闪点大为降低，而且两种闪点的差值也明显增大。见表 4-20。

表 4-20　油品两种闪点比较

油品	$d_{15.6}^{15.6}$	闪点/℃		$\Delta t/℃$
		闭口杯	开口杯	
锭子油	0.9003	148	170	22
机械油	0.8950	200	230	30
机械油＋0.5％汽油	0.8940	80	200	120
气缸油	0.9130	271	331	60

油品闪点与外界压力有关。气压低，油品易挥发，故闪点较低；反之则闪点较高。压力每变化 0.133kPa，闪点平均变化 0.033～0.036℃，所以规定以 101.325kPa 压力下测定的闪点为标准，实测闪点需进行压力校正。

闭口杯闪点的压力校正公式为：

$$t = t_p + 0.0259(101.3 - p)$$ (4-79)

式中，t 为标准压力下的闪点，℃；t_p 为实测闪点，℃；p 为测定闪点时的大气压力，kPa。

开口杯闪点的压力校正公式为：

$$t = t_p + (0.001125t_p + 0.21)(101.3 - p) \quad (4\text{-}80)$$

式中，t 为标准压力下的闪点，℃；t_p 为实测闪点，℃；p 为测定闪点时的大气压力，kPa。

本公式只适用于实际压力在 $72 \sim 101.325$kPa 范围内的压力校正。

2. 燃点与自燃点

燃点是在开口杯闪点测定器中进行测定的。在测定闪点以后，继续提高油温，油品可继续闪火，火焰存在时间越来越长，当达到某一温度时，引火后所形成的火焰至少 5s 内不熄灭，此时油温即为燃点，单位为℃。

自燃点是将油品在密闭容器中预先加热至某一温度，然后与空气接触，则不需要点火能发生自动着火燃烧时的最低温度，单位为℃。测定按照 SH/T 0642—1997 标准进行。

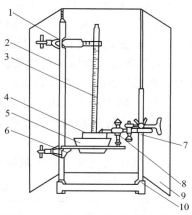

图 4-27　开口杯闪点的测定装置
1—温度计夹；2—支柱；3—温度计；
4—内坩埚；5—外坩埚；6—坩埚托；
7—点火器支柱；8—点火器；
9—屏风；10—底座

六、残炭

（一）定义

在残炭测定器中加热试油，在不通空气的条件下经蒸发分解、缩合后所剩余的焦黑色残留物称为残炭，用％（质量分数）表示。

残炭是评定重质燃料油、润滑油、轻柴油 10％ 蒸余物的积炭生成倾向的指标。残炭主要是由胶质、沥青质及多环芳烃的缩合物形成。残炭高说明试油中含沥青质、胶质、稠环芳烃多，含烷烃、环烷烃少。

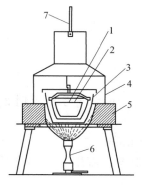

图 4-28　康氏残炭测定器
1—矮型瓷坩埚；2—内铁坩埚；3—外铁坩埚；4—铁圆罩；5—遮焰体；6—喷灯；7—火桥

（二）测定方法

残碳的测定方法有：康氏残炭、电炉法残炭和兰氏残炭法。

1. 康氏残炭（GB/T 268—87）

仪器结构见图 4-28。

将一定量的试油放入康氏残炭测定器的内坩埚中，用强烈燃烧的煤气喷灯加热。在不通入空气的情况下，严格控制预热期（11min±3min）、燃烧期（17min±3min）和强热期（7min）使试油蒸发、分解而燃烧掉，剩余的焦黑色残留物即为残炭，用％（质量分数）表示。从开始加热到燃烧结束共 30min。

2. 电炉法残炭（SH/T 0170—92）

此法是将盛有规定量（$7 \sim 8$g）试油的瓷坩埚，放入恒温在 520℃±5℃ 的电炉中（上用带毛细孔的坩埚盖盖上），在不通入空气的条件下，使试油蒸发、分解、缩合、引燃由毛细孔溢出的蒸气。火焰自动熄灭后，在保持规定时间（15min），得到的焦黑色残留物即为残炭，用％（质量分数）表示。

3. 兰氏残炭（SH/T 0160—92）

将试样用注射器注入到玻璃焦化瓶中，称准至 0.1mg，然后放入恒温 550℃±5℃ 的金属炉内，试油迅速受热、蒸发、分解、缩合、焦化和轻微氧化（由于有残留空气存在于瓶内），试样从放入金属炉内到实验结束时间为 20min±2min，然后取出焦化瓶，在干燥器内冷却、称重、用质量百分数表示兰氏残炭。

上述三种方法中，由于康氏残炭操作要求严格，一般生产控制过程中在仲裁时才使用它。通常生产控制用易操作的电炉法，兰氏残炭我国尚未普遍采用，只列为军舰用油质量控制指标。

某些油品的残炭质量控制指标见表 4-21。

表 4-21 某些油品的残碳控制指标

项目 \ 油品	轻柴油	军用柴油	20 号航空润滑油	饱和气缸油	柴油机油	重柴油
10%蒸余物残碳（质量分数）/%，不大于	0.3～0.4	0.3	—	—	—	—
残碳（质量分数）/%，不大于	—	—	0.3	0.8～2.0	未加添加剂 0.2～0.55	0.5～1.5

第三节 蒸发性能的测定

石油产品的绝大部分是作为液体燃料使用的。汽油、航煤、柴油都是重要的内燃机燃料。蒸发性能是液体燃料的重要特性之一，它对油料的储存、输送和使用均有重要影响，同时，也是生产、科研和设计的主要物性参数。油料的蒸发性能也被称为汽化性能，通常是通过馏程、蒸气压和汽液比等指标体现出来的。

一、沸程和馏程

（一）概念

1. 沸点

对于纯物质，它的沸点等于在一定外压下，其饱和蒸气压与外界压力相等时的温度。

其特点是外压一定时，纯化合物的沸点是一个恒定值。沸点与气化率无关。

但对于由沸点不等的有机化合物的混合物所组成的石油产品来说，需用某一温度范围——沸程来表示其蒸发性。

2. 沸程

在规定条件下所测得的从初馏点到终馏点表示试油蒸发特性的温度范围。其特点是外压一定时，混合烃的沸点不是一个恒定值，而是一个温度由低到高的温度范围。沸程与气化率（常用 e 表示）有关，随沸腾温度升高，气化率增加。

3. 馏程

在规定的条件下蒸馏 100ml 试油所建立的流出体积百分数所对应的馏出温度 $t_{馏}$ 之间的

馏分组成关系，即沸程相同的两种馏分油组成并不一定相同。

（二）　测定馏程的方法

1. 恩氏蒸馏法（馏出温度法）**GB/T 255—77**（88）

该方法适用于测定发动机燃料溶剂油和轻质石油产品的馏分组成。

（1）方法概要。仪器见图4-29。

在恩氏蒸馏仪中，由沸点差，按规定条件蒸馏100ml试油，最终建立馏出温度与馏出物体积百分数之间的馏分组成关系，依此来表示油品的挥发性。

该方法要求报告的是：各馏出体积百分数所对应的馏出温度或报告规定的馏出温度所对应的馏出体积百分数）。

下面介绍有关概念。

初馏点：蒸馏开始后，从冷凝管末端落下第一滴液体时的馏出温度，单位为℃。

终馏点：蒸馏末期，最大回收体积所对应的馏出温度，单位为℃。

干点：蒸馏末期，温度计水银柱停止上升而开始下降时的最高温度，单位为℃。

残留体积：指停止蒸馏并冷却至室温时，存在于蒸馏烧瓶内的残油体积，单位为ml。

损失百分数：蒸馏期间损失的试油体积百分数。

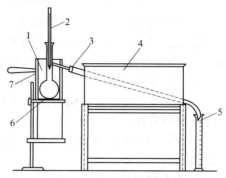

图 4-29　恩氏蒸馏装置
1—蒸馏瓶；2—温度计；3—冷凝管；
4—水箱；5—量筒；6—电炉；7—挡风罩

$$损失\% = 100\% - 总回收\%，\quad 总回收\% = 最大回收\% + 残留\%$$

（2）仪器及测定方法

测定方法：按照实验方法装好温度计、冷凝器和接收器，控制升温速度及馏出速度，记下第一滴馏出液从冷凝管滴出的气相馏出温度，即为初馏点。以后每馏出10%（体积分数）记录一次温度直至读出干点。然后根据记录数据，以馏出温度为纵坐标，馏出体积百分数为横坐标，作出恩氏蒸馏曲线（见图4-30）。

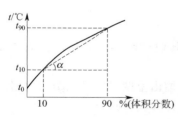

图 4-30　恩氏蒸馏曲线

（3）恩氏蒸馏曲线斜率

在工程计算中常用到恩氏蒸馏曲线斜率，它的定义为：

$$恩氏斜率 = \frac{t_{90} - t_{10}}{90 - 10} \tag{4-81}$$

式中，t_{90}为馏出体积为90%时所对应的馏出温度，℃；t_{10}为馏出体积为10%时所对应的馏出温度，℃。

恩氏斜率表示流出体积从10%～90%之间每馏出1%，馏出温度升高的平均度数，其单位为℃（1%）。

$$10\%斜率 = \frac{t_{15} - t_5}{15 - 5} \tag{4-82}$$

式中，t_{15}为馏出体积为15%时所对应的馏出温度，℃；t_5为馏出体积为5%时所对应的馏出温度，℃。

由斜率定义知：分母固定不变，故油品沸程范围越宽，则其斜率越大，曲线越陡，否则，沸程越窄，斜率越小，曲线越平滑。

（4）操作关键

① 温度计安装位置：水银球上边缘与蒸馏烧瓶馏出口下边缘在同一水平线上，并且各接口要密封；

②加热速度：不同油品规定的加热速度不同，见表 4-22。

表 4-22　不同油品规定的加热速度

试油	开始加热到初馏点/min
汽油	5～8
煤油	7～8
灯油、轻柴	10～15
重油	10～20

控制加热速度，就是控制馏出速度，蒸馏时馏出最初 10ml，馏出速度控制在 2～3ml/min，以后馏出速度控制在 4～5ml/min（馏出速度快，即加热速度快，初馏点 t_0、10%点馏出温度 t_{10} 偏高，会造成携带严重；加热速度太慢，会使各点馏出温度偏低）。

蒸馏汽油时，馏出体积达 90ml 时，调整加热速度使其在 3～5min 内达干点，否则重作；蒸馏煤油、柴油时，馏出体积达 95ml 时，记录 95% 到干点之间的时间，该时间不大于 3min，否则重作。

③ 测量体积时：试油、残油、馏出油三者必须在 20±3℃温度范围内测量其体积，否则影响读数。

2. 蒸发温度法（GB/T 6536—2010）

该法是参照 ISO3405—75 制定的。适用于评定发动机燃料、溶剂油和各种轻质石油产品的蒸发性能。

该法的方法原理、所用仪器、实验条件与恩氏蒸馏法基本相同。所不同的是：该法要求报告的是各规定的蒸发百分数所对应的蒸发温度（恩氏蒸馏要求报告的是各馏出体积对应的馏出温度），这个蒸发温度需要计算或图解法才能得到。

（1）有关概念。

回收体积（百分数）：与温度同时观察到的接收量筒内冷凝液体积，单位为毫升。

最大回收百分数：蒸馏完毕，接收量筒内接收到的体积百分比；

残留百分数：残留体积所占的百分数；

总回收百分数＝最大回收百分数＋残留百分数；

损失%＝100%－总回收%；

蒸发百分数＝回收体积（R）%＋损失%，如蒸发 50% 而接收到的要＜50%，其他的损失掉了。

（2）蒸发温度的确定。把蒸馏得到的各回收体积所对应的馏出温度（即恩氏蒸馏数据），换算成规定的蒸发百分数所对应的蒸发温度，可采用图解法或计算法得到。

① 图解法

方法：在坐标纸上以回收体积为横坐标，以馏出温度为纵坐标，绘制曲线（恩氏蒸馏曲线，见图 4-30），然后将各个规定的蒸发百分数如 5%、50%、90% 减去损失百分数，得到相应的回收体积。这样由该回收体积可以从图 4-30 中查出各回收体积所对应的蒸发温度。这个蒸发温度即是规定的蒸发百分数所对应的蒸发温度，作为报告值，图 4-30 中 0% 回收体积所对应的温度是初馏点，t_0。

② 计算法

首先按回收体积 R＝规定蒸发%－损失%计算出各规定的蒸发百分数所对应的回收体积，再按式(4-83)计算各规定的蒸发百分数所对应的蒸发温度 T。

$$T = T_L + \frac{(T_H - T_L)(R - R_L)}{(R_H - R_L)} \tag{4-83}$$

式中，T 为规定的蒸发百分数所对应的蒸发温度，℃；R 为对应于蒸发百分比的回收体积，ml；R_H 为邻近并高于 R 的（规定的各蒸发百分比）回收体积（如 $R = 3.5$，$R_H = 5$；$R = 8.5$，$R_H = 10$；$R = 48.5$，$R_H = 50\cdots$），ml；R_L 为邻近并低于 R 的回收体积（如 $R = 3.5$，$R_L = 0$；$R = 8.5$，$R_L = 5$；$R = 88.5$，$R_L = 80$），ml；T_H 为在 R_H 时观察到的温度计读数，℃；T_L 为在 R_L 时观察到的温度计读数，℃。

【例 4-2】 某油蒸馏损失百分比为 1.5%，$t_0 = 36.5$℃。

回收百分比（V%）分别为 5%、40%、50%、80%、90%，

而温度计读数（℃）分别为 45.5、89.5、101.5、149、171，

请报告：5%、50%、90%蒸发百分数所对应的蒸发温度。

要求：精确至 0.5℃。

解：

$$T_{5\%} = 36.5 + \frac{(45.5 - 36.5) \times (3.5 - 0)}{(5 - 0)} = 43.0(℃)$$

$$T_{50\%} = 89.5 + \frac{(101.5 - 89.5) \times (48.5 - 40)}{(50 - 40)} = 99.5(℃)$$

$$T_{90\%} = 149 + \frac{(171.0 - 149) \times (88.5 - 80)}{(90 - 80)} = 167.5(℃)$$

报告结果为：蒸发百分数/（V%） 蒸发为温度/℃

5%	43.0
50%	99.5
90%	167.5

上述两种方法适用于衡量轻油蒸发性能的指标。对重油、原油等高沸程油馏程的测定需要在减压下进行。轻质石油产品馏程标准见表 4-23。

表 4-23 轻质石油产品馏程标准

油品\馏程	航空汽油	车用汽油		喷气燃料			轻柴油		
		60 号 70 号	75 号 80 号 85 号	1 号 2 号	3 号	4 号	10 号 0 号	−10 号 −20 号	−35 号
初馏点/℃不低于	40	—	—	150	实测	60	—	—	—
馏出温度/℃									
t_{10} 不高于	80	79	75	165	204	实测	—	—	—
t_{30} 不高于	—	—	—	—	实测	实测	—	—	—
t_{50} 不高于	105	145	120	195	232	195	300	300	300
t_{90} 不高于	145	195	180	230	实测	—	355	350	—
t_{95} 不高于	—	—	—	—	—	—	365	—	350
$t_{97.5}$ 不高于	180	—	—	—	—	—	—	—	—
t_{98} 不高于	—	—	—	250	280	280	—	—	—
干点/℃	—	205	195	—	—	—	—	—	—
%残留量及损失不大于	—	4.5	3.5	2.0	2.0	3.0	—	—	—

3. 讨论

（1）为什么要用蒸发温度法来衡量轻质石油产品的蒸发性能？

原因之一：是因为生产厂家为扩大轻质油品产量而制定的方法。例如某生产厂家生产出的航空汽油 50%馏出温度为 106.5℃，由表 4-27 知，航空汽油要求 t_{50} 不大于 105℃，否则

产品质量不合格，所以为使产品质量合格，就要压缩终馏点。这样航空汽油的收率就要降低，从而影响生产厂家的经济效益；但这时若用规定的蒸发百分数所对应的蒸发温度来报告，则是蒸发 50% 所对应的蒸发温度 $t_{50蒸} = 104℃$，产品质量便合格了，生产厂家则不必压缩终馏点（降低产量），实际上是扩大了航空汽油的产量。其余各点也是如此。

原因之二：用蒸发温度法报告油品蒸发性能与发动机实际使用情况相符。即汽油在发动机中燃烧时不损失，即气缸不漏气，进入气缸的油全部蒸发，而燃烧做功，这样报告产品质量也不会影响发动机正常工作。

（2）恩氏蒸馏各点温度所说明的问题。

由表 4-23 知，发动机燃料主要要求 t_0、t_{10}、t_{50}、t_{90}、$t_{终(干)}$

t_0、t_{10} 说明汽油在发动机中的启动性能和形成气阻倾向，以及挥发损失大小。若 t_0、t_{10} 过高，含轻组分少，冬季使用会影响汽车启动性，甚至启动不起来。若 t_0、t_{10} 过低，含轻组分多，夏季使用时就会在输油管中形成气阻而中断供油，发动机不能正常工作，并在储运保管中挥发损失大。所以 t_0、t_{10} 不能过高或过低，规格标准见表 4-23。

t_{50} 反映汽油在发动机中的加速性能，并对启动性也有影响。

当汽车需要加大油门、增加进油量时（如加速、爬坡时），由于燃料 t_{50} 过高，含重组分多，来不及汽化，燃烧不完全，发动机不能发出所需功率。日常生活中见到的汽车爬坡太慢、排气冒黑烟或中途停下来，若此时机件正常，那就是 t_{50} 过高而不能保证发动机加速性能的要求所致。

t_{50} 过低时，含轻组分多，对发动机有利（能正常工作），但影响汽油收率，一般厂家不会那样做。

t_{90}、$t_{终(干)}$ 是说明汽油在发动机中完全蒸发程度和完全燃烧程度的指标。

t_{90}、$t_{终(干)}$ 过高，则重组分多，蒸发、燃烧不完全，结果使发动机功率下降，油耗增加磨损增加；t_{90}、$t_{终(干)}$ 过低，则影响汽油收率。

（3）大气压力对馏出温度的影响。上述两种方法中的馏出体积所对应的温度都是以 101.325kPa 下的温度为准，若大气压力高于 102.7kPa 或低于 99.99kPa 时，温度读数需用下式校正：

$$t_0 = t + 0.00012 \times (760 - p)(273 + t) \tag{4-84}$$

或
$$t_0 = t + c \tag{4-85}$$

$$c = 0.0009(101.3 - p)(273 + t) \tag{4-86}$$

式中，t_0 为 101.325kPa 压力下的馏出温度，℃；t 为实际大气压力下的馏出温度，℃；c 为校正值，℃；p 为实际大气压力，kPa。

如果压力在 99.99kPa～102.7kPa 内，校正值小于 1℃，在允许误差范围内，不必校正。

二、饱和蒸气压

（一）石油馏分的蒸气压

纯物质蒸气压：纯物质蒸气压是在某一温度下，液体同其液面上的蒸气呈平衡状态时，此时平衡蒸气产生的压力称为饱和蒸气压，简称蒸气压，kPa。

其特点是只要温度一定，则蒸气压 P 为常数，即 P 与气化率 e 无关，蒸气压只是温度的函数 $[P = f(T)]$。

石油馏分蒸气压：混合烃的蒸气压等于各组分单独存在时的蒸气压与相应组分在平衡液相

中的分子分率乘积之和，可由道尔顿分压定律（$P = \sum_{i=1}^{n} P_i$）和拉乌尔定律（$P = P°x$）求得：

$$P_混 = P°_1 x_1 + P°_2 x_2 + \cdots + P°_n x_n = \sum_{i=1}^{n} P°_i x_i \qquad (4\text{-}87)$$

式中，$P_混$ 为混合烃（石油馏分）蒸气压，kPa；$P°_i$ 为纯 i 组分单独存在时的蒸气压，kPa；x_i 为平衡液相中 i 组分的分子分率；n 为石油馏分中组分数。

其特点是石油馏分蒸气压不仅是温度的函数，也是 e 的函数。即混合烃 P 随 e 升高而升高。由于石油馏分组成复杂，故不能用上式计算其蒸气压，要实测。在石油工业中常用雷德蒸气压法来测定石油产品的蒸气压。

（二）雷德蒸气压（GB/T 257—64（90））

1. 定义

在雷德蒸气压测定器中，液体燃料与其平衡的蒸气体积之比为 1∶4，在 38℃时测得的由燃料蒸气产生的最大压力（kPa）。

雷德蒸气压适用于评定发动机燃料的蒸发强度、启动性能、生成气阻的倾向和在贮存、管理中损失轻组分的倾向。$P_雷$ 大，含轻组分多，蒸发强度大，启动性能好，但 P 太大，易形成气阻，而且挥发损失会变大，所以轻质油蒸气压受到限制。轻质油料的饱和蒸气压标准见表 4-24。

表 4-24 轻质油料的饱和蒸气压标准

饱和蒸气压/kPa　　油品 时间	航空汽油	车用汽油					4 号航煤
		70#	80#	90#	93#	97#	
全年	26.7～48.0	—					20
9 月至 2 月,不大于	—		80		88		—
3 月至 8 月,不大于	—		67		74		—

2. 仪器与测定方法

仪器见图 4-31 和图 4-32。

测定方法：试油在 0～4℃时装入燃料室，连接好空气室和压力表，倒置测定器，激烈震荡，在 38±0.3℃恒温水浴中反复测量压力（由压力表读出），当压力不再升高时，该最大压力即为测定值 P'，然后按下式计算出雷得蒸气压 P：

$$P = P' + \Delta P \qquad (4\text{-}88)$$

式中，ΔP 为校正值，kPa。

$$\Delta P = (P_a - P_t)\frac{t - 38}{273 + t} + (P_t - P_c) \qquad (4\text{-}89)$$

式中，P_a 为大气压力，kPa；P_t 为气体室温度下水的饱和蒸气压（水的饱和蒸气压见表 4-25），kPa；P_c 为 38℃时水的饱和蒸气压，kPa；t 为气体室温度,℃。

由式(4-89)可知，（$P_a - P_t$）为纯空气分压，而 $(P_a - P_t)\dfrac{t - 38}{273 + t}$ 为温度由 t 升至 38℃，每变化 1℃空气分压变化数值，即空气对 ΔP 的贡献；而（$P_t - P_c$）为水气由 t 升至 38℃对 ΔP 的贡献。

因为室温＜38℃，$P_c > P_t$，所以 ΔP 为负值。

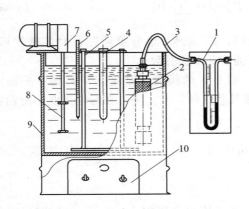
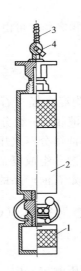

图 4-31　雷德法饱和蒸气压测定装置

1—压力表；2—雷德法饱和蒸
气压测定器；3—橡皮管；4—接
触式温度计；5—电热器；6—温
度计；7—电机；8—搅拌器；
9—水浴；10—继电器

图 4-32　雷德法饱和蒸气压测定

1—燃料室；2—空气室；
3—接头管；4—活栓

表 4-25　水的饱和蒸气压

温度/℃	蒸气压/kPa	温度/℃	蒸气压/kPa	温度/℃	蒸气压/kPa	温度/℃	蒸气压/kPa
0	0.610	11	1.312	22	2.644	33	5.030
1	0.657	12	1.403	23	2.809	34	5.320
2	0.705	13	1.497	24	2.984	35	5.624
3	0.759	14	1.599	25	3.168	36	5.941
4	0.813	15	1.705	26	3.361	37	6.275
5	0.872	16	1.817	27	3.565	38	6.625
6	0.935	17	1.937	28	3.780	39	6.991
7	1.001	18	2.064	29	4.005	40	7.375
8	1.073	19	2.197	30	7.375	—	—
9	1.148	20	2.338	31	4.493		
10	1.228	21	2.486	32	4.754		

3. 雷德蒸气测定值的校正

什么要对雷德蒸气测定值进行校正？因为 $P' =$ 空气分压 $P_空$ ＋水汽分压 $P_水$ ＋油气分压 $P_油$，而 $P_雷$ 要求的是由燃料蒸气产生的最大压力，所以要将 $P_空$ 和 $P_水$ 对 P' 的贡献去掉，才是燃料蒸气产生的最大压力 $P_雷$。

操作注意事项是恒温控制在 $38 \pm 0.3℃$，并且不得漏气，要激烈振荡，油要装准，并且油样在 $0 \sim 4℃$ 储存。1987 年，我国为适应对外贸易的需求，参照美国的 ASTMD 323—82 标准，制定了 GB/T 8017—12 石油产品蒸气压测定法（雷德法），基本原理与 GB/T 257—64（90）相同。不同之处见表 4-26。新方法测定前空气室温度为 $37.8℃$，与实验温度相等，故不必用上式校正。

表 4-26 两种蒸气压测定方法的区别

项目	GB/T 257—64(90)	GB/T 8017—12
测定温度/℃	38±0.3	37.8±0.1
测定前空气室温度/℃	室温	37.8±0.1
测压器	压力表	波顿型压力表

三、汽油的气液比

汽油的气液比（V/L）GB/T 6534—86（91）。评定汽油的蒸发性能的指标，参照 ASTMD 439 制定。

（一）定义

汽液比：指在 101.325kPa、任意规定温度下，与液体平衡的蒸气体积对装入的 0℃的液体燃料的体积比，用 V/L 表示。

即
$$V/L = \frac{G_{t℃}（汽）}{L_{0℃}（液）} \tag{4-90}$$

该法要求报告的是 $V/L=20$ 时的温度。该温度越低，油中含轻组分越多，蒸发强度越大，$P_雷$ 越大，挥发性越大，反之亦然。

（二）我国建立 V/L 来评定汽油蒸发性的原因

原因之一：我国汽油沸程范围窄。如：75#、80#、85#、90#、93#、97# 汽油 $t_{10} \sim t_终$ 为 70～205℃，并且我国北方，一年四季温差较大，海拔高度差也很大，以前对汽油无论何地区、何季节，评定其蒸发性的指标都统一用馏程和蒸气压表示，这样不仅限制了汽油的产量，而且不能使具有较高辛烷值的轻组分得到很好利用。而用汽液比来评定汽油挥发性，是按 $V/L=20$ 时的实验温度，把汽油分为五个等级。见表 4-27。

表 4-27 车用汽油蒸发性等级表

项目		蒸发性等级				
		A	B	C	D	E
气液比为 20 时的实验温度,℃ 不低于		60	56	51	47	41
饱和蒸气压/kPa 不高于		62	69	79	93	103
馏程 t_{10}/℃ 不高于		70	65	60	55	50
t_{50}/℃	不低于	77	77	77	77	77
	不高于	121	118	116	113	110
t_{90}/℃ 不高于		190	190	185	185	185
终馏点/℃ 不高于		225	225	225	225	225
残留量/V% 不大于		2	2	2	2	2

由表 4-27 数据可见，$t_{10} \sim t_终$ 温度扩宽，从而可扩大汽油产量，估计可扩大 4.1%，并且可充分利用较高辛烷值的轻组分，采用这样的指标，在冬季和海拔高度低的地区就可使用含轻组分多的 D、E 级汽油。因冬天气温低，油不易挥发，海拔高度低，气压大，油也不易挥发，所以即使使用含轻组分多的 D、E 级汽油，也不会因此产生汽阻，反而有利于汽车冷

启动，即能使发动机正常工作。反之，在夏季和海拔高度高的地区就可以使用含轻组分少的A、B级汽油。因夏季、南方气温高，油易汽化；海拔高，气压小，油也易汽化，即使轻组分少也不会影响汽车启动性能和燃烧性，这样便合理利用了石油资源。

原因之二：因出口汽油必须用 V/L 来衡量汽油挥发性，所以我国于 1986 年颁布测定汽油气液比的标准方法，以此来评定汽油的蒸发性，这样可扩大出口汽油产量，增加创汇。

（三）测定仪器及评定方法

汽液比测定仪器见图 4-33。

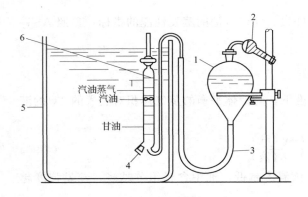
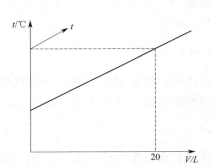

图 4-33　汽液比测定装置
1—水平球；2—干燥管；3—橡胶管；
4—进样胶塞；5—恒温水浴；6—带刻度量筒

图 4-34　气液比与温度曲线

测定方法：由于该方法要求报告的是 101.3kPa，$V/L=20$ 时的温度，这个温度越低，含轻组分越多，其饱和蒸气压越高，挥发性越大。

测定时是使用注射器取 1ml 冷至 0～4℃的汽油，由胶塞处注入已充满甘油的 V/L 玻璃量筒中，然后置量筒于恒温水浴中，在 101.325kPa 下，改变水浴温度，测得 3～4 个温度下的 V/L 比值（因不能一次性找到 $V/L=20$ 时的温度），然后以气液比为横坐标，以相应的水浴温度为纵坐标作曲线见图 4-34，在曲线上查取 $V/L=20$ 所对应的温度 t，作为报告值。

第四节　燃烧性能的测定

目前，绝大部分石油产品仍是作为燃料使用的，特别是内燃机（汽油机、柴油机及喷气机）都是以液体石油产品（汽油、柴油及航空煤油）为动力而运转的。燃烧性能是评价燃料油品的重要指标。所谓燃烧性是指燃料是否具有较高的热值及在内燃机工作状况下，能否充分燃烧，提供更多的有效功率。当然，燃料能否充分燃烧和许多因素有关，诸如内燃机的结构、工作状况、空气的合理供应、油品的物理性质和化学组成等。该节主要是从油料性能角度来讨论这一问题，主要目的是阐明判断燃料燃烧性能、指标与组成的关系及其测定方法。

人们在日常生活中可能已经注意到，公路上行驶的各种汽车、公共汽车、小汽车、拖拉机等，其中的汽油机或柴油机在运转过程中，有时气缸可能发出一种尖锐金属敲击声，这就是爆震。那么这些爆震现象是怎么产生的？有什么危害？如何来防爆？产生爆震的主要原因是什么？用什么指标来表示抗爆性以及这些指标与燃料组成的关系？这是本节要阐述的主要问题。

一、爆震现象的产生及危害

（一）汽油机爆震现象的产生

汽油机又称点燃式发动机和汽化器式发动机。除有些种类的摩托车的发动机为二冲程外，其余大多数汽油机车的发动机多为四冲程发动机，即都要经历：吸气、压缩、燃烧膨胀做功和排气四个工作过程。活塞自上止点到下止点的直线距离称为一个冲程。

爆震是汽油在气缸中燃烧时产生的，燃料（烃类）燃烧过程如下：燃料蒸气和空气（O_2）的混合气在大于 200℃ 的温度下，氧化生成过氧化物，当过氧化物积累至一定浓度便自燃燃烧生成 CO_2、CO、H_2O，同时放出大量的热量。

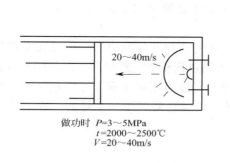

做功时 $P=3\sim5MPa$
$t=2000\sim2500℃$
$V=20\sim40m/s$

图 4-35 正常燃烧

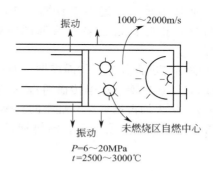

$P=6\sim20MPa$
$t=2500\sim3000℃$

图 4-36 爆震燃烧

但是点燃式发动机中的汽油不是靠它自燃，而是靠电火花点燃的，即在压缩冲程进行到离上死（止）点前 15～20°（指曲轴转动角度），火花塞便开始点火（压缩冲程终了气缸压力可达 1～1.4MPa，温度可达 250～400℃，而汽油自燃点为 415～530℃），电火花附近的烃类迅速氧化成过氧化物，并迅速聚集至一定浓度，便被电火花点燃，着火燃烧，产生焰峰，以 20～40m/s 速度向前推进，此时气缸内压力可达 3～5MPa，温度可达 2000～2500℃。此属正常燃烧膨胀做功，见图 4-35。

此时，若汽油质量不好（辛烷值低），含易氧化烃类多，已燃区温度、压力迅速增加，燃烧产物体积增加，压缩未燃区，使某一局部过氧化物浓度过高、温度已超过烃类自燃点很多，这时烃类便自燃，产生多个燃烧中心，使燃烧速度猛增至 1000～2000m/s，这时燃烧是以爆炸形式进行的，气缸内压为正常压力的 2～4 倍，局部温度可达 2500～3000℃，其结果便是产生猛烈的金属敲击声，同时也因火焰瞬间掠过气缸内空间使燃烧不完全，而排出黑烟。这就是爆震现象的产生，见图 4-36。

简而言之，汽油机爆震现象的产生是因为汽油中含有较多的自燃点低易氧化的烃类，使烃类自燃点下降，未燃区产生过多的过氧化物，气缸温度升高超过自燃点，便在气缸内产生多个燃烧中心而自燃，从而引起爆震，产生金属敲击声、排气冒黑烟。

（二）柴油机爆震现象的产生

压燃式发动机简称柴油机，它的工作过程也分为四冲程和二冲程（打桩机），现以四冲程柴油机为例说明爆震现象的产生。

柴油机进行吸气冲程时，只是把空气吸入气缸，当压缩冲程开始后，气缸内空气受到压缩，气缸内温度升高，压力急剧上升，压缩冲程终了时温度达 500～700℃（柴油自燃点为

350～380℃），压力可达 3.5～4.5MPa，当压缩冲程进行到离上死点 10°～30°时，柴油被喷入气缸（喷油延续角度为 15°～35°），由于气缸内温度很高，油迅速汽化、氧化，使过氧化物迅速积累，这时气缸温度已达烃类自燃点，因此喷入气缸的柴油迅速自动燃烧（边喷边燃烧），膨胀做功，然后排出废气，此属正常情况。

如果此时柴油质量不好（十六烷值低或柴油机压缩比小），含自燃点低易氧化烃类少，喷入气缸的柴油不易氧化，过氧化物准备不足，迟迟不能自燃，从而使滞燃期延长，使喷入气缸的柴油积累过多。这些积累下来的柴油，一旦自燃开始，便同时燃烧，此时气缸温度迅速上升，压力急剧升高，燃烧以爆炸方式进行，故出现金属敲击声和排气带黑烟。此即为柴油机爆震现象的产生。

简而言之，柴油机爆震现象的产生是因为柴油中含有自燃点低易氧化的烃类少，过氧化物准备不足，迟迟不能自燃，使滞燃期增长，从而使喷入气缸内的柴油积累过多，一旦自燃，这些积累过多的柴油同时燃烧，而使温度急剧上升，压力急剧升高。故而产生爆震。

柴油燃烧过程分为：①滞燃期（着火落后期），从喷油到开始燃烧（一个或几个燃烧中心形成）；②速燃期（火焰传播期），从开始燃烧到火焰占据整个气缸空间；③慢燃期（逐步燃烧期），从火焰占据整个气缸空间到燃烧接近结束，气缸内压强下降。滞燃期是影响柴油机能否平稳燃烧的重要因素，滞燃期长，积存燃料多，燃烧时就要发生爆震。反之不产生爆震。

（三）危害

（1）损坏和燃蚀机件。由于爆震波的产生（1000～2000m/s），撞击燃烧室内壁、活塞顶，易损坏气缸和活塞，同时也加剧机件磨损；由于爆震时局部温度过高（2500～3000℃）会烧蚀气门、活塞和活塞环，使发动机不能正常运行。

（2）磨损加大，功率下降，油耗增加。由于爆震时，温度过高，燃烧产物（CO_2，CO）在高温下就要发生解离，析出游离碳，其中少部分沉积在气缸壁、活塞顶上，使磨损加大，大部分则随废气排出（黑烟），同时也因迅速燃烧而使气缸内燃料燃烧不完全，不能使燃料全部变成热而做功，使发动机功率下降，也使发动机得到单位功率所需油耗增加。同时也由于爆震波的产生要消耗能量，所以功率下降。

二、产生爆震的主要原因

（一）与烃类（燃料）组成有关

1. 汽油

由汽油机爆震现象的产生分析得知，由于汽油中含易氧化的自燃点低的烃类多，而使其自燃点降低，即气缸内未燃区中烃类太易氧化，点火后，火焰前峰尚未到达，发生自燃、产生多个燃烧中心，而引起爆震。即爆震的产生与汽油的组成有关。汽油中易氧化烃类多，自燃点下降，便易产生爆震。

各种烃类氧化、自燃难易顺序大致如下。

烃类分子中所含碳原子数相同时：

正构烷烃＞正构烯烃＞异构烯烃＞环烷烃＞异构烷烃＞芳烃

（最易氧化，自燃点最低）　　　（最不易氧化，自燃点最高）

因此，在汽油中，增加异构烷烃、芳烃含量，减少正构烷烃含量，就会使汽油在同一部发动机燃烧室中燃烧时不发生爆震。当然，由于芳烃不易氧化燃烧完全，所以芳烃含量太高，则排气带黑烟，并且芳烃燃烧完全程度差，有害于健康，所以新标汽油也要控制芳烃含量（不大于 26%）。

2. 柴油

与汽油正好相反，由于柴油中含易氧化自燃点低烃类少，最初喷入气缸的柴油太不易氧化，过氧化物准备不足，迟迟不能自燃，使滞燃期增长，积存下来的燃料一旦燃烧则使气缸内温度压力急剧升高，而产生爆震，也说明爆震与柴油组成有关，即柴油中易氧化的烃类少，不易氧化的烃类多就易产生爆震。

由上述各族烃类氧化难易、自燃点高低顺序得知，在柴油中，增加易氧化的自燃点低的正构烷烃的含量，减少不易氧化自燃点高的异构烷烃、芳烃含量就会使柴油在发动机中燃烧时，不发生爆震。

以上是从燃料本身的角度分析引起爆震原因（内因），外因是压缩比和操作条件。

（二）与压缩比有关

压缩比 R 是发动机气缸活塞行驶到下死点时气缸的容积与活塞行驶到上死点时气缸的容积之比值。汽油发动机的压缩比通常在 6.0～10.0 之间，与柴油机相比，汽油机的热功效率较低，但汽油发动机的重量轻、体积小、转速快。柴油发动机的压缩比通常在 16.0～20.0 之间，与汽油机相比，柴油机的热功效率较高，但柴油发动机的重量大、体积大、转速较慢。

发动机的好坏，主要与热转化为功的效率有关，人们总是希望使用热功率高的发动机。而热功效率又与压缩比成正比，即热功率越高，气缸所需压缩比就越大，随着压缩比增加，压缩后气缸内温度压强就越高，有利于烃类氧化、过氧化物积累，因而对汽油机来说压缩比越大越易产生爆震，而对柴油机来说却是有利的。但是对汽油机我们不能采取降低压缩比的方法来达到不产生爆震的目的，而是要从燃料本身入手，通过提高汽油质量，改变汽油组成。（因此炼油工艺中便有催化裂化、催化重整、烷基化、异构化、叠合、汽油醚化等加工工艺，这些都是提高汽油辛烷值、扩大汽油产量的方法）。

汽油机压缩比与耗油量、发动机功率及所需的汽油辛烷值见表 4-28 和表 4-29。

表 4-28 气缸压缩比与耗油量及发动机功率的关系

气缸压缩比	耗油/%	功率/%	要求汽油辛烷值（MON）
6	100	100	66
7	93	108	76
8	88	113	88
9	85	117	92
10	82	120	98

表 4-29 不同压缩比汽车对汽油辛烷值的要求

车型	压缩比	要求汽油辛烷值（MON）
解放 CA-10B、吉斯-150	6.0	66
解放 CA-30A、嘎斯 69、NJ-130	6.2	70
北京 BJ-130、伏尔加	6.6	70
解放 CA-141、上海大众	7.4	80
红旗轿车、丰田轿车	8.5	85

由表 4-28 可知，汽油机的压缩比小，油耗大，功率低，但要求辛烷值小；柴油机的压

缩比大，油耗少，功率高，但要求辛烷值高。

（三）与操作条件有关

汽缸内油气与空气的混合浓度（可用空气过剩系数 α 表示，即燃烧过程空气实际供给量和理论空气需要量之比），在 $\alpha=0.8\sim0.9$ 时，最易爆震。一般在 $\alpha=1.05\sim1.15$ 情况下爆震轻，功率大；汽缸进气的温度和压力增高，爆震倾向增大；冷却水温度增高，爆震趋势增大；发动机转速增大，爆震减弱。总之，凡能促使汽缸内温度、压力增加，促进汽油自燃的因素，均能增加爆震。凡是能促进汽油充分汽化、燃烧完全的因素，均能减缓爆震。

三、燃料的抗爆性

抗爆性是燃料在发动机中燃烧时抵抗爆震的能力。

（一）抗爆性的表示方法

1. 汽油抗爆性表示方法

（1）辛烷值（Octane Number，缩写为 ON）。在实验用标准单缸发动机中将试油与标准燃料比较，当试油抗爆性与某一组成的标准燃料抗爆性相等时，标准燃料中所含异辛烷的体积百分数即为试样的辛烷值。

测定汽油辛烷值用的标准燃料有两种：一是异辛烷（2,2,4-三甲基戊烷），由于异辛烷自燃点高，不易氧化，抗爆性好，所以人为规定其马达法辛烷值 MON 为 100；二是正庚烷，由于正庚烷自燃点低，易氧化，抗爆性差，所以人为规定其 MON 为 0。

实验时二者以不同比例混合，可得不同抗爆性等级的标准燃料，如果某一待测试油的抗爆性（最大爆震读数）与某一体积比的标准燃料抗爆性相同，则该汽油的辛烷值就等于该标准燃料混合液中异辛烷的体积百分数。即：如某一汽油辛烷值为 81，则表明该汽油的抗爆性与含 81% 异辛烷、19% 正庚烷的标准燃料的抗爆性相同。所以该汽油的辛烷值是 81。辛烷值是一个相对比较值，无单位。

汽油辛烷值越高，抗爆性越好，燃烧越完全，越不易发生爆震，发动机功率越高，耗油量越低，经济性越好。

（2）品度值。对航空汽油除要求辛烷值外还要求品度值。

品度值，即燃料在富混合气的条件下 $\alpha=0.6\sim0.65$ 在单缸发动机中，所能发出的最大功率与用异辛烷（品度值定为 100）工作时，所能发出最大功率的比值。

$$品度值=\frac{N^{\max}_{燃料(\alpha=0.6\sim0.65)}}{N^{\max}_{异辛烷}}\times100 \tag{4-91}$$

富混合气，即燃料气浓度比完全燃烧理论浓度大。

空气过剩系数：

$$\alpha=\frac{空气实际供给量}{完全燃烧时空气理论用量} \tag{4-92}$$

如某航汽品度值为 130，则表示该航汽在富混合气条件下，在单缸发动机中所发出的最大功率比用异辛烷操作时所发出的最大功率还大 30%。

品度值与辛烷值关系如下：

MON＞100 时：品度值＝100＋3（MON－100），MON＜100 时：品度值＝2800/（128－MON）。

（3）抗爆指数（辛烷值指数 ONI）。

$$ONI = (MON + RON)/2 \tag{4-93}$$

式中，RON 为研究法辛烷值，无单位。

辛烷值分为两种：一种是马达法辛烷值 MON；另一种是研究法辛烷值 RON。我国 75#、80#、85# 汽油用 MON 来划分牌号，90#、93#、97# 汽油用 RON 来划分牌号。一般情况下，同一汽油 RON 大于 MON 几个或十几个单位。航空汽油用 MON/品度值表示抗爆性，如 105/115 表示该汽油 MON 不低于 105，品度值不低于 115。

上述方法都是评定汽油抗爆性的指标，对于柴油而言，是用十六烷值或十六烷值指数或柴油指数来评定柴油抗爆性的。

2. 柴油抗爆性表示方法

（1）十六烷值（Cetane Number，缩写为 CN）

柴油十六烷值的测定也是通过把试油与标准燃料进行对比的方法来测定的。测定柴油十六烷值所用的标准燃料：一是纯的正十六烷，由于正十六烷自燃点低，最易氧化，抗爆性好，人为规定其 CN 为 100；二是纯 α-甲基萘，由于纯 α-甲基萘自燃点高，不易氧化，抗爆性差，人为规定其 CN 为 0。目前用七甲基壬烷（CN=15）来代替纯 α-甲基萘作为标准燃料来测定柴油的十六烷值。

测柴油十六烷值时，将正十六烷与 α-甲基萘（或七甲基壬烷）以不同比例混合，可得一系列不同抗爆性等级标准燃料，当试油抗爆性与某一体积比的标准燃料抗爆性相等时，试油十六烷值就等于该标准燃料中正十六烷的体积百分数。

例如：某一柴油的十六烷值为 45，即表示该柴油与含 45% 正十六烷、55% α-甲基萘的标准燃料具有同样的抗爆性，所以该柴油的 CN=45。

柴油十六烷值越高，越易氧化，滞燃期越短，不易产生爆震，抵抗爆震能力强，抗爆震性好，燃烧完全，油耗低，经济性好。但当十六烷值大于 65 时，由于含正构烷烃多，其热安定性差，在滞燃期中过多地分解而产生游离碳，致使燃烧不完全，排气冒黑烟，油耗反而上升。所以说柴油十六烷值并不是越高越好，一般高速柴油机十六烷值 CN 为 40～50 就可以保证发动机正常工作，经济性好，这样的柴油来源也广。

（2）柴油指数与十六烷值指数。柴油抗爆性除用十六烷值表示外，还可用柴油指数与十六烷值指数来表示。

十六烷值还可以通过物性参数来计算。计算所得的数值虽然不如实测值准确，但简捷、节省分析费用，用于生产过程的质量控制及一些要求不太严格的过程非常方便。下面加以简要介绍。

① 十六烷值指数。为了把计算所得的十六烷值和实测值相区别，规定通过经验公式计算所得的十六烷值称为十六烷值指数，用 CNI 表示，常用的计算方法有两种。

a. 通过测定恩氏馏程 50% 的馏出温度 t_{50} 和 ρ_{20} 由式(4-94)计算出十六烷值指数。

$$CNI = 162.41(\frac{\lg t_{50}}{\rho_{20}}) - 418.51 \tag{4-94}$$

b. 采用 ASTMD 976—80 规定的方法。

$$CNI = 454.74 - 1641.416d + 774.74d^2 - 0.554B + 97.803(\lg B)^2 \tag{4-95}$$

式中，d 为试油在 15.6℃ 时的相对密度；B 为试油的中平均沸点，℃。

② 柴油指数。柴油指数是表示柴油抗爆性能的另一方式，又称狄塞尔指数（用 DI 表示），是和柴油的密度及苯胺点相关联的参数，还可以用它计算十六烷值。柴油指数的表达式为：

$$DI = \frac{A \cdot API°}{100} = \frac{(1.8AP + 32)(141.5 - 131.5d_{15.6}^{15.6})}{100d_{15.6}^{15.6}} \tag{4-96}$$

或

$$DI = 2.367(t_A + 17.8)\left[\frac{1.076}{\rho_{20} + 0.004} - 1\right] \tag{4-97}$$

式中，API°为试油的相对密度指数；A 为试油的苯胺点，℉；AP 为试油的苯胺点，℃。

由柴油指数计算十六烷值的经验公式：

$$CN = \frac{2}{3} \times DI + 14 \tag{4-98}$$

对于大庆原油生产的轻柴油，下式更为准确：

$$CN = 0.599 \times DI + 25.3 \tag{4-99}$$

十六烷值是柴油最重要的质量指标之一，但也并不是越高越好。十六烷值过高不仅会影响柴油的另一个重要的质量指标——凝固点，而且也会使其燃烧性能变坏。因为过高的十六烷值意味着滞燃期很短，使柴油进入汽缸后来不及和空气形成均匀的混合气，就开始自燃，造成局部空气不足，部分油料在高温下裂解形成游离碳，导致燃烧不完全，排气冒黑烟，热功效率下降，油耗增加。因此柴油的十六烷值达到 40~50，就可以保证高速柴油机的正常工作。过高的十六烷值不仅是不必要的，也是不经济的。因此我国规定轻柴油的十六烷值不小于 45 是适宜的。

（二）燃料组成与抗爆性能关系

1. 汽油组成与抗爆性关系（即汽油组成与辛烷值关系）

由于各族烃类抗爆性不同，所以汽油组成不同抗爆性不同。汽油主要是由烷烃、烯烃、环烷烃和芳烃组成，这些烃类的辛烷值高低抗爆性好坏讨论如下。

（1）烷烃的情况如下所示。

① 当烷烃分子中所含碳原子数相同时：异构烷烃 ON≫正构烷烃 ON，并且随着异构化程度的增加，ON 增加。

例：含六个碳原子数的烷烃

$$n\text{-}C_6H_{14} \qquad CH_3\text{—}CH\text{—}CH_2\text{—}CH_2\text{—}CH_3 \qquad CH_3\text{—}C\text{—}CH_2\text{—}CH_3$$
$$\qquad\qquad | \qquad\qquad\qquad | $$
$$\qquad\qquad CH_3 \qquad\qquad\qquad CH_3$$

MON　　　26　　　　　73　　　　　　　　96

② 当烷烃分子中所含碳原子数不同，但异构化程度相同时：随分子中所含碳原子数的增加，ON 降低。

例：

$$CH_3\text{—}CH\text{—}CH_2\text{—}CH_2\text{—}CH_3 \qquad CH_3\text{—}CH\text{—}CH_2\text{—}CH_2\text{—}CH_2\text{—}CH_3$$
$$\qquad | \qquad\qquad\qquad\qquad | $$
$$\qquad CH_3 \qquad\qquad\qquad\qquad CH_3$$

MON　　　73　　　　　　　　　　42

③ 直链烷烃：随分子中所含碳原子数的增加，ON 降低。

例：　　　$n\text{-}C_4H_{10}$　　　$n\text{-}C_5H_{12}$　　　$n\text{-}C_6H_{14}$　　　$n\text{-}C_7H_{16}$　　　$n\text{-}C_8H_{18}$

MON　　　90.5　　　　61.9　　　　26　　　　0　　　　-17

（2）烯烃：碳原子数相同时，总的来看烯烃的 ON＞正构烷烃的 ON，并且

① 双键越靠近分子中心，则 ON 越高；原因是 β-CH_2— 减少。

如 1-己烯（MON＝63.4）＜2-己烯（MON＝81）；

② 烯烃异构化程度越大，ON 越高。

③ 烯烃分子中碳原子数不同，但异构化程度相同时，碳数增加，ON 降低。

（3）环烷烃的情况如下所示。

① 五元环环烷烃：侧链碳数越多，ON 越低；

如

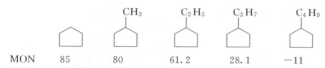

| MON | 85 | 80 | 61.2 | 28.1 | -11 |

侧链异构化程度增加，ON 增加；

如：

$H_2C-CH_2-CH_3$ $H_3C-HC-CH_3$

　　　MON　28.1　　　　　　　　76.2

并且环上小分子侧链数增多，ON 增大。

如：

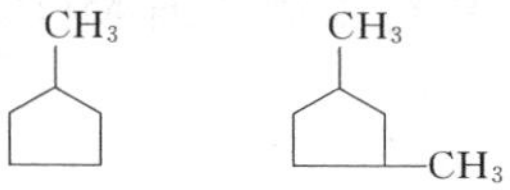

CH_3　　　　CH_3

　　　MON　80　　　　87

② 六元环环烷烃：同五元环环烷烃，但 ON 相应低些。

③ 碳数相同时，带不饱和侧链的环烷烃 ON＞带饱和侧链的环烷烃 ON。

④ 环上碳数增加，ON 减小。

如：

　　　MON　77　　　85

（4）芳烃的情况如下。

① 一取代芳烃：随取代基碳数增加，ON 减小；

如：

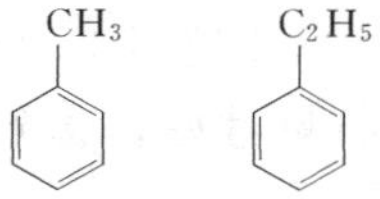

CH_3　　　C_2H_5

　　　MON　104　　　98

随取代基异构化程度的增加，ON 升高，如

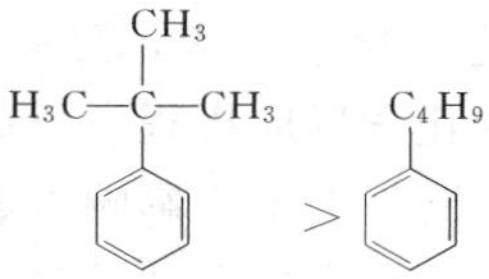

CH_3
$H_3C-C-CH_3$　　C_4H_9

　　　　＞

② 二取代芳烃：对位二取代芳烃＞间位二取代芳烃＞邻位二取代芳烃。

如：

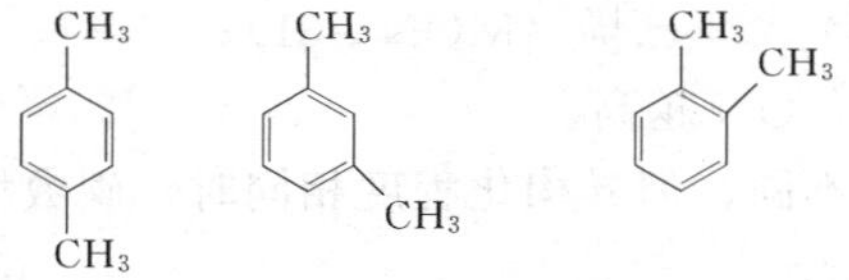

| | MON | 127 | 124 | 103 |

③ 三取代芳烃：取代基对称性越高，ON 越高。

如：

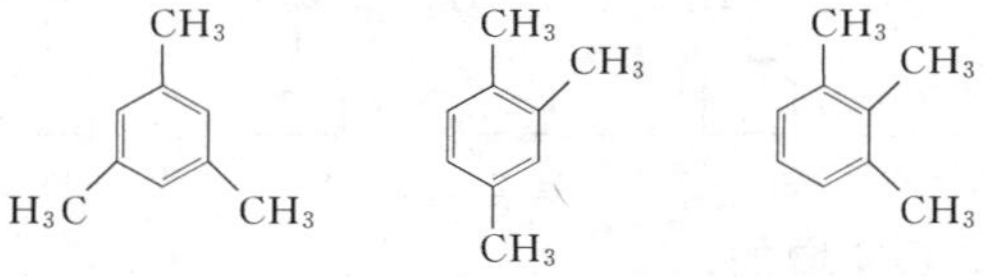

| | MON | 139 | 124 | 105 |

总体看来，碳原子数相同时，各族烃类辛烷值高低顺序为：芳烃＞高分支异构烷＞环烷烃＞异烯烃＞正烯烃＞正构烷烃＞烯烃＞正构烷烃，但互有交替，与取代基结构（异构化程度）有关。

另外，汽油馏分轻重对抗爆性也有影响，同一原油汽油馏分越轻，ON 越高。

ON 与原油基属有关：环烷基、中间基原油加工所得汽油较石蜡基原油加工所得汽油 ON 高。如大庆原油为石蜡基原油，所得直馏汽油 MON 为 40～37，辽河原油环烷-中间基原油，所得直馏汽油 MON＝62。

2. 柴油组成与抗爆性关系

与汽油相反，并且含碳原子数在 C_{11}～C_{20} 之间。

① 烷烃：C 数相同时，正构烷烃 CN≫异构烷烃 CN，并且随着异构化程度升高，CN 降低；随着主链 C 数增加，CN 升高。

② 烯烃：烯烃 CN＜正构烷烃 CN，并且随着异构化程度增加，CN 降低。碳数增加，CN 增加。

③ 环烷烃：侧链直链上 C 数越多，CN 越高；分支越少，CN 越高；侧链异构化程度增加，CN 降低。

④ 芳烃：侧链 C 数越多，CN 越高；侧链异构化程度越高，CN 越小；芳环上小分子侧链数目越多，CN 越低。

大致顺序如下：

碳原子数相同时，正构烷烃＞烯烃＞环烷烃＞高度分支的异构烷＞芳烃，并且互有交替。所以含正构烷多的柴油，CN 高，抗爆性好，含芳烃多；CN 低，抗爆性不好。

（三）抗爆性机理——异构化学说

为什么燃料抗爆性与组成有关呢？即为什么不同烃类反映不同的抗爆性呢？

关于这个问题，它涉及许多物理、化学因素，目前还缺乏统一认识。但有一点可以指出，爆震机理与各族烃类在着火前的化学反应历程、反应活化能的大小，以及出现低温着火现象的条件有关，因为这些条件在不同程度上都影响着燃料传导期的长短和自燃点的高低。

根据过氧化物自由基异构化学说，烃类抗爆性的高低取决于各族烃类生成过氧化物自由基后所能提供的 β-H 的难易程度。下面分别看一下各种烃类燃烧反应历程怎样产生爆震以及为什么不同烃类反应出不同的抗爆性。

1. 正构烷烃

以正戊烷为例，其反应历程如下：

$$CH_3{-}CH_2{-}CH_2{-}CH_2{-}CH_3 \xrightarrow[\text{左右}]{200℃} CH_3{-}CH_2{-}CH_2{-}\overset{\cdot}{C}H{-}CH_3 + H\cdot$$

$$\underset{\gamma}{CH_3}{-}\underset{\beta}{\overset{\underset{\displaystyle H}{|}}{C}H}{-}\underset{\alpha}{CH_2}{-}\underset{\alpha}{\overset{\underset{\displaystyle \overset{\displaystyle O}{\underset{\displaystyle \cdot}{|}}}{|}}{C}H}{-}CH_3 \xleftarrow{\quad} O_2$$

↓ 控制步氢转移，β 位 H 迁移到过氧基上，自身异构化

$$CH_3{-}\overset{\cdot}{C}H{-}CH_2{-}\overset{\overset{\displaystyle |}{OOH}}{C}H{-}CH_3$$

深度氧化 ↓ O_2

$$CH_3{-}\overset{\overset{\displaystyle |}{OO\cdot}}{C}H{-}CH_2{-}\overset{\overset{\displaystyle |}{OOH}}{C}H{-}CH_3$$

戊烷 ↓

$$CH_3{-}\overset{\overset{\displaystyle |}{OOH}}{C}H{-}CH_2{-}\overset{\overset{\displaystyle |}{OOH}}{C}H{-}CH + R\cdot \quad \text{（重复上反应）}$$

（双过氧化氢）

自燃燃烧 ↓

$$CO_2 + CO + H_2O\uparrow + Q$$

其他正构烷烃反应历程与戊烷类似。

由上述反应历程得知，氢转移过程中所转移的氢原子首先是从 β 位次甲基（—CH_2—）上获得的，因为从 β-CH_2—上获得氢原子比从—CH_3 或 α-CH_2—上获得所需能量小（即所需温度低），并且由于立体效应（α 位-CH_2—上的 H 被 O 屏蔽）和过氧基的诱导效应，所以首先转移的是 β 位次甲基上的氢原子，α 位 H 也可转移，但由于过氧基屏蔽作用以及活化能高，要在较高温度下才能转移（即需要转移能多）。分子中各部位的氢原子迁移所需活化能高低顺序如下。

$$\beta\text{-}CH_2 < \alpha\text{-}CH_2 < \beta\text{-}CH_3 < \alpha\text{-}CH_3 < \gamma\text{-}CH_2 < \gamma\text{-}CH_3$$

碳数相同时：因为正构烷烃中次甲基比其他烃（异构烷烃、环烷烃、芳烃、烯烃）多，并直链越长含次甲基越多，这样在较低温度下便容易形成 β-H 转移，从而产生大量过氧化物，自燃点低，而出现冷焰。

所以对汽油机来说，当正构烷烃在其中燃烧时，易产生爆震，对柴油来说，则不易产生爆震。

2. 异构烷烃

以异辛烷（2,2,4-三甲基戊烷）为例：

$$CH_2{-}\overset{\overset{\displaystyle CH_3}{|}}{\underset{\underset{\displaystyle CH_3}{|}}{C}}{-}\overset{\overset{\displaystyle |}{O{-}O\cdot}}{C}H{-}\underset{\alpha}{\overset{\overset{\displaystyle CH_2}{|}}{C}H}{-}\underset{\beta}{CH_3}$$

由于异辛烷中含有的—CH_2—较相应的正构烷烃少，所以 β 位上的氢原子迁移的机会减少，不易产生自身异构化现象（氢转移），假如先在仲碳上生成 ROO·，则无 β 位亚甲基上的 H 供 H 转移反应，如果先在叔碳原子上生成 ROO·，也没有 β-H 可供 β-H 转移。这时有 α 位上的 α-H 可供发生 H 转移反应，但所需温度较高，所以自燃点较高。因此对于汽油

机来说，当异构烷烃在其中燃烧时，由于含 β-CH_2—少，不易发生 β-H 转移反应，不易产生过氧化物，不产生冷焰，所以抗爆性好。而对于柴油来说，由于异构烷烃不易发生 β-H 转移反应，不易氧化，并使自燃点升高，所以最初喷入气缸的柴油迟迟不能自燃，使滞燃期增长，所以易产生爆震。

3. 烯烃

烯烃比相应的正构烷烃含有的—CH_2—少，β-CH_2—也少，提供 β-H 转移机会少，尽管烯烃也容易生成过氧化物自由基，但自身异构化却不如正构烷烃容易，因此，对汽油来说烯烃的抗爆性高于正构烷烃，而对于柴油来说，烯烃抗爆性不如正构烷烃。

对支链烯烃（异构烯烃）随 β-CH_2—数目增多：汽油抗爆性下降，辛烷值下降；柴油抗爆性升高，十六烷值升高。对直链烯烃同样。相反随 β-CH_2—数目减少，则汽油抗爆性升高，辛烷值升高；柴油机抗爆性下降，十六烷值下降。

4. 环烷烃

由于环烷烃的环状结构比较稳定，所以有以下结果：①环烷烃比正构烷烃、烯烃不易生成过氧化物自由基；②环烷烃环上的—CH_2—由于空间位置作用也不如直链烃—CH_2—上的 H 易发生 β-H 转移，因此自身异构化也比较困难。对汽油机来说，环烷烃抗爆性较高，而对柴油机来说，抗爆性较低。

当环上有直链取代基时，随碳数增加，—CH_2—数目增多，β-H 转移机会增多，自燃点下降，所以汽油辛烷值下降，柴油十六烷值升高。

5. 芳烃

芳烃是闭合的共轭体系，使分子具有特殊的稳定性，芳烃难于氧化；苯环上没有可供转移的次甲基上的 H，也难自身异构化。因此芳烃在汽油机中燃烧时没有低温着火现象，即芳烃自燃点高。对汽油机来说，芳烃抗爆性最好，对柴油机来说，芳烃抗爆性最不好。

当芳环上引入支链烷基时，随侧链—CH_2—数目增多，提供 β-H 转移机会增多，汽油辛烷值下降，柴油十六烷值升高。在三种二甲苯异构物中，邻二甲苯（MON＝103）较易发生异构化，间二甲苯（MON＝124）难发生异构化，（MON＝127）几乎不发生异构化。所以，汽油辛烷值：对二甲苯＞间二甲苯＞邻二甲苯；三甲苯的三种同分异构体也相同。

以上分析了各种烃类产生爆震的难易，但爆震现象的产生是一个很复杂的物理化学现象，与许多因素有关，上述规律中也有少数例外，所以异构化学也有待于进一步完善。

异构化学说即是通过比较各族烃类分子中的—CH_2—数目，—CH_2—数目越多，含 β-CH_2 几率越大，提供 β-H 转移机会越多，易生成 ROOH，易产生冷焰，自燃点低。所以对汽油来说，含 β-CH_2 多的烃类，抗爆性不好，辛烷值低，含 β-CH_2 少的烃类，抗爆性好，辛烷值高。柴油则相反。

四、抗爆性测定方法

汽油辛烷值的测定

1. 马达法（GB/T 503—1995）

测定马达法辛烷值可按 GB/T 503—1995 规定进行。实验装置是一台可以连续调变压缩比的单缸四行程发动机（ASTM—CFR 实验机），机上装有测量爆震强度的仪器（包括信号发生器、爆震仪和爆震表），可以把被测试油的爆震强度准确指示出来。测定方法可以采用内插法或压缩比法。

表 4-30　辛烷值测定的标准操作条件

操作条件	马达法 GB/T 503—95	研究法 GB/T 5487—15
发动机转速/(r/min)	900±9	600±6
曲轴箱润滑油	SAE30	SAE30
操作温度下的油压/(kgf[①]/cm²)	1.76~2.11(25~30℃)	1.76~2.11(25~30)
曲轴箱油温/℃(℉)	57±8.5(135±15)	57±8.5(135±15)
冷却剂温度/℃(℉)	100±1.5(212±3)	100±1.5(212±3)
吸气湿度/(g水/kg干空气)	3.56~7.12	3.56~7.12
吸气温度/℃(℉)	38±2.8(100±0.5)	见 GB/T 5487-15 表 9 规定
混合气温度/℃(℉)	149±1.1(300±2)	不控制
火花塞间隙/mm(in)	0.51±0.13(0.020±0.005)	0.51±0.13(0.020±0.005)
断电器间隙/mm(in)	0.51(0.020)	0.51(0.020)
阀门间隙		
吸气阀/mm(in)	0.203(0.008)	0.203(0.008)
排气阀/mm(in)	0.203(0.008)	0.203(0.008)
上死角前角度	见 GB503—85 第六章规定	13°

① 1kgf＝9.80665N。

(1) 内插法　在固定发动机压缩比的情况下，使试油的爆震表读数在两个参比燃料的爆震表读数之间。试油的辛烷值可用内插法计算。

按表 4-30 所要求的标准运转条件并符合标准爆震强度的要求（见 GB/T 503—1995 标准中表1）。先用试油操作，调整燃料与空气的混合比以获得最大爆震强度（爆震表指针接近 50 的位置上）。再调整压缩比（即调整汽缸高度，用测微计读数表示）使爆震表读数为 50±3，确定试油产生标准爆震强度时的汽缸高度，记下此时的爆震表读数。由测微计读数按照 GB/T 503—1995 标准中表1 估算出试油的辛烷值。

根据试油的估算辛烷值，配制两个参比燃料（标准燃料），其一的辛烷值略高于试油；另一则略低于试油，但二者之差应不大于2个辛烷值单位。然后用两参比燃料分别在同上条件下实验，在压缩比保持不变的情况下，测定其爆震强度，记下爆震表的读数，然后按下式计算试油的辛烷值。

$$X=\frac{b-c}{b-a}(A-B)+B \tag{4-100}$$

式中，X 为试油的辛烷值；A 为高辛烷值参比燃料的辛烷值；B 为低辛烷值参比燃料的辛烷值；a 为 A 燃料的爆震表读数（平均值）；b 为 B 燃料的爆震表读数（平均值）；c 为试油的爆震表读数（平均值）。

(2) 压缩比法。用本法测定试油辛烷值的原理是根据试油在标准爆震强度下所需的汽缸高度（用测微计读数表示），从 GB/T 503—1995 标准表1 中可查出其辛烷值。参比燃料只是用来标定标准爆震强度。标定标准爆震强度的方法是以参比燃料为试样，将实验机调整到标准运转条件，再调节试样与空气的混合比，使之达到最大爆震强度。再调整爆震表，使之指针指向 50。

标定好标准爆震强度以后，即可用试油操作，实验条件与标定完全一样，调压缩比使爆震表读数为 50。记下汽缸高度，由 GB/T 503—1995 标准表1 查得试油的辛烷值。

2. 研究法（GB/T 5487—2005）

测定研究法辛烷值与马达法一样均是使用 ASTM-CFR 实验机。测定所依据的原理是一样的，只是发动机的工况与实验条件有些差异（见表 4-30）。研究法测定的辛烷值比马达法约高 5~10 个单位。同一试油的两法测定结果之差称为该试油的敏感度。

汽油的敏感度与其化学组成有关。各种烃类的敏感顺序为：烯烃＞芳烃＞环烷烃＞

烷烃。各种来源的汽油相比较，催化裂化汽油富含烯烃和芳烃，敏感度较高，约在 10 左右；直馏汽油含烷烃多，烯烃少，敏感度仅 1～3；重整汽油和热裂汽油的敏感度居中。

3. 道路辛烷值

马达法或研究法均是在实验室中用单缸发动机在规定条件下测定的，它不能完全反映汽车在道路上行驶时的实际状况。因此又提出道路辛烷值这一概念。要求车辆在道路行驶中实测其辛烷值，这样测定的辛烷值比较符合实际，称为道路辛烷值。测定道路辛烷值相对费时、费事，且由于车型、气候、驾驶技术、测试水平的限制，测试数据往往不够精确，因而在实际上通常是采用经验公式，根据马达法和研究法的测试数据来计算的。例如：

$$道路辛烷值 = 30.97 + 0.360RON + 0.364MON \tag{4-101}$$

4. 品度值

测定航空汽油的品度值时，使用 1800＋45r/min 的单缸发动机，压缩比为 7.0，采用 $\alpha = 0.7 \sim 0.8$ 的富混合气工作。参比燃料用异辛烷，规定其品度值为 100，在异辛烷中加入不同数量的四乙铅可配制成一系列品度值大于 100 的标准燃料。测定时可将试油在规定条件下与参比燃料相比较，如果试油的平均指示压力或平均功率与所选用的参比燃料相等，则参比燃料的品度值即试油的品度值。燃料的品度值越高，表示它在富混合气条件下工作时所发出的功率越高，抗爆性越好。

5. 间接测定辛烷值的方法

用爆震实验机测定辛烷值的操作条件比较严格，机械设备复杂，需要的试样量大，测定一次的时间长，使用起来不够方便。为了适应生产和科研的需要，近年来出现了一些间接测定辛烷值的方法，其基本原理是将汽油的易于测定的物理性质参数和化学参数与辛烷值关联起来，得出有足够精确度的经验式，用以简捷地计算辛烷值。现将其扼要介绍如下。

（1）核磁共振波谱法。由于汽油的辛烷值与其化学结构有关。所以可根据不同化学结构中各基团上的氢原子在 H^1-NMR 谱图上表现的化学位移的差别，作为定性的基础；根据不同化学位移区间的相对峰面积计算出不同基团上氢的百分数与辛烷值相关联，通过线性回归可得到计算辛烷值的经验公式。由于不同的加工过程所得汽油的化学组成差异很大，所以通常是依据汽油的来源建立经验公式的。

① 依据文献报道，用 84 个无铅汽油样品 （MON＝50～100），将其加工方法的差别分为五类，分别将其核磁共振波谱数据与马达法辛烷值关联，得到下列经验公式：

$$MON(RUN) = 110.90 + 503.27A + 225.90IS + 119.60F - 1853.73G - 568.83I$$
$$+ 3821.8GH + 1151.35GI \tag{4-102}$$
$$MON(ALK) = 79.22 + 3.95IS - 2.19ID \tag{4-103}$$
$$MON(REF) = 100.13 + 30.70AC - 179.71F - 121.67H \tag{4-104}$$
$$MON(TC) = 11.75 + 52.17IS + 338.85C - 570.29D \tag{4-105}$$
$$MON(CRA) = 180.92 - 5.43IS - 30.57G - 154.41H + 31.65I \tag{4-106}$$

式中，A 为芳香环上的氢；I 为甲基上的氢；H 为次甲基上的氢；F 为烯烃中 α-次甲基上的氢；G 为烯烃中 α-甲基上的氢；C 为内烯烃氢；D 为异构 α 烯烃氢；AC 为芳烃因子，表示芳烃含量；IS 为单键异构因子，表示异构化程度；ID 为双键异构因子，表示异构化程度。

$$AC＝A＋E/3 \tag{4-107}$$
$$IS＝(I/3)/(H/2) \tag{4-108}$$
$$ID＝(G/3)/(F/2) \tag{4-109}$$

式(4-107)~式(4-109)中括号内的符号表示汽油样品的类别，具体意义列于表4-31中。

表 4-31　汽油样品分类

类别	样品范围	特征
RUN	直馏汽油、加氢汽油及由它们掺和的汽油	不含烯烃，且芳烃含量较低
ALK	烷基化汽油(>70%)及其与催化裂化汽油、甲苯掺合的汽油	异构化程度高
REF	重整汽油(>50%)及其与直馏汽油的掺合物、重整抽余油(芳烃>10%)	不含烯烃，芳烃含量>10%
CRA	催化裂化汽油(>30%)及其与叠合汽油、重整汽油和直馏汽油的掺合汽油	含烯烃，异构化程度较高
T&C	热裂化汽油(>35%)、焦化汽油(>35%)及它们与催化裂化汽油、重整汽油、直馏汽油掺合的汽油	含烯烃，异构化程度较低

② 对于含铅汽油，其计算公式如下，式中的异构烃系数，芳烃含量均由核磁共振波谱测定：

$$MON＝70.8＋10E＋0.101A＋12.378B－11.1S \tag{4-110}$$
$$RON＝80.2＋8.9E＋0.107A＋11.09B－13.4S \tag{4-111}$$

式中，E 为异构烃系数；A 为芳烃含量（体积分数），%；B 为铅含量，g/L；S 为硫含量（质量分数），%。

(2) 气相色谱法。用气相色谱测定汽油的化学组成，然后与实测辛烷值相关联以得出经验计算式的作法，已有不少报道。

① 根据芳烃含量计算辛烷值。对于辛烷值在 90~100 范围的重整汽油，可用下式计算其辛烷值。

$$ON＝ax＋b \tag{4-112}$$

式中，ON 为重整汽油的辛烷值；a、b 为与原料油性质有关的常数；x 为气相色谱测定的重整汽油中的芳烃含量（质量分数），%。

② 根据族组成计算辛烷值。

a. 根据汽油中烷烃及各种芳烃含量计算辛烷值。

$$\begin{aligned}MON＝&0.54x_1＋2.25x_2＋1.33x_3＋2.24x_4＋1.49x_5－0.0097x_1x_2－0.0081x_1x_3\\&－0.0085x_1x_4－0.0097x_1x_5－0.0077x_2x_3－0.008x_2x_4－0.0052x_2x_5\\&＋0.00332x_3x_4＋0.00443x_3x_5－0.009x_4x_5\end{aligned} \tag{4-113}$$

式中，x_1、x_2、x_3、x_4、x_5 分别为汽油中的烷烃、苯、甲苯、二甲苯及 C_9 以上芳烃的质量百分数。

b. 根据汽油中芳烃、环烷烃、正构烷烃及异构烷烃含量计算其辛烷值。

$$MON＝10A＋70N＋55IP－12NP \tag{4-114}$$

式中，A、N、IP、NP 分别为烷烃、环烷烃、异构烷烃及正构烷烃的质量百分含量。

(3) 物理-化学参数法。汽油的辛烷值与其物性参数有着密切联系，诸如密度、平均沸点、特性因数、苯胺点、碘值以及硫含量等均与汽油的化学组成或馏分组成有关。综合应用这些物理-化学参数来计算辛烷值的工作，已有不少报道。例如：

a. 利用原油的特性因数 K 和其直馏汽油的中平均沸点，计算汽油的辛烷值。计算结果列于表 4-32。

表 4-32　原油特性因数与其直馏汽油辛烷值的关系

汽油 RON 原油 K	汽油的中平均沸点/℃			
	65.6	93.3	121.1	148.9
11.5	84	82	78.5	75
11.6	83.5	81	77.5	74
11.7	—	80	76.5	72
11.8	82.5	79.5	75	70
11.9	81.5	78.5	73.5	67
12.0	—	77	70.5	62
12.1	80	75.5	67	55
12.2	79	73.5	62.5	47.5

b. 根据直馏汽油的馏程、相对密度、苯胺点和碘值数据，通过专用图表和计算公式求其辛烷值。

$$MON=K(L+C) \tag{4-115}$$

式中，K 为与汽油相对密度和碘值有关的系数，亦称密度系数，可从专用图表查出；L 为与汽油密度和馏程有关的系数，亦称辛烷值系数，可从专用图表求出；C 为汽油的相对密度和苯胺点有关的校正系数，需由专用图表求定。

使用图表前需先把馏程数据用式(4-116)换算成馏程因数 F，再用 F 与 d_4^{20} 查专用图表求 L。

$$F=(t_{10}/100)^{0.67}(t_{50}/100)(t_{90}/100)^{1.57} \tag{4-116}$$

式中，t_{10}、t_{50}、t_{90} 分别为汽油恩氏蒸馏的 10%、50%、90% 的馏出温度，℃。

可根据汽油的馏程、密度、芳烃含量、饱和蒸气压及硫含量，求汽油的辛烷值。适用于直馏及热裂化、重整、催化裂化等过程所得的汽油。

$$MON=235.401-0.076t_{10}-0.182t_{90}+0.03P_A+0.083A-218.838\rho+14.739S$$

$$\tag{4-117}$$

式中，t_{10}、t_{90} 分别为恩氏蒸馏 10% 及 90% 馏出温度，℃；A 为汽油中芳烃含量（质量分数），%；ρ 为汽油密度，g/cm^3；P_A 为汽油的饱和蒸气压，kPa；S 为汽油的硫含量（质量分数），%。

从以上诸公式可以看出，关联的因素越多，公式的适应范围越宽，准确性也越高。另外每种方法均有其特定的适应条件和准确性。在应用时最好能和实测数据校对一下，以免造成误差。有些专用图表限于篇幅未能列入，需要时可参考所引用的文献。

6. 柴油抗爆性测定方法

我国国家标准 GB/T 386—10 规定以"着火滞后期"法测定柴油十六烷值着火滞后期指喷油器开始喷油和燃油开始燃烧之间的时间间隔，以曲轴转角度数表示。

柴油的十六烷值是在标准操作条件下，将着火性质与已知十六烷值的标准燃料的着火性质相比较而测定的。其做法是：调节发动机的压缩比（用手轮读数表示），以得到被测试样确定的"着火滞后期"，即喷油开始和燃烧开始之间的时间间隔（以曲轴转角表示）。根据测试样时得到的发动机的压缩比，选用大于 5 个十六烷值单位的两种标准燃料，同样的方法得到其确定的"着火滞后期"。当试样的压缩比处在选用的两种标准燃料的压缩比之间时，根据手轮读数，用内插法计算试样的十六烷值，以符号××·×/CN 表示，例如 50·6/CN。

五、喷气燃料的燃烧性

（一）喷气式发动机的工作原理

1. 喷气发动机的工作特点

喷气发动机的优点：飞行高度高，可达 2 万～3 万米高；飞行速度快，超音速 1M～4M（Mach Number），音速 330m/s（1188km/h），M 为音速的倍数（马赫数），1M＝2400km/h；重量轻，且飞行速度越快质量越轻。如飞行速度为 1000km/h 时重量仅是活塞式发动机的 1/10；飞行速度 2000km/h 时重量仅是活塞式发动机的 1/50；省油且飞行速度越快越省油。

由于喷气式发动机具有上述优点，所以得到越来越广泛的应用，军用战斗机、民用大型客机均采用喷气式发动机。

喷气式发动机的类型主要有涡轮喷气式（应用广）、涡轮螺旋桨式和冲压式。现以涡轮喷气式发动机为例来说明喷气式发动机的工作原理。

2. 涡轮喷气式发动机工作原理

在涡轮喷气式发动机中，空气经进气道进入离心式压缩机中，经压缩后的空气，压力可达 300～500kPa，温度可达到 150～200℃，进入燃烧室，同由喷油嘴喷出的航煤混合成可燃气，并在燃烧室内进行连续不断的燃烧。喷气发动机启动时先由喷气油嘴喷入汽油，由电火花点燃后，再引燃由煤油嘴喷出的煤油，当 $\alpha＝0.8～0.9$ 时，燃烧室中最高温度可达 1900～2200℃，为降低温度以免烧坏涡轮叶片，在燃烧室后部送入过量空气，使温度降至 750～850℃，然后这些燃气通过燃气涡轮机，推动涡轮高速旋转，涡轮机轴与空气压缩机装在同一轴上（以涡轮旋转给空气压缩机提供动力）涡轮转数可达 8000～16000r/min，燃气通过燃气涡轮做功后，再进入发动机的尾喷管，在 500～600℃温度下，以高速从尾喷管喷出，产生反作用力而做功。

在涡轮螺旋桨式喷气发动机中，螺旋桨装在燃气涡轮机和空气压缩机同轴上，这种发动机的推力主要是由螺旋桨产生，燃气尾喷产生的推力只占总推力的 15%～20%。

冲压式喷气发动机特点是无空气压缩机，它是让高速流动的空气的速度头转变为压力头，也是靠燃气尾喷产生推力。

根据喷气式发动机工作特点，要求燃料燃烧时能做到连续、稳定、迅速、完全，并要求热值高，同时要考虑高空、低温、低压以及航煤在发动机中不仅作为燃料，还起着冷却剂和润滑剂的作用。表 4-33 列出与燃烧性能有关的规格指标。

表 4-33　与燃烧性能有关的规格指标

油品牌号＼项目	RP-1	RP-2	RP-3	RP-4
20℃下密度/(g/cm³)　不小于	0.775	0.775	0.775	0.750
净热值/(kJ/kg)　不小于	42861	42861	42861	42736
燃烧性能,满足下列要求之一				
烟点/mm　不小于	25	25	25	实测
萘系芳烃含量/%不大于（烟点不小于 20mm 时）	3	3	3	—
辉光值　不小于	45	45	45	—

（二）热值

1. 定义

航空煤油的热值分为质量热值和体积热值两种。

质量热值：单位质量的燃料完全燃烧时所放出的热量，单位为 kJ/kg（或 J/g）。

体积热值：单位体积的燃料完全燃烧时所放出的热量，单位为 kJ/l（或 J/ml）。

质量热值又分为质量高热值和质量低热值。航煤热值一律用低热值（即净热值）来表示，因为燃气的排出温度在 500～600℃左右，水蒸气的凝聚热不能利用，故用低热值。

2. 热值与组成关系

（1）质量热值 Q_m 与组成关系

航煤热值随烃类中 H/C 比升高，Q_m 升高。而 Q_m 高，燃料比消耗低，对续航时间短的战斗机，应尽可能减少飞机载荷，所以应使用质量热值高的航煤。在各族烃类中，烷烃的 H/C 比最高，环烷烃次之，芳烃最低，所以烷烃的 Q_m 最高，环烷烃次之，芳烃最低。所以战斗机所用航煤应多含烷烃少含芳烃。

（2）体积热值（Q_v）与组成关系

体积热值随密度 ρ_{20} 升高而升高，对于续行时间长的飞机，如客机、运输机，由于油箱体积有限，为保证最大航程，除对质量热值要求一定水平外，还要求尽可能高的体积热值，在各族烃类中，芳烃的 ρ_{20} 最大，烷烃的最小。体积热值大小顺序：芳烃＞环烷烃＞烷烃。

由于质量热值和体积热值之间是矛盾的，所以为确保航煤的能量特征，其组成上应含有较多的烷烃和环烷烃。芳烃不但质量热值低，而且燃烧时易生成积炭。因此必须限制它的含量，芳烃总含量不大于 20%，尤其是萘系芳烃含量不大于 3%。衡量体积热值的指标是 ρ_{20}，$1^\#$、$2^\#$、$3^\#$ 的 ρ_{20} 不小于 $0.7750\mathrm{g/cm^3}$，$4^\#$ 的 ρ_{20} 不小于 $0.7500\mathrm{g/cm^3}$，$1^\#$、$2^\#$、$3^\#$ 的净热值不小于 42861kJ/kg，$4^\#$ 的净热值不小于 2736kJ/kg，见表 4-33。

3. 热值的测定方法 ［GB/T 384—81（88），氧弹量热计法］

取一定量试样，放于小器皿中，用胶片密封后，放入氧弹中，充氧气至一定压力，用电火花点燃导火索，再引燃试样。试油完全燃烧放出的热量被量热计周围的水吸收，测量水在试样燃烧前后的温度变化值，由用水量和水的比热可算出试油热值。

（1）首先计算水吸收的热量

$$Q_水 = mc(t - t_0) \tag{4-118}$$

式中，m 为水的质量，g；c 为水的比热，J/g·℃；t 为吸热后水温，℃；t_0 为燃烧前水的温度，℃。

（2）计算弹热值（Q_D）

Q_D：校正量热计散失的热量校正胶片、导火索燃烧时放出的热量和量热计吸收的热量之后所得到的每克试油放出的热量，（J/g），称为弹热值（Q_D）。

即：　$Q_D = Q_水 +$ 量热计散失的热量 $-$ 胶片或导火线燃烧热 $+$ 量热计吸收热 \tag{4-119}

（3）计算总热值 Q_z，弹热值 Q_D 减去酸的生成热和溶解热后所得到的每克试油放出的热量，称为总热值（Q_z）。

$$Q_z = Q_D - 94.2S - N \tag{4-120}$$

式中，S 为试油的硫含量，wt%；94.2 为每 1% 硫转化为硫酸时生成热和溶解热，J/g；N 为硝酸的生成热和溶解热，J/g；轻质燃料 $N = 50.24$J/g，重质燃料 $N = 41.87$J/g。

（4）计算净热值 Q_J，即总热值减去水的汽化热。

轻油　　　　　　　　　$$Q_J = Q_z - 25.12 \times 9H \tag{4-121}$$

重油 $$Q_J = Q_Z - 25.12(9H + W) \tag{4-122}$$

式中，H 为试油中氢含量，$wt\%$，可由元素分析仪测得；W 为试油中水的质量分数，%，重油有之，轻油含水可忽略；9 为氢含量转换为水含量换算系数；25.12 为水蒸气在氧弹中每凝聚 1% 所放出的潜热，J/g。

由于净热值测量手续繁琐，耗时多，对周围环境要求严格，除仲裁时一般可按 GB/T 2429—88 标准方法规定的经验式计算 Q_J，现将有关公式列出。无硫试油的计算公式如下。

航空汽油：
$$Q_J = 41.9557 + (0.00036977A + 0.00657376)G \tag{4-123}$$

喷气燃料（RP-1、RP-2、RP-3）：
$$Q_J = 41.6797 + (0.00045733A + 0.00813024)G \tag{4-124}$$

喷气燃料（RP-4）：
$$Q_J = 41.8145 + (0.00044213A + 0.00786061)G \tag{4-125}$$

喷气燃料（RP-5）：
$$Q_J = 41.6680 + (0.00044213A + 0.00786061)G \tag{4-126}$$

含硫试油的计算公式：
$$Q_T = Q_J(1 - 0.01S) + 0.1016S \tag{4-127}$$

式中，Q_J 为无硫试油的净热值，MJ/kg；Q_T 为含硫试油的净热值，MJ/kg；A 为无硫试油的苯胺点，℃；G 为无硫试油的（API°）值；S 为试油中硫质量分数，%；0.1016 为硫化物的热化学常数。

（三）烟点

航空煤油在燃烧过程中，如果供氧不足，就会产生碳的微粒沉积在喷油嘴、点火器及燃烧室的室壁等部位，形成积炭。喷嘴积碳能破坏喷油的雾化效果，使燃烧过程更加恶化，生成更多的积碳；点火器电极积碳，会使电极间"连桥"，造成短路，无法点火启动，造成严重的后果；室壁积碳会使局部室壁过热，变形甚至烧坏。脱落下来的硬碳粒随高速气流进到烟气轮机，还会损伤涡轮叶片。

在高温部位形成的积碳是燃料高温缩聚的产物，质硬而脆，H/C 比较低，是类似油焦的物质，称为硬积碳。在低温部位形成的积碳，例如，燃烧室头部的积碳，质地比较松软，其 H/C 比较高，称为软积碳。这种 H/C 比相对较高的软积碳是由炭黑、烟点及燃料中高沸点尾馏分和燃烧过程燃料缩聚生成的重质烃类混合组成的。积碳与燃料的烃组成有关，H/C 比越小的烃类生成积碳的倾向越大。各种烃属生成积碳的倾向为：双环芳烃＞单环芳烃＞带侧链芳烃＞环烷烃＞烯烃＞烷烃。

燃料生成软积碳的倾向，可用烟点来衡量。烟点又称无烟火焰高度，是指油料在一个标准灯具内，于规定条件下作点灯实验所能达到的无烟火焰的最大高度，单位为 mm。它是衡量喷气燃料和灯用煤油燃烧是否完全和生成积碳倾向的重要指标之一。

表 4-34 列出了一些数据，从中可看出喷气式燃料的烟点与喷气式发动机燃烧室中生成的积炭量有密切的关系，特别是对软积炭。

表 4-35 的数据反映了油料烃组成和 H/C 比的变化对其燃料情况、生成积炭倾向及烟点的影响。

表 4-34　燃料烟点与积碳的关系

烟点/mm	12	13	21	23	26	30	43
积碳/g	7.5	4.8	3.2	1.8	1.6	0.5	0.4

表 4-35　烃类的烟点

烃类	烟点/mm	积碳倾向	燃烧完全程度	H/C
芳香烃	～18			
环烷烃	12～24	↑	↓	↓
烷烃	30～40			

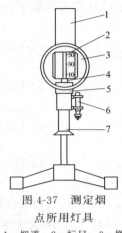

图 4-37　测定烟
点所用灯具

1—烟道；2—标尺；3—燃
烧室；4—灯芯管；5—对
流室平台；6—调节螺旋；
7—贮油器

产品规格要求航煤烟点不小于 25mm，灯用煤油烟点不小于 20mm。要使烟点合格，就需控制燃料的烃组成和馏分组成，芳烃特别是双环烃含量增加，油料变重都会使烟点值变小。航煤和灯油都希望限制上述有害组分的含量。故规格中除限制烟点外还限制芳烃含量，航煤不大于 20%，灯油不大于 10%。但灯油中保留少量芳烃，燃烧后产生炭粒可增加灯焰亮度。测定烟点时可按 GB/T 382—83（91）规定的方法进行。测定烟点所用灯具如图 4-37 所示。

测定烟点的具体步骤是：先取一定量的试油注入贮油器中，点燃灯芯。按规定调节火焰高度，读取刚好不出现测烟时的火焰高度，即为烟点的实测值。由于这是一个条件性的实验，测定值与测定仪器、灯芯和测定时的大气压力有关。因此须加以校正才能得到按要求的烟点。校正可按下式进行：

$$H = f \cdot H_a \tag{4-128}$$

式中，H 为试样的烟点，mm；H_a 为实测的试样烟点，mm；f 为仪器的校正系数。

仪器校正系数 f 为标准燃料于标准压力下在该仪器中测定的烟点（标准值）除以标准燃料于实际压力下在该仪器中测定的烟点（实测值）。

标准燃料采用异辛烷和甲苯的混合物，表 4-36 给出了一系列标准燃料在 101.325kPa 压力下的烟点值。使用时可根据试油的实测烟点 H，选两个标准燃料，其烟点一个较试油略高，一个略低。然后分别测定这两个标准燃料在实际压力下的烟点，按下列计算仪器的校正系数：

$$f = \frac{1}{2}\left(\frac{A_b}{A_c} + \frac{B_b}{B_c}\right) \tag{4-129}$$

式中，A_b，A_c 为 A 标准燃料烟点的标准值、实测值，mm；B_b，B_c 为 B 标准燃料烟点的标准值、实测值，mm。

仪器校正系数要根据情况及时测定。例如调换仪器或操作人员、大气压力波动超过 706.6kPa 时需要测定仪器校正系数。

表 4-36　标准燃料烟点的标准值

甲苯（体积分数）/%	异辛烷（体积分数）/%	101.325kPa 下的烟点/mm
40	60	14.7
25	75	20.2
15	85	25.8
10	90	30.2
5	95	35.4
0	100	42.8

（四）辉光值（LN）

燃料燃烧过程中生成积炭的倾向与燃烧时的火焰辐射强度有关。因为燃料的生炭性强，其燃气流中的炭粒就多，炽热的炭粒能使火焰亮度增加，热辐射加强。辉光值是反映燃料辐射强度的指标。辉光值的定义是：将试油与两个标准燃料相比较；标准燃料之一为工业标准异辛烷，规定其辉光值为100；另一标准燃料为四氢萘，规定其辉光值为0；比较三者在同样辐射强度时的火焰温度升高值，按规定公式计算出试油的辉光值。生炭性强的燃料，达到同样辐射强度时的火焰温升小，辉光值也小；生炭性小的燃料，火焰温升大，辉光值也大。

辉光值主要是衡量燃料生成硬积炭的倾向。辉光值与燃料的化学组成有关，对于碳原子数相同的烃类来说，烷烃的辉光值最高，环烷烃居中，芳烃最小。航煤的辉光值要求不低于45。

辉光值测定器由火焰温升测定系统（图4-38）和火焰辐射强度测定系统（图4-39）组成。

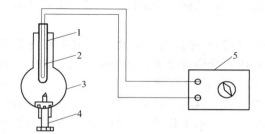 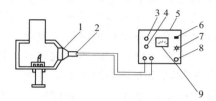

图 4-38　火焰温升测定系统

1—玻璃套管；2—热电偶；
3—烟灯；4—贮油器；5—电位计

图 4-39　火焰辐射强度测定系统

1—滤光片；2—光敏电阻；3—零点调节；
4—灵敏度调节；5—辉光强度测定仪；
6—测量切换开关；7—指示灯；
8—电源开关；9—微安表

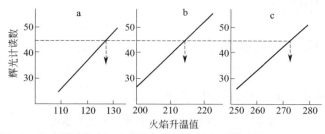

图 4-40　辉光仪读数与火焰温升值的关系

a—四氢萘；b—试油；c—异辛烷

实验时先将四氢萘注入烟灯中点燃，逐步升高灯芯直到烟点，记录辉光仪（表示火焰辐射强度）上的读数，每上升5个单位，记一次温升值。根据记录绘制出四氢萘的辉光仪读数与温升值的实验曲线，如图4-40所示。四氢萘到达烟点时的数据点即为评定试油的基准。然后按同样实验条件测定试油与异辛烷在四个不同辉光仪读数时的温升值。值得注意的是四个测定数据中必须有两个高于四氢萘的评价基准，两个低于评价基准。据此分别绘制出试油和异辛烷的实验曲线（见图4-40）。由图可以求得在四氢萘烟点时三组实验的温升值 ΔT_1、ΔT_2、ΔT_3，然后按下式计算试油的辉光值 LN。

$$LN = \frac{\Delta T_1 - \Delta T_2}{\Delta T_3 - \Delta T_2} \times 100\%$$ (4-130)

式中，ΔT_1 为试油在评价基础处的火焰温升值，℃；ΔT_2 为四氢萘在烟点时的火焰温升值，℃；ΔT_3 为异辛烷在评价基准处的火焰温升值，℃。

第五节 安定性的测定

油品在运输、储存或使用过程中保持其质量不变的性能，称为油品的安定性。

油品在储存和运输过程中，添加剂被水溶解或析出沉淀而引起的质量变化，这些都是物理性质的变化，属于物理变化的范畴。此外，油品在运输、储存或使用过程中，还常有颜色变深、胶质增加、酸度增大，生成沉渣的现象。这是由于油品在常温条件下氧化变质的结果，是化学变化，属于化学安定性的范畴，又称抗氧化安定性。而油品在较高的使用温度下，产生氧化变质的倾向，是属于热氧化安定性的范畴，又称热安定性。一般讨论油品的安定性指的是其化学安定性或热氧化安定性。

油品本身含有某些活泼组分，主要是不饱和的烃类和非烃类，是油品不饱和的内在因素。这些活泼组分在日光照射、氧化、金属催化作用和受热情况下，会产生氧化、聚合、缩合反应生成酸性物质、胶质、沉渣等，使油品质量恶化。为了保证油品的安定性，常需对油品进行精制以除去其中的不安定性组分，或加入添加剂，以改善其安定性。为了衡量油品的安定性的优劣，建立了一系列评定油品定性的质量指标。由于各种油品的使用场合不同及其化学组分的差异，其评定方法也有所差异，彼此之间既有共性也有特性。概括起来可以从两个方面考虑。一方面是测量油品中某些活性化合物的含量，例如，烯烃、有机氧、氮、硫化物等，以预测油品的变质倾向；另一方面给予油品一个加速氧化变质的条件，根据其变质后颜色的变化，酸度（酸值）的增加，生成胶质和沉渣的数量等，作为衡量油品不安定程度的指标。现按不同油品分述于后。

一、汽油的安定性

（一）汽油组成对安定性的影响

1. 汽油组成

表 4-37 列出几种主要加工方法得到的汽油组成。

表 4-37　几种主要加工方法得到的汽油组成

汽油组成	直馏汽油	热裂化汽油	催化汽油	重整汽油
烷烃/%	68	42	25	40
环烷烃/%	24	15	10	5
烯烃/%	0	36	41	0
双烯烃/%	0	0.5	0.2	0
芳烃/%	8	42	24	55

由表 4-37 可知直馏和重整汽油中无烯烃存在，所以直馏和重整汽油安定性好；而热裂化、催化汽油中含有相当量的烯烃和少量二烯烃，所以安定性不好。引起汽油安定性变差的原因除烃类组成外，更主要的原因是由于汽油中含有一些氧、氮、硫的非烃化合物。这些活泼的非烃类组分主要有：硫醇类化合物、吡咯系化合物、吡啶系化合物以及环烷酸和酚类化

合物；活泼的烃类组分主要有：烯烃类、共轭二烯烃类。下面讨论一下这些活泼的烃类和非烃类是怎样氧化生成胶质、使油品颜色变深，从而影响汽油的储存安定性。

2. 烃和非烃化合物对汽油安定性的影响

烃类中：最活跃的组分是共轭二烯烃，其次是烯烃，烷烃安定性最好。其氧化活性顺序是（不安定烃类活泼顺序）：

共轭二烯烃、芳烃＞单烯烃＞芳烃＞环烷烃＞烷烃

非烃中最活泼的组分是：元素硫、硫化氢、硫醇系化合物（RSH、ArSH）以及酚类化合物和吡络系化合物。

这些活泼烃类和非烃类化合物氧化生胶变色过程如下所示。

（1）共轭双烯。例如：在室温下：

$$R \underset{}{\overset{}{\bigcirc}} + O_2 \xrightarrow{\text{室温}} \underset{O-O}{\overset{R}{\bigcirc}} \xrightarrow{\text{分解}} \text{自由基} \xrightarrow[\text{自由基加成}]{\text{引发烯烃}} \text{大分子自由基} \xrightarrow{\text{烯烃}} \cdots\cdots \text{胶质}$$

$$\underset{}{\overset{CH=CH_2}{\bigcirc}} + O_2 \xrightarrow[\text{过氧化物}]{\text{室温}} \underset{}{\overset{O-O—CH_2}{\overset{CH}{\bigcirc}}} \xrightarrow{\text{分解}} \text{自由基} \xrightarrow[\text{自由基加成}]{\text{引发烯烃}} \text{大分子自由基} \xrightarrow{\text{烯烃}} \cdots\cdots \text{胶质}$$

当共轭双烯与芳烯类化合物共存于汽油中时，则发生共氧化反应或加成反应，而使生胶量增加，结果使汽油安定性下降。

（2）烯烃：烯烃单独存在时安定性较好，当烯烃与共轭二烯烃或硫醇性化合物共存时，共轭二烯烃或硫醇性化合物则引发烯烃的氧化反应，如：

$$RSH \xrightarrow[\text{活化、室温}]{} \underset{H\cdot}{RS\cdot} \xrightarrow{R'CH\overset{\delta}{=}CH_2} \underset{\cdot}{RS\cdot CH_2—CHR'} \xrightarrow{\begin{array}{l}① 次要 RSH\\② 主要 O_2\end{array}} \begin{array}{l} RSCH_2CH_2R' + RS\cdot（重复前述反应）\\[4pt] \underset{OO\cdot}{RSCH_2CHR'}\end{array}$$

$$\underset{OOH}{RS\cdot（重复前述反应）+RSCH_2CHR'} \xrightarrow{\text{分解}} \underset{O\cdot}{RSCH_2CHR'} + HO\cdot \xrightarrow{\text{烯烃}} \text{大分子自由基} \xrightarrow{\text{烯烃}} \text{胶质}$$

同理二烯烃也一样能引发烯烃氧化生成胶质。

所以在汽油中只要有少量硫醇类化合物或二烯烃存在，含烯烃类汽柴油安定性便会大大降低。因此烯烃是氧化生胶的主要因素（贡献者）。

（3）含硫化和物。如：

$$\underset{}{\overset{SH}{\bigcirc}} \xrightarrow[\text{分解}]{\text{室温}} \underset{}{\overset{H\cdot}{\underset{\cdot}{\overset{S\cdot}{\bigcirc}}}} \xrightarrow{RCH\overset{\delta}{=}CH_2} \underset{\cdot}{RCH_2CH_2S—\bigcirc} \xrightarrow{O_2} \underset{OO\cdot}{RCHCH_2S\cdot\bigcirc} \xrightarrow{} \underset{OOH}{RCHCH_2S\cdot\bigcirc}$$

$$+ \underset{}{\overset{SH}{\bigcirc}} \underset{}{\overset{S-}{\bigcirc}}$$

（重复前述反应）

$$\text{胶质} \cdots\cdots \xleftarrow{\text{氧化、聚合}} \text{大分子自由基} \xleftarrow{\text{烯烃}} \text{自由基} \xleftarrow{\text{分解}}$$

当烯烃与硫醇类化合物共存时，烯烃是非常活泼的，氧化生胶速度很快，是生胶的主要原因。其他硫化物也能参与生胶反应，但不如硫醇性硫化物那么活泼。

（4）含氮化合物。如：

$$2 \left[\begin{array}{c}\text{C}\\\text{C}\end{array}\text{N—H}\right] + \frac{3}{2}\text{O}_2\text{(空气)} \longrightarrow \text{H}_2\text{O} + \left[\begin{array}{c}\text{C}\\\text{C}\end{array}\text{N—O—O—N}\begin{array}{c}\text{C}\\\text{C}\end{array}\right] \xrightarrow{\text{分解}} 2 \left[\begin{array}{c}\text{C}\\\text{C}\end{array}\text{N—O·}\right] \xrightarrow[\text{引发}]{\text{烯烃}} \text{大分子自由基} \xrightarrow{\text{氧化、聚合}} \text{胶质}$$

（黑色）

其他氮化物对油品氧化生胶、颜色加深均有贡献，但不如吡咯类氮化物严重。氮化物是油品颜色的主要贡献者。

（5）氧化物。如：

$$\text{（苯酚）} \xrightarrow{\text{空气 O}_2} \text{（红色或褐色）}$$

再如：

$$\text{（邻苯二酚）} \xrightarrow{\text{O}_2} \text{（邻苯醌）}$$

其他氧化物如脂肪酸（有一定腐蚀性）、环烷酸也是使油品颜色加深的组分，但不是主要贡献者。除烃、非烃对油品安定性有影响外，还有阳光、温度、金属催化、空气中的氧等都可加速汽油氧化，但这些因素可人为改变。比如储存罐涂银粉、地下山洞储存、用钝化金属罐、储罐上加盖泡沫或冲入 N_2 等。

（二）评定汽油安定性的方法

1. 实际胶质

汽油在储存和使用过程中形成的黏稠的、不挥发的胶状物质，简称胶质。它与原油中的胶质在元素组成和分子结构上都不同，它们主要是由油品中的烯烃，特别是二烯烃、烯基苯、硫芬、吡啶等不安定组分氧化缩合而成的。根据其溶解度的不同，可以分为三种类型：第一种是不可溶胶质或称为沉渣，能在汽油中形成沉淀，可以通过过滤分离；第二种是可溶性胶质，能溶解在汽油中，能通过蒸发的方法使胶质作为不挥发物质分离；测定实际胶质就是用这种方法；第三种是黏附胶质，是指不溶于汽油中并黏附在容器壁上的那部分胶质，它与不可溶胶质共存，但不溶于有机溶剂中。上述三种胶质合称为总胶质。

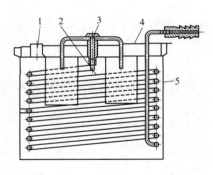

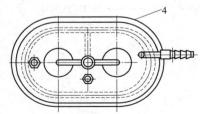

图 4-41　实际胶质测定用油浴图
1—浴盖上孔；2—旋管；3—磨口三通管；
4—油浴盖；5—油浴

实际胶质是评定汽油在使用过程中，在发动机进气管路及进气阀件上生成胶状沉积物倾向的指标。实际胶质是指 100mL 燃料在实验规定的热空气流中，经过蒸发、氧化、聚合、缩合所生成的胶质量，用 mg/100mL 表示。

实际胶质的测定按照国家标准发动机燃料实际胶质测定法（GB/T 509—88）规定进行。实验用仪器装置见图 4-41。测定时准确量取 25mL 经过脱水及经过滤的汽油，放入已恒重的烧杯中，然后把烧杯置入预热至 150

±3℃的油浴槽内，用规定流速的热空气吹扫油面，促使油样蒸发至干，直至残留物质量不变为止。称量残留物质量并换算为每100mL试油中的毫克数，这就是试油的实际胶质。

实际胶质的测定方法是模拟点燃式发动机汽化器的工作条件而制作的。测得的实际胶质包括两部分：一部分是油品储存时生成的可溶胶质，它呈溶解状态于燃料中，过滤不能除去；一部分是油品中存在的不安定组分在测定条件下反应生成的胶质。实际胶质高，燃料在进气系统中会生成较多的沉积物，使发动机不能正常工作，行程里程缩短。我国车用汽油要求实际胶质出厂时不大于5mg/100mL，四个月后要求不大于10mg/100mL。

这种实际胶质测定的方法与油料使用条件还有一定的差距。例如燃油的喷嘴和输油系统都是金属制品，金属（特别是铜）对油品生成胶质倾向有明显的催化作用。因此还可能完全反映油品在使用过程中生成胶质的准确倾向。为了更确切地反映汽油的使用性能，近年来出现了几种模拟实验方法。即在单缸汽油机上安装特殊机构加热的喷嘴，保持喷嘴温度为255℃，空气温度150℃。测定经过规定实验时间后喷嘴上正戊烷不溶的沉淀物的质量，作为汽油安定性的评定指标；或是在喷嘴内安装一个圆筒形铝片，在实验结束后测定铝片的增重值。但这些方法所用设备复杂，准确度不高（±9%），目前仍处于研究阶段。

实际胶质的测定目前已推广成为评定各种液体燃料安定性的质量指标之一。表4-38列出不同液体燃料的实际胶质的实验温度及其规定指标。

表 4-38　各种燃料实际胶质测定温度及指标

项目 \ 类别	航空汽油	车用汽油	喷气燃料	轻柴油	军用柴油
实际胶质/(mg/100mL)不大于	3	5	5	70	10
实验温度/℃	150±3		180±3	250±5	

参照ISO 6246—1995标准，我国于1987年制定了车用汽油和航空燃料实际胶质测定法（喷射蒸发法）GB/T 8019—08标准方法，该法与GB/T 509—88法相比，不仅测定的仪器结构不同，而且操作条件、取样量、蒸发温度、蒸发时间亦有明显的不同。该方法规定以蒸汽作为蒸发介质；对于掺有不易挥发性油品或添加剂的车用汽油，用正庚烷不溶物作为试油的实际胶质。新发布的车用汽油产品标准GB 17930—2016中规定，其实际胶质测定按GB/T 8019—08方法进行。

2. 诱导期

诱导期是在加速氧化条件下评定汽油的氧化安定性指标之一，它表示车用汽油在储存时生成胶质的倾向。

按照汽油诱导期测定法（GB/T 8018—2016）的规定，使氧弹和待实验的汽油温度达到15～25℃，把玻璃样品瓶放入弹内，并加入50±1mL试样，盖上样品瓶，关紧氧弹，并通入氧气直至表压达到689～703kPa时止，让氧弹里的气体慢慢放出以冲走弹内原有的空气，再通入氧气直至表压达689～703kPa，并观察泄露情况，如果在10min内压力降不超过6.89kPa，就可以定位为无泄漏，可进行实验。测定时把装有试样的氧弹放入剧烈沸腾的水浴中，应小心避免摇动，并记录浸入水浴的时间作为实验的开始时间，维持水浴的温度在98～102℃之间，诱导期测定器见图4-42，氧弹见图4-43。

测定时以氧弹浸入水浴的时间作为实验的开始时间，每隔15min左右记录一次氧弹压力，把在15min以内的压力降达到13.8kPa，而且再继续15min压力降不小于13.8kPa的开始下降的压力时的那一点，定为转折点。从氧弹放入水浴中起到达至转折点的分钟数作为实验温度下的实测诱导期。

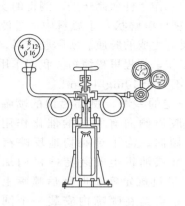

图 4-42　汽油诱导器测定器

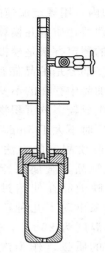

图 4-43　汽油氧化安定
性测定法所用氧弹

如果实验温度高于 100℃，则试样 100℃时的诱导期 x（分钟）按式(4-131)计算：

$$x = x_1(1 + 0.101\Delta t) \tag{4-131}$$

如果实验温度低于 100℃，则试样 100℃时的诱导期 x（分钟）按式(4-132)计算：

$$x = \frac{x_1}{(1 + 0.101\Delta t)} \tag{4-132}$$

式中，x 为实验温度下的实测诱导期，min；Δt 为实验温度和 100℃之间的代数差；0.101 为常数。

一般认为，诱导期越长，表示汽油的生胶倾向越小，抗氧化安定性越好。通过实践发现，这一结论对各类型的汽油并不完全适用。例如某种汽油测的其诱导期大于 720min，可是在 360min 时油样中胶质已高达 93mg/100mL。这是因为从不同原油和不同加工过程生产的汽油化学性质不同，其氧化变质的过程必然会有所差异。对于那些形成胶质的过程以吸氧的氧化反应占优势的汽油，诱导期可以反映其油品储存安定性；对于形成胶质的过程是以缩合和聚合反应占优势的汽油，吸氧只占次要的地位，诱导期就不能充分反映油品的储存安定性。这类汽油的压力-时间曲线上没有明显的转折点。虽然氧气消耗不多，但胶质已迅速增加，其诱导期虽长，但安定性却不好。含烯烃多的催化裂化汽油就是这种现象。诱导期氧弹法尽管存在上述缺陷，但诱导期太短的汽油肯定不能出厂，而且目前还没有更好的方法来代替它。国外一些研究机构根据实验结果，为诱导期氧弹法建立了补充指标。如瑞士材料实验所总结了 15 种无铅车用汽油和 15 种加铅车用汽油常温罐贮 10 年以上的经验，证实了贮存安定性良好的汽油，不但诱导期不大于 360min，同时，在氧弹中氧化 6h 后的油样，含正庚烷不溶物的胶质应不大于 10mg/mL。前苏联亦曾企图用诱导期终点汽油中的胶质作为诱导期的补充指标，但由于其数值大，实验重复性差而未被采用。实际胶质和诱导期均为快速氧化实验，适用于控制生产，但仍有不足之处。为全面评定汽油的安定性，常用与实际胶质贮存条件相似的催速贮存实验法。

3. 43℃（110 ℉）催速贮存实验法

本方法是贮存若干份一定质量的油样于规定容器内。再把容器密封后放入恒温为 43±2℃贮藏室中。然后按 4、8、16、32 周的贮存期分别取出试样，进行检验。通常检验的项目是总胶质（沉渣实际胶质）。有时还作酸度、透光率、正庚烷不溶物、二烯烃等项，用以评定试油的安定性。本方法与常温贮藏结果有良好的对应关系，故它可用作研究其他快速贮存实验的依据。根据 43℃ 贮存实验结果，可以预测汽油在常温下的贮存期。该方法通过测定汽油在 43℃（$T_1 = 43 + 273.15K$）这样的强化条件下生成一定量胶质所需时间（t_1），然后应用校正的阿累尼乌斯方程，可预测常温下汽油相应的贮存期（t_2）。

校正后的阿累尼乌斯方程：

$$\lg \frac{t_1}{t_2} = B\left(\frac{1}{T_1} - \frac{1}{T_2}\right) \tag{4-133}$$

式中，t_1、t_2 分别为各温度下生成一定量胶质所需时间，单位一致即可，一般用 1 周；T_1、T_2 分别为各自温度，K，$T_1 = 273 + t_1$，$T_2 = 273 + t_2$，（常温）；B 为温度系数，不同汽油 B 值不同，为使该式有普遍适用性，取平均值为 5500。

汽油在 43℃ 的实验条件下贮存一周相当于 27℃ 环境下贮存 9.2 周；43℃ 条件下贮存 16 周相当于 27℃ 环境下贮存 3 年；43℃ 条件下贮存 32 周相当于 27℃ 环境下贮存 5.2 年。

由于 43℃ 催速贮存实验需要较长的时间，为了更准确、迅速地预测汽油贮存安定性，又建立了 93℃、16 小时烘箱实验法。

4. 汽油贮存安定性测定方法

本方法又称为 16 小时烘箱实验法。测定时准确量取 130mL 试油装入玻璃试瓶中，再把密闭好的试瓶放入氧弹中。然后把钢弹密封并放入 93±0.5℃ 的油浴中或烘箱中贮存 16 小时，然后取出冷却，用气相色谱法测定试瓶内预留空间的氧含量。然后测定实验后试油的总胶质（沉渣加实际胶质）量。实验结束，用不安定指数 BZ_{16} 表示试油的贮存安定性。如式（4-134）所示：

$$BZ_{16} = \frac{O_0 - O_{16}}{O_0}(G_{16} - G_0) \tag{4-134}$$

式中，O_0 为实验前试瓶内预留空间的氧含量，V%；O_{16} 为实验后试瓶内预留空间的氧含量，V%；G_0 为实验前试样的总胶质含量，mg/100mL；G_{16} 为实验后试样的总胶质含量，mg/100mL。

显然，BZ_{16} 值越小，试油的贮存安定性越好。本方法既考虑了试油的吸氧量，也考虑了总胶质质量，故能较全面地反映汽油的安定性。

从 24 种汽油样品的实验结果表明，各种油样的 BZ_{16} 值与其在 43℃ 时贮存结果有良好的线形关系。见图 4-45。可建立下列关系式：

$$G_{43} = m(BZ_{16}) + G_0 + C \tag{4-135}$$

式中，G_{43} 为 43℃ 贮存时总胶质含量，mg/100ml；G_0 为实验前试样中总胶质含量，mg/100ml；C 为 BZ_{16} 胶质直线的平均截距，$C = 1.2$；m 为 BZ_{16} 胶质直线方程斜率。

m 值，可由图 4-44 查得。43℃ 贮存 8 周，m 值为 0.23；贮存 16 周，m 值为 0.78；贮存 32 周 m 值为 9.15。

还可以用试油的 BZ_{16} 值，43℃ 贮存的周数和 43℃ 贮存时生成的总胶质质量三者列成诺模图。见图 4-45。根据式（4-135）或图 4-46，在测得其试样的 BZ_{16} 值后，可求取在 43℃ 贮存任一时间后的试样中总胶质的增加量。反之亦可预知试样在生成一定总胶质质量时在 43℃ 所能贮存的最长时间。因为 43℃ 贮存期与常温贮存亦有对应的关系，所以本方法可预测汽油常温贮存 3～5 年的结果。

5. 碘值与溴价（或溴指数）

不饱和烃的存在对油品安定性有较大的影响。通常利用卤素与烯烃的加成反应来测定烯烃的含量。在实验条件下 100g 试油反应所吸收碘的克数称为碘值；100g 试油反应所吸收溴的克数称为溴价，单位用 g/100g 表示。而 100g 试油所吸收溴的毫克数则称为溴指数。它们均是评定油品安定性的指标之一。油品中不饱和烃越多，碘值（或溴价、溴指数）则越高，油品的安定性也越差。

图 4-44　诺模图

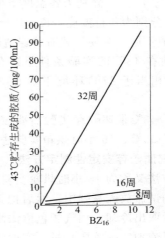

图 4-45　43℃贮存生成
胶质与 BZ₁₆ 的关系

碘值测定按碘-乙醇法进行：用过量的碘-乙醇溶液与试样中不饱和烃进行加成反应，反应过程为：

$$I_2(过量)+H_2O \xrightarrow{乙醇(溶液)} HIO+HI$$

$$RCH \!=\!\!=\! CH_2+HIO \xrightarrow{乙醇} \underset{OH}{RCH}\!-\!\underset{I}{CH_2} +HI$$

记录滴定剩余的碘及空白实验消耗的 V_1 及 $V_白$，按下式计算碘值：

$$I=\frac{(V_白-V_1)\cdot T}{G}\times 100 \tag{4-136}$$

式中，I 为碘值，g(I)/100g；$V_白$ 为空白实验消耗的标准 $Na_2S_2O_3$ 溶液的体积，ml；V_1 为试样实验消耗的标准 $Na_2S_2O_3$ 溶液的体积，ml；T 为标准 $Na_2S_2O_3$ 溶液的滴定度，g/ml，$T=\frac{N}{1000}\times 126.91$；$N$ 为 NaS_2O_3 当量浓度，ml；G 为试样质量，g；$(V_白-V_1)$ 相当于与 $RCH \!=\!\!=\! CH_2$ 反应掉的 I_2 所消耗的标准 $Na_2S_2O_3$ 溶液的体积，ml。

不饱和烃含量：

$$x=\frac{I\cdot M}{254} \tag{4-137}$$

式中，M 为试油平均分子量（即不饱和烃分子量）；254 为碘的分子量。

我国车用汽油不控制碘值，航空汽油及其他轻质燃料油碘值的控制指标列于表 4-39 中。

表 4-39　各种燃料碘值的指标

类别	航空汽油	喷气燃料				轻柴油（优极品）
		1 号	2 号	3 号	4 号	
碘值/(g/100g)不大于	12	3.5	4.2	—	4.2	6

溴价的测定按石油产品溴值测定法进行。测定时将试油溶解于由冰醋酸、硫酸、甲醇、四氯化碳、二氯化汞的乙醇溶液等试剂配制（体积比 73：3：7：15：2）的特殊溶剂中，用溴酸钾-溴化钾标准溶液滴定。滴定终点可用指示剂（甲基橙）或电位计控制。该方法终点不易判断、溶剂用量大、毒性大。近年来又发展了微库仑法。

微库仑方法测定溴价（或溴指数）是将试样注入已知溴含量的特制电解液中，电解液由溴化钾、乙醇、苯及冰醋酸等试剂配制（体积比 1：8.8：3：2）。溴价是在规定条件下，100g 试油消耗的溴的克数称为溴价，单位为 g（溴）/100g 油。溴指数是在规定条件下，100g 试油消耗的溴的毫克数，单位为 mg（溴）/100g 油。其基本原理：把一定量试样注入含已知溴含量的特别电解液（电解液是由溴化锂：乙醇：苯：丙醋酸＝1：8.8：3：2 配成）中。样品中的烯烃与溴反应（加成反应），由于滴定池中溴的浓度下降，所以电解电极对发生氧化反应进行补充，即消耗的溴由电解阳极发生氧化反应补充。

加成反应：

$$RCH{=\!=}CH_2 + Br_2 \longrightarrow \underset{\overset{|}{Br}\ \ \overset{|}{Br}}{RCH{-}CH_2}$$

电解阳极氧化反应：$2Br^- - 2e \longrightarrow Br_2$

然后测量补充溴所消耗电量，由法拉第电解定律便可计算溴价及溴值数：

$$Br = \frac{\theta \times 0.0828}{W_样} = \frac{\theta \times 0.000828}{W_样} \times 100 \tag{4-138}$$

$$Br' = \frac{\theta \times 82.8}{W_样} \tag{4-139}$$

式中，Br 为溴价，g(Br$_2$)/100g；Br' 为溴指数，mg（Br$_2$）/100g；θ 为试样所耗电量，mc；0.000828 为溴的电化当量，g（Br$_2$）/mc，即每消耗 1mc 电量相当于补充 0.000828g 溴；$W_样$ 为试样的质量，g。

由于溴比碘活泼，所以当试样中含不饱和烃少时用之灵敏，但溴不仅能与不饱和烃进行加成反应，而且也能发生取代反应，所以测定结果也略高。

二、喷气燃料的安定性

喷气燃料的安定性又称为航空煤油热安定性或热氧化安定性。

测定意义

一般航空煤油都有直馏产品，所以它的贮存安定性良好。但是，大家都知道航空煤油作为高空使用的，航空煤油不仅作为喷气式发动机的燃料，同时还起着冷却剂和润滑剂的作用，并且喷气燃料在使用时，油箱及各部分温度均高（飞行速度的马赫数为 2 时或飞行速度为 2376km/h 时，油箱温度为 100℃，换热器出口为 180℃，喷油嘴为 210℃），再加上油中溶解氧及金属的催化作用，从而便客观上加速了油氧化变质，生成胶质沉渣。这些胶质沉渣量虽少，但危害甚大，它能引起发动机滤网和喷油嘴压力降升高，甚至堵塞、中断供油，造成严重的飞行事故。除此之外，沉渣沉积在换热器器壁上，影响航空煤油传热性能和润滑性能。所以航空煤油中不安定组分应控制在要求范围内。

1. 航空煤油热安定性

（1）定义：又称为热氧化安定性。指在发动机燃料系统中，当受到温度和油中溶解氧以及金属催化剂的作用时，抵抗氧化沉渣生成的能力。

所以抗沉渣能力强，航空煤油热安定性好，在使用中沉渣生成的少。反之，抗沉渣能力弱，航空煤油热安定性不好，在使用中沉渣生成的多，易造成飞行事故。

（2）沉渣生产的原因。

航空煤油中沉渣的生成是由于温度、油中溶解氧及金属的催化作用，使航空煤油中不安定的烃类和非烃类氧化、聚合、缩合所致。航空煤油中不安定的烃类有：烷基萘、四氢萘类、烯烃以及侧链上有双键的芳烃。

它们的安定性大小顺序是：

芳烃＞烷基萘、四氢萘、烯烃（少量）＞烷基苯＞环烷烃＞烷烃

不安定的非烃主要是含 C、N、S 化合物。即硫醇 RSH（ArSH）、吡咯类及酚类，它们在生成沉渣的过程中，也是非烃类先分解或先氧化，再引发烯烃反应生成沉渣。

至于其生胶反应过程，基本上与汽油类似。所不同的是航空煤油在使用过程中各部位温度均较高，易使不安定烃和非烃氧化，所以航空煤油中不安定的烃和非烃的含量应严格控制。因此，为获得安定性良好的航空煤油，其组成中非烃含量应为最少；同时控制双环芳烃的含量（不大于 3%）；尽可能避免含有烯烃；只能允许数量不大的单环芳烃存在（不大于 20%），而环烷烃和烷烃应作为航空煤油的主要组分。

所以，无论从燃烧性（烟点、辉光值）、热值、安定性角度，都要控制航空煤油中芳烃含量（不大于 20%）和环芳烃含量（不大于 3%）。

2. 评定航空煤油安定性方法

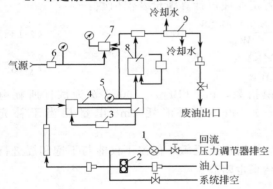

图 4-46　CFR 结焦实验流程图

1—压力调节器；2—齿轮泵；3—温度调节器；4—预热器；5—系统压力指示表；6—空气过滤器；7—压差变送器；8—过滤器；9—水冷却器

评定航空煤油安定性方法有：实际胶质、碘值、溴价、活性硫含量（将在第七节中介绍）、CFR 结焦器实验（评定航空煤油动态热安定性方法）和航空煤油静态热安定性方法。

（1）航空煤油动态热安定性测定方法（ZBE 31010—88）是模拟航空涡轮发动机燃烧系统的实际工作状况，用过滤器中滤网前后压差（ΔP）及预热器内管表面沉积物的色度级来评定在一定温度下燃料的热安定性。

测定方法：仪器装置流程图见图 4-46。

燃料以 2.75±0.05 l/h 进入系统，经预热器，其温度 $t=150±2℃$，然后经加热过滤器，其温度 $t=205±5℃$。在预热器部分，由于温度较高，油中不安定烃类和非烃类便氧化生成沉渣沉积在预热器内管外壁上，沉积程度大、颜色深、油安定性差。在加热过滤器内有一过滤网，网孔径为 $70μm$，该滤网捕集实验中生成的沉渣，沉渣的沉淀使滤网前后压差升高，沉淀程度用滤网前后压差大小表示，沉淀程度大，压差 ΔP 升高，热安定性差。经过过滤器的油经冷却后至废油罐，这样连续运转 5h，实验结束。然后用滤网前后的压差 ΔP 作为评定航空煤油动态热安定性的指标之一；预热器内管表面沉积物的色度级作为评定航空煤油动态热安定性的另一个指标。即把预热器内管（附着有沉积物）颜色与标准色板比较，标准色板共分为 0、1、2、3、4 五个等级。沉积物颜色越深，沉积物越多，级号越大，热安定性越差。例如 2# 航空煤油要求 ΔP 不大于 10.1kPa，色度级不大于 3 级。

（2）航煤静态热安定性测定。取 50ml 试油注入悬有铜片的油杯中，将油杯放入密闭的钢弹中，钢弹放入 150±2℃的恒温浴中，在这样的强化条件下氧化 4h，取出油过滤，测定沉淀物质量，以 mg/100ml 油表示。

沉淀量少，热安定性好，反之热安定性差。

为采用国外先进标准，我国还制定了（GB/T 9169—10）喷气燃料氧化安定性测定方法（JFT0T）法。

三、柴油的安定性

（一）柴油的贮存安定性

我国产品规格中规定优级品轻柴油的碘值不大于 6gI/100g，一级品轻柴油的贮存安定性沉渣不大于 2mg/100ml，合格品轻柴油实际胶质不大于 70mg/100ml。碘值与实际胶质的测定已在前面讨论过了，这里将讨论柴油的贮存安定性的测定方法。

柴油在贮存、运输过程中抵抗氧化变质的能力，称为柴油的贮存安定性。通常评定的方法有常温贮存和快速贮存实验两种。

常温贮存实验是把试油按规定放在带通风口的闭光暗室中，室温一般为 5～30℃，试油按贮存 3、6、9、12、24、36 等月的时间间隔采样，分析其沉渣值、实际胶质、酸度和消光值，来评定其变质倾向的大小。一般常温贮存时间是一年。

常温贮存实验需要时间太长，因此国内外都提出了不少催化贮存实验方法。这些方法大都是催速老化法。即提高油品的贮存温度，在一定的条件下，催速油品变质，然后测定变质后油品生成的沉渣量及其相应的指标的变化，来评定油品的安定性。例如英国的 DEF—2000 方法 16（即 99℃，16 小时）、DEF—2000 方法 17（即 49℃，4 周）；美国的 ASTM—D2274（即 95℃，通氧，16 小时）和 UOP431—61（即 100℃，16 小时）等。

我国亦制定了柴油贮存安定性测定方法（SH/T 0175—04）。该法是将已过滤的 350ml 试样装入清洗过的氧化管中，然后将氧化管浸入恒温在 95±0.2℃恒温水浴中，连续向柴油中通氧气 16 小时。在这样的强化条件下，用最终生成的总不溶物含量来表示柴油的储存安定性。按式（4-140）计算：

$$X = (m_1 + m_2) \tag{4-140}$$

式中，X 为试样氧化后的总不溶物含量，mg/100ml；m_1 为滤纸上的不溶物质量，mg；m_2 为黏附性不溶物质量，mg。

另外经过多年的探索，现已提出柴油贮存安定性的测定方法（冰醋酸-甲醛法），简称乙酸法。该法首先对加氢柴油的安定性进行研究，发现不同原料、不同精制深度的加氢柴油贮存时油品变质的倾向不同。可分为下面三种类型。

（1）沉渣型。油品贮存时沉渣增长很快，但实际胶质生成量很少。

（2）胶质型。油品贮存中胶质增长很快，而沉渣生成量很少。

（3）沉渣胶质型。油品贮存中胶质和沉渣增长较快。如果单纯用沉渣胶质量来评定必然导致较大的误差。通过实验发现，各种加氢柴油的贮存过程中，均使用油品的酸度来判定其安定性。若贮存油品的酸度在 0.5mgKOH/100mL 以下时，柴油的沉渣与实际胶质都是在规格允许范围内，因此酸度可以作为控制加氢柴油安定性的指标。酸不仅在油品氧化过程中形成，而且生成的酸又起到催化油品的自身氧化，加速油品变质的作用。因此，可以用外加有机酸来加速油品变质。这就是乙酸法快速评定柴油贮存安定性方法的基本构想。

在研究加氢柴油安定性的基础上，对大量的二次加工柴油（催柴、焦柴等）的安定性进行考查。实验表明，试油中加入冰醋酸将油中不安定性组分（主要是含氮化合物、不饱和烃、多环芳烃等）富集起来，加入的甲醛能使不安定组分缩合生成聚合物（残余物）。残余物的生成量与试油的安定性有很好的对应关系。所以根据生成残余物的数量，便可预测试油的安定性。

测定时是在恒重的带塞的试管内装入试油 5mL、甲醛水溶液 1mL 和冰醋酸 5mL。经充分振荡和离心分离后，静置于 140±2℃的烘箱中干燥、恒重。计算残余物的生成量，用质量分数表示。

若测的油品残余物小于 0.02%，常温贮存一年油品的沉渣必小于 2.0mg/100ml，色号必须小于 3 号。故判定为安定性好的油品。若残余物大于 0.2%，情况则相反，可判定为不安定性油品。因此，残余物量（0.20%）可作为评定柴油贮存安定性的控制指标，其有效预测期为一年。

乙酸法适用于评定各种类型成品柴油的贮存安定性，预测成功率为 80%～90%。方法简便、快速且容易推广。

（二）柴油的热安定性

柴油的热安定性又称为热氧化安定性，它反映了柴油在受热和溶解氧的作用下发生变质的倾向。

柴油发动机运转时，油箱中柴油温度可达 60～80℃。由于油箱剧烈的震荡，柴油与空气充分的接触，使油中的溶解氧达到饱和程度。柴油进入燃油系统后，温度继续升高，在金属的催化下，其中不安定组分急剧氧化而生成氧化缩合产物。这些产物沉积在喷油嘴针芯上，会造成针芯黏死，中断供油；沉积在燃烧室壁及气阀等部位，会使设备磨损加剧。

我国当前还没有测定柴油热安定性的标准方法。近年来，用喷气燃料热安定性测定仪改装的 CRC 结焦器来测定柴油热安定性的实验正在实验中。

四、润滑油的安定性

润滑油的安定性是指热氧化安定性。润滑油在使用和贮存过程中，当受到光照、受热和空气中氧及金属催化作用时，会氧化变质，颜色变深、黏度增加，生成酸性化合物质和胶质、沉渣。生成的酸性物质会腐蚀金属机件，胶质和沉渣会堵塞润滑系统的过滤器滤网和导油管，会引起活塞环黏结，造成不良影响。所以润滑油的使用取决于它的安定性，而安定性是评定润滑油质量的重要指标之一。

润滑油的安定性主要与其化学组成有关，使用温度与氧接触的方式及金属的催化作用有关。评定润滑油安定性的方法通常是按照其使用条件的不同，与氧接触的方式不同分为厚层氧化和薄层氧化两种。它们的氧化机理，都是自由基链反应。但氧化的条件不同，所以氧化速度及氧化深度和最终生成物不同。

（一）厚层氧化（油层厚度＞200μm，$t_{使}$＜200℃）

润滑油在油层厚、油量大的情况下，与空气接触发生的氧化称为厚层氧化，这种氧化的温度不高（在 100℃以下），金属催化作用不强。例如在内燃机油箱、齿轮箱、变压器、输油管中的润滑油的氧化就属于这种情况，它属于烃类液相的范畴。此时油品与空气中氧作用首先生成过氧化物，进一步氧化，生成酸性物质和沉淀物。通常以氧化后产物的酸值和沉淀物含量来表示润滑油的安定性。由于其安定性除与化学组成有关外，还与使用温度以及与金属、与氧的接触时间有关。因此，在润滑油的厚层氧化评定安定性的测试方法中，结合润滑油的不同的使用条件，综合考虑各种因素，建立了各种标准实验方法。

润滑油抗氧化安定性的测定（SH/T 0196—92）属于厚层氧化实验法。该方法是模拟厚层氧化情况来评定润滑油在使用时发生氧化、生胶反应生成沉淀物及酸性物质的倾向。实验值并不等于实际润滑油中所存在的酸性物质和沉淀物的量，而只是在强化条件模拟润滑油在使用过程生成沉淀物及酸性物质的倾向。该方法是用氧化物的水溶性酸或酸值及沉淀物生成量作为评定润滑油抗氧化安定性指标。本方法测定的安定性表示方法分为两种：一种是润滑油在缓和氧化条件下所形成的水溶性酸含量（包括不挥发和挥发两种）表示；另一种是以润滑油在深度氧化的条件下所形成的沉淀物含量和酸值表示。酸值是中和 1g 试油中的酸性物质所需氢氧化钾的毫克数。单位为 mgKOH/g。

润滑油缓和氧化实验装置见图 4-47，测定时空气以 50ml/min 通入油中，125±0.5℃，钢、铁球各一枚，氧化 4h，用所生成的水溶性酸含量表示缓和氧化条件下润滑油抗氧化安定性指标。收集的氧化生成的挥发性酸和油中的水溶性酸，用标准氢氧化钾溶液滴定。测定结果用酸值表示。

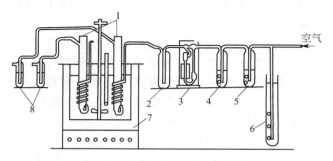

图 4-47　缓和氧化实验装置流程图

1—氧化管；2—安全瓶；3—流速计；4—硫酸洗气瓶；
5—氢氧化钠洗气瓶；6—气压调节器；7—油浴；8—吸收瓶

润滑油深度氧化测定装置见 图 4-48。测定时称取试油 30g 放入氧化管中，加入套着螺旋形钢丝的铜片作催化剂。在 125±0.5℃ 的温度条件下，通入流量为 200ml/min 的 O_2 通入油中，钢丝绕铜片，氧化 8h，用生成的不溶于石油醚的沉淀物百分含量（wt%）和酸值作为评定润滑油在深度氧化条件下抗氧化安定性指标。指标：如 8# 喷气机润滑油深度氧化沉淀物 wt% 不大于 0.08%，酸值不大于 0.3（KOH）/g 油。

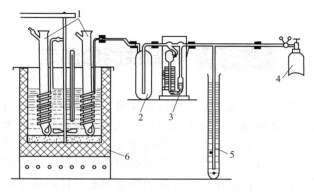

图 4-48　深度氧化实验装置

1—氧气管；2—安全瓶；3—流速计；
4—氧气瓶；5—气压调节阀；6—油浴

此外，还建立了抗氨汽轮机油抗氨性能测定法（SH/T 0302—93）；内燃机油氧化安定性测定方法（SH/T 0299—92）；润滑油氧化安定性测定方法（旋转氧弹法）（SH/T 0193—08）；润滑油抗乳化性能测定方法（GB 8022—87）；润滑油泡沫特性测定方法（GB/T 12579—02）；润滑油老化特性测定方法（GB/T 12709—91，康氏残炭法）等。

（二）薄层氧化（油层厚度<200μm，$t_{使}$>200℃）

在许多情况下，润滑油仅以很薄的一层（油层厚度小于200μm）附在摩擦面上进行润滑。这种情况下，润滑油以很大的表面积与空气接触，发生的氧化称为薄层氧化。例如在内燃机的活塞与汽缸之间工作的润滑油，蒸气透平的轴瓦之间的润滑油，都属于这种情况。此时，润滑油的工作温度较高（200~300℃），金属对其催化氧化作用也较强。氧化结果会生成一层黏附性很强的胶膜（漆装物）覆盖在金属机件上，使磨损增加，功率降低，热传导困难。严重时导致机件烧毁。

通常把覆盖于金属表面上的薄层润滑油在高温和空气中氧的作用下，所具有的抵抗胶质（漆状物）生成的能力称为润滑油热氧化安定性。

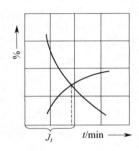

图 4-49　工作馏分、漆状物-时间曲线

润滑油热氧化安定性的测定方法是在规定的实验温度下（一般为250℃），称取一定量的试油放入钢制的蒸发皿内，油受热并在空气中氧化裂解，生成低沸点的气态产物和大分子的漆状物。随着实验时间的延长，漆状物逐渐增加，液态组分（工作馏分）逐渐减少。由于氧化裂解过程是逐渐发生的。所以实验需在4~6个蒸发皿内同时进行。当试油发生氧化后，每3~5min取出一个蒸发皿，并分别测出每个皿内的工作馏分的百分含量（即工作馏分占加入试油的质量百分数）和漆状物的百分含量（漆状物占加入试油的质量百分含量）。取得上述数据后，在纵坐标上以相同的比例表示不同实验时间的工作馏分百分数和漆状物百分数，在横坐标上记录与它们对应的实验时间（分钟）。然后分别做出工作馏分-时间曲线和漆状物-时间曲线。图上两条曲线交点处是组成为50%工作馏分和50%漆状物的油性残留物，其交点所对应的实验时间 J_t，就是评定润滑油的热氧化安定性的实验结果，单位为min，见图4-49。显然，测得的时间越长，试油的安定性越好。该方法是模拟薄层氧化情况来评定润滑油在发动机部件上生成漆状物的倾向。如：20# 航空润滑油热氧化安定性要求：250℃时 J_t 不小于25min。

第六节　低温性能的测定

油品的低温性是指油品在低温下能否维持正常流动顺利输送的能力。低温性能差的油品在受冷时会析出结晶，黏度增加以至失去流动性，严重影响油品的输送和使用。因此，发动机燃料和润滑油的低温流动性是其重要的质量指标之一。

车用汽油的馏分轻，沸点低，低温析出结晶的温度一般是−60℃以下，故此，其低温流动性通常都没有问题。这里讨论油品的低温流动性能主要是针对高空使用的航空汽油、喷气燃料油和馏分较重的柴油和润滑油等。

对于纯化合物在一定的压力下，由液态转化为固态或固态转化为液态的温度，称为凝固点或熔点。它是一个固定的数值，是物质的物理常数之一，而油品是各类烃的混合物，它的液、固两相的状态变化是在一个温度范围内实现的，其测定方法也与纯物质不同，它是根据不同油品和不同使用条件，采用严格规定的条件性实验进行测定的。

我国把浊点、结晶点、冰点、凝点和冷滤点作为评定油品低温性能指标。

一、浊点、结晶点和冰点

浊点、结晶点和冰点都是评定航空汽油、航空煤油低温流动性能的指标。

（一）定义

（1）浊点。在实验条件下把试油冷却到出现混浊时的最高油温叫浊点，单位：℃。这时由于油品中出现了许多肉眼看不见的微小晶粒，使其不再呈现透明状态所致。

（2）结晶点。在浊点之后，继续冷却试油，出现肉眼可辨针状结晶时的最高油温叫结晶点，单位：℃。

（3）冰点。在结晶点之后，加热试油，使原来形成的烃类针状结晶消失时的最低油温叫冰点，单位：℃。

以前认为结晶点等于冰点（纯物质是这样），但由上述定义看，二者存在一定差别，即同一试油的冰点高于结晶点，大约高1～3℃。

浊点、结晶点和冰点的测定可分别按照 GB/T 2430—08 标准方法进行，对于浊点小于−49℃的轻质石油产品浊点的测定按 GB/T 6986—14 标准方法进行。测定仪器装置见图4-50。

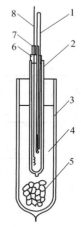

图 4-50　航空燃料
冰点测定仪
1—温度计；
2—双壁玻璃试管；
3—真空保温瓶；
4—冷剂；5—干冰；
6—软木塞；
7—压帽；8—搅拌器

测定时将试样分别装入两支专用的双壁玻璃试管中，其中一支试管插入冷浴中。按规定条件边搅拌边冷却。在达到预期浊点前3℃时，按规定从冷浴中取出试管，与标准物进行比较，直至试样开始出现混浊为止。此时温度计所示温度就是试油的浊点。在测定浊点后，继续冷却试样，在达到预期结晶点前3℃时，按规定从冷浴中取出试管观察，直至试样开始出现肉眼能辨别的晶体时，温度计所示的温度，即为试样的结晶点。在测定结晶点之后，继续加热试油，使原来形成的烃类针状结晶消失时的最低油温为冰点。

（二）轻质燃料油在低温下出现混浊和析出结晶的原因

1. 油品含有在低温下易析出结晶的固态烃

在常温下固态烃溶于油中，当油品温度降低时，溶解度下降，达到饱和时便析出结晶，表现为油变混浊，温度再低时便出现肉眼可辨针状晶体——结晶点。这些固态烃主要指正构烷烃，其次是环状烃。不同类型及分子量的烃，其熔点各不相同，见表4-40。一般正构烷烃与结构对称的短侧链单环芳烃的熔点较高；环烷烃、烯烃、异构烷烃的熔点较低。同一烃类中随着分子量的增大而熔点升高。所以由石蜡基原油，炼制的喷气燃料的结晶点较高，例如大庆原油，而由中间基原油加工的喷气燃料的结晶点则较低，例如克拉玛依原油、胜利原油等。同一原油加工的喷气燃料其馏分越重，相对密度越大，则结晶点越高，见表4-41。

表 4-40　各类烃（$C_6 \sim C_{16}$）的熔点

分类	名称	熔点/℃	分类	名称	熔点/℃
烷烃	正己烷	−95.32	环烷烃	甲基环戊烷	−142.45
	2-甲基戊烷	−154.0		甲基环己烷	−126.6
	正庚烷	−90.6		己基环己烷	−111.3
	2-甲基己烷	−118.3		丙基环己烷	−94.95
	正辛烷	−56.8		丁基环己烷	−74.93
	3-甲基庚烷	−120.5	单环芳烃	苯	+5.5
	正壬烷	−53.65		甲苯	−94.9
	正癸烷	−29.67		邻-二甲苯	−25.2
	正十二烷	−9.6		间-二甲苯	−47.8
	正十四烷	+5.5		对-二甲苯	+13.26
	正十六烷	+16.7		1,2,3,4-四甲苯	−4.0
烯烃	1-己烯	−138.9		1,2,3,4-四乙苯	+13.0
	1-辛烯	−101.1	双环芳烃	1-乙基萘	+15.0
	1-壬烯	−81.37		1-丙基萘	−12

表 4-41　大庆和克拉玛依喷气燃料馏分范围与低温性能关系

类别	馏分范围/℃	密度20℃/(g/cm³)	结晶点/℃
大庆原油	130～210	0.7679	−65
	130～220	0.7709	−59.5
	130～230	0.7743	−58
	130～240	0.7763	−52
	130～250	0.7788	−47
克拉玛依原油	110～230	0.7848	−65
	130～240	0.7883	−63
	140～240	0.7910	−60

2. 油品存在微量溶解水

当燃料油中有微量水时，在较低温度下，溶解水会达到过饱和状态，则以游离状态或冰晶状态析出。当游离水与油中的胶质作用，在过滤网上形成一层薄的黏膜，使过滤能力大大降低。冰晶颗粒的存在不仅堵塞过滤器和输油管，更重要的是这些微小的晶粒可以作为烃类结晶的晶核，使熔点较高的烃类围绕这些晶核成为迅速长大的结晶，使燃料系统的导管和过滤网堵塞现象加剧，甚至中断供油，酿成事故。一般油品中均有溶解水，轻油溶解水量在几十到 200mg/kg，这些水分在低温时随温度下降，溶解度下降，达到饱和时便析出结晶，使油品结晶点提高，从而影响油品低温性，因此在航煤中要加防冰剂（二乙二醇类）。

水在油中的溶解度与下列因素有关：

（1）与油品组成有关（即与油品中各烃类极性有关），各类烃极性大小顺序为芳烃＞烯烃＞环烷烃＞烷烃，因此溶水能力为芳烃＞烯烃＞环烷烃＞烷烃，所以当油品中芳烃含量高时，往往结晶点不合格。从结晶点角度，航空煤油要控制芳烃含量，并加防冰剂。无论从低温性能，还是热值、烟点、辉光值、安定性等角度，航空煤油中芳烃含量均要受到控制，芳烃含量不大于 20%。

（2）与馏分轻重有关，油越重含芳烃越多，溶水能力越高，含水越多。

（3）与温度有关，温度高（<100℃），水在油中溶解度大，含水越多。

此外，燃料溶解水的数量还跟湿度、大气压力及贮存条件等有关。测定这些指标有很重要的意义，由于航空煤油、航空汽油都是在高空低温下使用，为保证正常供油，使发动机正常运转，故要求航空燃料在低温下不能有结晶析出。飞机在刚启动时如有结晶析出就会堵塞滤清器中的滤网、滤布等位置，使启动困难，所以航空燃料对结晶点的要求很严格。再如当大庆 2 号喷气燃料从 0℃升高至 40℃时，其溶解的水的含量由 $40\mu L/L$ 增加至 $135\mu L/L$。根据这一原理，可以采用冷却过滤的方法，除去油中的水分。

浊点主要是用来评定灯油低温性能的指标。浊点太高的灯油在冬季室外用时，会析出微结晶，堵塞灯芯的毛细管，使灯芯无法吸油，导致灯焰熄灭。结晶点和冰点主要用来评定航空汽油和航空燃料油的低温流动性能指标。我国习惯采用结晶点，欧美各国采用冰点。航空汽油和喷气燃料在低温下使用时如果出现结晶，就会堵塞燃料系统的导管和滤清器，使供油不足，甚至中断，这对高空飞行非常危险的。

我国规格规定：航空汽油和 1# 航空煤油要求结晶点不高于－60℃，2#、3# 航空煤油要求结晶点不高于－50℃，4# 航空煤油要求结晶点不高于－40℃，灯用煤油要求浊点不高于－12℃。

二、凝点和倾点

凝点和倾点是评价原油、柴油、润滑油及重质燃料油低温流动性能的指标。

（一）油品凝固的现象

如前所述，石油及其产品是一种复杂的混合物，遇冷时逐渐失去流动性能，但没有明确的凝固温度。因此人为规定油品在低温下失去流动性时的最高温度为其凝固点（简称凝点）。油品的组成不同失去流动性的原因也不同。一般认为有下列几种情况，对于含蜡少的油品，随着温度下降，则黏度增加，当黏度增加到一定程度时，油品就会变成无定性的黏稠玻璃状物质而失去流动性，这种现象称为黏温凝固。当冷却含蜡较多的油品时，随着温度下降，油品中高熔点的烃类在油品中的溶解度降低，当达到其饱和状态时，就会以结晶状态析出，最初析出的是肉眼观察不到的细微的颗粒结晶，使原来透明的油品变为浑浊，这时的最高温度就是浊点，进一步降温蜡的结晶生成网状的结晶骨架使整个油品失去流动性，这种现象称为结构凝固（或称为构造凝固）。无论是黏温凝固或结构凝固，都指的是油品刚刚失去流动性的状态，实际此时油品仍处于黏稠的膏状物，其硬度离"固"还差得很远，只是在一定条件下失去流动性而已。

（二）凝点、倾点定义及测量方法

凝点（Solidification point）：在规定条件下，将试油冷却到不能继续流动时的最高温度，单位为℃，用 SP 表示。

倾点（Pour point）：在规定条件下，将试油冷却到能够继续流动时的最低温度，又称流动极限，单位为℃，用 PP 表示。同一油的倾点要比凝点稍高一些，一般高 1～3℃。

测定方法：凝点采用 GB/T 510—83（91）方法，在干燥、清洁的试管中注入试样，使液面满到环形标线处，用软木塞将温度计固定在试管中央，使水银球距管底 8～10mm，装有试样和温度剂的试管，垂直浸在 50±1℃的水浴中，直至试样的温度达到 50±1℃为止。然后从水浴中取出装有试样和温度计的试管，擦干外壁，用软木塞将试管牢固地装在套管中，试管外壁与套管内壁要处处距离相等。装好的仪器要垂直地固定在支架的夹子上，并放在室温下静置，直至试管中的试样冷却至 35±5℃，将其放入比试油预期凝点低 7～8℃的冷浴中降温，当达到某一温度时，将试管倾斜 45℃，经 1min，油面不再移动时的最高温度即为凝点。倾点主要是国外沿用的评定油品低温流动性能的指标，我国近几年采用，其测量采用 GB/T 3535—06 方法。测定时将试样装入试管中，按规定冷却，从高于预期倾点 9～12℃开始每隔 3℃检查试样流动性一次，直至试管保持水平位置（即倾斜 90°）5s 而试样不流动显示时，则取实验温度计上显示的读数加 3℃，便是试样的倾点。

（三）影响凝点的因素

1. 与油品的馏分组成、化学组成和分子量有关

油品沸点越高，特性因数越大，则凝点与倾点越高。同族烃类中，分子量越大，凝点越高。碳数相同时（前提条件：柴油及其以上馏分）：正构烷烃的 SP＞正构烯烃的 SP＞异构烷烃的 SP＞异构烯烃的 SP＞芳烃的 SP＞环烷烃的 SP。所以，不同原油的同一馏分油如果正构烷烃多，环烷烃少，则凝点高，反之凝点低，见表 4-42。油品中高熔点烃类含量多，则凝点较高。例如石蜡基原油及其产品的凝点比环烷基原油及其产品的凝点要高。

表 4-42　烃类（C_{12}～C_{24}）的熔点

烃类	熔点/℃	烃类	熔点/℃
$nC_{12}H_{26}$	−12	$C_{24}H_{50}$ （结构式）	−60
$nC_{13}H_{28}$	−6.2		
$nC_{14}H_{30}$	+5.5	$C_{24}H_{50}$ （结构式）	+8
$nC_{15}H_{32}$	+10		
$nC_{16}H_{34}$	+20	$C_{13}H_{28}$ （结构式）	−70
$nC_{17}H_{36}$	+22.5		
$nC_{18}H_{38}$	+28.0	$C_{20}H_{42}$ （结构式）	−70
$C_{14}H_{30}$ （结构式）	+8.5		
$C_{14}H_{30}$ （结构式）	<−80	$C_{10}H_{18}$ （结构式）	−30
$C_{16}H_{34}$ （结构式）	−70	$C_{14}H_{26}$ （结构式）	−68
$C_{18}H_{38}$ （结构式）	−65	$C_{18}H_{34}$ （结构式）	−48
$C_{18}H_{38}$ （结构式）	−8	$C_{19}H_{36}$ （结构式）	−19
$C_{21}H_{44}$ （结构式）	−61	$C_{20}H_{40}$ （结构式）	−19
$C_{24}H_{50}$ （结构式）	−27	$C_{14}H_{20}$ （结构式）	−49.5

续表

烃类	熔点/℃	烃类	熔点/℃
$C_{14}H_{16}$　—C—C—C—C	-53	$C_{18}H_{38}$　—C—C—C$_9$（C，C）	-45
$C_{18}H_{24}$　—C$_8$	-45.5	$C_{22}H_{44}$　—C—C—C$_{13}$（C，C）	-50
$C_{18}H_{30}$　—C$_{12}$	-7		

2. 与油品中是否有表面活性物质有关

当油中含有胶质、沥青质、环烷酸盐等表面活性物质时，油品的凝点比不含有表面活性物质的油凝点低。原因是这些表面活性物质能吸附在刚刚生成的蜡结晶微粒上，阻止蜡结晶长大，使蜡结晶以小而分散的形式分散在油中，而不是联成网状结构，这样便使蜡结晶连成网状结晶骨架的温度下降（时间向后推迟），故使凝点下降。

降凝剂使用机理与之类似。

3. 与操作条件有关

不同的加热条件和冷却速度下，石蜡的结晶过程和晶体形成的网状骨架都不同。因此必须严格遵守操作规程，才能得到正确的数据。具体有关操作因素如下所示。

（1）预热温度。按 GB 510—83（91）方法规定，试油在冷却降温之前须加热到 $50\pm1℃$，其目的是使试样中可能存在的蜡结晶熔化。若预热温度不同，凝点结果不同。例如：某油预热至 $40℃$，$SP=5℃$；预热至 $70℃$，$SP=-10℃$。大庆原油预热至 $50℃$，$SP=35℃$；预热至 $70℃$，$SP=30℃$ 等。

（2）冷却速度（降温速度）。对馏分油，冷却速度快，随温度降低，试油黏度增大，结晶成长速度降低，其结果偏低。所以，测凝点时要求冷浴温度比试油预期凝点低 $7\sim8℃$，外试管进入冷浴深度≤7cm，并在空气中降温至 $35\pm5℃$，再放入冷浴中降温。

（3）由温度计位置。安装温度计时，温度计水银球下边缘距试管底部距离应为 1cm，并温度计水银球部分应处于试管中央，不能贴壁。

倾点和凝点是衡量原油、中质及重质石油产品的输送和贮存及低温条件下使用时的重要指标之一。通常应按不同环境选用不同倾点的油品。例如一般户外工作的发动机应选用凝点低于周围气温 $7℃$ 以上的燃料，才能保证发动机的正常工作。

（四）测定意义

（1）由凝点可估测试油中相对蜡含量。

对含蜡原油和柴油，由凝点的高低估计其相对蜡含量。如：大庆原油 $SP>30℃$，蜡含量 25% 左右；沈北原油 $SP=48℃$，蜡含量 46% 左右；克拉玛依低凝原油 $SP\approx-50℃$，蜡含量 2.04% 左右。对不同原油生产的同一馏分油凝点高者，蜡含量多，含芳烃少；凝点低者，蜡含量少，含芳烃多。

（2）凝点是划分柴油牌号的依据。我国柴油的牌号是按凝点来划分的。

如：轻柴油　　10# 　　0# 　　-10# 　　-20# 　　-35# 　　-50#

SP 不大于　　10℃　　0℃　　-10℃　　-20℃　　-35℃　　-50℃

即凝点不高于柴油的各自牌号。

（3）凝点也是柴油、原油、润滑油、重质燃料油低温流动性重要质量指标之一，并且凝点对这些油的储存、运输、保管和使用具有指导意义。如：大庆原油 SP＞30℃，所以管输时温度必须至少高于其凝点以上 10℃ 的温度才能正常输送，否则凝固。

三、冷滤点

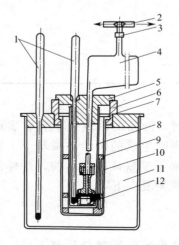

图 4-51　冷滤点测定装置图
1—温度计；2—三通阀；3—橡皮管；
4—吸量管；5—橡皮塞；6—支持杯；
7—弹簧环；8—试杯；9—固定架；
10—铜套管；11—冷浴；12—过滤器

冷滤点是评定柴油极限最低使用温度的指标，用 CFPP 表示。前面介绍的浊点、倾点、凝点均可作为评定轻柴油的低温流动性能的指标。但据实际经验柴油在浊点时仍能保持其流动性，若用浊点作为柴油极限最低使用温度的控制指标则过于严格，不利于充分利用能源；倾点是柴油的流动极限，凝点时柴油已失去流动性，若以倾点或凝点作为控制指标又偏低，往往会造成堵塞滤网、滤布等部位，中断供油，使发动机无法启动。经过大量的行车实验和冷起动实验表明，柴油的极限最低使用温度是在浊点和倾点之间，这一温度称为冷滤点。

冷滤点是在测定条件下，试油开始不能通过过滤器 20ml 时的最高温度。测定方法按 SH/T 0248 标准执行，仪器见图 4-51。其测定是模拟柴油在低温下通过滤清器的工作状态来设计的。在规定条件下，冷却试油，并在 200mmH_2O 下抽吸，使试油通过一个 363 目的过滤器，当试油冷却到比预期冷滤点高 5～6℃ 时，旋转三通阀抽吸，这样温度每降低 1～2℃ 抽吸一次，便可以测得 1min 内试油不能通过过滤器 20ml 时的最高温度，此最高温度即为冷滤点。指标见表 4-43。

表 4-43　轻柴油低温流动性能的指标

柴油牌号	10#	0#	−10#	−20#	−35#	−50#
冷滤点/℃,不大于	12	4	−5	−14	−29	−44

冷滤点于 1965 年由美国艾克森公司首先提出，目前欧美各国已把冷滤点列入柴油规格标准中，我国于 1985 年起亦把冷滤点作为柴油质量指标之一。我国轻柴油按冷滤点分为六个品牌，其对应的冷滤点指标列于表 4-43 中。

第七节　腐蚀性的测定

石油产品在贮存过程中，对所接触的机械设备、金属材料、塑料及橡胶制品等的腐蚀、溶胀作用，称为油品的腐蚀性。由于机械设备和零件多数是金属材料制品，因此，油品的腐蚀主要是指对金属的腐蚀，对设备材料引起腐蚀，这些物质主要有：活性含硫化合物（如 H_2S、S、RSH 等）和有机酸性物质（如 RCOOH）以及无机酸、碱性物质。腐蚀作用不但会使机械设备受到损坏，影响使用寿命，而且由于金属腐蚀生成物多数是不溶于油品的固体杂质，所以会影响油品的清洁度和安定性，从而对贮存、运输和使用带来一系列的危害。例如燃料对金属的腐蚀产物会堵塞过滤器和喷嘴，并促使胶质和积碳的生成。而且有腐蚀性的润滑油、润滑脂对设备的危害更大，腐蚀会破坏润滑、加速机器设备的磨损，以致缩短其使用寿命。

一、硫和硫化物腐蚀性的测定

（一）含硫化合物类型及性质

油品中含硫化合物按其性质共分为三类，见表 4-44。

表 4-44　油中含硫化合物类型

类型	硫化物	性质
活性硫化物	RSH(ArSH) (—SH 巯基)	石油及石油产品中含量并不多，但危害较大，能直接腐蚀金属，有强烈臭味，空气中含 500 亿分之一便可嗅到，剧毒
	S、H_2S	石油及石油产品中含量极少，均是加工石油时其他硫化物的热解产物，能直接腐蚀金属，H_2S 有剧毒，有臭味，空气中含 $1/10^6$ 便可嗅到
中性硫化物	R-S-R	石油及石油产品中含量较多，低级硫醚有臭味。其类型有 R—S—R 和环硫醚（如　），不能直接腐蚀金属，但受热分解成 H_2S、RSH 便能腐蚀金属
	RSSR	石油及石油产品中含量不多，低级二硫醚有臭味，热稳定性差，受热分解成 H_2S、RSH、S、R—S—R(可再分解)能腐蚀金属
非活性硫化物	噻吩同系物	无臭味，石油中含量不多，但热加工产品中多，主要有　等，对设备无腐蚀，热稳定性也较好

石油加工中，硫化物对金属设备的腐蚀一直是人们关注的问题。H_2S、S、RSH 是腐蚀金属设备的主要硫化物，它们多是热加工时中性硫化物热分解得到的。当活性硫化物与氯盐（溶于水）共存时，则腐蚀加重，所以加工高硫（＞2%）油时，设备必须衬铝，以防腐蚀。

（二）硫和硫化物腐蚀性测定方法

1. 铜片腐蚀实验

铜片腐蚀实验是定性检验试油中是否有活性硫化物存在的方法。铜片腐蚀实验按 GB/T 5096—85（91）规定方法，不同产品采用不同的实验步骤，铜片腐蚀实验弹的结构见图4-52。对航空汽油和喷气燃料，把完全清澈和无任何悬浮水或无内含水的试样倒入清洁、干燥的试管中 30ml 刻线处，并将最后磨光的干净的铜片在 1min 内浸入该试管的试样中，把试管小心滑入实验弹中，并把弹盖旋紧，把实验弹完全浸入已维持在 $100\pm1℃$ 的水浴中，放置 $2h\pm5min$ 后，取出实验弹，并用自来水冲洗几分钟，打开实验弹盖，取出试管，将一块规定形状和尺寸的铜片（某些实验用钢片或其他金属片），经磨光，

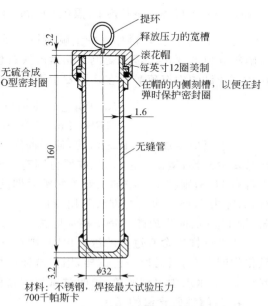

提环
释放压力的宽槽
滚花帽
每英寸12圈美制
无硫合成O型密封圈
在帽的内侧刻槽，以便在封弹时保护密封圈
无缝管

材料：不锈钢，焊接最大试验压力 700千帕斯卡

图 4-52　铜片腐蚀实验弹

用溶剂（如丙酮或乙醇-苯）洗净，放入定量试油中，恒定一定温度，保持一定时间。对汽油、柴油，温度恒定在 $50\pm2℃$，保持 3h；对航空煤油，温度恒定在 $100\pm1℃$，保持 2h；对润滑油，温度恒定在 $100\pm2℃$，保持 3h。然后取出铜片，按 GB/T 5096—85（91）规定的腐蚀标准色板分级（腐蚀标准分四级：1 级为轻度变色；2 级为中度变色；3 级为深度变色；4 级为腐蚀），判断出试油的腐蚀性。如：车用汽油铜片腐蚀（50℃，3h），不大于 1级；$1^{\#}$喷气燃料铜片腐蚀（100℃，2h），不大于 1 级；轻柴油铜片腐蚀（50℃，3h），不大于 1 级等。

2. 银片腐蚀实验（ZBE31009—88）

银片腐蚀实验是定性检验航空煤油中是否有活性硫化物存在的方法。为了确保喷气燃料腐蚀性合格，延长喷气发动机使用寿命，并防止发电机系统中的镀银配件被腐蚀，同时也由于银比铜相对活泼，更能灵敏地反映出活性硫化物的存在，故制订了此法。

方法：将规定尺寸的磨光银片（纯度 99.9%）悬挂于盛有 250ml 油样的锥形瓶中，在 $50\pm1℃$ 水浴中保持 4h 后，取出，洗净，根据颜色变化判断试样腐蚀性，共分五级：

0 级	元素 S 含量＜5mg/kg	不变色	当有 10mg/kg 硫醇存在时	
1 级	元素 S 含量＝7mg/kg	轻微变色	S 含量＝0.5mg/kg	
2 级	元素 S 含量＝10mg/kg	中度变色	S 含量＝2mg/kg	
3 级	元素 S 含量＝15mg/kg	轻微发黑	S 含量＝4mg/kg	
4 级	元素 S 含量＞15mg/kg	发黑	S 含量＝7mg/kg	

由此可见，当有硫醇存在时，元素 S 腐蚀更严重，也就是说明银片更能灵敏地判断腐蚀性。例如：$1^{\#}\sim3^{\#}$航空煤油银片腐蚀（50℃，3h），级别不大于 1 级。

3. 博士实验（SH/T 0174）

博士实验是定性检验汽油、喷气燃料、石脑油、苯类产品等轻质油品中是否有 H_2S、RSH 存在的实验方法。

方法原理：将试油（10ml）与 Na_2PbO_2（5ml）溶液放入带磨口的量筒中，然后剧烈振荡（15s），若试油中含有 H_2S，则发生下列反应：

$$Na_2PbO_2＋H_2S \longrightarrow PbS\downarrow(黑色)＋2NaOH[亚铅酸钠相变黑(水相变黑)，有 H_2S 存在]$$

若无 H_2S 存在，再加入少量硫磺粉（元素 S），振荡 15s，静止 1min，观察两相界面间硫磺粉颜色的变化，若不变色（元素硫淡黄色），或颜色浅于橘黄色，则说明试油中无硫醇存在。若试油中有硫醇存在，则发生下列反应：

$$Na_2PbO_2＋2RSH \longrightarrow (RS)_2Pb＋2NaOH$$
$$(RS)_2Pb＋S \longrightarrow RSSR＋PbS\downarrow(黑色)$$

由于反应生成黑色 PbS 沉淀，使界面间硫磺粉变色，但变色情况不尽相同，随试油中 RSH含量多少而异，呈橘红色、棕色或黑色则有 RSH 存在。颜色越深，RSH 含量越多。如果试样中含有 H_2S，则在试油中加入亚铅酸钠后即反应生成黑色 PbS，这时要使硫醇定性实验顺利进行，需除去 H_2S。除去的方法是用新的一份试样，加入占试样体积 5%的氯化镉溶液一起振荡，使 H_2S 反应生成硫化镉沉淀而除去。分离处理后的试样再加亚铅酸钠的实验。

如果试样中含有过量的过氧化物，则在试油中加入亚铅酸钠后会生成棕色沉淀，为确证过氧化物的存在，可另取一份试样，用占试样体积 20%的 NaI 溶液，几滴乙酸和几滴淀粉溶液一起振荡，如水层中出现蓝色，说明过氧化物存在。则实验结果无效。

4. 硫醇性硫含量的测定

（1）氨-硫酸铜法[GB/T 505—65(90)]。该法是定性检验发动机燃料中硫醇性硫含量的方法。

方法原理：依据硫酸铜溶液与氨水作用生成深蓝色的铜的四氨络合物：

$$Cu^{2+} + 4NH_4OH(或\ NH_3 \cdot H_2O) \longrightarrow Cu(NH_3)_4^{2+} + 4H_2O$$
$$（深蓝色）$$

$$Cu(NH_3)_4^{2+} + 2RSH \longrightarrow Cu(RS)_2 + 4NH_4^+$$
（深蓝色）　　　　　　　　蓝色消失

当用深蓝色的 NH_3-$CuSO_4$ 水溶液滴定装在漏斗中的试油时，开始由于 $Cu(NH_3)_4^{2+}$ 与 RSH 反应生成硫醇铜，水层蓝色消失（无蓝色），当滴定至水层有蓝色出现，并振荡 5min 之后仍不消失时为终点（这之前可放掉一些水层溶液，留下少部分水层，这样有利于终点的准确判断），记录消耗 NH_3-$CuSO_4$ 溶液体积毫升数，按式(4-141)计算硫醇性硫含量 S%：

$$S\% = \frac{V \cdot T}{W_{样}} \times 100 \tag{4-141}$$

式中，T 为 NH_3-$CuSO_4$ 溶液滴定度，g（S）/ml；$W_{样}$ 为实验时所取试样的质量，g。

该法简便易行，但对高度分支的硫醇（如 $R-\underset{\underset{R_2}{|}}{\overset{\overset{R_1}{|}}{C}}-SH$ ）不易同 $Cu(NH_3)_4^{2+}$ 反应，使测定结果偏低（由于空间阻碍），所以对高度分支的硫醇应采用电位滴定法 GB/T 1792—88。

（2）电位滴定法（GB/T 1792—15）。定量测定喷气燃料中硫醇性硫含量的方法。测定时将试样溶解在乙酸钠的异丙醇溶液中，然后用 $AgNO_3$ 的异丙醇标准溶液进行电位滴定，反应如下：

$$RSH + AgNO_3 \longrightarrow RSAg \downarrow + HNO_3$$

试样中的硫醇与硝酸银生成难溶的硫醇银沉淀。用参比电极（甘汞）和指示电极（银-硫化银）之间的电位突跃来指示滴定终点。记录消耗的标准硝酸银-异丙醇溶液的体积毫升数，按式(4-142)计算硫醇性硫含量 S%：

$$S\% = \frac{V \cdot N \times 32.06}{G_{样} \times 1000} \times 100 = \frac{V \cdot N \cdot 3.206}{G} \tag{4-142}$$

式中，V 为终点时消耗 0.01N 硝酸银-异丙醇溶液的体积，ml；N 为 0.01N 硝酸银-异丙醇溶液的当量浓度，N；$G_{样}$ 为样品重，g；32.06 为硫分子量。

本方法快速准确，并且对叔位结构的脂肪族硫醇，也能得到准确的结果。但试样中含有 H_2S 则不适用该法，因为 $2AgNO_3 + H_2S \longrightarrow Ag_2S \downarrow + HNO_3$ 而干扰测定，使测定值偏高，并要求元素 S 含量 <μg/g，否则干扰测定。该法测定范围：硫醇性硫含量 3～100μg/g。各种煤油的硫醇性硫限制含量见表 4-45。

表 4-45　各种煤油的硫醇性硫限制含量

项目	喷气燃料			灯油
	1 号	2 号	3 号	
硫醇性硫含量/% 不大于的实验方法	0.005 GB/T 505—65 (90)	0.002 GB/T 505—65(90)	0.002 GB/T 1792—88	0.001 GB/T 1792—88

二、有机酸含量的测定

石油中存在的酸性化合物有：环烷酸、酚类、脂肪酸、酸性硫化物、沥青质酸等。通常以环烷酸含量居多，它们主要集中在中沸馏分内。而二次加工的油品中，酸性化合物则以酚类为主，所以油品中的酸性物质的含量，随原油的性质和油品精制程度不同而变化。油品中的不安定性组分在使用和储存过程中，也可以被氧化而生成有机酸。

有机酸的分子量越小，酸性越大，其腐蚀性也越强。特别是有水分存在时，低分子有机酸会产生强烈的电化腐蚀。经腐蚀生成的金属盐类聚集在油中成为沉淀物，会堵塞燃油系统，影响发动机的正常运转；生成的金属盐类还会加速润滑油的氧化变质。因此，绝大多数的油品都要对其中的酸性化合物含量进行限制。

（一）酸度和酸值的测定［GB/T 258—77(88)，GB/T 264—83(91)］

酸度和酸值能衡量出试油中有机酸和无机酸含量，但油品中要求不含无机酸，所以二者都是表示样品中有机酸含量的指标。酸度是中和 100ml 试油所需 KOH 毫克数。单位为 mg(KOH)/100ml 油，该方法适用于汽油、煤油、柴油；酸值是中和 1g 试油所需 KOH 毫克数。单位为 mg(KOH)/g 油，该方法适用于润滑油、重柴油、原油。

酸度和酸值的测定按 GB/T 258—77(88) 和 GB/T 264—83(91) 标准执行：先用 95％乙醇与一定量的试油加热煮沸，将试油中的酸性物质抽出，然后用已知浓度的氢氧化钾乙醇溶液滴定至终点，这是由强碱滴定弱酸的中和反应，采用酚酞或碱性蓝 6B 作指示剂。由于盐的醇解使溶液呈弱碱性，在接近等当点时，加入最后一滴强碱溶液的 pH 值将大于 7。而酚酞或碱性蓝 6B 均可在 pH＝8.4～10 的范围内变色。故可测定溶液的酸度或酸值。按下式计算：

$$x = \frac{V \cdot T}{V_{样}} \times 100 \tag{4-143}$$

$$K = \frac{V \cdot T}{G} \tag{4-144}$$

式中，x 为酸度，mg(KOH)/100ml；K 为酸值，mg(KOH)/g；V 为滴定抽提液时终点消耗 KOH-乙醇溶液数，ml；$V_{样}$ 为试样体积，ml；G 为试样质量，g；T 为滴定度，mg(KOH)/ml，$T = 56.1 N_{KOH-乙醇}$。

表 4-46 某些油品的酸度或酸值规格标准。

表 4-46　某些油品的酸度或酸值标准

类型	酸度/(mgKOH/100mL)不大于	类型	酸值/(mgKOH/g)不大于
航空汽油	1.0	航空喷气机润滑油	0.04
车用汽油	3.0	20 号航空润滑油	0.03
喷气燃料	1.0	汽油机润滑油	中和值：报告
轻柴油	5～10	未加添加剂	
军用柴油	5	柴油机润滑油	

（二）润滑油腐蚀度的测定

润滑油腐蚀度的测定是在强化条件下，模拟润滑油在使用过程中生成的有机酸性物质和过氧化物对金属的腐蚀倾向的指标。润滑油中的有机酸（用 RCOOH 表示）和在使用中生成的有机酸以及过氧化物对发动机起到腐蚀作用。发动机润滑油腐蚀度的测定是用来评定润滑油中腐蚀性物质对发动机零件的腐蚀作用。发动机各种部件表面上的润滑油薄膜在受热的情况下，与空气中的氧长期接触可被氧化生成烃基过氧化物，它们使金属氧化。生成的金属氧化物能与油中的有机酸反应，腐蚀金属部件，从而使发动机使用寿命降低。

$$试油 \xrightarrow[温度, 长时间]{O_2} R_2O_2 \xrightarrow{Me} MeO \begin{cases} \xrightarrow{H_2O} Me(OH) \xrightarrow[RCOOH]{更易} (RCOO)_2Me \ 加重腐蚀 \\ \xrightarrow{RCOOH} (RCOO)_2Me \ 从而产生腐蚀 \end{cases}$$

所以说通常对含一些添加剂的润滑油，但凭酸值还不能完全判断润滑油的腐蚀性合格与否，因此，建立了发动机润滑油腐蚀度测定方法［GB/T 391—77（88）］。仪器见图 4-53它是模拟润滑油在发动机曲轴箱内的实际工作状况制定的。

测定方法：在规定条件下，将具有一定纯度（99.95%～99.98%）的铅片浸入 140℃试油中，随即提升到空气中，以 15～16 次/min 的速度反复进行，让铅片表面上热润滑油与空气接触而被氧化，经 50h 实验后，铅片被腐蚀而质量减轻，试样的腐蚀度 X（g/m²）按式（4-145）计算：

$$X = \frac{G}{S} \tag{4-145}$$

式中，G 为实验后的金属片质量变化，g；S 为金属表面的总面积，m。
发动机润滑油的腐蚀度指标见表 4-47。

表 4-47 某些润滑油腐蚀度指标

类型	腐蚀度/(g/m²)，不大于	类型	腐蚀度/(g/m²)，不大于
20 号航空润滑油	45	柴油机润滑油	13
8 号低凝汽油机油	10	压缩机油	60

三、水溶性酸、碱的测定

石油产品中的水溶性酸、碱是指油品在加工、贮存、运输过程中从外界进入的可溶于水的无机酸或碱。例如在石油产品酸碱精制过程中残留酸和碱。其类型有：矿物酸主要是硫酸、磺酸和酸性硫酸酯；矿物碱主要是 NaOH 和 Na₂CO₃。

水溶性酸、碱的危害：①油品中的水溶性酸、碱能腐蚀机器设备，酸能腐蚀大多数金属，碱能腐蚀铝、锌等金属；②催化油品氧化，使油品安定性下降。所以出厂油品要求不含水溶性酸、碱。

石油产品中水溶性酸及碱的测定方法（GB 259—88）是定性检验油品中有无水溶性酸酐存在的方法。测定时，用中性的蒸馏水与等体积试样混合，经充分振荡后，水溶性酸、碱即溶于水中。然后取出下层水溶液，分装两支试管中。分别用甲基橙和酚酞指示剂检查。由抽出液中指示剂颜色的变化情况，来判断试油中有无水溶性酸与碱的存在。对于汽油、煤油等轻质石油产品，实验在常温下进行，用蒸馏水抽提。对于柴油则用70～80℃蒸馏水抽提。对于 50℃时运动黏度大于 75mm²/s 的试油，需先用中性溶液将试油稀释后，再用蒸馏水抽提。如果试样与水混合时形成不易分层的乳浊液，则改用 0℃的乙醇水溶液

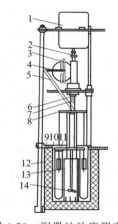

图 4-53 润滑油浊度测定仪
1—电动机；2—离合器；
3—减速装置；4—曲柄；
5—连杆；6—导管；
7—轴；8—移动环；
9—油浴盖；10—油浴；
11—试管插座；12—油浴外套；
13—圆筒；14—叶桨

（1：1）抽提，同时加入溶剂（汽油、乙醚、苯等）稀释，以便降低试样的黏度和密度，使易于分层分离，再取水层用指示剂检查其有无酸碱性。若抽出液对酚酞不变色时认为试样不含水溶性碱；对甲基橙不变色时，则认为试样不含水溶性酸。

第八节 电性能的测定

电器用油是石油产品的一类，主要用于电器设备中，作为绝缘介质和导热介质。我国国产电器用油主要分为：变压器油、电容器油、电缆油、断路器油（油开关用油），近期还开发了油开关专用的断路器油。对用作绝缘介质的油品要求安定性好，在低温下有较好的流动性、耐压性、电流损耗小、使用安全等。它们在外界电场作用下所产生的特性，是评定电器用油质量的重要指标，也是判断用油电器设备在运行中能否存在故障的参考指标。表 4-48 列出我国电器用油的电性能指标。电器用油的主要理化性质是电器性能而不是润滑性能。

一、绝缘强度和击穿电压

绝缘强度和击穿电压是衡量电器用油绝缘性能的指标，尤其是在高压电场下所具有的重要电器特性。绝缘油处于高压电场下，若升高其电压至某一极限时，电介质中瞬间会有很大电流通过，绝缘油即失去绝缘能力而变为导体，这一现象称为"击穿"。击穿电压是在规定条件下，电器用油在电场作用下所能承受的最高电压叫击穿电压，单位 kV。绝缘强度（介电强度）是单位厚度的油所能承受的击穿电压，kV/cm，即击穿电压除以油的厚度就是绝缘强度，它表征电介质在电场作用下能承受的最高电压。试油的绝缘强度越高，其绝缘性越好。

表 4-48 电器用油的电性能指标

油品名称	变压器油	电容器油 1 号 2 号	高压充油电缆	断路器油
容积电阻率/(Ω·cm)20℃≥	—	10^{14}	—	—
100℃≥		10^{13}		
电容率/(F/cm)20℃ 1000Hz		2.1～2.3		
50Hz		2.1～2.3		
介质损失角正切老化前温度/℃	90	100	100	70
1000Hz≤	0.005	—0.002		0.003
50Hz≤		0.004 0.005		
老化后温度/℃		100	100	
击穿电压/kV≥	35	—	—	—
绝缘强度/(kV/cm)20℃50Hz≥		200	200	200

测定方法按 GB/T 507—02 执行。绝缘油介电强度测定法是将两个直径为 25mm，相距 2.5mm 圆形平板电极放在盛油试杯中，在 15～35℃和空气相对湿度不大于 75%的条件下接通电源，不断提高电压，直到击穿时为止，此时电压为击穿电压，由击穿电压可计算出绝缘强度。击穿电压×4＝绝缘强度。具体指标见表 4-48。

油品中若含有微量的水分，其击穿电压会急剧下降。变压器油的工频击穿电压与含水量的关系见图 4-54。由图可知，开始时随着油品中微量水含量的增加，击穿电压急剧下降，但当油品中微量水含量增大至一定值时（＞200ng/μl），其击穿电压基本稳定，这是因为油品对水分的溶解量有一定限度，过多的水分会沉于容器底部而离开高压电场区，所以对击穿电压影响不大。油品中有金属粉末与水共存时，击穿

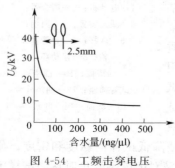

图 4-54 工频击穿电压
与含水量关系

电压会大幅度降低。电气用油在使用过程中会被氧化生成有机氧化物等极性物质，亦使击穿电压降低。因此在绝缘油的生产、贮存、保管和使用过程中，应特别注意防水、汽和杂质的混入。对运行中的绝缘油要定期作绝缘强度实验，防止油品老化变质，保证用油设备的安全运转，防止事故发生。

二、电容率

电容率又称为介电常数和介电系数，电容器中贮存的电量 Q 与两平板电极间的电压 V 和电容 C 有关，其关系式为

$$Q = CV \tag{4-146}$$

电容器的电容 C 的大小则与两平板电极的面积 S 成正比，和极片间距离 d 成反比，其比例常数 ε 称为电容率，又称为介电常数，单位为 F/cm。

$$C = \varepsilon \frac{S}{d} \tag{4-147}$$

式中，C 为电容器的电容，F；S 为两平板电极的面积，m²；d 为极片间距离，cm；ε 为比例常数，又称为电容率或称为介电常数，F/cm。

当电容器的电压、极片大小和极片间距离一定时，电容器的电量只取决于电介质电容率的大小，即与电介质的性质有关。若电介质（绝缘油）的电容率大，则电容器贮存的电量也多。通常油品的电容率用相对介电常数用 ε_T 来表示，相对介电常数是在一定温度下，装有绝缘油的电容器的电容 C_x 与同一电极系统的真空时电容器的电容 C_0 之比值。

$$\varepsilon_T = \frac{C_x}{C_0} = \frac{\varepsilon_x}{\varepsilon_0} \tag{4-148}$$

式中，ε_x 为电介质介电常数，F/cm；ε_0 为真空介电常数，F/cm。

电介质在电场作用下，它的分子或原子中的电荷会产生相对位移，形成偶极子，或者电介质本身就是偶极子。偶极子在电场作用下定向排列，在介质与电极交界面上，形成了与电极极性相反的电荷。这种现象称为介质极化。见图 4-55。

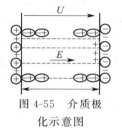

图 4-55 介质极化示意图

平行电容器中电场强度 E 与电压 U 有下列关系：

$$E = U/d \tag{4-149}$$

式中，d 为极板间距离。

设极板间为真空时，极板上的电荷为 Q_0，则真空电容器的电容量为

$$C_0 = Q_0/U \tag{4-150}$$

如果极板间装入绝缘油作电介质，这时电压 U 和电极间距离 d 都不变，则电场强度 E 亦应保持不变。故为抵消极化的影响，电极上的电荷则需增加 Q_p，相应的电容量 C_x 则为

$$C_x = \frac{Q_0 + Q_p}{U} = C_0 + \frac{Q_p}{U} \tag{4-151}$$

电介质的相对介电常数为

$$\varepsilon_T = \frac{C_x}{C_0} = 1 + \frac{Q_p}{C_0 U} > 1 \tag{4-152}$$

由上可知，同一电极系统中，电容器以介质填充时，其电容量比真空时增大，是由于介质极化所产生的。当电场强度不变时，介质极化率越高，则相对介电常数就越大。而对结构和尺寸恒定的电容器，如果装入的绝缘油的相对介电常数越大，它的电容量也就越大。也就

是说，如果有两个相同电容量的电容器，若其中一个装有较大介电常数的绝缘油，则电容器的体积就可以小一些。所以电容率是评定电容器油的重要质量指标之一。

三、介质损耗因数

介质损耗因数又称为介质损失角正切，是衡量电介质损耗电能大小的指标。介质损耗是电介质（电器用油）在电场作用下，单位时间内消耗的电量。损耗的能量转化为热能而引起介质温度升高（如变压器工作时发热就是由于介损耗所致）。

介质损耗产生的原因有 2 个：①由介质微小的导电性所致。即使绝缘性再好的油也会微弱导电，当微电流通过介质时，会损耗电能而使介质发热。②由电器用油中极性组分所致。微极性组分（含 O、N、S 化合物及微量水等）在电场作用下，产生极化而定向排列，这些极化分子形成导电链。见图 4-57 所示。所以电介质导电能力强，损耗电能多，而使介质温度升高；极性分子在交变电场中由于外加电场极性改变而使极化分子改变方向而运动，从而使介质温度升高。并且当电器用油处于交变电场下，这些微极性分子的极化就会随外电场极性的改变而改变。由于这种改变便引起微极性分子的微小运动，而造成能量消耗，使介质发热。

由于上述两种能量损耗都是由介质引起的，所以称为介质损失。介质损失又与介质损失角的大小有关。

交流电是正弦曲线（如图 4-56a），当这样的交流电用于一个完全的电容器（即无能量损失的电容器，或其他电器）时，电流超前电压 90°，当电流达最大值时，$V=0$，所以对于一个完全电容器 I-V 呈 90°（矢量关系），见图 4-58b；而对于一个不完全电容（或电器），由于介质要消耗一部分能量（功率），所以 I-V 不呈 90°，而时比 90° 小 δ 角，见图 4-56c，δ 角即为介质损失角，这个角越大，介质消耗能量越多。介质损耗常以介质损失角的正切值来表示，称为介质损失角正切 $\mathrm{tg}\delta$。$\mathrm{tg}\delta$ 越大，则介质损耗能量越多，介质中（电器用油中）微极性组分越多，介质绝缘性越差，所以电器用油要求 $\mathrm{tg}\delta$ 越小越好。电器用油的介质损失角的正切控制指标见表 1-51。

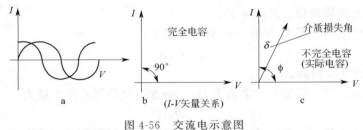

图 4-56　交流电示意图

四、容积电阻系数

容积电阻系数（又称容积电阻率）是表示电容器绝缘性能的指标。电气用油首先考虑用作绝缘介质，因此希望它是电的不良导体。绝缘油的导电难易程度是用容积电阻系数（电阻率）表示。按欧姆定律，在恒定的电压和温度下，绝缘介质的电阻 R（Ω）与其长度 L（cm）成正比，与其截面积 S（cm²）成反比，比例系数 ρ 就是容积电阻系数，单位为 Ω·cm。导电率是在恒定电压和温度下，介质的导电能力。导电率的倒数称为容积电阻系数。ρ 越大，电容器的绝缘性能越好。

另外，ρ 随温度的升高而降低。随温度升高溶水能力增强，溶解水量增加，油导电率增加，所以 ρ 下降。当油中混入杂质或吸收水分后，ρ 显著下降，即吸水或混入杂质后，导电性增强，而绝缘性变差，ρ 减小，所以在保管电器用油时要严防水和杂质混入。

第九节　油品中杂质的测定

石油产品的颜色与原油的性质、加工工艺、精制深度等因素有关。直馏石油产品具有颜色主要是因为含有强染色能力的中性胶质所致。例如，无色汽油中含有 0.005％ 的中性胶质，就可染成草黄色。对于裂化的石油产品由于会有不饱和的烃类和非烃类，性质不安定，在空气中氧化聚合生成胶质，颜色变深，所以在生产过程中测定石油产品的颜色可以判定油品精制的程度，以便控制产品的质量。在贮存过程中测定油品的颜色也可衡量油品的安定性。对于同一颜色原油的加工产品，其颜色可作为精制程度和安定性评价的标准之一，但原油产地不同，其颜色也不同，对于不同原油生产的馏分相同的产品，则不能单纯用颜色的深浅来评定他们质量的优劣。

测定石油产品颜色的方法，可分为目视比色法和分光光度法两类。现行的测定标准多为目视比色法。通常在测定条件下，把油品颜色最接近于某一颜色标准色板（或色液）的颜色时所测的结果称为色度，所以石油产品颜色的测定又称为色度的测定。

一、石油产品的色度

石油产品的颜色主要是由强染色能力的中性胶质所致。通常直馏汽油、直馏柴油和航空煤油是无色透明的。二次加工的油品（裂化焦化汽柴油）的颜色主要是由不饱和烃和非烃氧化聚合所生成的胶质所致。

测定油品颜色的方法主要有：赛波特比色计法、石油产品色度测定法［SH/T 0168—92（00）］、石油产品颜色测定法（GB/T 6540—86）。

（一）赛波特比色计法

赛波特比色计结构示意图见图 4-57 所示。

测量根据：当某一高度试油的颜色与某一厚度的标准色板的颜色相同时，由表 4-49，根据试样高度和所用标准色板厚度查出赛波特色度号。

赛氏色号范围从 +30 到 -16，赛氏色号数值越大，试油颜色越浅。

一般汽油色度在 +30～+25 之间，煤油色度在 +25～+18 之间。赛波特比色计法适用于浅色石油产品（液、固）测色度。

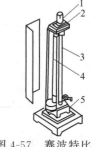

图 4-57　赛波特比色计
1—目镜；2—光学系统；
3—试样玻璃管；
4—标准玻璃管；
5—反射镜

（二）石油产品色度测定法

1. SH/T 0168—92（00）**方法**

测定时也是在规定条件下把试油与标准色板的颜色进行比较，当试油颜色与某一色号的标准色板的颜色相同时，该试油的色度就等于该标准色板的色号或色号范围（如 18～19）。色号越大，颜色越深。该法色号的范围是 1～25。

2. GB/T 6540—86 方法

目前石油产品颜色的测定均按 GB/T 6540—86 标准执行。将试样和蒸馏水分别注入不同的标准玻璃试样杯（标准玻璃试样杯高度为 120～130mm，内径为 32.5～33.4mm）中，然后将两个标准玻璃试样杯放入比色计的格室内，用标准光源照射，通过该格室可观察到标准玻璃比色板（GB 色号从 0.5～8.0）的颜色，比较试样与标准玻璃比色板的颜色，当试样颜色与某一色号的标准玻璃比色板颜色相同时，记录该色号，即为试样的 GB 色号；如果试样颜色介于两个色号之间，则报告两个色号中较高的一个，作为试样的 GB 色号，并在色号前加"小于"字样。如：小于 3.0 号，小于 7.5 号等，绝不能报告大于 3.0 号，大于 7.5 号等，除非颜色比 8 号深，可报告为大于 8 号。

表 4-49　与塞波特颜色相对应的试样高度

标准色板	试样高度		色号	标准色板	试样高度		色号
	in	mm			in	mm	
半厚板一片	20.00	508	+30		6.25	158	+7
	18.00	457	+29		6.00	152	+6
	16.00	406	+28		5.75	146	+5
	14.00	355	+27		5.50	139	+4
	12.00	304	+26		5.25	133	+3
整厚板一片	20.00	508	+25		5.00	127	+2
	18.00	457	+24		4.75	120	+1
	16.00	406	+23		4.50	114	+0
	14.00	355	+22		4.25	107	−1
	12.00	304	+21		4.00	101	−2
	10.75	273	+20	整厚板两片	3.75	95	−3
	9.5	241	+19		3.625	92	−4
	8.25	209	+18		3.50	88	−5
	7.25	184	+17		3.375	85	−6
	6.25	158	+16		3.25	82	−7
整厚板二片	10.50	266	+15		3.125	79	−8
	9.75	247	+14		3.00	76	−9
	9.00	228	+13		2.875	73	−10
	8.25	209	+12		2.75	69	−11
	7.75	196	+11		2.625	66	−12
	7.25	184	+10		2.50	63	−13
	6.75	171	+9		2.375	60	−14
	6.50	165	+8		2.25	57	−15
					2.125	53	−16

二、水分

石油及石油产品中水存在形式有三种形式：悬浮水，以水滴形式悬浮于油中，肉眼可辨；乳化水，以极小的水滴形式分散于油中，在油中呈胶体溶液，乳化水稳定，其保护膜是环烷酸盐类，形成油包水；溶解水，以溶解状态存在于油中，一般溶解水在几十到 200ng/μl。

从地底下开采的石油一般都含有水分，而成品油中的水则是由于加工、运输、贮存过程中混入的。轻质油品密度小，黏度小，油水容易分离；而重质油品则相反，不易分离。一般溶解水在成品油中乃至原油中是不可避免的，石油分析中把无水视为无悬浮水和乳化水。

水分存在的危害极大，润滑油中含水，不但会增加机件腐蚀，而且会由于水同大于 100℃ 的润滑油部件接触生成水蒸气，而破坏润滑油膜，进而增大磨损；燃料油含水，一是降低燃料油热值，二是能因油在低温下使用析出冰粒而堵塞油路，尤其是航空煤油、柴油中含水会造成堵塞油路，后果严重；原油中含水，一是增大运输量，二是给原油加工带来困难（冲塔、腐蚀）；实验用油含水，影响结果准确性，如测量结晶点、凝点、冷滤点会由于水的存在使结果偏高；重整原料含水，会使催化剂中毒，原因是水占据催化剂酸性中心，破坏酸性中心与金属中心的平衡，使催化剂活性下降，所以重整原料在进入反应器前要蒸馏脱水，例如 Pt-Rt 重整要求含水＜5ng/μl，Pt 重整要求含水＜20ng/μl，因此油中含水量必须严格控制。进入常、减压蒸馏装置的原油要求含水量不得大于 0.2％～0.5％；成品油的规格要求汽油、煤油不含水分。轻质柴油水分含量不大于痕迹（0.03％为痕迹）；重柴油水分含量不得大于 0.5％～1.5％；各种润滑油，燃料油都有相应的质量指标。

　　水分的分析方法有定性法和定量法，定性实验对于轻油是将试油装入 100ml 玻璃量筒中，观察透明混浊与否来判断有无悬浮水和乳化水；对于重油由于颜色深，难于观察，则用声响实验来定性检验，即将试油装入试管中，然后放入 175±5℃ 油浴中，使试油加热至150℃，产生泡沫或听到响声则有水，反之则无水。定量测定方法包括：蒸馏法、卡氏试剂法、微库仑法、气相色谱法等。

（一）蒸馏法（常量水测定）

　　蒸馏法测定按照 GB/T 260—77（88）执行，常量水测定仪器见图4-58。将 100g 试油与 100ml 无水溶剂（80～120℃汽油或 90～120℃石油醚）混合，放入蒸馏烧瓶中加热，进行回流蒸馏，利用水、试油、溶剂的混合物在回流蒸馏过程中沸点不升高的特点，靠溶剂把水携带出来，经冷凝收集于接受器中，读出体积 V（ml），用下式计算含水量 W％（质量百分数）。

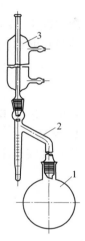

$$W\% = \frac{V}{G_{样}} \times 100 \qquad (4-153)$$

　　式中，V 为室温下水的密度视为 1g/cm³ 的体积，ml。

　　这里溶剂起着降低试油黏度，携带水分蒸出的作用，所以要求其不溶于水，密度小于1，沸点比试油低，大概在 100℃ 左右。通常采用 80～120℃ 的馏分油作为溶剂。

　　蒸馏法是一种常量测定法，只能测定含水量在 0.03％ 以上。但在石油化工的生产和科研中，常需要测定存在的痕量水（微量水）。

图 4-58　水分测
定装置图
1—圆底烧瓶；
2—接收器；
3—冷凝管

（二）卡尔-费休试剂法

　　这是一种应用卡尔-费休试剂的化学测水法。该方法的最低检出限量为 5ng/μl。适用范围：气、固、液、半固体均可，常量微量水皆宜，测定结果比较准确，因而是当今应用最为广泛的测定水方法之一。

1. 方法原理

　　基于当试油中有水存在时，试剂中的 I₂ 和 SO₂ 与试样中的水发生下列反应：

$$2H_2O + I_2 + SO_2 \underset{}{\overset{可逆}{\rightleftharpoons}} H_2SO_4 + 2HI$$

　　但由于 I₂ 升华，SO₂ 挥发，并且此反应可逆，定量不准，所以需将 I₂ 和 SO₂ 加入到甲醇和吡啶中，制成卡氏试剂 [卡氏试剂由 I₂：SO₂：CH₃OH：C₅H₅S＝50（g）：40mL：260mL：120mL组成] 卡氏试剂与试样中水反应如下：

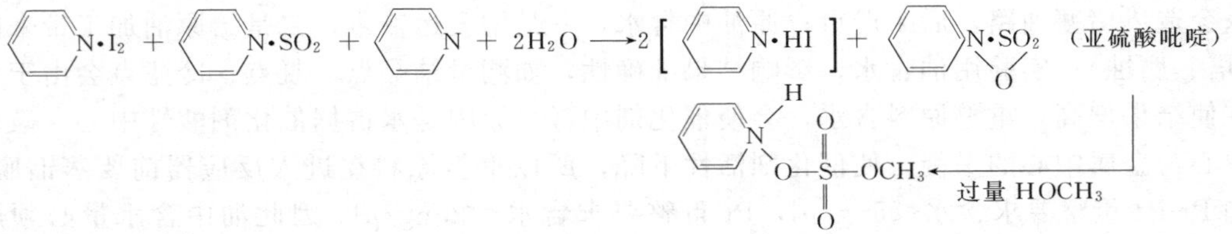

结果是 SO_2 把 I_2 还原成 HI，而吡啶和甲醇的加入并不影响 SO_2、I_2 与水的定量反应，并使反应向右进行（不可逆），定量反应完全，从而可测定微量水含量。

测定方法：将一定量试样和溶剂（甲醇∶氯仿＝1∶3）放入滴定瓶中，开启仪器，用卡氏试剂滴定。试样中水与试剂中的 SO_2 和 I_2 发生上述反应，这时无电流通过检流计，当时样中的水全部与试剂中 SO_2 和 I_2 反应完时，只要稍加试剂（一滴），则试剂中的 I_2 便在电介电极间发生电极反应：

$$I_2 \longrightarrow 2I^- + 2e$$

产生的 I^- 传导电流，使微安表指针偏转，以此来指示滴定等当点（叫永停点滴定法），根据等当点时消耗卡氏试剂毫升数（V）用下式计算试样中水含量：

$$W(\text{ng}/\mu\text{l}) = \frac{V \cdot F}{G \cdot 1000} \times 10^6 = \frac{V \cdot F}{G} \times 1000 \tag{4-154}$$

式中，F 为卡氏试剂滴定度（水当量），mg（水）/ml 卡氏剂；G 为样品质量，g。

2. 讨论

（1）吡啶作用（卡氏剂中）：降低 SO_2、I_2 蒸气压，防止二者损失，生成

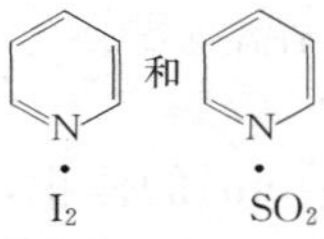

起保护作用；中和酸性产物的作用（HI，H_2SO_4）。无吡啶存在时 H_2O 与 SO_2、I_2 反应生成 HI、H_2SO_4，有吡啶存在时生成 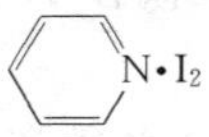 和 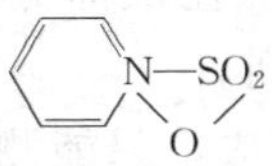 。SO_2 起还原作用；I_2 起氧化作用；作溶剂。

（2）甲醇作用（卡氏试剂中）：使反应不可逆，正确计算水量。

由于卡氏试剂中甲醇过量，$[\text{CH}_3\text{OH}] \gg [\text{H}_2\text{O}]$，所以甲醇首先与生成的亚硫酸吡啶反应，使反应顺利向右进行（不可逆），防止了下列反应：

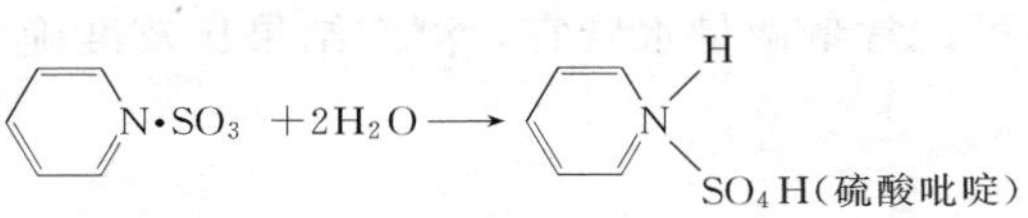

使水得以正确计量；作溶剂（吡啶同样也起溶剂作用）。

（3）注意事项。

① 卡氏试剂要在棕色瓶密闭干燥器中保存，以免氧化、吸水及防止 I_2 升华，SO_2 挥发损失，而且实验前要进行水当量的测定，mg（水）/ml 卡氏剂；

② 仪器各接口要密封，严防大气中水进入系统，否则结果偏高；

③ 甲醇有毒，刺激神经，易使眼睛失明，所以操作时要小心。

3. 库仑法

微库仑滴定池的结构见图 4-59，其指示电极对为铂片，电解电极对由铂丝构成。

电解液是由卡氏试剂、甲醇、氯仿的混合物组成。当滴定池加入试样后，试样中的水便与卡氏试剂中 SO_2 和 I_2 发生前述的氧化还原反应，由于 H_2O 消耗 I_2 使池内碘的浓度下降，所以库仑池中的指示电极对便把这一变化信号通过库仑放大仪反馈同样信号，施加一定电压于电解电极对上，在电解阳极发生氧化反应：$2I^- \rightarrow I_2 + 2e$，以补充 H_2O 所耗的 I_2。生成的 I_2 又与样品中的水反应，这样反复进行直至样品中水全部反应完毕，电解池中碘恢复至初始浓度，电解停止。计量整个电解过程中补充 I_2 所消耗电量（θ，mC），根据法拉第电解定律计算水含量：

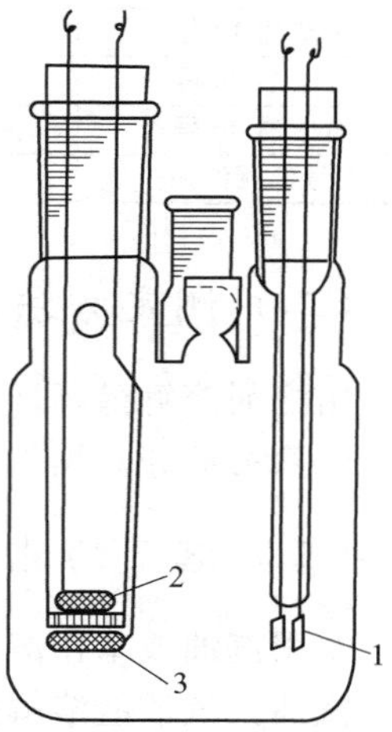

$$W(\mu g/g) = \frac{W_{H_2O}(mg)}{\rho \times V \times 1000} \times 10^6 = \frac{\theta \times 10^3}{\rho \times V \times 10722} \quad (4\text{-}155)$$

$$W_{H_2O}(mg) = \frac{M_{H_2O}}{n} \cdot \frac{\theta}{96500} = \frac{18 \cdot \theta}{96500 \times 2} = \frac{\theta}{10722}$$

式中，θ 为试样耗电量，mC；V 为样品体积，ml；ρ 为 20℃油的密度，g/m^3。

图 4-59　滴定池结构图
1—指示电极对；
2—电解阴极；
3—电解阳极

4. 气相色谱法

方法是使用二乙烯苯、苯乙烯等高分子聚合物 GDX-105 作色谱固定相，以氢气（或氩气）作为载气，把含水的有机组分带入色谱柱，使水和其他组分分离，用热导池（或其他检测器）检测，记录水峰高后，采用外标法测量，方法灵敏、快速。适用于分析气体或液体试样中的痕量的水含量，且可避免使用吡啶、甲醇等有毒试剂对环境造成的污染，劳动条件较好。

三、机械杂质

（一）定义

石油及石油产品中的机械杂质是指存在于油品中所有不溶于所用溶剂（如汽油、苯等）的沉淀状或悬浮状物质。机械杂质的组成有沙子、铁屑、黏土和矿物盐（如 Fe_2O_3）及炭青质等，它们的含量与种类随石油的产地不同而各异。原油在贮存过程中，机械杂质大部分在贮罐里沉淀下来。但少数悬浮物的微粒不易沉淀分离，在原油蒸馏时，就部分沉淀在加热炉中，加速结焦和加剧设备的磨损。

机械杂质主要是加工精制、贮存运输过程中以及在油品中加入某些有机金属盐类添加剂时带入的。例如用白土精制的油品可能混入白土粉末；由于油罐、输油管线内壁受氧化生成的铁锈以及流量表，管线阀门、油泵等磨损所产生的金属末，都可能混入油品中。

燃料中的机械杂质会堵塞滤清器和喷油嘴，使供油不正常，严重时中断供油。柴油机高压油泵柱塞间隙很小（不到 1mm），微小的固体杂质会落入间隙中而使机件磨损甚至卡住，使燃料系统工作很不正常。润滑油中的机械杂质会大大加速摩擦表面的磨损和堵塞滤网，所以绝大多数石油产品都要求控制机械杂质的含量。轻质石油产品规格规定不得含有机械杂质；重质石油产品则要求达到规定的控制标准，见表 4-50。

表 4-50　我国某些石油产品机械杂质质量标准

类别	机械杂质(质量分数)/%,不大于	类别	机械杂质(质量分数)/%,不大于
农用柴油	0.01	机油	0.01
重柴油 10 号	0.1	压缩机油	0.007
重柴油 20 号	0.1	工业齿轮油	0.01
重柴油 30 号	0.5	燃料油	0.5～2.5
8 号低凝汽油			

（二）测定方法（GB/T 511—10）

用溶剂溶解稀释样品，用定量滤纸过滤，分出固体及悬浮粒子，再用溶剂洗涤机械杂质，以除去油分、烘干、恒重，用%（质量分数）表示。

（三）溶剂的选择

常用汽油或苯作溶剂，其作用是溶解稀释油分，与机械杂质分开。

汽油：汽油能溶解煤油、柴油、润滑油、石蜡及中性胶质，不能溶解沥青质、沥青质酸及炭青质，所以汽油适用不含沥青质、沥青质酸及炭青质的油测机械杂质。即汽油适用煤油、柴油及润滑油测机械杂质，不适合原油和渣油。苯：可溶解汽油所能溶解的物质外，还可溶解沥青质、沥青质酸，但不能溶解炭青质（所以炭青质作为机械杂质的一部分），所以苯可用作深色，未精制过的油品及含添加剂的油品测机械杂质，如渣油、沥青等。乙醇-乙醚：适用于含水试油。水：适用于含水溶性添加剂的油。石油产品机械杂质质量标准见表4-50。

上述测定机械杂质的方法，实际上得到的是不溶于所用的溶剂，在过滤时被留在滤器上的物质。这些物质是机械杂质和不溶于溶剂的有机物（包括炭青质）的总和。显然与原来机械杂质的含义是有差别的。一般来说砂粒和金属屑对机械的磨损较大，而黏土等具有塑性的杂质在含量上不大，危害性小。但上述测定方法不能区别这两种不同的杂质。常会把塑性杂质较多的油品当作废品，而把含少量的磨损性大的杂质的油品作为合格品，这都说明上述评定方法的不完善性，并需要研究和改进。

四、灰分

灰分是试油在规定条件下，经燃烧、灼烧后所剩的不燃物质，用质量百分数表示，单位为 m%。原油中含有几十种微量元素金属，它们部分以有机酸盐和有机金属化合物的形态存在，部分以有机盐的形态存在。它们经燃烧、高温灼烧后便形成灰分，如下所示：

$$\text{灰分是由试油中含有的} \left\{ \begin{array}{l} \text{有机酸盐} \\ \text{有机金属化合物} \\ \text{无机盐等} \end{array} \right\} \xrightarrow[\text{燃烧}]{} \xrightarrow[775\pm25℃]{\text{高温灼烧}} \text{不燃物(灰分,主要是金属氧化物)}$$

所以灰分主要是金属氧化物，如：CaO、MgO、Fe_2O_3、Al_2O_3、SiO_2 及少量 V、Ni、Na、Mn 等金属氧化物，石油中灰分含量一般在万分之几或十万分之几。

石油中的有机酸盐、无机盐和有机金属氧化物，通常集中在渣油中，馏分油中这些盐类含量极少，常是由外界混入、腐蚀时进入或加入的添加剂（如石油磺酸钙等）带入的。在燃料油和润滑油的规格标准中均限制灰分含量，原因是：发动机燃料含灰分过多时，它燃烧后会生成坚硬的积碳，增加活塞环的磨损；燃料油灰分过高，同样会在发动机燃料喷嘴形成积碳，造成喷油不畅甚至堵塞，或沉积于锅炉管壁，使传热效果下降；润滑油如果灰分含量过高，则可能在摩擦表面形成坚硬的沉积物，使磨损加剧。部分油品的灰分列于表 4-51。

表 4-51 我国某些油品灰分含量标准

类别	灰分（质量分数）/％，不大于	类别	灰分（质量分数）/％，不大于
喷气燃料	0.005	航空喷气机润滑油	0.005
轻柴油	0.01～0.02	20 号航空润滑油	0.003
重柴油	0.04～0.08	柴油机润滑油	
燃料油	0.3	未加添加剂	0.005～0.006
军用柴油	0.01	已加添加剂	0.25

灰分的测定方法按 GB 508—85 标准执行。首先取一定量试油放入坩埚中，用定量滤纸作灯芯点燃试样，燃烧剩余物在 $775\pm25℃$ 高温炉中灼烧成灰（白色、浅黄色、赤红色），恒重后，用下式计算灰分（质量分数）％：

$$灰分（质量分数）\% = \frac{G_灰 - G_滤纸}{G_样} \times 100 \tag{4-156}$$

式中，$G_灰$ 为坩埚中灰分质量，g；$G_滤纸$ 为滤纸质量，g；$G_样$ 为试样质量，g。

若灼烧时，残渣氧化不完全，可在坩埚冷却后滴入几滴 NH_4NO_3 溶液，再灼烧以助氧化完全。其分解反应为：

$$NH_4NO_3 \xrightarrow{\triangle} N_2O + 2H_2O\uparrow$$
$$\xrightarrow{\triangle} N_2\uparrow + [O]$$

反应中产生的氮气、水气，还可起到疏松残渣的作用，使残渣易于便氧化完全。

第十节 其他石油产品性质的测定

石油产品中除燃料和润滑油两大类之外，还有石蜡、地腊、润滑脂、石油沥青和化工原料等其他产品，这些产品都有单独的使用要求。本节主要介绍蜡、润滑脂和沥青理化性质测定。

一、石蜡与地蜡

石蜡与地蜡（微晶蜡）是石油中的固体烃，工业上称为蜡，按其化学结构和性质的不同，分为石蜡和地蜡两类。石蜡是板（片）状结晶，分子量为 300～500，所含碳原子数 20～35 来源于高沸馏分中（350～500℃馏分油）；地蜡是小片状结晶，分子量为 500～900，所含碳原子数 35～60 来源于重质润滑油馏分及渣油中（＞500℃）。石蜡主要是由含碳原子数为 20～35 的正构烷烃和少量的异构烷烃、环烷烃以及极少量的芳烃所组成。由于原油产地不同，组成各异，所以生产的石蜡中正构烷烃含量也不尽相同，石蜡中正构烷烃含量通常在 66.5％～94％。不同原油生产的地蜡的组成各异，主要是由含碳原子数为 35～60 并带长烷基侧链的单、双环环烷烃和正、异构烷烃以及带长测链的 1～3 环的环烷芳烃所组成。有关石蜡和地蜡理化性质见表 4-52。

表 4-52 石蜡与地蜡的理化性质

项目	石蜡	地蜡
外观	白色片状结晶	黄或黄褐色细微针状结晶
化学结构	正构烷烃约占 66％～94％	烷基长侧链环烷烃约 60％～80％
熔点/℃	40～70	—

续表

项目	石蜡	地蜡
滴熔点/℃	—	60～90
平均分子量	360～500	580～850
碳原子数	26～36	40～60
含油量(质量分数)/%	<2.0	<15
针入度(25℃)/(1/10mm)	12～25	5～55

蜡是宝贵的石油化工原料，由于它具有良好的绝缘性和化学安定性，故广泛用于电气工业、化学工业、医药工业以及日用品工业等。我国绝大多数原油是石蜡基原油，石蜡是我国主要的石油产品之一。

（一）熔点与滴熔点

1. 石蜡熔点（GB/T 2539—08）

熔点是评定石蜡耐热程度（或变形温度）的指标。从物理概念看，纯物质的凝点、熔点、结晶点、冰点是同一温度，但对石油产品来说，所谓凝点、熔点、结晶点、冰点等是在各自的专门仪器中测定的条件性数据，所以凝点、熔点、结晶点、冰点在数值上并不一致，概念也不同，评定对象也不同。

对于纯物质，当把它加热到其熔点以上的某一温度，然后冷却降温，在温度和时间曲线上，在其熔点处有一平滑段（如图 4-60），其对应的温度 t 即为该物质的熔点。因为达到熔点时物质要放出热量，在此段时间内只有相的变化，而没有温度的变化。所以平滑段（AB段）所对应的温度即为纯物质的熔点，测定仪器见图 4-61。

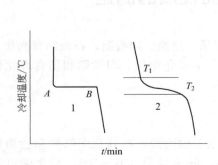

图 4-60　降温曲线
1—纯物质；2—石蜡

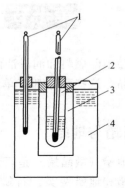

图 4-61　石蜡熔点（冷却曲线）测定器
1—温度计；2—玻璃试管；
3—空气浴；4—水浴

但对组成复杂的石蜡来说，由液态变为固态的相变温度下不是一个确定的值，而是一个温度范围，见图 4-60 中 t_1～t_2，那么在 t_1～t_2 范围内，哪点是石蜡的熔点呢？以前的石油部标准是这样规定石蜡熔点的：在温度时间曲线上温度下降最慢一段的开始温度 t_1 定为石蜡熔点。而现在 GB/T 2539—08 方法中是这样规定石蜡熔点的：在规定条件下，冷却溶化了的试样，当冷却曲线上第一次出现停滞期的温度，即为石蜡熔点，单位为℃。

第一次停滞期：在冷却石蜡时，每隔 15s 记录一次温度，当出现五个连续读数之间相差都不超过 0.1℃时，即为第一次停滞期。那么，这五个连续读数的平均值即为石蜡熔点。熔点可认为是石蜡由固态变为液态时的相变温度（反之亦然）。

本方法特别适用于测定具有结晶性质，且其主要组成是大分子正构烷烃的石蜡的熔点。

停滞期的出现，是因为石蜡中含有相当数量能在同一温度下结晶并放出凝聚热的正构烷烃，因而在到达熔点时，暂时延缓了冷却速度，在冷却曲线上出现了明显的拐点。但对于一些胶状物质，如石油脂、凡士林、微晶蜡等，便很难区别这一物态转变的温度，即这些物质在温度时间曲线上无明显拐点出现，因此对这类物质衡量其变形温度或耐热程度需用滴熔点。

2. 滴熔点 （GB/T 8026—14）

滴熔点是评定地蜡（石油蜡）、耐热变形程度（温度）的指标。石蜡滴熔点的测定按GB/T 8026—14 标准执行。即在规定的条件下，将已经冷却的温度计垂直侵入试样中，使试样黏附在温度计球上。把附有试样的温度计置于试管中，通过水浴加热时试样融化直至从温度计球部滴落第一滴为止，此时温度计的温度读数即为试样的滴熔点，单位为℃。本方法适用于测定石油蜡（微晶蜡）和石油脂的滴熔点。

为什么衡量石蜡的变形温度用熔点，而衡量地蜡的变形温度用滴熔点呢？这是因为二者的组成不同，石蜡主要是正构烷烃组成，所以石蜡熔点主要由正构烷烃来决定，而较高碳数的正构烷烃的相变范围比较窄，这样在温度时间曲线上有拐点出现，易测量。所以石蜡用熔点来衡量其变形程度。而地蜡的组成不集中（复杂），它主要由带正构烷基侧链或异构烷基侧链的环状烃和正、异构烷烃所组成，并且环数、取代基碳数不同，相变温度范围宽，拐点不明显，测不准熔点，故地蜡用滴熔点来测量其耐热程度（温度）。

3. 测定意义

（1）商品石蜡的牌号是用熔点来划分的，并且熔点也是石蜡的一个重要质量指标。如全精炼石蜡：从 52#～70#，每隔 2℃为一个牌号，共十个牌号，熔点要求不小于各自牌号等。

（2）石蜡熔点对石蜡产品的生产和使用具有一定的指导意义。如制造蜡烛必须用熔点＞52℃的石蜡才行，否则生产的蜡烛易变软、弯曲、黏结；蜡像、蜡工艺品须用更高熔点的蜡；而制造火柴的石蜡熔点要在 36～47℃ 即可。

（3）滴熔点是划分微晶蜡牌号的依据。如 75#、80#、85# 微晶蜡的滴熔点分别要求在72～77℃、77～82℃、82～87℃之间，同时滴熔点也是微晶蜡的主要质量指标之一。

（二）石油蜡的针入度 （GB/T 4985—98）

石油蜡的针入度是表示其在外力作用下耐剪切性能的指标或衡量其在外力作用下硬度或稠度的指标，间接反映蜡的抗变形性和黏结性能。

石油蜡针入度：是在 25±0.1℃时，在 5s 内，使荷重 100±0.15g 的标准钢针垂直插入试样的深度，单位为 1/10mm。

石油蜡的针入度测定按 （GB/T 4985—98） 标准方法执行。测定时加热蜡至其熔点以上约 20℃ （化样），注入成型器中冷凝，冷却后，放入 25±0.1℃水浴恒温 1h，然后测定在 5s 内，使荷重 100g 的标准钢针垂直插入蜡中的深度。测定仪器见图 4-62。

（三）含油量 （GB/T 3554—08）

含油量是评定石油蜡纯度的指标，石油蜡中润滑油馏分的含量叫含油量，成品石油蜡中含油量一般在 1.5% 左右。石油蜡的主要组分是化学性质比较稳定的正构烷烃，而其中存在少量的油分中含有多环、稠环烃类。石油蜡中的油主要是稠环芳烃类，它们在热、光作用下易氧化变质，影响蜡的颜色和安定性，也影响石蜡的硬度、强度、熔点等性质，所以含油量应严格控制。

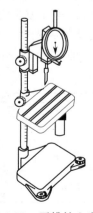

图 4-62 石蜡针入度计

石油蜡含油量的测定按 GB/T 3554—08 标准执行。用丁酮作溶剂溶解一定量的石蜡，冷却至−32℃，析出蜡晶，过滤，滤液再蒸去溶剂，得油重（m_1），衡重后按式（4-157）计算含油量 m%：

$$m\% = \frac{m_1 \cdot m_3}{m_2 \cdot m_4} \times 100 - 0.15 \qquad (4\text{-}157)$$

式中，m_1 为残留油重，g；m_2 为蜡样重，g；m_3 为溶剂丁酮重，g；m_4 为蒸发溶剂重，g；0.15 为在−31.7℃时，蜡在溶剂中溶解度的平均校正值。

（四）石油蜡光安定性

石油蜡光安定性是指石油蜡在规定的光照条件下，保护其原有颜色不变的性能，是评定石蜡贮存安定性指标。石油蜡光不安定的原因就是石油蜡中含有一定量的油分，这些油分中含有不安定组分，如羰基化合物，在紫外线（日光）照下便加速氧化，使石油蜡颜色加深（变黄）。所以石油蜡含油量多，不安定组分相应多，光安定性差。

石油蜡光安定性的测定是按 SH/T 0404—08 标准执行，即按规定条件制备蜡样后，用 375W 紫外线高压汞灯照射 60min，然后进行比色，所得色号与未经光照的试样用同样的方法测得的色号作比较，二者之差的色号即为石油蜡光安定性，单位"号"，结果数值愈大，光安定性愈差，含光不安定性组分愈多。

（五）石油蜡稠环芳烃含量（GB/T 7363—87）

石油蜡稠环芳烃含量是定性衡量食品用蜡中致癌物含量合格与否的指标。经深度精制的石油蜡，可生产食用及食用包装用石油蜡。例如，常用做口服药的组分、载体、压片等的蜡原料及制成包装用的蜡纸等。因此，除了需要控制常规的分析指标外，还要控制其中对人体有害的致癌物质的含量。经前人大量研究发现稠环芳烃中有相当一部分属致癌物质，以证实在稠环芳烃中属于强致癌物质的有以 3,4-苯并芘为代表的 9 种物质；属于可致癌物质有 23 种，属于无致癌作用的物质有 22 种。而石油蜡的稠环芳烃中，强致癌物质的含量大约 0～5ng/ml，所以石油蜡中稠环芳烃的含量需要测定，以便建立相应的产品精制过程，有效控制，防止污染，保障人民健康。

石蜡中稠环芳烃的测定按 GB/T 7363—87 方法执行。测定方法如下：第一段分离，取 25g 蜡样，用二甲亚砜作溶剂，抽提出蜡样中的芳烃，再用异辛烷反抽提出溶于二甲亚砜中的芳烃，抽提液在氮气吹扫下蒸出异辛烷，浓缩至 25ml（即每毫升溶液中含有 1g 蜡样中的芳烃）。再在波长为 280～400nm 范围内（分成四个波长段，见表 4-53），以异辛烷作为参比测定紫外吸光度。经空白实验和补正后蜡样的紫外吸光度应符合表 4-52 中规定的数值（合格），即 $A_{样} - A_{空白} = \Delta A$（分别）<0.15、0.12、0.08、0.02，否则要进行第二段分离。

表 4-53　稠环芳烃的含量测定指标

样品	紫外吸光度 波长/nm	每 1cm 光程时最大紫外吸光度			
		280～289	290～299	300～359	360～400
第一段分离	空白	0.04	0.04	0.04	0.04
	试样	0.15	0.12	0.08	0.02
第二段分离	空白	0.07	0.07	0.04	0.04
	试样	0.15	0.12	0.08	0.02

第二段分离，当 $A_{样} - A_{空白} = \Delta A <0.50$（而>0.15、0.12、0.08、0.02）时，可作第

二段分离。把其中可能含有的羰基化合物和低分子量的芳烃除去；若 $\Delta A > 0.50$，则肯定不合格，不必再做二段分离。方法是将第一段测定后试样用硼氢化钠处理，使其中的羰基化合物进行选择性加氢，再经氧化镁-硅藻土色谱柱，使萘、蒽等无致癌性芳烃与稠环芳烃分离。得到的稠环芳烃经配制成总体积为 25ml 的异辛烷溶液，再以异辛烷作参比，在波长 $280\sim400$mm 范围内测定紫外吸光度。如符合表 4-56 中规定值则合格否则为不合格（即 $\Delta A < 0.15$、0.12、0.08、0.02 时合格，此时相当于试样中含 4 个环以上稠环芳烃量为 0.6ng/μl，合格）。

本方法是参照 FDA（美国食品药物管理局）121—1156 方法建立起来的，方法的优点是不需要特殊的仪器和标准物质，易于推广。但对所用试样的纯度要求甚严，同时建立了一系列的试剂提纯方法，操作手续繁琐，所以不易作为生产控制过程中的分析手段，常用做出厂产品质量检验。

（六）石蜡中易碳化物的测定

石蜡中易碳化物的含量是定性评定化妆用蜡精制深度的指标。石蜡中易碳化物是指具有一定毒性的含 S、N 的低分子芳烃及非烃类化合物，如 。因此，作为食品用蜡也是不适宜的，必须精制除去。石蜡中上述杂质统称为易碳物质，所以其易碳化物质的含量，也是控制化妆用蜡精制深度的指标之一。

石蜡中易碳化物的测定按 GB/T 7364—06 标准执行。测定时是在 70 ± 0.5℃ 的恒温条件下，取 5ml 石蜡，5ml 浓度为 94.7% 无氮硫酸反应，令反应后的酸层颜色与标准比色液作比较，若酸层颜色不深于标准色液，则判定试样合格。显然，酸层颜色越深，试样中含有毒的非烃、芳烃易碳化物越多。若不合格，需进一步精制（如加 H_2 精制，白土精制）。

标准比色液：1.5ml 氯化钴基础溶液（浓度为 59.5mgCOCl$_2$ · 6H$_2$O/ml），3ml 三氯化铁溶液（45.0mgFeCl$_3$ · 6H$_2$O/ml 液），0.5ml 硫酸铜溶液（62.4mgCuSO$_4$ · 5H$_2$O/ml 液），三者混合而成，为浅棕黄色液体，作为标准颜色。本法简便、快速，适用于生产控制分析。

二、润滑脂

两个相互接触的物体，发生相对运动时就会产生摩擦，为了减少摩擦和磨损，常在两个摩擦表面之间加入润滑油或润滑脂。润滑油的物理化学性质前面已经讨论，这里着重介绍润滑脂。

润滑脂是一种半固体状的黏稠性软膏，广泛用于负荷大、转速低的机械，例如齿轮，使用它既能起到润滑作用，又不至流失。另外润滑脂还能起密封和保护作用。因此润滑脂具有许多润滑油所没有的特点，要求较强的耐压性能、良好的缓冲性能、密封性能及防护性能等。与润滑油相比，润滑脂的流动性差，故导热性能不好，不能像润滑油那样可以在被润滑物体内部循环使用，并及时导出热量，通过过滤除去使用中生成的杂质。另外，润滑脂的安定性也较润滑油为差。

润滑脂主要是由矿物油和稠化剂（皂或蜡以及某些无机物）组成，其中前者约占70%~90%，后者约占 10%~30%，此外还加入少量的稳定剂和添加剂。润滑脂是固体稠化剂在液相矿物油中分散的两相体系。稠化剂以纤维状靠分子间引力互相吸引，交织成三维空间网状，把油包在其中，形成半固体的物质。这种结构组成使润滑脂具有的特性是当作用在单位面积上的力（剪切应力）不大时，它具有固体的性质，不发生流动，当作用力达到极限剪切应力时，则开始成为黏性流体，这种特性正是某些机器所需要的。当机器不运转时，或者在某些不转动的部位，润滑脂呈固态，保持不流失并可起密封作用，当机器转动时，它就变为流体，黏度降低，起到良好的润滑作用。

润滑脂的化学组成和使用条件，决定其产品的质量标准。

（一）润滑脂的分类和特征

1. 润滑脂的分类

润滑脂在常温常压下是固体软膏状物质，俗称"黄甘油"。润滑脂按所含稠化剂（皂类）和使用性能不同的分为如表 4-54 所示的各类。

表 4-54　润滑脂分类

类属	组 [按所含皂类（稠化剂）不同]	级（按使用性能）
皂基类（多）	单一皂基脂：稠化剂是单一脂肪酸皂，如钠皂、钙皂、铝皂、钡皂等	如：高低温、高低速、航空、船舶、军械等
	混合皂基脂：稠化剂是用两种或两种以上单一皂，如 GN-1 等	
	复合皂基脂：稠化剂是由两价或两价以上的金属与两个或两个以上不同酸根组成的皂。如乙酸、硬脂酸钙皂	
烃基脂	稠化剂是石蜡、地蜡。如凡士林（医用、工业用、化妆品）	
无机脂	稠化剂是石墨、云母、二硫化钼	
有机脂	稠化剂是酰胺钠	

同组同级的润滑脂按 25℃ 时的针入度范围，用针入度系列号来区分牌号，见表 4-55。针入度系列号越小，针入度越大，脂越软。同组、同级、同牌号的各种脂按其属性加尾注来区分。尾注：H—合成：指合成稠化剂所用的脂肪酸是人工合成的，而不是天然的（无 H 则脂肪酸是天然的）；S—石墨：表示稠化剂为石墨；E—二硫化钼，表示稠化剂为二硫化钼。例如：2 号合成钙基脂的代号为：ZG-2H；2 号钠基脂：ZN-2；1 号钙钠基脂：ZGN-1；2 号合成复合铝基脂：ZFU-2H。

表 4-55　针入度系列号

针入度系列号	0	1	2	3	4
针入度/(1/10mm)	355～385	310～340	265～295	220～250	175～205
针入度系列号	5	6	7	8	9
针入度/(1/10mm)	130～160	85～115	60～80	33～55	10～30

2. 润滑脂的特征

润滑脂的优点：耐压性强、缓冲性好、不易流失、密封性、保护性能好、黏温性质好。

润滑脂的缺点：由于其流动性差，不能像润滑油那样用泵进行循环润滑；无冷却、清洗作用；黏度大，内摩擦阻力大，耗功多；抗氧化安定性差；不易更换。

所以根据润滑脂的特点，其主要用于高负荷、转速慢、温度高、离心力强的机械的保护、防锈和润滑等。

（二）润滑脂的组成及结构特点

1. 润滑脂的组成

润滑脂是由润滑油（70%～90%）、稠化剂（10%～30%）、稳定剂（少量）和添加剂（少量）组成。

2. 结构特点

现以皂基脂为例来说明润滑脂的结构特点：作为稠化剂的脂肪酸金属皂（如脂肪酸钠、

钙、铝、钡、锂等）类分散在润滑油（介质）中，在该分散体系中，皂分子聚结成皂纤维或皂胶团。这些皂纤维互相吸引连成一个三维空间的网状纤维骨架，如图 4-63 所示。如固体乙醇制作与之类似：固体乙醇含固化剂硬脂酸钠 3%～10%，稳定剂水 5%～10%，乙醇 80%～90%。

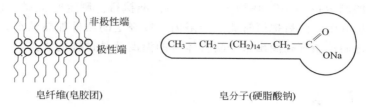

图 4-63　皂纤维和硬脂酸钠示意图

润滑油一部分吸附在非极性段的皂纤维表面，一部分则渗透到皂纤维之中，使其膨化，而大部分润滑油则被包在皂纤维骨架之中，失去流动性成为半固体软膏状（常温常压下）的润滑脂。

当脂受到外力作用时，脂的这种结构要发生变化。当脂的受力＞皂纤维分子间引力时，皂纤维骨架网被破坏，油从骨架中流出，脂变得具有一定流动性，脂黏度下降，动力消耗下降；当外力进一步上升，皂纤维骨架网被破坏程度加大，流动性能进一步增强，黏度继续下降，当外力增大到一定程度，皂纤维骨架网全部被破坏掉（拉断），此时皂是以分子形式或皂纤维碎分形式分散于油中，脂的黏度约等于润滑油的黏度，从而起润滑作用。

当外力下降（如停机时）纤维碎片由于热运动或机械搅拌又开始互相吸引，重新拉成网状结构，从而恢复半固体软膏状。

润滑脂的这种特殊结构性能还受温度影响：当温度升高时，分子运动加快，当温度升高到因热运动足以使互相吸引的皂分子（极性端）分开时，皂分子便以无规则的分子状态分散于润滑油中，此时，脂的黏度约等于润滑油的黏度，动力消耗下降。温度再升高，脂的黏度变化规律与润滑油相同（即此时脂的黏温性同润滑油）。

当温度下降时，皂分子热运动降低，便互相吸引成皂纤维，温度下降到一定程度则皂分子连成网状结构，使脂又恢复成半固体软膏状。脂的上述特征，在使用时是极其宝贵的。即脂的黏温性（润滑性）主要受外力、温度影响。

下面讨论润滑脂的主要理化指标。

（三）润滑脂的理化性质

1. 锥入度（GB/T 269—91）

锥入度是衡量脂在外力作用下耐剪切性能的指标（或衡量脂的柔软性和稠度的指标）。

定义：在 25℃下，使荷重 150g±0.25g 标准固锥体在 5s 内垂直沉入润滑脂试样中的深度称为锥入度，单位为 1/10mm。

润滑脂和石油脂锥入度的测定按 GB/T 269—91 标准执行，分工作和非工作锥入度，润滑脂和石油脂锥入度测定器见图 4-64。

工作锥入度：模拟脂在摩擦表面上的工作状态制定的。即在一定温度下，把脂装入捣脂器中，以一定速度捣动一定时间（或次数），以破坏皂纤维骨架，然后测定其锥入度。

非工作锥入度：不经捣动直接测得的锥入度数值。

显然锥入度太大，稠度小，软，含稠化剂少，易从工作面上流失，润滑效应差。反之，锥入度太小，不易流失，但摩擦阻力大，耗功多，浪费能源。所以脂的锥入度要适当。

2. 润滑脂的滴点 ［GB/T 4929—85（91）］

润滑脂滴点的测定按 GB/T 4929—85（91）标准执行。测定时按规定把装好试样的脂杯和温度计插入试管中，然后把试管放入油浴内，以规定的条件加热油浴，试样受热软化，当达到一定流动性而从脂杯孔滴出第一滴流体时的温度就是试样的滴点，℃。润滑脂滴点测定器见图 4-65。

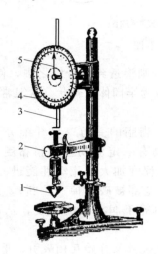

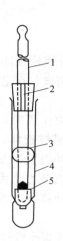

图 4-64　锥入度计

1—圆锥体；2—按钮；

3—齿杆；4—刻度盘；5—指针

图 4-65　润滑脂滴点测定器

1—温度计；2—软木塞上的透气槽口；

3—软木导环；4—试管；5—脂杯

3. 润滑脂析油量

润滑脂析油量是衡量润滑脂胶体稳定性的指标。

胶体：指润滑油与稠化剂结合而成的大分子胶团。

胶体安定性：指润滑脂在贮存和使用过程中，抵抗温度、外压力等影响，保持其胶体结构稳定的能力。实质上是表明脂中润滑油与稠化剂结合的稳定性。结合的好，不易分（析）出油或分出油少，胶体安定性好。

析油量测定方法分为两种：润滑脂压力分油测定法［GB/T 392—77（90）］和润滑脂漏斗分油测定法（ZBE36013—88）。润滑脂压力分油测定法（常温润滑脂用之）是在 15～25℃，在规定仪器中，用荷重 1000±10g 的压力作用，在 30min 内压出的油量称为析油量，用％（质量分数）表示。漏斗分油测定法（高温润滑脂用之）是在漏斗紧贴一张滤纸，利用滤纸的毛细作用及提高温度（50℃或75℃）的方法来加速油的析出，经 24h 后，测定析出油的量称为析油量，用％（质量分数）表示。漏斗法要注明温度。

三、石油沥青

商品沥青分为道路沥青和建筑沥青两大类。沥青按来源又可分为天然、矿物、直馏、氧化、改性沥青五种，直馏和氧化沥青都是石油加工的副产品。例如新疆黑油山或油沙山产的天然沥青；由原油减压蒸馏得到的残油，视为直溜石油沥青；通过氧化、添加 SBS、SBR 等热塑性改性剂得到的沥青称为改性沥青。沥青组成见表 4-56。

表 4-56 石油沥青的组成

名称		直溜石油沥青	氧化石油沥青
组成（质量分数）/%	重质润滑油	30～50	5～15
	胶质	35～50	40～60
	沥青质	15～30	30～40

石油沥青主要是由饱和分、芳香分、胶质、沥青质四种组分所组成的，饱和分、芳香分作为分散介质，使胶质与沥青质分散于其中形成胶体结构。沥青的理化性能主要是针入度、软化点、延度，其次是脆点、薄膜烘箱实验、溶解度、蒸发损失、蒸发后针入度比、闪点、密度、蜡含量等。表 4-57 和表 4-58 分别列出中国石油化工股份有限公司制定的 1、2 号高等级道路沥青的质量指标。

表 4-57 符合 Q/SHR 003－1998 标准的 1 号高等级道路沥青质量指标

项目	AH-90	AH-70	实验方法
	标准	标准	
针入度（25℃）/（1/10mm）	80～100	60～80	GB/T4509
延度（15℃）/cm	＞150	＞150	GB/T4508
软化点/℃	42～52	46～54	GB/T4507
溶解度（三氯乙烯）/%	99.5	＞99.5	GB/T11148
闪点/℃	＞230	＞230	GB/T267
含蜡量（蒸馏法）/%	＜2.0	＜2.0	SH/T0425
密度（25℃）/（g/cm³）	1.01～1.05	1.01～1.05	GB/T8928
薄膜加热实验（163℃,5hr）			GB/T5304
质量变化/%	＜0.5	＜0.5	GB/T5304
针入度比/%	＞50	＞70	GB/T4509
延度（15℃）/cm	＞100	＞100	GB/T4508
延度（25℃）/cm	＞100	＞100	GB/T4508

注：1 号与 ESSO 公司道路沥青水平相当。

表 4-58 符合 Q/SHR 004－1998 标准的 2 号高等级道路沥青质量指标

项目	AH-90	AH-70	试由验方法
	标准	标准	
针入度（25℃）/（1/10mm）	80～100	60～80	GB/T4509
延度（15℃）/cm	＞150	＞150	GB/T4508
软化点/℃	42～52	44～54	GB/T4507
溶解度（三氯乙烯）/%	＞99	＞99	GB/T11148
闪点/℃	＞230	＞230	GB/T267
含蜡量/%	＜3.0	＜3.0	SH/T0425
密度（25℃）/（g/cm³）	报告	报告	GB/T8928
薄膜加热实验（163℃,5hr）			GB/T5304
质量变化/%	＜1.0	＜0.8	GB/T5304
针入度比/%	＞50	＞55	GB/T4509
延度（15℃）/cm	＞50	报告	GB/T4508
延度（25℃）/cm	＞100	＞75	GB/T4508

注：2 号完全满足并优于交通部提出的高等级道路沥青技术条件。

（一）针入度（GB/T 4509—98）

沥青针入度是衡量沥青在外力作用下的耐剪切性能（柔软性和稠度）的指标。沥青针入度是在恒温 25℃ 下，在 5s 内使荷重（100±0.1）g 的标准钢针垂直插入沥青试件的深度，单位为 1/10mm。

针入度大的沥青软、稠度低、耐剪切性能差；反之，沥青硬、稠度大、耐剪切性能好。针入度也是衡量沥青使用性能的重要指标，石油沥青的牌号是按针入度划分的。商品沥青的针入度是根据使用性能要求而制定的，对于道路石油沥青为适应施工时能与沙石紧密黏合需要较软的沥青，所以要用高针入度的沥青；对于建筑石油沥青常用作屋顶和地下防水的胶结料及制造涂料、油纸、油毡和防腐绝缘材料等，则需要用低针入度的沥青。

沥青针入度的测定按 GB/T 4509—98 执行。测定仪器见图 4-66，沥青的牌号是按针入度的大小来划分的，如：90$^\#$ 高等级道路沥青，针入度要求在 80～100 1/10mm 范围内；70$^\#$ 高等级道路沥青，针入度要求在 60～80 1/10mm 范围内。

（二）延度（GB/T 4508—10）

延度是衡量沥青塑性及拉伸性能的指标。测定时是用规定形状的沥青试件，在规定条件下拉伸至拉断时所拉开的距离。单位为 cm。商品沥青的延度规格指标是依据使用要求制定的，道路沥青延度要求高达 40～100cm；建筑沥青的延度只要求 1～3cm；高等级道路沥青要求延度大于 150cm。

延度的测定方法按 GB/T 4508—10 标准执行，在 25℃±0.5℃ 恒温水浴中以 5±0.5cm/min 的速度拉伸至拉断时，测量的距离。拉开距离越长塑性拉伸性越好，说明沥青中胶质含量高。沥青的延度与化学组成有关，要生产延度高的道路沥青，必须使沥青中含有的油分、胶质、沥青质等组分具有合适的比例。若沥青中含有的油和沥青质过多，会使延度降低。

（三）软化点（GB/T 4507—14）

软化点是衡量沥青耐热程度的指标。软化点是在环球法测定条件下，沥青因受热软化而下坠 25.4mm（1 吋）时的温度，单位为℃。沥青是一种胶体体系，在受热情况下，随着温度的升高，逐渐变软、黏度变小。软化点也能间接表示沥青使用的温度范围，沥青的组成中若沥青质和胶质的缩合程度较高、碳氢比例比较大，则沥青的软化点较高。软化点的测定按 GB/T 4507—14 标准执行。

测定仪器见图 4-67。

测定意义：软化点是沥青重要的质量指标之一，软化点对沥青的使用具有指导意义。如南方要用软化点高的道路、建筑沥青，北方可用软化点低些的道路、建筑沥青。

（四）脆点（GB/T 4510—06）

脆点是衡量沥青低温使用性能的指标。脆点是沥青由弹性态变为脆性态的温度，也称为脆化温度，单位为℃。弹性态是将加热至具有黏流态的沥青降温至软化点以下，这时沥青具有弹（塑）性，称为弹性态或高弹态。脆性态是指在软化点以下，当进一步降低温度至某一温度，沥青变脆变硬，称为脆性点或玻璃态。脆点与石油沥青的低温流变性有关，可用来评定石油沥青在低温下的使用性能。

脆点的测定按 GB/T 4510—06 标准执行。在规定条件下测定涂在金属片上的沥青薄膜因被冷却而出现裂纹时的温度，称为脆点。仪器见图 4-68。

测定条件：①钢片尺寸为 41mm（长）×20mm（宽）×0.15mm（高）；②弯曲器夹钳之距为（39.9±0.1）mm；③冷浴下降速度为 1℃/min；④摇把转数为 1r/s；⑤行距为（3.5±0.2）mm；⑥弯曲次数即每分钟使薄片弯曲一次（即降低 1℃，弯曲一次），1 次/分钟，重复操作。

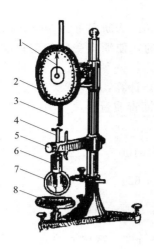

图 4-66　针入度测定仪
1—指针；2—刻度盘；3—齿杆；4—枢轴；
5—按钮；6—筒状砝码；7—小镜；8—旋转圆台

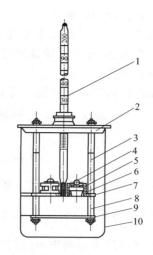

图 4-67　软化点测定仪
1—温度计；2—上承板；3—枢轴；
4—钢球；5—套环；6—杯；
7—中承板；8—支承套；
9—下承板；10—烧杯

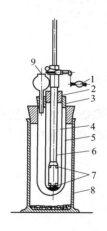

图 4-68　脆点测定仪器图
1—摇把；2、3—橡皮塞；4、5—试管；6—玻璃管；7—夹钳；8—圆柱玻璃筒；9—漏斗

观察：薄沥青片出现一个或多个裂纹时的温度为脆点，单位为℃。脆点低，沥青抗开列能力强，低温下沥青使用性能好。

（五）薄膜烘箱实验（GB/T 5304—01）

薄膜烘箱实验是在强化条件下，预测沥青因受热和空气作用下的抗老化性能。因为沥青，如道路沥青，在施工使用时需加热至约 150℃与石子拌合，由于受温度和空气中 O_2 的作用使硬度增加（针入度下降），延度下降，软化点升高，所以为预测沥青在受热和空气作用下的抗老化性能，便建立此法。

薄膜烘箱实验按 GB/T 5304—01 标准执行。实验时是把放在金属盛样器中的厚度约为 3.2mm 的沥青薄膜在 163℃烘箱中加热 5h，然后测定理化性质（如针入度、延度等）来确定热和空气对沥青的影响。

实验条件：①盛样器尺寸为直径 140mm，深：9.5mm；②沥青重为 50±0.5g，形成沥青膜厚度约为 3.2mm；③转盘转速为 5.5±1r/min，目的：使沥青受热均匀；④烘箱温度及时间分别为 163℃，5h。

测定加热前后质量和性质，按式(4-158) 和式(4-159) 计算：

$$质量变化\% = \frac{试验前沥青质量-试验后沥青质量}{试验前沥青质量} \times 100\% \tag{4-158}$$

$$针入度比\% = \frac{试验后针入度}{试验前前针入度} \times 100\% \tag{4-159}$$

并测定 15℃ 和 25℃ 的延度。质量指标见表 4-61、表 4-62。

（六）溶解度（GB/T 11148—08）

沥青试样在规定溶剂中可溶物的质量百分数，称为溶解度。常用溶剂为：三氯乙烯、三氯甲烷（氯仿）、苯、CCl_4、CS_2。

溶解度测定按 GB/T 11148—08 标准执行。取一定量沥青，按试样：溶剂等于 1：20 加入溶剂。加热、溶解、过滤，得到的不溶物经干燥、衡重后，计算不溶物含量（质量分数)%。则溶解度（质量分数)% = 100% − 不溶物% 即为溶解度。不溶物中含有碳青质、游离碳和机械杂质等。它们的存在会使沥青脆性增加，黏结力下降。

（七）闪点（开口）

见 GB/T 267—88 标准方法。

（八）含蜡量（SH/T 0425—03）

沥青含蜡量的测定采用快速蒸馏法，将沥青装入蒸馏烧瓶中，用强烈燃烧的煤气喷灯快速蒸馏，取一定量的馏出油，在 −22℃ 的冷浴中，使试样在溶剂中析出蜡晶，过滤，分离，烘干，衡重得蜡含量（质量分数)，用% 表示。

第五章

原油评价及组成分析

第一节 原油评价

一、石油的成因

石油中难以计数的烃类化合物和复杂的各种非烃化合物究竟是从哪里来的？这就是石油的成因问题。多年来关于石油地质、地球化学和石油化学的研究，已使石油工作者对长期争论的各种石油成因的假说有了一个倾向性的看法。

按照生油原始物质的不同，石油成因假说可分为无机和有机两大学派。前者认为，石油是由自然界的无机碳化物形成的；后者则认为，石油是由地质时期中的生物有机质形成的。由于在石油中发现了一系列带有生物有机物所特有的某些特征结构的标记化合物，使有机成因学派占了绝对优势。在有机成因学派中，又可根据主张石油形成在沉积物成岩作用的早期和晚期，分为早期成油和晚期成油两个分支。目前，晚期成油理论能解释更多的事实，因而是一种流行的理论。

按有机晚期成油理论，石油是沉积岩中不溶性有机质，即干酪根，经过长期的缓慢的热降解作用和裂解作用，在成岩作用的晚期才形成的。图 5-1 是石油形成的示意图。图中反映了石油有机物的大部分来源于干酪根，但也有一部分来源于生物有机物中的类脂化合物。石油中来源于类脂化合物的分子，往往与生物有机物中的分子仅有微小的差别。这种能反映生物有机物特征的石油分子称为石油标记化合物。

石油中的聚异戊间二烯型烷烃和卟啉化合物是两类典型的石油标记化合物。生物圈中大量存在的叶绿素中的植醇链就是异戊间二烯型化合物的最丰富的来源（图 5-2）。同样，叶绿素和血红素中存在的卟吩核则是石油中卟啉化合物的丰富来源。

晚期成油理论还认为，石油的大部分来源于干酪根的退化分解。随着沉积岩埋藏深度的增加，地温的升高，干酪根产生许多烃类分子，包括那些低碳原子数的烷烃、环烷烃和芳烃。生油反应包含了一系列连续的化学反应，生油量与温度及时间有关。石油烃的大量生成主要发生在深度为 $1000 \sim 4000m$ 的地层中，温度约为 $60 \sim 150℃$，相应的生油时间在几百万年至几亿年。通过干酪根热降解得到的各种烃类一般不具有原始生物有机物分子的结构特性，正是这些烃类构成了石油烃类的主体。

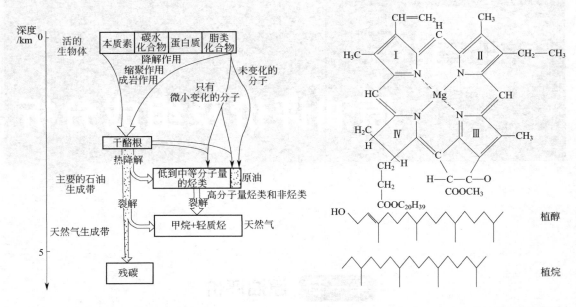

图 5-1　石油形成的示意图　　　　　图 5-2　叶绿素、植醇和植烷的分子结构

初生成的油气分散在生油层孔隙中，经过漫长的运移过程可以逐步富集在圈闭构造之中。石油在运移过程中，由于岩石的吸附作用，胶质和沥青质的含量明显减少。此外，石油在聚集之后，还会不断受到热降解、生物降解、水洗作用和蒸发作用，它的组成也会有不小的变化。

二、原油的分类

原油的性质随产地的不同，差别很大。即使在同一油田中，不同的油井不同的采油层位，原油的组成和性质也有差别。为了掌握原油的性质，了解不同油井的原油质量的变化规律，需要对原油进行组成、性质的分析测定，以便根据原油的特性和国民经济的需要，制订合理的加工方案，取得最佳的经济效益。

在实验室采用特定的分离和分析方法，全面地测定、分析原油的性质及其可能得到的成品（或半成品）的性质和收率，这项工作称为原油评价。

原油评价工作已有很久的历史。目前世界各国采用的评价方法及内容大体是相似的。原油评价通常包括原油的一般性质、馏分组成、各馏分的物理性质、化学组成以及各种石油产品的潜在产率及其主要的使用性能等。但由于各地原油性质不同，加工方案及产品需求的差别，具体地对某一原油作评价时，评价的内容，分析的项目要依具体情况而定。我国在解放初期就开展了对原油的研究工作，目前已有一个适合我国原油特点的比较完整的评价方法，对全国各大油田，亦有较完整的评价数据。但在原油蒸馏仪器的自动化、多样化和蒸馏深度方面，在原油数据库的建立方面，在利用计算机进行数据关联及混合原油评价数据的估算等方面，还需要做大量的工作。可以预料，随着我国石油工业的发展和近代先进技术在石油工业中的应用，原油评价方法将日趋科学、完善。

虽然原油组成十分复杂，但从化学组成和物理性质上看，不同产地生产的不同的原油，其性质和组成相似，它们的输送方式及所遇到的问题亦类同，可以预测它们有相同的加工方案和产品性质。如果对原油进行科学的分类，对同类型的原油用类似的方法处理，这对其输送、储存、加工、商品贸易都是十分必要的。原油分类通常按工业的、地质的、物理的和化学的观点来分类，现将广泛采用的工业分类法和化学分类法介绍如下。

（一）工业分类（商品）法

世界各国工业分类方法很多，有按密度、含硫、含氮、含蜡和含胶质等分类，下面介绍如下。

1. 按相对密度分类

原油的相对密度与其组成和馏分轻重有关，因而按相对密度分类是一个简单实用的方法，其分类标准见表 5-1。按照相对密度分类在一定程度上反映了原油的特性。轻质原油一般含汽、煤、柴等轻质馏分多，硫、氮、胶质含量少。例如青海冷湖原油就属于此类原油；中质原油，其轻组分含量虽然不高，但烷烃含量较高，则相对密度亦小。例如大庆、胜利、辽河、

表 5-1 按密度分类指标

原油种类	相对密度 d_4^{20}
轻质原油	<0.8510
中原原油	0.8510～0.9300
重质原油	0.9300～0.9960
特重原油	>0.9960

大港等原油属于中质原油；重质原油则含轻馏分少，含蜡少，而非烃化合物和胶质，沥青质较多。例如孤岛原油、乌尔禾稠油属于重质原油；特重质原油，轻组分含量少，重组分和胶质、沥青质含量多，例如辽河油田曙光一区原油（密度为 $0.9977g/cm^3$）和孤岛个别油井采出的原油属于特重质原油（密度为 $1.010\ g/cm^3$）。轻质原油大体上是地质年代古老的原油，其馏分油性质较安定，经济价值较高。而重质原油和特重质原油一般是地质年代较年轻的原油，它们的馏分油安定性较差，需要采用较复杂的加工过程。

2. 按硫（或氮）含量分类

其分类标准见表 5-2 和表 5-3。含硫、氮量高的原油，加工得到的产品安定性差。所以硫、氮含量越少，产品质量越好。世界原油总产量中含硫原油和高硫原油约占 75%。与国外原油相比，我国现有油田中以低硫和高氮原油居多，其中大庆、克拉玛依、冷湖、大港、任丘、南阳等属低硫原油；而胜利、江汉等原油属于含硫原油；孤岛原油属高硫原油；我国原油除胜利、孤岛、任丘、江汉、辽河原油属高氮原油外，其余原油均属低氮原油。

3. 按含蜡量分类

分类标准见表 5-4。我国原油一般凝固点较高，以高蜡原油居多。例如我国克拉玛依低凝原油（蜡含量为 2.04%），属于低蜡原油；孤岛原油（蜡含量为 7.0%）属于含蜡原油；其他原油如大庆、胜利、任丘、中原、南阳、大港、辽河等均属于高蜡原油。

表 5-2 含硫量分类指标

原油种类	硫含量(质量分数)/%
低硫原油	<0.5
含硫原油	0.5～2.0
高硫原油	>2.0

表 5-3 含氮量

原油种类	氮含量(质量分数)/%
低氮原油	<0.25
高氮原油	>0.25

表 5-4 含蜡量分类指标

原油种类	蜡含量(质量分数)/%
低蜡原油	<2.5
含蜡原油	2.5～10
高蜡原油	>10

4. 按胶质含量分类

表 5-5 胶质含量分类指标

原油种类	硅胶胶质含量(质量分数)/%
低胶原油	<5
含胶原油	5～15
多胶原油	>15

分类标准见表 5-5。我国以高胶质原油居多，例如青海冷湖原油（胶质含量 1.9%）属于低胶原油；大庆、中原、大港、辽河、克拉玛依低凝原油等原油属于含胶原油；胜利、乌尔禾稠油、辽曙一区超稠油、孤岛、任丘属于多胶原油。

（二）化学分类法

原油的化学分类法以其化学组成为基础，但由于测定组成比较复杂，通常采用与原油组成、性质有直接关系的一个或几个理化性质作为分类基础的分类方法，称为化学分类法。

1. 特性因数分类法

石油的组成主要是复杂的烃类混合物，人们在研究各族烃类的性质时发现：将各族烃类的沸点（°R）的立方根对相对密度（$d_{15.6}^{15.6}$）作图，都近似直线，但其斜率不同，因此将此斜率命名为特性因数 K：

$$K = \frac{\sqrt[3]{T(°R)}}{d_{15.6}^{15.6}} = 1.216 \frac{\sqrt[3]{T(K)}}{d_{15.6}^{15.6}} \tag{5-1}$$

式中，$T°$ 为烃类的中平均沸点，°R（°R=1.8K）；$d_{15.6}^{15.6}$ 为烃类相对密度；K 为定义为特性因数。

表 5-6 列出几种纯烃的特性因数，由表中数据可以看出，烷烃的 K 值最大，芳烃的 K 值最小，而环烷烃的 K 值介于两者之间。

表 5-6　各类烃的特性因数

名称	沸点/℃	相对密度 d_4^{40}	K
正庚烷	98.4	0.6840	12.77
2-甲基己烷	90.05	0.6786	12.71
甲基环己烷	100.9	0.7690	11.35
苯	80.1	0.8790	9.7
甲苯	110.6	0.8670	10.1
邻-二甲苯	144.4	0.8802	10.2

通常，富含烷烃的石油馏分 K 值为 12.5～13.0，富含芳香烃的石油馏分 K 值为 10.0～11.0。这说明特性因数 K 也可以用来大致表征石油及其馏分的化学组成的特性。因此可用特性因数对原油进行分类，其分类标准见表 5-7。

表 5-7　特性因数分类标准

K	原油基属
>12.1	石蜡基
11.5～12.1	中间基
<11.5	环烷基（沥青基）

石蜡基原油的特点是：含蜡量高，密度小，凝点高，黏度小，含硫、胶质、沥青质低，汽油辛烷值低，柴油十六烷值高，例如大庆原油是典型的石蜡基原油。

环烷基原油的特点：含蜡量高，密度较大，凝点低，黏度大，含硫、胶质、沥青质高，汽油辛烷值相对高，柴油十六烷值相对低，可产优质沥青。如孤岛原油属环烷基原油。

中间基原油特点介于二者之间，如胜利原油属于中间基原油。

由特性因数分类法可知，它能反映出原油烃类组成特性，但这种分类方法也存在下列缺点。

① 它不能分别表明原油低、高馏分中烃类分布的规律；

② 因原油 K 值不能直接按 K 值定义式计算得到，因为原油的沸点须用中平均沸点，而对原油来说中平均沸点是测不准的，通常原油 K 值是根据（v_{50} 或 v_{100}）API° 查有关图表得到。但由于原油组成复杂，黏度测定结果不够准确，再加上查表本身存在误差，所以用 K 分类，往往有时不能完全符合原油烃类组成的实际情况，所以美国矿务局于 1935 年提出了"关键馏分特性分类法"，现我国已推广使用。

2. 关键馏分特性分类法

该方法采用汉柏蒸馏装置蒸馏原油，在常压下切取 $250\sim275℃$ 的馏分作为第一关键馏分，再改用不带填料的蒸馏柱，在 $5.33kPa$ 的残压下蒸馏，切取 $275\sim300℃$ 馏分（相当于常压为 $395\sim425℃$）作为第二关键馏分，然后分别测定上述两个关键馏分的相对密度（或 $API°$、K 值），并对照表 5-8 中的相对密度分类标准，确定两个关键馏分的属性，然后再按照表 5-9 确定被测原油为所列七种类型中的其中一类。关键馏分也可以采用简易蒸馏装置或实沸点蒸馏装置蒸馏原油取得。

由于关键馏分特性分类的分类界限分别按照低沸点馏分和高沸馏分作为分类标准对原油进行分类，这样比较符合原油烃类组成的实际情况，所以它比特性因数分类法更为合理。

表 5-8 关键馏分的分类标准

关键馏分	石蜡基	中间基	环烷基
第一关键馏分	$d_4^{20}<0.8210$ $API°>40$ $(K^*>11.9)$	$d_4^{20}=0.8210\sim0.8562$ $API°>33\sim40$ $(K^*=11.5\sim11.9)$	$d_4^{20}>0.8562$ $API°<33$ $(K^*<11.5)$
第二关键馏分	$d_4^{20}<0.8723$ $API°>30$ $(K^*>12.2)$	$d_4^{20}=0.8723\sim0.9305$ $API°>20\sim30$ $(K^*=11.5\sim12.2)$	$d_4^{20}>0.9305$ $API°<20$ $(K^{①}<11.5)$

①K 值是根据关键馏分的中平均沸点和比重指数查图求定的，它不作为分类标准，仅作为参考数据。

表 5-9 关键馏分特性分类

序号	第一关键馏分	第二关键馏分	原油基属
1	石蜡	石蜡	石蜡
2	石蜡	中间	石蜡-中间
3	中间	石蜡	中间-石蜡
4	中间	中间	中间
5	中间	环烷	中间-环烷
6	环烷	中间	环烷-中间
7	环烷	环烷	环烷

石油化工科学研究院推荐采用关键馏分特性分类和含硫量相结合的分类方法对我国原油进行分类，现已在全国推广使用。表 5-10 中是用特性因数分类法和关键馏分特性——硫含量分类法作为我国原油的分类结果。由该表可见，后者分类较为合理。例如，当用特性因数对原油进行分类时，克拉玛依原油属于石蜡基原油，而用关键馏分特性分类则属中间基原油，与实际相符合。

表 5-10 我国部分原油的分类

原油名称	大庆混合原油	玉门混合原油	克拉玛依原油	胜利混合原油	大港混合原油	孤岛原油
硫含量(质量分数)/%	0.11	0.18	0.04	0.83	0.14	2.03
相对密度 d_4^{20}	0.8615	0.8520	0.8689	0.9144	0.8896	0.9574
特性因数 K	12.5	12.3	12.2~12.3	11.8	11.8	11.6
特性因数分类	石蜡基	石蜡基	中间-石蜡基	中间基	中间基	中间基
第一关键馏分 d_4^{20}	0.814 $(K=12.0)$	0.818 $(K=12.0)$	0.828 $(K=11.9)$	0.832 $(K=11.8)$	0.860 $(K=11.4)$	0.891 $(K=10.7)$
第二关键馏分 d_4^{20}	0.850 $(K=12.5)$	0.870 $(K=12.3)$	0.895 $(K=11.5)$	0.881 $(K=12.0)$	0.887 $(K=12.0)$	0.936 $(K=11.4)$
关键馏分特性分类	石蜡基	石蜡基	中间基	中间基	环烷-中间基	环烷基
建议原油基属	低硫石蜡基	低硫石蜡基	低硫中间基	含硫中间基	低硫环烷-中间基	高硫环烷基

3. 相关指数（BMCI）分类法

相关指数分类法是美国矿务局在原油评价中应用的分类方法。我国在原油评价时通常将相关指数用于各窄馏分的性质评定。相关指数也称关联指数，相关指数分类方法的原理是：根据各烃类化合物的相对密度与其平均沸点的倒数呈直线关系（即不同烃类相关指数不同的原则），其数学表达式为：

$$BMCI = 473.7 d_{15.6}^{15.6} - 456.8 + 48640/T_K \qquad (5\text{-}2)$$

式中，T_K 为中平均沸点，K，对窄馏分可用平均沸点（K）代替；$d_{15.6}^{15.6}$ 为相对密度。

一些烃类的相关指数列于表 5-11 中。由表 5-11 可知：烷烃的相关指数通常在 0～12 之间，烯烃通常在 4～35 之间，环烷烃通常在 24～52 之间，单环芳烃通常在 55～100 之间，双环芳烃通常大于 100。显然，不同烃类的相关指数不同，所以可用相关指数对原油进行分类。相关指数的分类方法是：用汉柏蒸馏装置或其他蒸馏装置蒸馏原油，切割出两个关键馏分，然后测定这两个关键馏分的相对密度，根据各关键馏分的密度（$d_{15.6}^{15.6}$）和平均沸点（K），分别计算两个关键馏分的相关指数，按表 5-12 的分类标准来确定两个关键馏分的基属，然后再按照表 5-9 确定原油的基属。

表 5-11　一些烃类的相关指数

化合物	BMCI	化合物	BMCI
正己烷	0	苯	100
正辛烷	0	甲苯	83
2-甲基庚烷	1	乙苯	75
2,2,4-三甲基戊烷	6	对二甲苯	71
环戊烷	49	正丁基苯	59
环己烷	52	四氢萘	106
甲基环己烷	40	萘	131
十氢萘	72	1-甲基萘	122
1-己烯	9	茚	123
1-辛烯	8	正十二烷基苯	31
异戊二烯	27	1-正辛基萘	69

表 5-12　原油的相关指数分类标准

原油	第一关键馏分			第二关键馏分		
	API°	K	CI	API°	K	CI
石蜡基	＞40	＞11.9	＜15	＞30	＞12.2	＜20
中间基	33～40	11.5～11.9	15～42	20～30	11.5～12.2	20～58
环烷基	＜33	＜11.5	＞42	＜20	＜11.5	＞58

注：表中 API° 和 K 值作为参考。

三、原油评价的内容

原油评价内容按其目的不同分下列四种类型。

（一）原油性质分析

1. 目的

在油田勘探开发过程中，及时了解单井、集油站及油库的原油一般性质，并掌握原油性质变化的规律和动态。

2. 内容

对未经实验室脱水的原油分析水分、含盐量和机械杂质，并根据石油集输等设计要求，分析比重、黏度和凝点。对水分小于 0.5％的原油或经脱水后水分小于 0.5％的原油分析比重、黏度、凝点、残炭、硫含量和馏程，并根据需要，分析含蜡量、沥青质、胶质含量及油田认为必须分析的其他项目。需要油样 2 升。

（二）简单评价

1. 目的

初步确定原油的类别及特点，适用于原油性质的普查，尤其对地质构造复杂、原油性质变化较大的产油区可用此法作原油的简单评价。

2. 内容

① 原油性质分析。

② 原油简易蒸馏，以 300ml 油样进行常减压蒸馏，一般切取每 25℃的窄馏分，计算其收率，并测定比重、黏度、凝点、苯胺点、柴油指数、黏重常数及特性因数。由 250～275℃和 395～425℃两个馏分的相对密度来确定原油的基属。需要油样 5 升。

（三）常规评价

1. 目的

为一般炼厂的设计提供数据。

2. 内容

① 原油的一般性质分析，包括密度、黏度、凝点、含蜡量、沥青质、胶质、残炭、水分、含盐量、灰分、机械杂质、元素（碳、氢、硫、氮、氧）、微量金属（钒、镍、铁、铜、铅、钙、钛、镁、钠、钴、锌）、微量非金属（氯、硅、磷、砷）分析及馏程的测定。根据需要和条件，测定闪点（开口、闭口）及平均分子量等。

② 原油的实沸点蒸馏。原油按每 3％切割为一个馏分，然后分别测定各馏分和渣油的性质，所得窄馏分性质以曲线及表格的方式表示。3％窄馏分的分析项目包括相对密度、黏度、凝点、苯胺点、酸度（酸值）、硫含量及折射率等，并计算特性因数、黏重常数及结构族组成。不同深度的重油、渣油分析比重、黏度、残炭、凝点、闪点（开口）、碳氢含量、硫含量、灰分、发热量及微量金属及非金属，并对减压渣油测定针入度、延度及软化点。

③ 直馏产品的性质测定包括：汽油、喷气燃料、灯油及柴油、催化裂化原料、重整原料油、润滑油馏分一般理化性质、微量金属及组成的测定。

需要油样 100 升。

（四）综合评价

1. 目的

为综合性炼厂设计提供数据。

2. 内容

除常规评价的内容外，还包括下列内容。

① 重整和裂解原料油的性质及组成分析；

② 润滑油、石蜡和地蜡潜含量测定及性质分析；

③ 平衡蒸发数据；

④ 馏分油的单体正构烷烃含量的测定；

⑤ 渣油（沥青）性质及组成的测定。

图 5-3 为原油综合评价流程图。

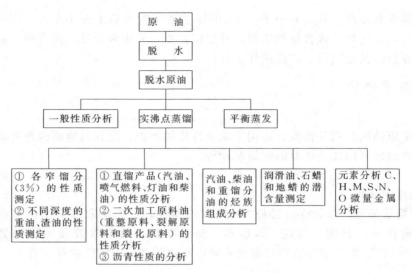

图 5-3　原油综合评价流程图

四、原油一般性质的测定

（一）原油的取样与脱水

原油的取样按照石油和液体石油产品取样法 GB4756—84（91）的规定进行。在油田取样时应与有关的地质人员联系，以保证所取的油样具有代表性。根据具体要求，可以从油井的出口处取得单井的样品或从集油站取得混合油样；或将各单井的样品按日产量混对，得到各油井的混合油样。取样时要详细记载地质及采样情况，包括油井名称层位、油层深度、采油方式、平均日产量及日期、取样负责人等。油桶要保证清洁、坚固和良好的封闭性。油桶上要有明显的标记。

原油一般都含有水分，原油含水对原油的性质分析结果影响很大。因此，除按要求测定含水原油的各项分析项目外，一般都要求原油经实验室脱水，使水含量小于 0.5％后，方可作其他项目的分析。

原油脱水可按 GB 2538—88 原油实验法中的原油蒸馏脱水法进行。该方法是将含水原油加入蒸馏瓶内，装上冷凝器，缓慢加热蒸馏，使轻馏分与水一起被蒸出。为使冷凝在蒸馏烧瓶颈上的水珠迅速蒸发，馏出部位要有适当保温措施。蒸馏气相温度达到 200℃时，脱水完毕。馏出物注入分液漏斗中分去水分，所得的轻馏分与蒸馏瓶内未蒸出的油混合，即为脱水原油。其他的脱水的方法如下所述。

（1）高压釜脱水法。原油装入高压釜内（同时加入 0.5％的破乳剂），在 150℃ 的温度和1.5MPa 的压力下保持 4～5h，可以使原油脱水后水含量在 0.5％以下。

（2）静置脱水法。对含水量高而其密度较小的原油，在高于凝点温度 10～20℃ 下静置，待水分沉降后即可分去水分。为避免轻馏分损失，静置时要装上回流冷凝器。

（3）热化学脱水法。在分液漏斗中，每 100g 原油加 0.5％破乳剂溶液 4mL，激烈摇动5min 后，将其放在 70℃ 水浴中加热沉降 4h，然后分出沉降于分液漏斗底部的水分，即得脱水原油。本方法的缺点是轻馏分易损失。

实际工作中可按待分析原油的含水量、密度和实验条件，选择不同的脱水方法，关键是在脱水过程中要尽量避免轻馏分的损失。

（二）测定原油一般性质的方法

原油取样后，首先测定其含水量、含盐量及机械杂质含量。对于水含量大于 0.5％的原油，则需将原油脱水后，再进行其他项目的测定。

原油一般性质的分析项目见表 5-13。其中所列分析方法大部分已讨论过了，这里只对尚未提及的含蜡量、沥青质、胶质、盐含量等测定法分述于后。

表 5-13　评定原油一般性质的实验方法

序号	分析项目	试验方法
1	密度(20℃)/(g/cm³) 密度(70℃)/(g/cm³)	GB1884—92 GB1884—92 GB265—88
2	运动黏度(50℃)/(mm²/s) 运动黏度(70℃)/(mm²/s)	GB265—88 GB510—83(91)
3	凝点/℃	GB267—88
4	闪点/℃(开口) /℃(闭口)	GB261—83(91)
5	残炭(质量分数)/%	GB268—87
6	灰分(质量分数)/%	GB508—85(91)
7	机械杂质(质量分数)/%	GB511—88
8	水分(质量分数)/%	GB260—77(88)
9	含蜡量(质量分数)/%	蒸馏法 吸附法
10	沥青质(质量分数)/%	正庚烷法
11	胶质(质量分数)/%	氧化铝法
12	盐含量/(mgNaOH/ml)	GB/T6532-86(91)
13	元素分析/%C H N S	元素定量分析 ZBE30012—88 GB387—90、GB388—64(90)、微库仑法
14	微量金属含量/(ng/μL) V Ni Fe Cu 等	原子吸收、等离子发射光谱
15	平均分子量	ZBE30010—88(VPO 法)
16	馏程	GB2538—88

（三）原油盐含量的测定

原油中含有少量结晶盐，通常其成分以氯化钠最多，约占 75％；其次是氯化钙（约占 10％）和氯化镁（约占 15％）。原油中盐类的存在会使输油和加工设备腐蚀，渣油质量降低，石油焦灰分增加，沥青延度降低，因此，进入炼油生产装置的原油要求含盐量不大于 10～50mg NaCl/L。可见原油的盐含量是一个重要的质量指标。原油盐含量测定方法有容量法和电量法（微库仑法）两种。见图 5-4。

1. 容量法

按照标准 GB/T 6532—86（91）标准方法进行测定。

（1）试样处理。试样在溶剂和破乳剂存在的情况下，在规定的抽提器中（见图 5-4），用水抽提，抽提液经脱除硫化物后，用容量法测定其卤化物。实验结果以氯化钠的质量百分数表示。

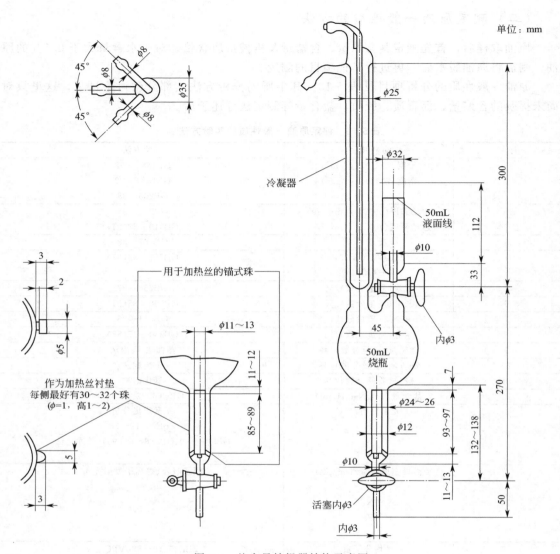

图 5-4 盐含量抽提器结构示意图

（2）实验步骤

在 250ml 烧杯中，称入（80±0.5）g 试样，加热到（60±5）℃。将加热至同样温度的 40ml 甲苯缓慢地加到试样中，并不断搅拌至完全溶解。将此溶液经加料漏斗定量转移至抽提器烧瓶中，并用 2 份 15ml、60℃左右的热甲苯分两次洗涤烧杯和漏斗（注意：蒸汽有毒，实验应在通风柜中进行）；

趁热再加入 25ml 热的无水乙醇和 15ml 稍热的丙酮。

剧烈地煮沸混合物 2min，停止加热，待沸腾刚停止，立即加入 125ml 蒸馏水。再煮沸混合物 15min；让混合物冷却并分层。放出下层溶液（由于部分无水乙醇和丙酮溶解在甲苯和试样的混合相中。因此，能抽出的抽出液体积为 160ml），必要时经定性滤纸进行过滤；向烧杯中加入 100ml 抽出液和 5ml 5mol/l 硝酸溶液。用表面皿盖住烧杯，加热使溶液沸腾，用乙酸铅试纸检验蒸气中的硫化氢。待硫化氢脱除后（试纸不变色），再继续煮沸 5min。冷却后用蒸馏水将烧杯内溶液洗入磨口三角瓶中。加入 10ml 异戊醇和 3ml 铁铵矾指示剂；由滴定管加入 0.5ml 硫氰酸钾标准溶液。混合液在不断地摇动下，用硝酸银标准溶液滴定至无色，再加入 5ml 硝酸银标准溶液。用塞子盖紧磨口三角瓶，并剧烈地摇动 15s，使沉淀物凝聚（注：打开瓶塞时必须小心。避免在摇动过程中可能产生的压力使少量酸液从磨口三角瓶口喷出）；用硫氰酸钾标准溶液缓慢地滴定，直至红色褪色变化缓慢显示已接近终点时，再摇动磨口三角瓶并继续一滴一滴地滴定，直至剧烈地摇动后微红色持久不褪为止；用 95ml 甲苯代替 80g 试样，重复上述步骤做一空白滴定。

（3）计算

试样的卤化物含量 X（％），以氯化钠质量百分数表示或 X' 以毫克 NaCl/升表示，按式（5-3）或式（5-4）计算：

$$X = \frac{58.44[(V_1-V_2)M_1-(V_3-V_4)M_2]}{m_2 \times 1000} \times \frac{160}{100} \times 100 \qquad (5\text{-}3)$$

$$= 9.35[(V_1-V_2)M_1-(V_3-V_4)M_2]/m_2$$

$$X' = \frac{58.44[(V_1-V_2)M_1-(V_3-V_4)M_2]}{\dfrac{m_2}{d_{15.6}^{15.6}}} \times \frac{160}{100} \times 100 \qquad (5\text{-}4)$$

$$= 9.35 \times 10^4 \times d_{15.6}^{15.6}[(V_1-V_2)M_1-(V_3-V_4)M_2]/m_2$$

式中，V_1 为滴定试样所用的硝酸银标准溶液体积，ml；V_2 为空白滴定所用的硝酸银标准溶液体积，ml；V_3 为滴定试样所用的硫氰酸钾标准溶液的体积，ml；V_4 为空白滴定所用的硫氰酸钾标准溶液的体积，ml；M_1 为硝酸银标准溶液的摩尔浓度；M_2 为硫氰酸钾标准溶液的摩尔浓度；m_2 为试样的质量，g；$d_{15.6}^{15.6}$ 为试样的相对密度；58.44 为每摩尔氯化钠的克数。

2. 电量法（微库仑法）

按 ZBE 21001—87 标准方法进行。测定时将原油溶于极性溶剂二甲苯中，加热至 70℃，然后用乙醇-水混合液抽提出其中的盐类，经离心分离后用注射器抽取适量抽提液注入微库仑滴定池中。滴定池内装有一定量银离子的乙酸电解液，试样中的氯离子与银离子发生以下反应：

$$Ag^+ + Cl^- \longrightarrow AgCl \downarrow$$

反应消耗的银离子由发生电极电生补充。测量电生银离子消耗的电量，按法拉第电解定律求得原油盐含量。本方法适用于测定盐含量为 $0.2 \sim 10000$ mg NaCl/L 的原油。计算公式如下：

$$x = \frac{100A \times V_2 \times \rho}{R \times V_1 \times W \times 2.722 \times 0.606} \qquad (5\text{-}5)$$

式中，x 为试样盐含量，mg NaCl/L；A 为积分器显示数字，每个数字相当于 100 μV·s；V_2 为抽提盐所用的抽提液总量，mL；ρ 为原油 20℃ 时的密度，g/cm^3；R 为积分电阻，Ω；V_1 为注入库仑池的抽提液体积，ml；W 为原油取样量，g；2.722 为相当于 1μg 氯消耗的质量，ng/μg；0.606 为换算系数。

（四）原油含蜡量、胶质、沥青质的测定

原油的含蜡量决定其加工后石蜡的产量，而胶质和沥青质的含量与加工后石油沥青的质量和产量有关。因此，含蜡量、胶质、沥青质的测定是原油评价必不可少的指标。

蜡常以溶解状态存在于原油中，它们是混合物，其熔点随着分子量增加可以从室温到80℃以上。所以即使对同一原油，如果测定方法不同，其结果差别也很大。只有在规定的操作条件下对不同原油的含蜡量进行比较才有意义。原油中含有一定量的胶质，它们有抗凝作用，影响蜡的结晶析出，并且会吸附在蜡的结晶表面而与蜡一起沉淀，使含蜡量的测定不易进行。所以通常把沥青质、胶质、蜡含量的测定联合进行，首先使沥青质和胶质分离出来，再测定蜡含量。原油的含蜡量、沥青质、胶质的测定方法有硅胶法和氧化铝法。

1. 硅胶法

方法是往试油中加入石油醚，沉淀沥青质（石油醚不溶物），然后用硅胶吸附分离胶质（称作硅胶胶质），再用低温溶剂脱蜡的方法测得蜡含量，具体步骤如下所示。

（1）以 30～60℃ 石油醚稀释原油油样（W），沉淀沥青质，静置24h后，过滤，滤出沉淀物，用热苯溶解，转移到恒重的三角瓶中，蒸去苯，干燥，恒重，则为沥青质（G_1），按式(5-6) 计算沥青质的含量。

（2）从上述滤液中蒸去 30～60℃石油醚，再用 60～90℃脱芳烃石油醚溶解。然后用粗孔硅胶（100 目）吸附，以 60～90℃脱芳烃的石油醚作为抽提溶剂，在脂肪抽提器内进行抽提（12h），使油分与胶质得以分离。

（3）油分与胶质分离后，移去石油醚抽出液，再以苯-乙醇溶液抽提出被硅胶吸附的胶质，蒸去溶剂，干燥，恒重，测得的胶质（G_2），按式(5-7) 计算胶质的含量。

（4）从石油醚抽出的油分中，蒸去溶剂，再以苯-丙酮作为脱蜡溶剂，在 −20℃ 下脱蜡，测出蜡量（G_3），由式(5-8) 计算蜡的含量。图 5-5 为硅胶法测定流程图。

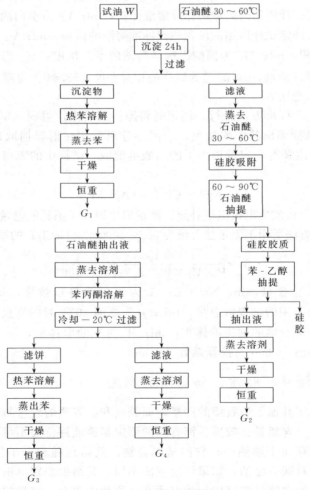

图 5-5 硅胶法流程图

$$m_1(沥青含量)\% = \frac{G_1}{W} \times 100\% \qquad (5\text{-}6)$$

$$m_2(硅胶胶质含量)\% = \frac{G_2}{W} \times 100\% \qquad (5\text{-}7)$$

$$m_3(蜡含量)\% = \frac{G_3}{W} \times 100\% \qquad (5\text{-}8)$$

式中，G_1 为沥青质质量，g；G_2 为硅胶胶质质量，g；G_3 为蜡质量，g；W 为原油油样质量，g。

2. 氧化铝法

由于硅胶法测定时间过长（3～4 天），目前已逐渐为氧化铝法所代替。按照国际标准化组织（ISO）和十三届世界石油大会有关石油术语的定义，沥青质定义为不溶于正庚烷而溶于苯的不含蜡的组分含量。本方法选用正庚烷作溶剂，使沥青质沉淀析出。再用氧化铝吸附色谱柱，使油分与胶质（及沥青质）分离。得到的油分进行溶剂脱蜡，从而测得蜡含量。本方法测定一个试样需 8～12h，具体步骤如下所示。

图 5-6　沥青质抽提器

（1）测定沥青质含量。取 W_1 克试样，以正庚烷为溶剂，加热回流 30min，使其充分溶解，静置沉淀 1h。过滤，将沉淀物移入抽提器内，用上述正庚烷滤液抽提 1h（见图 5-6）。待残存在沥青质中的油分被抽提后，弃去正庚烷抽提液，换用苯抽提沥青质。抽提完毕，蒸去溶剂，干燥，恒重得到沥青质 G_1。按式(5-9)计算沥青质含量。图 5-7 为氧化铝法测定沥青质流程图。

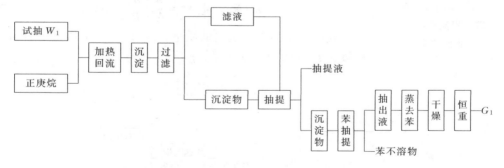

图 5-7　氧化铝法测定沥青质流程图

（2）测定沥青质加胶质及蜡含量。流程图见图 5-8。取 W_2 g 试样溶于石油醚中，用氧化铝（中性 γ-Al_2O_3，100-200 目，活化条件：500℃，6h，在干燥器中冷却到室温，加入 1% 的水，放置 24h 后使用）吸附色谱柱进行色谱分离（见图 5-9），吸附柱用 40～50℃循环热水保温，依次用石油醚（10ml）、苯（60ml）、苯＋乙醇（30ml，体积比为1：1）、乙醇（30ml）作洗脱剂，进行分离，控制洗脱剂流出速度为 2～3 mL/min。苯和石油醚流出液为油分，苯＋乙醇洗出液为沥青质＋胶质，蒸去溶剂后，干燥，恒重，可得 G_2，由式(5-11)计算胶质百分含量。油分蒸去溶剂，再用溶剂脱蜡的方法，即以苯-丙酮为溶剂，在 -20℃ 下冷却过滤，测得蜡量 G_3，由式(5-10)计算蜡的含量。

$$m_1(沥青质含量)\% = \frac{G_1}{W_1} \times 100\% \qquad (5\text{-}9)$$

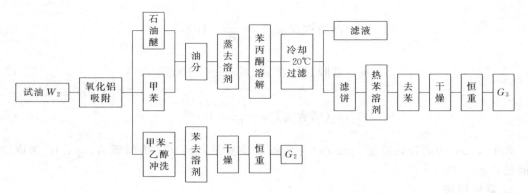

图 5-8　氧化铝测定沥青质加胶质总量及蜡含量流程图

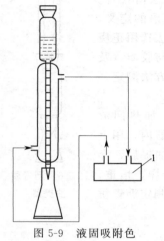

图 5-9　液固吸附色
谱装置流程图
1—恒温水浴

$$m_2（蜡含量）\% = \frac{G_3}{W_2} \times 100\% \tag{5-10}$$

$$m_3（胶质含量）\% = \left(\frac{G_2}{W_2} - \frac{G_1}{W_1} \right) \times 100\% \tag{5-11}$$

　　式中，G_1 为沥青质的质量，g；G_2 为胶质的质量，g；G_3 为蜡质量，g；W_1、W_2 为试样的质量，g。

（五）蒸馏法测定含蜡量

　　用快速蒸馏的方法使含蜡馏分与胶质、沥青质分离。然后称取部分 300℃ 以后的蒸出油进行溶剂脱蜡。由式(5-12) 计算蜡含量。参见图 5-10。

$$m（蜡含量）\% = \frac{a \cdot b}{A \cdot B} \times 100\% \tag{5-12}$$

　　式中，A 为部分蒸出油质量，g；B 为试油质量，g；a 为蜡质量，g；b 为蒸出油质量，g

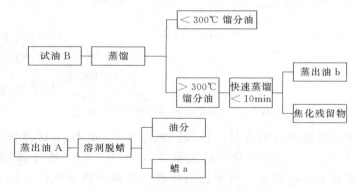

图 5-10　蒸馏法测定蜡含量流程图

　　我国主要原油中胶质、沥青质、蜡含量测定结果见表 5-14。由表 5-14 可知，两种方法测得的沥青质含量误差较大，硅胶法普遍偏高，其原因是硅胶法用 30～60℃ 的石油醚沉降沥青质（即不溶于石油醚的物质为沥青质），而石油醚含碳数为 4～5 个碳，溶解能力小，一部分胶质（大分子胶质）也沉降下来被当作沥青质所致；而氧化铝法使用正庚烷沉降沥青质。其溶解能力较大，沉降时只有沥青质沉降下来，所以目前我国推荐用氧化铝法测定沥青质的含量。由表 5-14 也可以看出硅胶法测得的胶质含量普遍比氧化铝法测得的胶质含量偏高。其原因是：硅胶法用 60～90℃ 的石油醚抽提油蜡，而石油醚极性较小，一部分重芳烃不易从硅胶上脱附下来而被当作胶质所致；而氧化铝法用石油醚（10ml）和苯（60ml）冲洗油蜡，而苯的极性强于石油醚，冲洗能力强，重芳烃也能被冲洗下来，即胶质中不含重芳烃，所以氧化铝胶质小于硅胶胶质。两种方法测得的蜡含量基本相同（因方法也相同）。

我国 20 世纪 80 年代以前用硅胶吸附法测定胶质、沥青质、蜡含量；80 年代以后根据我国原油的特点（表 5-15），普遍采用氧化铝法测定胶质、沥青质、蜡含量。

表 5-14　我国主要原油用氧化铝法和硅胶法测得的沥青质、胶质、蜡含量

原油	氧化铝吸附法			硅胶吸附法		
	沥青质/%	胶质/%	蜡/%	沥青质/%	胶质/%	蜡/%
大庆	0.1	11.2	25.8	0.4	13.3	25.5
任丘	<0.1	22.2	21.6	2.5	23.2	22.8
胜利	<1.0	19.0	14.0	5.1	23.2	14.6
孤岛	4.7	20.5	7.1	8.1	28.4	6.6
大港	0	22.2	5.6	0.41	21.8	5.1

表 5-15　主要国产原油的一般性质

原油产地 项目	大庆	胜利	大港	克拉玛依	辽曙一区	辽河	孤岛
密度(20℃)/(g/cm³)	0.8554	0.8855	0.8697	0.8538	0.9977	0.8793	0.9495
运动黏度(50℃)/(mm²/s)	20.19	57.9	10.83	18.80	116160.00	17.44	333.7
凝点/℃	30	29	23	12	48	21	2
含蜡量(吸附法)(质量分数)/%	26.2	16.7	11.6	7.2	4.31	16.8	4.9
沥青质(正庚烷法)(质量分数)/%	0	0.1	0	—	2.58	0	2.9
胶质(氧化铝法)(质量分数)/%	8.9	17.7	9.7	—	40.09	11.9	24.8
酸值/(mgKOH/g)	—	—	—	0.17	5.57	—	—
残炭(质量分数)/%	2.9	5.9	2.9	2.6	20.6	3.9	7.4
水分(质量分数)/%	痕迹	0.05	0.35	1.2	2.58	1.2	0.78
盐含量/(mgNaCl/L)		22	9.3	53.7	4.90		26
闪点(开口)/℃				—10			
灰分(质量分数)/%	—	0.017	—	0.014	0.125	0.02	—
硫含量(质量分数)/%	0.10	0.79	0.13	0.05	0.42	0.18	2.09
氮含量(质量分数)/%	0.16	0.34	0.24	0.13	0.41	0.32	0.43
微量金属/(ng/g)							
Ni	3.1	15～20	7.0	5.6	276.3	29.2	21.1
V	0.04	—	0.10	0.07	1.02	0.7	2.0
Fe	0.7	3.5	15.1	—	78.7	—9.3	12.0
Cu	<0.2	0	0.07	—	1.3	—	<0.2
馏程　初馏点/℃	85	102	65	70	212	91	
馏出量/%，100℃	2.0	—	3	2.5	0		
馏出量/%，200℃	12.5	7.0	10.0	16.0	0	13.0	
馏出量/%，300℃	24.0	21.2	26.0	34.5	3.0	26.5	—
原油分类	低硫 石蜡基	含硫 中间基	低硫 中间基	低硫 石蜡-中间基	低硫 环烷基	低硫 中间-石蜡基	含硫环 烷-中间基

五、原油的汉柏蒸馏及简易蒸馏

（一）汉柏蒸馏

这是美国矿务局采用的一种半精馏装置，由于这种方法设备简单，易于操作，蒸馏速度快，用油量少，所以广泛应用于对原油作简易评价，由汉柏蒸馏可推算汽油、煤油、柴油、润滑油的近似收率，并可确定原油的基属。

汉柏蒸馏分两段进行：

第一段为常压蒸馏。把初馏点～275℃馏分切割成十个馏分。初馏点～50℃ 为第一个馏分，以后每25℃切取一个馏分，蒸馏至气相温度达到275℃为止。计算各馏分收率，测定各馏分性质。

第二段为减压蒸馏。在 5.33kPa 压力下蒸馏，将常压下 275～425℃馏分切割成五个馏分，每25℃切取一个馏分，蒸馏至气相温度为 300℃ 时停止。蒸馏结束可取常压 250～275℃和 5.33 kPa 减压下 275～300℃ 馏分油（相当于常压 395～425℃ 馏分）作为原油分类的两个关键馏分，确定原油的基属。表 5-16 列出美国宾夕法尼亚州勃雷特福特原油汉柏蒸馏数据（其基属按关键馏分特性分类为石蜡基原油；按相关指数分类为中间基原油）。

表 5-16　美国宾夕法尼亚勃雷特福特原油汉柏蒸馏数据

第一段　常压蒸馏										
馏分号	1	2	3	4	5	6	7	8	9	10
切割点/℃	50	75	100	125	150	175	200	225	250	275
每馏分收率（体积分数）/%		2.0	4.5	6.9	5.8	5.9	5.6	5.7	5.7	6.7
总收率（体积分数）/%		2.0	6.5	13.4	19.2	25.1	30.7	36.4	42.1	48.8
$d_{15.6}^{15.6}$		0.671	0.713	0.738	0.756	0.770	0.781	0.793	0.805	0.817
API°		79.4	67.0	60.2	55.7	52.3	49.7	46.9	44.3	41.7
CI			18	21	22	22	21	21	21	22
η_0^{20}			1.39133	1.41120	1.42140	1.42893	1.43483	1.44056	1.44535	1.45097

第二段　5.33kPa 减压蒸馏					
馏分号	11	12	13	14	15	残渣
切割点/℃	200	225	250	275	300	
每馏分收率（体积分数）/%	1.9	5.1	5.7	5.3	6.6	25.0
总收率（体积分数）/%	50.7	55.8	61.5	66.8	73.4	98.4
$d_{15.6}^{15.6}$	0.827	0.835	0.843	0.854	0.864	0.900
API°	39.6	38.0	36.4	34.2	32.3	25.7
CI	23	23	23	25	27	
η_0^{20}	1.46003	1.46241	1.46648	1.47197		
$\nu_{37.8}/(\mathrm{mm^2/s})$	4.0	5.1	8.1	12.1	20.6	
浊点/℃	24	40	60	70	80	

（二）简易蒸馏

简易蒸馏是由汉柏蒸馏改进而成，见图 5-11。简易蒸馏装置使用的填料是由镍铬丝制成的环状链条填料见图 5-12，在第三段减压（<0.267kPa）蒸馏时，改用镍铬丝制成的两个锥形体作填料，见图 5-13。

简易蒸馏共分为三段：

第一段为常压蒸馏。将初馏点～200℃的馏分，切割为若干个窄馏分，馏出速度控制在 1～2ml/min。馏分切割如下：初馏点～100℃、100～125℃、125～150℃ 、150～175℃、175～200℃（或初馏点～100℃、100～150℃、150～200℃）的馏分，记录各馏分的馏出体积并称重，测定各馏分的性质。

第二段为 1.33kPa 下减压蒸馏。将常压为 200～450℃的馏分切割为若干窄馏分，馏分切割如下所示。

减压（1.33kPa）下切割温度分别为 78～117℃、117～138℃、138～158℃、158～200℃、200～240℃、240～265℃、265～285℃。常压下切割温度分别为 200～250℃、250～275℃、275～300℃、300～350℃、350～395℃、395～425℃和 425～450℃。

在制定减压蒸馏方案时，先制定出常压切割方案，然后由压力换算图（见图 5-14 和图 5-15）查出减压下对应的切割温度，实验室控制各馏分高温温度切割馏分。并且设计切割方案时，要考虑两个关键馏分的切割。记录馏出体积并称重，计算各馏分收率。

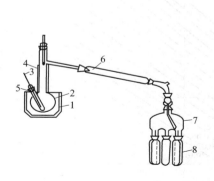

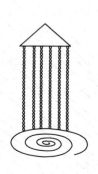

锥形体

图 5-11　简易蒸馏装置示意图　　　图 5-12　填料示意图　　　图 5-13　锥形体位置图

1—加热电炉；2—蒸馏瓶；3—温度计；

4—保温套；5—测温玻璃套管；

6—空气冷凝管；7—真空接收器；8—接收管

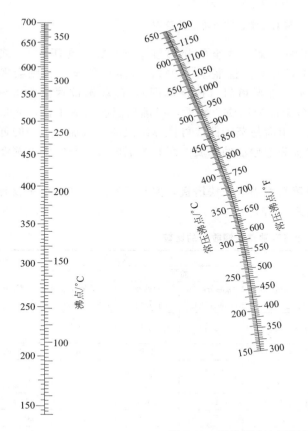

图 5-14　石油馏分在不同压力下的换算图

①　1 吋汞柱＝3386.388Pa

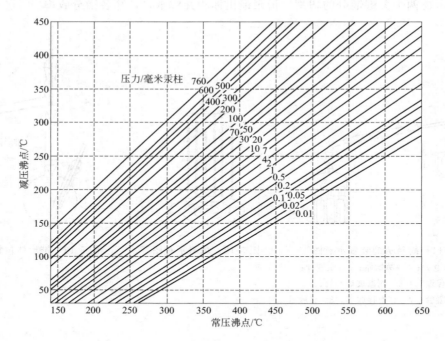

图 5-15　纯烃和石油窄馏分常、减压沸点换算图

第三段为小于 0.267kPa 压力下减压的蒸馏。蒸至气相温度达 500℃ （常压下），或 294℃ （0.267kPa 下）。待第二段蒸馏结束，冷却蒸馏瓶至 150℃，放空后停泵，否则会发生危险。取出链条填料，按图 5-12 位置换上锥形填料 （镍铬丝网），此段蒸馏速度为 2～3ml/min。记录馏出体积，称重，并测定各窄馏分性质。然后，以馏出温度为纵坐标，质量百分收率为横坐标作图可得简易蒸馏曲线。由简易蒸馏曲线可推算出汽油、煤油、柴油的近似收率；由两个关键馏分的密度，可以初步确定原油的基属。简易蒸馏的收率与实沸点蒸馏很接近。可参见表 5-17。

简易蒸馏具有一定的分离精度，链条填料相当于几块塔板，但与实沸点蒸馏数据比较有一定的夹带现象，所以馏分收率偏高 （见表 5-17）。

表 5-17　简易蒸馏与实沸点蒸馏收率的比较

沸点范围/℃	大庆原油				孤岛原油			
	简易		实沸点		简易		实沸点	
	每馏分收率(质量分数)/%	总收率(质量分数)/%	每馏分收率(质量分数)/%	总收率(质量分数)/%	每馏分收率(质量分数)/%	总收率(质量分数)/%	每馏分收率(质量分数)/%	总收率(质量分数)%
初馏～100	1.6	1.6	1.6	1.6	2.1	2.1	1.5	1.5
100～150	4.3	5.9	4.7	6.3				
150～200	4.3	10.2	3.8	10.1	2.8	4.9	3.8	4.8
200～250	4.2	14.4	5.4	15.5	3.2	8.1	3.8	8.6
250～275	8.5	17.9	2.7	18.2	2.4	10.5	2.4	11.0
275～300	8.9	21.8	3.9	21.5	2.9	13.4	3.0	14.0
300～350	8.0	29.8	7.3	28.8	7.2	20.6	6.7	20.7
350～395	8.6	38.4	7.8	36.6	6.2	26.8	6.0	26.7
395～425	5.4	43.8	5.6	42.2	5.5	32.3	5.4	32.1
425～450	4.7	48.5	3.3	45.5	6.2	38.5	5.7	37.8
450～500	9.0	51.5	—	—	—	—	—	—

简易蒸馏也具有设备简单、用油量少，操作容易，分析时间短的特点，适用于对原油进行简单评价。

六、原油的实沸点蒸馏

实沸点蒸馏是原油评价中的重要一环，也是原油评价的核心。

(一) 实沸点蒸馏的方法原理

所谓实沸点蒸馏是在实验室用一套分离精度较高的间歇式常压、减压蒸馏装置，把原油按照沸点由低到高的顺序切割成许多窄馏分，并作各窄馏分的性质分析。由于分馏精确度较高，其馏出温度和馏出物的实际沸点相近，可以近似反映出原油中各组分沸点的真实情况，故称为实沸点（真沸点）蒸馏。

实沸点蒸馏是按每馏出 3%（质量分数）或每隔 10℃ 切取一个窄馏分，计算每馏分的收率及总收率，用所得数据绘制原油的实沸点蒸馏曲线，同时要分别测定各窄馏分的理化性质，包括密度、黏度、闪点、凝点、酸度、含硫量、折射率、分子量等，用所得数据绘制性质曲线，然后把各窄馏分调配成要求的直馏产品，再分析测定各种直馏产品的性质和产率，所得数据可绘制出汽油、煤油、柴油和润滑油及重油的产率曲线。由上述数据和曲线，可为炼厂制定加工方案、设计炼油装置提供依据。这是原油评价的目的。

(二) 实沸点蒸馏装置

目前，国内大部分炼厂和油田主要采用由抚顺石油化工研究院生产的 FY-Ⅲ型微机控制原油实沸点蒸馏仪，该装置主要由塔Ⅰ和塔Ⅱ两部分组成。塔Ⅰ是用来对原油从初馏到 425℃ 的馏分进行常减压蒸馏。塔Ⅱ是用来对塔Ⅰ蒸馏结束后釜内残油进行深切割的，其最终切割温度可达 530~550℃。

(三) 实沸点蒸馏步骤

1. 蒸馏前的准备工作

蒸馏实验是在仪器完好的情况下进行的，所以在做实验前必须进行全面的检查，检查内容包括以下几方面。

① 各连接处是否正确适当，玻璃件及密封用"O"形圈是否破损，如有请更换。

② 流程图上各工位显示的参数是否正常，如有异常现象查出原因。

③ 在未装油样时空抽系统，如达不到规定的最低真空度（塔Ⅰ为 266Pa，塔Ⅱ为 65Pa）请查原因，否则不能进行蒸馏。

④ 接收管是否干净，放置是否得当，如有脏物存于管内，将影响分析数据。

在确定装置完好无损后才能向蒸馏釜内加样品，从大容积内的容器内取样时必须把大容器内的样品搅拌均匀，以确保蒸馏数据的准确性。装入油样的质量要准确称量，精确到 1g 并记录下来，样品体积不超过蒸馏釜容积的三分之二。

2. 塔Ⅰ常压蒸馏

对原油的蒸馏是从塔Ⅰ常压蒸馏开始的。如果油样内含有丁烷等轻烃类及水，要对丁烷进行回收（如用户需要的话）及脱水蒸馏（水含量大于 0.2%时）。

操作步骤如下所示。

① 将装有油样的釜连到塔Ⅰ接口上，将测压管、测温管与釜连接，将接收器用千斤顶升起。

② 打开控制柜内电源开关，给装置通电，再打开计算机开关启动计算机，通电顺序不能倒置！

③ 打开自来水阀，给装置及低温冷槽通冷却水，再打开低温浴槽电源开关，启动制冷系统。

④ 点击按钮将接收管调到正确位置。

⑤ 使釜降温冷却水阀及塔Ⅱ冷却水阀处于关闭位置。

⑥ 按工艺要求或油样特点设定切割点。

⑦ 当低温浴槽指示温度达到 -20℃ 以下时，连接丁烷收集器到放空口，启动冷剂泵，给主冷凝器及丁烷收集器降温，使丁烷回收器上的两个手动阀处于接通的位置。然后给蒸馏釜加热，加热强度一般在 30%～60% 之间，使放空阀阀二处于接通的状态（红色）。加热由釜温按钮右边的箭标来控制，其中下边数值表示加热炉通电时间比，上边的数值表示釜内的液温。启动釜搅拌器，在有油气产生时（根据塔内温度指示来判定），适量调节加热强度，以保证系统在理想的速度下运行。

⑧ 当有适量的液体从主冷凝器流回，塔顶气相温度 RT1 保持不变 15min 后，使中间罐控制阀阀处于红色状态，使回流比处于 5，整个系统就自动按设定的切割温度进行常压蒸馏操作。如果被测样品内没有水分，该系统将在釜温达到 350℃ 或操作人员干预下停止蒸馏。如果样品内有水分，将在气相温度达到 150℃ 时，手动操作停止蒸馏。其操作方法是使釜温按钮的输出值为 0，使回流比为 10（全回流），去掉釜保温罩，打开釜降温水阀。

如果有水存在，请将蒸出的油水混合物进行油水分离，然后将油加入冷却后的釜内，重新按①、④、⑤、⑥、⑦、⑧、⑨进行常压蒸馏。

常压蒸馏结束后，将丁烷收集器的两个手动阀置于关闭位置，取下容器称重并记录丁烷的质量。

⑨ 给釜通冷却水降温，对切出的油样进行称重并记录。

3. 塔Ⅰ减压蒸馏

当釜温及塔温降到 100℃ 以下时，可进行塔Ⅰ的减压蒸馏。

操作步骤如下所示。

① 设定切割点。此时设定的切割点温度均为换算到常压下的温度，用真空按钮的 SV 设定减压的系统压力。

② 正确连接各接口及接收器，在低温浴槽指示温度均达到 -20℃ 以下后开启冷剂泵，给主冷凝器及冷阱降温。

③ 如果釜及塔温是在室温下，先将釜加热到 100℃ 左右，再启动真空泵，即点击泵按钮和截阀按钮使它们处于红色。塔Ⅰ减压蒸馏时一般为 13.33kPa、6.5kPa、1.33kPa、0.65kPa、0.266kPa（系统压力为 0.266KPa 时，回流比为 2）。当某一设定的压力不能完成塔Ⅰ最后应达到的切割温度时，要在釜温达到 320℃ 以后降温，等釜温降到下一个压力下的釜内最轻组分的沸点以下，再降低系统压力，重新加热蒸馏，直到完成塔Ⅰ减压蒸馏。塔Ⅰ减压蒸馏的终结温度可在 350～425℃ 之间。当切割温度达到 350℃ 或有蜡析出时，要打开恒温水浴热水循环泵，以保证馏分能进入接收器。

4. 塔Ⅱ减压蒸馏

塔Ⅱ是用来对大于 350℃ 的馏分进行切割的。因馏分较重，所以要在较低的压力下进行蒸馏，并且流出管路要进行保温。当气相温度从开始的室温有所升高或塔Ⅱ下部有深色液体回流时，降低加热强度，一般为 25% 左右，使中间罐控制阀处于红色状态，随着馏分的流出，计算机按设定的切割点自动控制切割，直到釜温达到 350℃ 或操作人员干预为止才停止加热。蒸馏过程中要根据流出速度调整加热强度，馏分以滴状进入接收管为最佳。塔Ⅱ最高切割温度为 530～550℃。蒸馏结束后，打开釜冷却水阀给釜降温，当釜温达到 200℃ 以下时，打开放空阀，使系统恢复常压后，关闭真空泵。

5. 洗塔

塔的清洗对保持塔效、提高仪器使用寿命是极为重要的，所以每次蒸馏后必须认真清洗。操作步骤如下所示。

（1）塔Ⅰ清洗

① 向玻璃洗瓶内加入 1000ml 左右石油醚或汽油，将洗瓶连到塔Ⅰ上。

② 启动冷凝器制冷及循环系统。

③ 加热进行塔Ⅰ常压蒸馏。

注意：此时阀二必须处于红色状态。当返回到洗瓶内的液体色清透明时，启动回流阀，管线外观干净后，就可停止蒸馏。

如果要求严格，请将流回洗瓶内的轻组分蒸干，称量洗瓶内残液的质量，得到塔Ⅰ滞留量，可将该滞留量加到塔Ⅱ的第一个馏分上，也可在进行塔Ⅱ蒸馏前加入釜内。

（2）塔Ⅱ清洗

如果不用测量塔Ⅰ滞留量的话，可将洗瓶移至塔Ⅱ进行常压蒸馏。在塔Ⅱ进行常压蒸馏时，接收器可不达到密封位置以利轻油蒸气对流出管路的清洗，直到外观干净为止结束清洗蒸馏。

将洗瓶内的洗液与接收器收到的洗液合在一起，蒸干其中的轻组分，称取洗瓶内残液质量，该残液作为塔Ⅱ的最后一个馏分，也可把它当作蒸馏釜内渣油来处理。

6. 渣油处理

塔Ⅱ蒸馏结束后，蒸馏釜内的渣油要称取质量以备总收率的计算。

减压渣油的黏度很大，要在很高的温度下（一般 150℃ 左右）才能倒出。倒渣油的方法是用倒油夹夹紧釜，从小孔将渣油倒出以防磁搅拌转子随渣油一起倒出。倒油时要注意风向以免伤及操作人员，然后再用轻油将釜洗净以备下次蒸馏。

7. 特殊操作

（1）轻组分少含水量高的原油脱水。

轻组分少含水量高的原油在进行脱水时比较困难，因为水的汽化潜热较大，表面张力也大，容易在填料塔内形成水柱层，达不到流出口。为破坏这个水柱层，可在 N_2 入口向釜内通入适量的 N_2 流量，用来冲破水层，降低水的分压，使水变成蒸气上升；也可把 DC1、DC2 的输出值给到 20% 左右，从塔的外部给水层加热，使液态水变成水蒸气升到塔的顶部，经流出口将水排出。

（2）当某一馏分过多，一个接收管容纳不下时的手动换管。

发现这种问题时，可以在将要达到的切割点前插入一个适当的设定值，使其在液体溢出前就自动换管；也可先将中间罐排放控制阀关闭，再用按钮进行手动换管。

8. 实时记录

该仪器的控制系统可按操作人员给定的时间间隔自动打印出各控制点的过程值，只要点击联机按钮使其处于红色，就给出了记录打印开始的命令，打印间隔为 1～5min，人为设定。当某个切割点达到时，计算机自动打印该温度时的所有过程值。

9. 安全事项

① 手动加热炉升高与塔对接时，必须控制好挤压力度，力小了密封不好，力大了可能损坏分馏头。

② 启动仪器之前，必须通冷却水以保护冷浴压缩机及搅拌电动机。

③ 常压操作时塔Ⅰ的 MV2 必须处于通的状态，塔Ⅱ要有排放口（比如取下麦氏计接头等）。

④ 减压操作完成后，必须先放空后停止真空泵，放空要等到塔温及釜温降到适当的温度后才能进行。

⑤ 恒温水浴槽内的水面距上盖板距离不得超过 30mm。

⑥ 仪器上方不得有任何物件悬吊，不得用硬物品碰撞玻璃件。

⑦ 该仪器所有"O"型胶圈均为特殊材料制成，耐油耐温，不得用其他种类代替。

⑧ 安全地线要求在 4Ω 以下。

⑨ 计算机电源插座不能插错，也不能插其他用电设备。

⑩ 不要带电拔插可编程序控制器模块和计算机打印电缆及通讯电缆。

⑪ 操作室温度保持在 10～30℃，湿度保持在 40%～70%。

⑫ 电源电压保持在 200～240VAC、50/60Hz。

10. 维护

要使仪器能正常运转，平时的维护是至关重要的。维护时主要注意以下几方面。

① 每次蒸馏结束后，必须对塔进行彻底地蒸馏清洗，以保持塔效。

② 要保持真空泵油位达到规定位置（油标中线）。

③ 检查冷阱内是否有轻油或泵油，如有请倒掉并洗净。

④ 该仪器共有 5 个玻璃磨口，平时要检查各磨口是否易于转动，如果转动不灵活，请取下后涂真空脂，以保证其真空密封性能。

⑤ 转动接收器底盘上不能有轻油积存，以保证"O"型圈的密封性，如果发现轻油，请取下有机玻璃罩，把底盘及"O"型圈擦干净，再重新装好。

塔Ⅱ减压蒸馏结束后，称量各馏分的质量，计算各馏分的收率及总收率，并测定各馏分油的理化性质，把数据整理成表 5-18 和表 5-19。

（四）实沸点蒸馏曲线、性质曲线、产率曲线和等值线

实沸点蒸馏曲线、性质曲线、产率曲线和等值线可为炼厂制定加工方案、工艺设计计算提供数据。

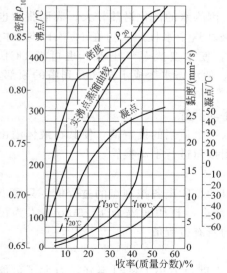

图 5-16　大庆萨尔图混合原油的实沸点蒸馏曲线及各窄馏分的性质曲线

1. 实沸点蒸馏曲线

实沸点蒸馏曲线又称总收率-沸点曲线，以总馏出质量百分收率为横坐标，以相应的常压馏出温度为纵坐标作图，可绘制实沸点蒸馏曲线。见图 5-16 中实沸点蒸馏曲线，由该曲线可大致反应出原油各种直馏产品的收率。

绘制曲线时应注意：应以每段馏分最高馏出温度与相应的总收率作图，并且减压温度范围要换算为常压温度范围再作图，否则，作出的曲线不连续，分段。

2. 性质曲线

性质曲线又称中百分比曲线或中比曲线，常和实沸点蒸馏曲线绘制在同一张图上（见图 5-16）。

由实沸点蒸馏得到了许多窄馏分及其性质（如密度、凝点、黏度、硫含量等）。对每个窄馏分来说，它仍然是一个复杂有机化合物的混合物，而对该馏分

表5-18　大庆混合原油的实沸点蒸馏及窄馏分性质

馏分号	沸点范围/℃	占原油(质量分数)/% 每馏分收率	占原油(质量分数)/% 总收率	d_4^{20}	d_4^{70}	运动黏度/(mm²/s) 20℃	运动黏度/(mm²/s) 50℃	运动黏度/(mm²/s) 100℃	凝点/℃	苯胺点/℃	酸度 MgKOH/100mL	闪点(开口)/℃	n_0^{20}	n_0^{70}	$\overline{M}$	K	VGC	结构族组成 %C_P	结构族组成 %C_N	结构族组成 %C_A	结构族组成 R_N	结构族组成 R_A
1	初馏~112	2.98	2.98	0.7103	—	—	—	—	—	54.1	0.98	—	1.3995	—	98	—	—	—	—	—	—	—
2	112~156	3.15	6.13	0.7461	—	0.89	0.64	—	—	59.0	1.58	—	1.4172	—	121	12.0	—	—	—	—	—	—
3	156~195	3.22	9.35	0.7699	—	1.27	0.89	—	−65	62.2	2.67	—	1.4350	—	143	12.0	—	—	—	—	—	—
4	195~225	3.25	12.60	0.7958	—	2.03	1.26	—	−41	36.4	3.02	78	1.4445	—	172	11.9	—	—	—	—	—	—
5	225~257	3.40	16.00	0.8092	—	2.81	1.63	—	−24	71.2	2.74	—	1.4502	—	194	12.0	—	65	29	6.0	0.72	0.14
6	257~289	3.46	19.46	0.8161	—	4.14	2.26	—	−9	77.2	3.65	125	1.4560	—	217	12.1	—	70	21.5	8.5	0.61	0.23
7	289~313	3.44	22.90	0.8173	—	5.93	3.01	—	4	84.8	4.39	—	1.4565	—	246	12.3	—	75	17.5	7.5	0.54	0.20
8	313~335	3.37	26.27	0.8251	—	8.33	3.84	1.73	13	86.0	7.18	157	1.4612	—	264	12.3	—	75	16.5	8.5	0.59	0.24
9	335~355	3.45	29.72	0.8348	0.7985	—	4.99	2.07	22	91.6	7.98	—	—	1.4450	292	12.3	0.781	77	15	8.0	0.58	0.25
10	355~374	3.43	33.15	0.8363	0.8000	—	6.24	2.51	29	—	0.08	184	—	1.4455	299	12.5	0.780	76	16	8.0	0.65	0.25
11	374~394	3.35	36.50	0.8396	0.8040	—	7.70	2.86	34	—	0.09	—	—	1.4472	328	12.5	0.782	77	16	7.0	0.77	0.21
12	394~415	3.55	40.05	0.8479	0.8123	—	3.51	3.33	38	—	0.22	206	—	1.4515	349	12.5	0.761	74	18.5	7.5	0.82	0.28
13	415~435	3.35	43.44	0.8536	0.8187	—	13.34	4.22	43	—	0.12	—	—	1.4560	387	12.6	0.794	76.5	14	9.5	0.75	0.44
14	435~456	3.88	47.32	0.8686	0.8349	—	21.92	5.86	45	—	0.06	238	—	1.4641	420	12.5	0.809	71.5	18.5	10	1.25	0.50
15	456~475	4.05	51.37	0.8732	0.8395	—	—	7.05	48	—	0.05	—	—	1.4675	438	12.5	0.811	72	17	11	1.21	0.57
16	475~500	4.52	55.89	0.8786	0.8456	—	—	8.92	52	—	0.03	282	—	1.4697	—	12.6	0.815	—	—	—	—	—
17	500~525	4.15	60.04	0.8832	0.8502	—	—	11.5	55	—	0.03	—	—	1.4730	—	12.6	0.819	—	—	—	—	—
渣油	>525	38.5	98.54	0.9357	—	—	—	—	41	—	—	—	—	—	—	—	—	—	—	—	—	—
损失	—	1.46	100.0	—	—	—	—	—	—	—	—	—	—	—	—	—	—	—	—	—	—	—

表 5-19　胜利混合原油的实沸点蒸馏及窄馏分性质

馏分号	沸点范围/℃	占原油(质量分数)/%		密度/(g/cm³)	运动黏度/(mm²/s)			凝点/℃	苯胺点/℃	酸度 MgKOH/100mL	硫含量(质量分数)/%	氮含量/(mg/kg)	η_D^{20}	K	CI	VGC
		每馏分收率	总收率		20℃	50℃	100℃									
1	初馏~114	3.10	3.10	0.7087	—	—	—			1.82	0.001	2	1.4000	—	—	—
2	114~154	2.95	6.05	0.7608	—	—	—			2.19	0.01	2	1.4201	11.77	25.4	—
3	154~189	3.36	9.14	0.7725	1.31	—	—			4.13	0.04	3	1.4402	11.94	20.8	—
4	189~222	3.12	12.53	0.8118	2.14	1.31	—		60.2	4.86	0.1	4	1.4539	11.65	31.5	—
5	222~248	3.13	15.66	0.8186	3.15	1.80	—	<−30	68.2	8.75	0.19	26	1.4575	11.79	28.9	—
6	248~278	3.14	18.80	0.8185	4.49	2.35	—	−14	76.4	13.61	0.25	65	1.4590	12.00	23.8	—
7	278~293	3.13	21.93	0.8162	6.33	3.08	—	−3	83.3	13.52	0.24	93	1.4574	12.20	19.1	—
8	203~306	3.12	25.05	0.8166	7.10	3.79	—	1	90.2	13.97	0.24	127	1.4581	12.30	17.1	—
9	306~325	3.13	28.18	0.8302	10.86	4.63	—	12	90.6	21.47	0.27	267	1.4646	12.21	21.2	—
10	325~342	3.15	31.33	0.8401	—	5.77	—	18	97.3	0.36	0.34	359	1.4523	12.19	23.4	—
11	342~352	3.24	34.57	0.8440	—	—	2.91	29	91.1	0.33	0.33	541	1.4566	12.22	23.5	0.788
12	352~400	3.24	37.81	0.8535	—	—	3.95	33		0.22	0.33	555	1.4589	12.27	24.4	0.795
13	400~417	3.17	40.98	0.8613	—	—	4.43	39		0.21	0.39	637	1.4623	12.36	24.6	0.803
14	417~432	3.22	44.20	0.8674	—	—	5.05	42		0.27	0.43	774	1.4675	12.35	25.8	0.809
15	432~446	3.29	47.49	0.8748	—	—	6.19	43		0.28	0.37	909	1.4714	12.35	27.8	0.816
16	446~460	3.31	50.80	0.8858	—	—	7.61	46		0.27	0.40	1026	1.4759	12.35	31.7	0.827
17	460~474	3.49	54.29	0.8942	—	—	9.11	46		0.27	0.51	1155	1.4793	12.25	34.4	0.835
18	474~496	3.35	57.61	0.8940	—	—	10.67	49		0.39	0.63	1481	1.4830	12.35	32.8	0.832
19	>493	12.36	100.0	0.9510	—	—	626.3			1.37						

的性质，密度、凝点、黏度等是将每个馏分全部收集后（混合物）测得的，所以某一性质是表示该窄馏分这一性质的平均值，那么在绘制性质曲线时，就应假定这一平均值相当于该馏分馏出一半时的性质。这样，以各种性质的数据为纵坐标，以相当于馏出该馏分一半时的累积中百分比总收率为横坐标作图，所得曲线称为性质曲线。

例如：某原油实沸点蒸馏得到如下数据。

沸程范围/℃	馏分收率/%	总收率/%	ρ_{20}/(g/cm³)	积累中百分比总收率(质量分数)/%(横坐标)
初~60	1.2	1.2	(纵坐标)0.6920	0.6(1.2/2=0.6)
60~100	2.1	3.3	0.7102	2.25(1.2+2.1/2=2.25)
100~125	3.2	6.5	0.7268	4.9(3.3+3.2/2=4.9)
⋮	⋮	⋮	⋮	⋮

由上列数据可知：第一个馏分（初~60℃），$\rho_{20}=0.6920\text{g/cm}^3$，收率为 1.2%，它不代表馏出率为 1.2% 时的最后馏出油的密度，而代表初馏点~60℃馏分油的平均密度。即代表相当于该馏分馏出一半时的密度（收率为 0.6% 时的密度），即 $\rho_{20}=0.6920\text{g/cm}^3$ 所对应的横坐标是 0.6%。

第二个馏分收率是 2.1%，$\rho_{20}=0.7102\text{g/cm}^3$，所以 0.7102g/cm³ 所对应的横坐标是 1.2%+2.1%/2=2.25% 或 (1.2%+3.3%)/2=2.25%。

第三个馏分收率是 3.2%，$\rho_{20}=0.7268\text{g/cm}^3$，所以 0.7268g/cm³ 对应的横坐标是 3.3%+3.2%/2=4.9% 或 (3.3%+6.5%)/2=4.9%。

其他馏分以此类推。绘制其他性质曲线时也类同，图 5-16 是大庆萨尔图混合原油的实沸点蒸馏曲线及密度、凝点、各温度下黏度性质曲线。但注意这些性质曲线有一定局限性，因为原油性质除密度、馏程、残炭等少数性质具有可加性外，其他大多数性质如闪点、凝点、黏度等都不具有可加性。因此性质曲线只能表明各窄馏分的各种性质变化情况，而不能表明各宽馏分的性质变化情况，也就是说：对于具有可加性的性质，由性质曲线可查出该性质随收率变化情况。如大庆原油：300℃时的质量收率为22%，350℃时的质量收率为28%，所以300～350℃这段馏分的累积中百分比总收率＝22%＋(28%－22%)/2＝25%，因此由图5-16可查得该馏分的密度 $\rho_{20}=0.8260g/cm^3$；而不具有可加性的性质，由性质曲线只能查看各窄馏分性质随 $m\%$ 收率变化情况，而不能查看宽馏分性质随 $m\%$ 收率变化情况。例如：大庆原油300～325℃馏分，凝点 SP＝1℃；325～350℃馏分，凝点 SP＝10℃，按收率比例混合后变为300～350℃的宽馏分，假如收率相同，凝点 SP≠(1＋10)/2＝5.5℃，一般高于5.5℃（通常要实测）。

性质曲线应用举例：

例如由图5-16可查出大庆原油300～325℃馏分的密度 $\rho_{20}=0.822g/cm^3$，黏度 $\nu_{50}=3.5mm^2/s$，凝点 SP＝12℃。

因此中比曲线不能作为制定原油加工方案的根本依据，要制定原油加工方案还要根据原油的产率曲线来制定。

3. 产率曲线

(1) 定义。严格地讲，产率曲线应称为产品收率-性质曲线也称为收率曲线或（产品）馏分油性质曲线。

在制定原油加工方案时，比较可靠，严格的方法是绘制各种产品的产率曲线。所谓产率曲线是表示某一宽馏分（产品）的产率（收率）与其性质关系的曲线。所以按照不同的产品，可作汽油、柴油、重油产率曲线。

产率曲线的纵坐标是产品的各种理化性质，横坐标是相应的宽馏分占原油的质量收率（产率）。

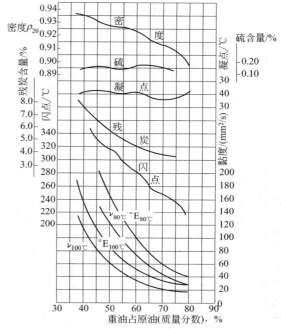

图5-17　大庆原油重油产率曲线图

图5-17是大庆原油重油产率曲线图，表5-20是大庆原油重油产率曲线部分数据。

表5-20　大庆原油重油产率曲线数据

馏分温度范围/℃	馏分收率(质量分数)/%	掺合后重油试样占原油收率(质量分数)/%	密度/(g/cm³) 70℃	凝点/℃	运动黏度/(mm²/s) 100℃
＞500	42.93	42.93	0.8935	36	132.5
450～500	4.85	42.93＋4.85＝47.78	0.8890	37	88.9
400～450	8.25	47.78＋8.25＝58.18	0.8795	43	59.4
350～400	9.80	58.18＋9.8＝67.98	0.8897	44	35.8
300～350	10.83	67.98＋10.83＝78.81	0.8579	40	20.5

(2) 产率曲线的绘制。以重油产率曲线为例：在进行原油实沸点蒸馏时，尽可能拔出重馏分油（如500℃以前的油全拔出），釜底剩下＞500℃的渣油，其收率按表5-20例子是42.93%。以密度 ρ_{20} 为纵坐标，相应的重油收率为横坐标作图，便可得密度这一性质的重油产率曲线，同理可得其他性质的重油产率曲线。

按上例，与渣油相邻的馏分是450～500℃馏分，取一部分渣油作为基础油与一部分（按各自收率计算）450～500℃馏分油混合，测出各性质，再与一部分（按收率）400～450℃

表 5-21　重整原料和汽油馏分性质

原油	沸点范围/℃	占原油(质量分数)/%	d_4^{20}	初馏	10%	50%	90%	干点	η_0^{20}	酸度/(mgKOH/100ml)	含硫(质量分数)/%	含砷/(μg/kg)	烷烃	环烷烃	芳烃	非烃	辛烷值 0	辛烷值 0.5	辛烷值 1.3	净热值/(kJ/kg)
大庆	45~115	4.40	0.7102	61	80	92	110	—	—	—	—	—	54.64	42.89	1.47	—	0	—	—	—
	60~130	5.15	0.7241	74	92	106	126	139	—	—	—	—	51.19	45.44	3.37	—	—	—	—	—
	初馏~130	—	0.7109	54	75	96.5	—	136	1.4009	0.9	0.009	163	56.20	41.7	2.1	—	37	49	59	43684
	初馏~200	—	0.7439	62	94	137	—	196	1.4070	1.1	0.02	—	—	—	—	—	—	—	—	43780
	初馏~123	2.4	0.7112	58	71	88	—	130	—	—	—	12	51.8	39.87	7.5	0.83	64.8	—	74.4	—
胜利	初馏~180	—	0.7478	60	90	125	160	174	—	3.26	—	—	—	—	—	—	52.0	—	—	—
	初馏~200	—	0.7575	63	106	143	181	199	—	5.03	—	—	—	—	—	—	47.2	—	70.6	—

辛烷值 (C₂H₅)₄Pb/(g/kg)：0、0.5、1.3

表 5-22　喷气燃料馏分性质

原油	沸点范围/℃	占原油(质量分数)/%	d_4^{20}	初馏	10%	50%	90%	干点	粘度 20℃	粘度 -40℃	酸度/(mgKOH/100ml)	闪点/℃	碘值/(gI_2/100g)	芳香烃(质量分数)/%	硫含量(质量分数)/%	腐蚀(铜片)	结晶点/℃
大庆	145~220	6.6	0.7818	158	172	186	208	223	1.53	6.51	0.48	40	2.92	6.94	—	合格	-51
	145~230	—	0.7845	158	176	192	216	236	—	—	—	—	—	—	—	合格	-47
	130~230	8.85	0.7807	148	167	187	215	227	1.48	5.47	0.41	35	2.48	8.06	0.026	合格	-52
胜利	130~230	6.9	0.7932	134	156	181	213	230	1.35	5.27	9.27	31	0.21	17.4	0.070	不合格	-63
	130~240	7.7	0.7951	137	158	186	221	236	1.47	5.76	9.69	35	0.42	17.6	—	不合格	-59

粘度单位：(mm²/s)

表 5-23　煤柴油馏分性质

原油	沸点范围/℃	占原油(质量分数)/%	d_4^{20}	初馏	10%	50%	90%	终馏点	苯胺点/℃	柴油指数	凝点/℃	酸度/(mgKOH/100mL)	闪点/℃	ν_{20}/(mm²/s)	硫含量(质量分数)/%	腐蚀(铜片)	十六烷值
大庆	180~300	—	0.8072	203	219	246	276	—	—	—	—	—	81	—	0.023	—	—
	180~350	22.1	0.8141	207	229	271	316	331	80.1	72.97	-5	2.0	93	4.45	0.043	合格	—
	200~350	20.3	0.8169	232	249	278	317	330	81.0	72.60	-2	2.07	105	5.02	0.34	合格	—
	180~350	19.0	0.8270	205	235	280	318	332	75.4	64.9	-12	20.1	81~85	4.85	—	合格	58
胜利	200~340	16.2	0.8276	231	247	271	306	324	73.9	63.7	-18	19.0	—	5.74	—	合格	—
	230~350	15.2	0.8311	250	265	290	320	333	77.8	65.2	-10	21.3	112~117	6.32	—	合格	—

馏分油与前一基础重油混合，测出各性质，以此类推，一般调配 3～5 个重油试样，测得各性质，便可绘制重油产率曲线。

汽油、煤油、柴油、重整原料在绘制产率曲线时是以某产品中较轻一个馏分油为基础馏分，然后依次按收率掺入相邻的较重馏分，测各性质，便可绘出各馏分油的产率曲线。

（3）产率曲线用途。例如在确定润滑油减压蒸馏方案时，需要知道蒸到不同深度所剩下的残油性质，便可从重油产率曲线中得到，比如要知道重油占原油为 70% 时，即拔出 30% 轻油后，剩下重油的性质，可从重油产率曲线中查到（中比曲线就不能直接查）：黏度 $\nu_{100} \approx 2.2 mm^2/s$，闪点 FP$\approx 248℃$，残炭（质量分数）%$\approx 4.0\%$，黏度 $\nu_{80} = 4.5 mm^2/s$，凝点 SP$=36℃$，硫含量 S%$=0.15\%$，密度 $\rho_{20}=0.912 g/cm^3$。

（4）产率曲线和中百分比曲线的区别。产率曲线表示的是不同产率下各宽馏分（或产品）的性质（累积性质），其特点是：由产率曲线可直接查出各宽馏分（或产品）对应 $m\%$ 收率下的各种性质；中比曲线表示的是各窄馏分性质（不是累积性质），其特点是：只能查看窄馏分性质，不能查看宽馏分性质。表 5-21～表 5-24 分别列举出重整原料和汽油、煤油、柴油、重油的产率—性质数据。所以通常不作产率曲线，将各油品产率、性质列成这种表格也可反应不同产率下各宽馏分（或产品）的性质。

在得到了一种原油的实沸点蒸馏数据和蒸馏曲线，以及中比性质曲线和产率曲线后，就算完成了原油的初步评价。这样就可由得到的性质和曲线制定原油的加工方案，也就是说由该原油可生产哪些产品，在什么温度下切割以及所得的产品的性质合格与否，由上述几条曲线便可知晓。并且由两个关键馏分可以确定该原油的基属。

另外表示中比性质和产率之间的关系，更方便的方法是用等值线图来表示。

表 5-24 不同深度重油的性质

原油	沸点范围 /℃	占原油 /%	d_4^{20}	ν_{100} /(mm²/s²)	闪点(开口) /℃	残碳(质量 分数)/%	凝点 /℃	硫含量(质 量分数)/%	灰分(质量 分数)/%	微量金属/(ng/μl)			
										Ni	V	Fe	Cu
大庆	>350	67.0	0.8974	26.97	231	4.6	35	0.31	0.0015	3.75	0.03	0.60	1.27
	>400	59.0	0.9019	40.78	262	5.3	42	0.35	0.0029	4.5	0.04	1.15	1.15
	>500	40.4	0.9209	111.45	324	7.8	45	0.37	0.0041	7.0	—	1.10	0.85
胜利	>300	81.9	0.9266	43.92	—	7.9	30	1.04	0.056	31	1.3	—	1.6
	>400	68.0	0.9463	139.7	—	9.6	40	—	0.048	36	1.5	—	3.4
	>500	47.1	0.9698	861.7	—	13.9	>50	1.26	0.10	46	2.2	—	4.0

4. 等值线（图）

在制定加工方案时，往往要切取不同的窄馏分和宽馏分，并测其性质，但这些馏分的数目必定总是有限的，所以当要了解某一中间馏分的性质，比较方便的方法就是利用等值线图。

图 5-18 和图 5-19 都是等值线图，图 5-18 是运动黏度等值线图，图 5-19 是辛烷值等值线图。

等值线图的横坐标是表示实沸点蒸馏某馏分开始馏出温度（或开始收率），纵坐标是对应馏分终止时的温度（或终止时的收率）45°直线坐标是表示性质（凝点 sp，黏度 ν，密度 ρ_{20} 等）坐标。

（1）等值线定义。

在坐标纸上，在 45°坐标上部，把性质相同，馏分范围不同的等值馏分的开始馏出温度（或收率）作为横坐标，对应馏分终止时的温度（或收率）作为纵坐标所绘出的点连成一直线（或曲线），此直线（或曲线）叫等值线。绘制出所有等值线后，所得到的图叫等值线图。

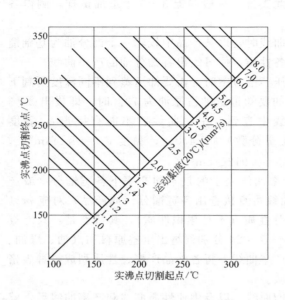

图 5-18　大庆混合原油中间馏分的
黏度（20℃）等值线图

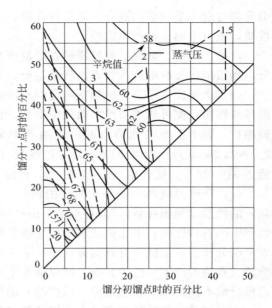

图 5-19　轻直馏油的辛烷值
（F-2）及蒸气压等值线图

　　（2）等值线（图）的绘制。作等值线图时，是把馏分范围不同但性质相同的等值馏分的起始温度（或收率）标于横坐标上，把相应的馏分的终止温度或收率标于纵坐标上，这样可得几个交点，连接这几个交点并延至 45°直线上得等值线，以此类推作出其他等值线，便得等值线图。

　　例如作密度等值线如下所示。

　　今有实沸点蒸馏切割的等值馏分如下：

等值馏分/℃　　　　ρ_{20}/(g/cm³)

（横标）　　　　　　（纵标）

150～165　　　　　0.7600

130～182　　　　　0.7600

110～201　　　　　0.7600

　　　⋮　　　　　　　　⋮

　　按上述数据，在坐标纸上标出横、纵坐标，得三个点，连结这三个点便得 $\rho_{20}=$ 0.7600g/cm³ 的等值线。以此类推作 0.7700、0.7008 等等值线。

　　其他性质的等值线图绘法类似。做等值线图是一项很繁琐的工作，要收集大量数据（等值馏分数据），但有些等值线图前人们已为我们绘制出（如密度、黏度、蒸气压、辛烷值等），由这些图便可方便地了解中间馏分的性质。

　　【例 5-1】　由图 5-17 查出 200～350℃馏分的密度 ρ_{20}，横坐标 200℃，纵坐标 350℃的交点，按密度等值线查出 $\rho_{20}=0.816$g/cm³，该馏分的黏度查法类同（200～350℃，$\nu_{20}=$ 4.2mm²/s）

　　【例 5-2】　若求大庆原油实沸点馏分 145～330℃的黏度（20℃）时，可在图 5-18 中，在横坐标 145℃及纵坐标 330℃的交点处，按黏度等值线查得其运动黏度（20℃）为 2.75mm²/s。实测为 2.94mm²/s。

【例 5-3】 由图 5-19 的等值线图可知，当汽油馏分的产率为 15％时，其辛烷值为 70，蒸气压为 103.4kPa；当产率为 26％时，其辛烷值为 67，蒸气压为 68.9kPa。

由上可知，利用等值线图取得数据，在设计估算时是很方便的，但要有较多的实验数据，才能保证图的精确度。

同样利用等值线图取得馏分油性质数据也是很方便的，并且，由等值线图查出的性质数据与实测值很接近，二者绝对误差：密度 ρ_{20} 为 $0.01 \sim 0.02 \mathrm{g/cm^3}$、黏度 $\nu_t < 0.3 \mathrm{mm^2/s}$、凝点 SP$<2$℃、硫含量 S％$<0.05$％，但馏分范围宽误差大。

七、重油馏分的短程蒸馏

由于重油轻质化技术的发展，需要知道重油馏分的组成等数据，所以为提高原油蒸馏的拔出深度，使切割终馏点达到 $600 \sim 650$℃（原油实沸点蒸馏一般只能切割到 550℃），所以可以采用短程蒸馏的方法拔出重油馏分，以便分析重油馏分的烃类组成。

（一）短程蒸馏的原理

短程蒸馏又叫分子蒸馏。理论上气体运动时，其分子的平均自由程 $\bar{\lambda}$，可由下面的公式计算：

$$\bar{\lambda} = \frac{1}{\sqrt{2}\,\pi\sigma^2 n_0} \tag{5-13}$$

不同压力下，同一分子的 $\bar{\lambda}$ 不同，可由式(5-14) 表示分子平均自由程与压力的关系：

$$\frac{\bar{\lambda}_1}{\bar{\lambda}_2} = \frac{n_{02}}{n_{01}} = \frac{P_2}{P_1} \tag{5-14}$$

式中，$\bar{\lambda}$ 为分子的平均自由程，cm；P 为气体压力（液体时为蒸气压），Pa；σ 为分子直径，cm；n_0 为单位体积内的分子数。

显然 n_0 与气体压力 P 成正比，即 P 越小，n_0 越少，P 越大，n_0 越多。

$$\bar{\lambda} \propto \frac{1}{P} \tag{5-15}$$

$$\bar{\lambda} = \frac{1}{\sqrt{2}\,\pi\sigma^2 \cdot P \cdot K} \tag{5-16}$$

式中，$\bar{\lambda}$ 为分子的平均自由程，cm；P 为气体压力（液体时为蒸气压），Pa；σ 为分子直径，cm；K 为 n_0 与 P 的换算系数。

即同一压力下单位体积内分子数（n_0）越少，分子之间碰撞几率越小，$\bar{\lambda}$ 越大；单位体积内分子数 n_0 越多，$\bar{\lambda}$ 越小；分子直径越大，$\bar{\lambda}$ 也越小。而 n_0 与压力有关，压力越小，n_0 越少，碰撞机会越少，$\bar{\lambda}$ 越大。由式(5-13) 可知，$\bar{\lambda}$ 与 n_0 成反比，与分子直径的平方成反比；由式(5-14) 又知，n_0 与 P 成正比，所以 $\bar{\lambda}$ 与 P 成反比。即系统压力越低，则气体分子的平均自由程越大，气体分子越容易逃逸液体表面，而馏出与液体分离。这就是短程蒸馏的理论依据。

表 5-25 是 $\bar{\lambda}$ 与 P 的关系，由此表数据可知：压力越小，气体分子平均自由程越大。

表 5-25 气体分子平均自由路程与压力的关系

压力/Pa	平均自由路程 $\bar{\lambda}$/cm	压力/Pa	平均自由路程 $\bar{\lambda}$/cm
101300	7×10^{-6}	1.33×10^{-1}	5.62
133	5×10^{-3}	1.33×10^{-2}	5×10
1.33×10	5×10^{-1}	1.33×10^{-4}	5×10^{3}

目前的抽真空技术使体系压力达到 1.33×10^{-2}Pa 是没问题的，此时 $\bar{\lambda}=50$cm。因此，可设计一种蒸馏装置，其蒸发面与冷凝面之间的距离小于气体分子平均自由程，这样在不需要加热至沸腾的情况下，便可使气体分子无阻碍地从被蒸馏的液体表面逃逸到冷凝面而被冷凝，最终达到分离目的。

短程蒸馏的速度可由兰格缪尔（Lang-miur）的金属蒸发公式描述：

$$v=\frac{P}{\sqrt{2\pi MRT}} \tag{5-17}$$

式中，P 为气体压力（液体时为蒸气压），Pa；M 为分子质量；R 为常数，8.314J/(mol·K)；T 为温度，K；v 为蒸馏速度，ml/min。

从式(5-17)可看出：分子蒸馏速度（v）与蒸气压（P）、分子质量（M）及温度（T）有关。在一定 T、P 下，M 小的组分蒸馏速度快，先从液体逸出而与液体分离分开，由于不同组分 M 不同，蒸馏速度不同，便可一一分开。即分子蒸馏是按 M 由小到大顺序依次馏出达到分离目的。

（二）短程蒸馏的特点

（1）液体不沸腾（而一般的减压蒸馏液体要沸腾）。

（2）液体表面与逃逸液面的气体分子之间也不存在一般蒸馏过程所具有的平衡状态（即汽-液相之间不存在平衡状态）。

（三）短程蒸馏的必要条件

（1）蒸馏装置的蒸发面与冷凝面之间的距离（h）要小于被分离物质在相应压力下的气体分子的平均自由程（$\bar{\lambda}$），即 $h<\bar{\lambda}$；

（2）蒸发面与冷凝面的温度差不应低于 100℃，以使经冷凝的分子不再重新蒸发，即 $t_{蒸发面}-t_{冷凝面}\geqslant100$℃；

（3）被分离混合物中各组分的蒸发速度差别要较大。Δv 要较大，即被分离物之 $\bar{M}$ 大小差别要较大。

具备以上三个条件才能使短程蒸馏顺利进行。

（四）短程蒸馏装置简介

常用的短程蒸馏装置有静止式（图 5-20）和薄膜式（图 5-21）两种。

（1）静止式。适用于实验室小批量操作，热稳定性差的试样不适用（因高温，易裂解）。

特点：液层较厚，受热时间长，处理量有限。

（2）薄膜式。适用于重油馏分的分离。

特点：可形成极薄的液层，不但可缩短试样受热时间减少热分解，处理量较大，并且未分离完全的部分可循环蒸馏。

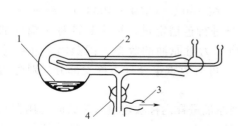

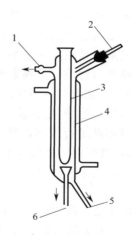

图 5-20 静止式分子蒸馏器
1—蒸发面；2—冷凝面；3—接泵；4—接收器管

图 5-21 薄膜式分子蒸馏器
1—接泵；2—加液管；3—蒸发面；4—冷凝面；
5—连接循环蒸馏容器；6—过渡容器连接处

综上所述，短程蒸馏不同于常压蒸馏和一般的减压蒸馏，它不经过液体的沸腾来作为起始和持续的必要条件，也不存在一般蒸馏过程中所特有的平衡状态。短程蒸馏是在压力为 $1.33 \times 10 \sim 1.33 \times 10^{-2}$ Pa 下，由于液体分子相互吸引力减小，可以在低于沸点的温度下，从液面上自由蒸发直接飞逸到冷凝面而冷凝。因此，短程蒸馏的必要条件是蒸馏装置的蒸发面与冷凝面之间的距离要小于被分离物质在相应的高真空下的平均自由行程；蒸发面与冷凝面的温度差不应低于 100℃，以便经过冷凝后的分子不再重新蒸发回到较高温度的原蒸发面上去；并且被分离混合物中各组分的蒸馏速度差别较大，这样才能使短程蒸馏顺利进行。

八、气相色谱法模拟实沸点蒸馏

（一）模拟原油实沸点蒸馏（STBP，Simulant Ture Boiling Point）

用气相色谱法模拟石油产品的蒸馏在前面已讨论过了。这里讨论的是对原油作实沸点蒸馏，其方法和原理均是以样品各组分按其沸点大小次序从气相色谱柱中流出，而且色谱图流出曲线下面的累计面积相当于蒸馏时回收样品的累计质量为基础的。但由于原油中重质组分不能全部流出色谱柱，因此，需要解决不挥发组分的定量问题。目前比较成熟的解决办法是：(1) 采用小型闪蒸器，在 380℃ 下对原油闪蒸，收集闪蒸馏分进行色谱分析，再换算为对原油的收率。由于不挥发组分未能进入色谱柱，从而避免重质组分对色谱系统的污染；(2) 在原油试样中加入已知量的正构烷烃作内标，用内加法定量，这可达到定量较准确和样品用量少的效果，现在以后者方法为例，详述如下。

1. 方法原理

样品中各组分按其沸点由低到高顺序从气相色谱柱中流出，色谱曲线下面的积累面积相当于蒸馏时回收样品的馏完馏分的累积质量，用内标法计算出不同 C 数（沸点）组分的质量收率。

2. 方法

填充柱：0.8m×2mm，色谱条件见表 5-27。模拟原油的实沸点蒸馏，技术关键点是解决不挥发组分的定量问题和污染问题。目前较成熟地解决不挥发组分的定量和污染问题有两种方法。

（1）原油直接进样、用在进样口处（汽化室）装填少许石棉丝，以使在汽化室温度和压力下不挥发的重组分残留在之上，过一段时间取出，定期更换，解决不挥发组分污染色谱系统的问题；定量时是在原油中加入已知量的（四个）正构烷烃作内标，把原样品与加有内标样品的色谱峰进行比较，从而定量计算馏出部分的质量百分数，并用差减法计算不挥发组分的含量，100%－馏出%＝不挥发组分%，从而解决不挥发组分定量法。

（2）先闪蒸，后色谱定量。采用小型闪蒸器，在 380℃（300～400℃），减压下（约5mmHg），对原油进行闪蒸，收集初馏点 500℃馏分进行色谱定量，可定量计算出馏分油中各组分 wt%，将所得到的馏分油各组分含量，再换算为对原油的收率。闪蒸时液相收率就是不挥发组分的收率。这种方法由于重油不进色谱，可避免重组分（不挥发部分）对色谱系统的污染。

下面介绍北京石科院在这方面的工作，他们采用原油进样内标法定量（污染问题用在汽化室加少许石棉丝的方法来解决），为定量计算选用 n-C_{12}、n-C_{14}、n-C_{15}、n-C_{16} 四个正构烷烃作内标，按占原油 6.0（wt%）（文献介绍占 5%～10%）等体积加入原油中充分混合均匀，然后在相同色谱条件下进行二次色谱分析。第一次进原油（无内标原样），第二次进加有内标的原油样品，由两次进样的峰面积之差求取内标峰面积 $A_内$。再由内标峰面积与加入到原油中内标的质量，便可计算色谱图上以正构烷烃沸点为准的各色谱峰的质量百分收率。

3. 数据处理

（1）样品数据、谱图处理。图 5-22、图 5-23 是大庆原油和大庆原油加内标后的色谱图。

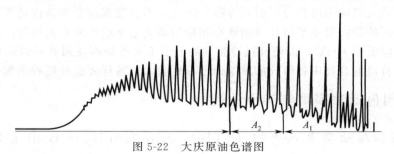

图 5-22　大庆原油色谱图

色谱过程中要记录各峰出峰时间，并由计算机打出各峰出峰时间和相应的峰面积（$\mu v \cdot s$），由谱图求出。

（2）标样数据，谱图处理见图 5-23。

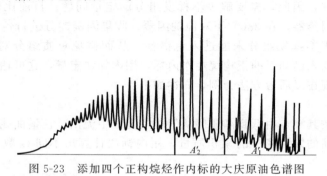

图 5-23　添加四个正构烷烃作内标的大庆原油色谱图

（3）计算内标峰面积

$$A_内 = A_2' \frac{A_1}{A_1'} - A_2 \tag{5-18}$$

式中，$A_内$ 为内标峰面积（四个），$\mu v \cdot s$；A_1、A_2 分别标记两部分色谱图峰面积，$\mu v \cdot s$；A_1'、A_2' 分别对应的加入内标后的色谱图峰面积，$\mu v \cdot s$。

其中 $A_1 = nC_4 \sim nC_{11} +$ 后一个小峰之总峰面积，$\mu v \cdot s$；$A_2 = nC_{12} +$ 前一个小峰 $\sim nC_{16} +$ 后一个小峰之总峰面积，$\mu v \cdot s$；$A_1' = nC_4 \sim nC_{11} +$ 后一个小峰之总峰面积，$\mu v \cdot s$；$A_2' = nC_{12} +$ 前一个小峰 $\sim nC_{16} +$ 后一个小峰之总峰面积，$\mu v \cdot s$。

（4）结果数据处理

$$w_i \% = \frac{w_内}{w_油 \cdot A_内} \times A_i \times 100 \tag{5-19}$$

式中，i 为正构烷烃碳原子数；$w_i \%$ 为某一正构烷烃（或某一馏出温度下）的模拟实沸点蒸馏收率（质量分数），%；A_i 为某一正构烷烃的累积峰面积，$\mu v \cdot s$；$A_内$ 为内标峰面积（四个），$\mu v \cdot s$；$w_内$ 为内标重（四个），g；$w_油$ 为油样重，g。

实际操作时是把 $W_内$、$W_油$、$A_内$、A_i 的数据输入微处理机中，便打印出各峰（nC）收率的数据，然后按正构烷烃碳数与沸点对照表 5-26（图 5-22、图 5-23 间隔近似相等的高峰）换算为馏出温度（纵坐标）对质量收率（横坐标）关系，可作出模拟蒸馏曲线（即按 $nC \sim m\%$ 换算为 $BP \sim m\%$ 关系）。大庆、青海、胜利图与模拟曲线见图 5-24。该方法测定范围：初～500℃（512℃），总收率误差在 $\pm 3\%$ 以内。色谱条件见表 5-27。

模拟原油实沸点蒸馏的优点：模拟实沸点蒸馏最大优点是比较简便、快速、样品用量少，尤其是对于量少不足以进行实沸点蒸馏的样品，更显示出其方法的优越性。

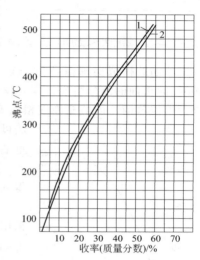

图 5-24　大庆原油蒸馏曲线

1—实沸点蒸馏；2—模拟蒸馏

模拟原油实沸点蒸馏的缺点：得不到各馏分的油样，不能对馏分油进行性质分析，但如需要得到各个窄馏分以便进一步测定它们的理化性质时，常规的实沸点蒸馏方法仍然是不可缺少的。

表 5-26　气相色谱法模拟大庆原油实沸点数据（六次平均值）

C 数	沸点/℃	总收率/$wt\%$	C 数	沸点/℃	总收率/$wt\%$
C_5	36	0.96	C_{22}	369	36.06
C_6	69	1.83	C_{23}	380	38.31
C_7	98	4.35	C_{24}	391	40.8
C_8	126	6.03	C_{25}	402	42.09
C_9	151	8.54	C_{26}	412	43.89
C_{10}	174	10.35	C_{27}	422	45.76
C_{11}	196	12.58	C_{28}	432	47.72
C_{12}	216	14.95	C_{29}	441	49.59
C_{13}	235	16.70	C_{30}	450	51.28
C_{14}	253	18.84	C_{31}	459	52.74
C_{15}	271	21.08	C_{32}	468	54.15
C_{16}	287	23.10	C_{33}	476	55.45
C_{17}	302	25.46	C_{34}	483	56.61
C_{18}	317	27.63	C_{35}	491	57.67
C_{19}	331	29.81	C_{36}	498	58.65
C_{20}	344	31.90	C_{37}	505	59.58
C_{21}	356	33.97	C_{38}	512	60.38

表 5-27　模拟实沸点蒸馏色谱操作条件

项 目	条 件	项 目	条 件
分析柱	不锈钢柱 ϕ2mm×0.8m	柱温/℃	−30～340
固定相	OV-1	程升速率/(℃/min)	8～12
担体	Chromosorb W,80～100目	载气(N$_2$)流速/(ml/min)	30
汽化室温度/℃	380	进样量/μl	0.2～0.4
检测器	氢火焰	双柱双气路	—
检测器温度/℃	380		

（二）沸点＜800℃重油馏分的模拟蒸馏（毛细管气相色谱法）

原油的模拟实沸点蒸馏只能得到最高沸点在 500℃ 左右的蒸馏曲线。若要得到大于 500℃ 的重油的馏分组成，作为设计和改进二次加工装置的依据，可以对＜800℃的重油馏分进行模拟蒸馏，即填充柱气相色谱法只能得到 500℃ 以前的模拟蒸馏曲线，毛细管气相色谱法可得到 800℃馏分组成。下面是对沸程为 500～760℃的减压重油馏分进行模拟蒸馏的实例。

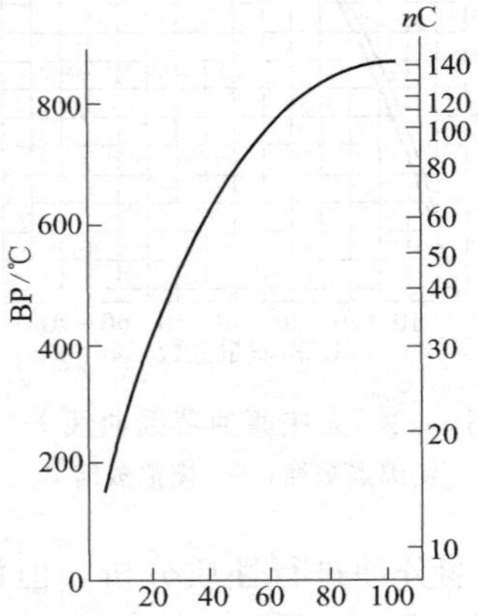

标样：聚合度为 655 的低分子量（C$_{20}$～C$_{120}$）聚乙烯，可得到沸程范围从 200～800℃的校准曲线（见图 5-25）。

色谱柱：柱长 15cm，内径 0.53mm，涂渍薄层聚硅氧烷，采用这样的毛细管柱可使柱温降低 100℃ 以上（与填充柱相比，毛细管柱柱温低），以免固定相流失。

进样器：采用冷柱头进样器，避免进样时试样受高温而裂解。

溶剂：CS$_2$溶解油样。

程升范围：40～430℃，由于油样的压力 $P_{油}$ 下降，沸点亦下降，所以不用太高温度就可以使近 800℃以下的组分气化馏出。

图 5-25　聚乙烯 655 校准去曲线

其中标样、色谱柱和进样器是三个关键技术，图 5-26 是该重油馏分试样的色谱图。图 5-27 是该重油馏分的模拟蒸馏曲线图。目前国外已有专门用于重油馏分模拟蒸馏的色谱仪。

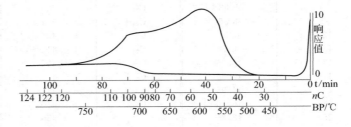

图 5-26　减压重油馏分（500～760℃）模拟蒸馏色谱图

九、原油的一次汽化（闪蒸或平衡蒸发）

为了给炼厂设备的设计，装置操作、控制提供数据，需要预先知道汽、液相间的平衡数据，尤其对常减压蒸馏装置，一次汽化的数据更为重要。

（一）一次汽化概念、特点

1. 概念

在炼厂常有这样的装置：进料（原油、重油、馏分油）以某种方式被加热至某一温度，然后经减压设施，在某一容器（如闪蒸罐、蒸发塔、蒸馏塔的汽化段等）的空间内，于一定温度和压力下，汽液两相迅速分离，得到相应的汽、液相产物，这个过程叫一次汽化，也叫闪蒸或平衡蒸发，此时汽相产物的收率百分数叫气化率。

2. 一次汽化的特点

（1）所形成的汽液两相都处于同样的温度和压力下。

（2）所有的组分同时存在于汽液两相之中，而两相中的每组分也都处于平衡。

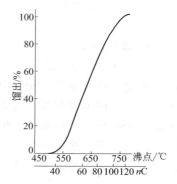

图 5-27　减压重油馏分（500～760℃）模拟蒸馏曲线图

（3）$n=1$，由于这种分离只相当于一块塔板，故分离比较粗略。（夹带现象严重，比恩式蒸馏还严重）。

（二）一次汽化曲线的绘制

一次汽化分为常压和减压两个步骤。常压闪蒸适用于轻馏分油（<350℃）和原油；减压闪蒸适用于重油（>350℃的重油）。

1. 常压闪蒸

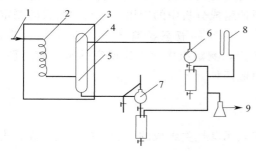

图 5-28　一次汽化流程示意图

1—进料；2—加热蛇形管；3—气相测温管；
4—分离器；5—液相测温点；6—气相接收器；
7—液相接收器；8—压力计；9—接真空泵

实验时，在一定实验压力下，升温，达到实验需要温度后，控制加热温度在±1℃，然后将样品称重，以一定速度进料。待样品全部进入，气相馏出管及液相馏出管不再有油滴馏出时，停止加热。分别称取馏出油的质量，计算占原油的质量百分率。继续变换不同的温度做实验，一般作 5 次以上。实验完毕，以汽化温度为纵坐标，以气相馏出油的收率（汽化率）为横坐标作图，可绘出平衡汽化曲线。对重油则测定减压下的平衡汽化曲线。

仪器结构示意图见图 5-28。按此图连接好仪器后，蛇形管和闪蒸罐升温至所需温度，控制在 $t\pm1$℃，然后用泵（柱塞泵）把一定量（Gg）原油（或馏分油）打入蛇形管加热，进入闪蒸罐 4，汽液分离，接收汽液相馏出物，称重并计算百分收率：

汽相收率：
$$w_g=\frac{A}{G}\times100 \tag{5-20}$$

液相收率：
$$w_l=\frac{B}{G}\times100 \tag{5-21}$$

式中，w_g 为气相收率（质量分数），%；w_l 为液相收率（质量分数），%；A 为气相馏出质量，g；B 为液相馏出质量，g；G 为油样质量，g。

这样便完成了一个温度点的测定。然后另选一温度重复操作，做 5 个点以上，可得一系列馏出温度（平衡汽化温度)-汽相收率数据，作平衡汽化温度-汽相收率图即为常压闪蒸曲线（一次汽化曲线）。

常压闪蒸时，测定温度原则上不大于 350℃（以防裂化），最高不超过 380℃。

2. 减压闪蒸

同理在残压 0.267～1.33kPa（2～10mmHg）下，选择不同汽化温度，做重油（渣油）闪蒸实验，作温度和汽相收率曲线，可得重油减压闪蒸曲线。但要注意，须将减压温度换算为常压温度作闪蒸曲线，否则出现间断。原油和重油的平衡汽化数据是炼油工艺设计计算的重要原始数据，常用来计算加热炉管和输油管线中的汽化率，分馏塔进料段温度和分馏塔的塔顶、塔底及侧线温度等。炼油厂就是根据一次汽化数据及曲线，并参照其性质确定原油加热温度，如大庆原油加热至 360～370℃，然后进常压塔蒸馏，再进减压塔蒸馏。

第二节　烃类组成的测定

一、汽油馏分组成的测定

物质的性质决定于它们的组成和化学结构，石油是复杂的有机化合物的混合物，要想合理利用石油资源，必须研究改进加工方案，才能生产出质优价廉的石油产品，这些都需要对石油的组成有充分的了解。长期以来，人们对石油组成的分离和鉴定都做了大量的工作。通常把原油按产品要求切割成各个宽馏分，然后按其中各烃类的物理和化学性质的差异，建立各种测定组成的方法。经典的测定组成的方法一般需要时间较长，手续烦琐，现已不能满足科研和生产的需要。因此，近代物理分析方法在石油组成分析中的应用，使石油组成的测定进入了一个崭新的阶段。汽油馏分一般是指初馏～200℃的液态烃类（C_5～C_{11}）混合物。由于汽油分子量较低，所含组分较少，容易分析鉴定，测定组成的方法研究的也比较透彻。通常表示汽油馏分组成的方法有族组成和单体烃组成两种。

（一）汽油族组成的测定

族组成是根据油中所含各族烃类的百分含量来表示其烃类组成的方法，称为族组成。表示方法如下。

对于直馏汽油，一般用烷烃、环烷烃、芳香烃的质量百分含量来表示其族组成（气相色谱法），其中烷烃还可分为正构烷烃和异构烷烃，环烷烃可分为环戊烷系和环己烷系以及单环环烷烃、双环烷烃、多环环烷烃等；

对二次加工汽油用烷烃、环烷烃、烯烃、芳香烃的质量百分数来表示其族组成（气相色谱法）；

对于煤-柴油、润滑油馏分，由于所用分析方法不同，表示方法也不同，常表示如下。

煤-柴油、润滑油馏分（柱色谱法）可分为饱和烃（正构烷烃，非正构烷烃）、轻芳烃（单环）、中芳烃（双环）、重芳烃（≥三环）；

二次加工柴油用饱和烃、烯烃、轻芳烃、中芳烃、重芳烃来表示；

渣油用饱和烃、芳烃、胶质、沥青质表示（主要用质谱法）。

测定汽油族组成的早期（经典）方法是采用磺化反应测定芳烃含量；不饱和烃与溴、碘加成反应测定烯烃含量；苯胺点法测定烷烃、环烷烃、芳烃含量等。目前，这些化学方法已被近代仪器分析法所代替。

1. 荧光色层法-液固吸附柱色谱法

这是液固吸附色谱（顶替法）在石油馏分族组成分析中的具体应用。该方法是用吸附色谱柱将各族烃类吸附分离后，利用带荧光的混合染料在紫外线的照射下和不同的烃族呈现不同的荧光来鉴定被分离的组分。

使用的玻璃毛细管吸附柱如图 5-29 所示。

如图 5-29 所示，柱长为 1625mm；吸附柱分为加料段（内径为 12mm，长为 80 + 75 = 155mm）、分离段（内径为 5mm，长为 190mm）、分析段（内径为 1.6mm，长为 1230mm）。吸附剂如下，100～200 目色谱硅胶（177℃下活化 3h）测汽油、煤油、石脑油时用细孔（10～20Å）硅胶；测柴油时用（40～50Å）硅胶，粗细比例为 1：4（体积比），分析段要求严格，要用水银逐段（100mm）校验。

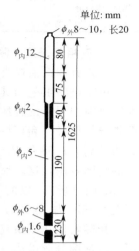

图 5-29　毛细管吸附柱

测定时，吸附柱内装入经活化后的 100～200 目细孔硅胶，向试样中加入 0.1% 左右的荧光指示剂（荧光染料）。如用标准染色硅胶作指示剂，则应直接充填在分离段中部的硅胶吸附剂中，然后用注射器吸取带指示剂的试样 0.75ml，注入加料段中硅胶表面下 30mm 处，以防反混。接着加入异丙醇作顶替剂，为使柱内流速稳定，提高分析速度，在柱顶入口管处用压缩空气或氮气加压，维持压力在（1.96～3.43）×10⁴Pa 下进行操作。加压目的是为了缩短分析时间。由于试样中各族烃类在硅胶上的吸附强弱不同，样品中各族烃类在硅胶上的吸附强弱顺序为：

非烃化合物＞共轭二烯烃，芳烯＞芳烃＞烯烃＞饱和烃

吸附时，吸附能力弱的组分先馏出，吸附能力强的组分最后馏出。将按各自吸附性能的强弱，在硅胶柱上进行吸附分离，形成各自的色谱带。在紫外线照射下，显示出芳烃、烯烃、饱和烃的色谱界线（芳烃谱带包括某些二烯烃和带烯基侧链的芳烃及含氮、硫、氧的非烃化合物）。不同烃类的谱带颜色不同，见图 5-30。

测量各类烃的色谱带长度，按下式计算其体积百分含量。

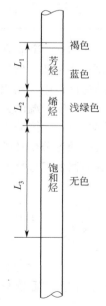

图 5-30　不同烃类的谱带颜色示意图

$$V_1 = \frac{L_1}{L} \times 100 \qquad (5-22)$$

$$V_2 = \frac{L_2}{L} \times 100 \qquad (5-23)$$

$$V_3 = \frac{L_3}{L} \times 100 \qquad (5-24)$$

$$L = L_1 + L_2 + L_3 \qquad (5-25)$$

式中，L_1 为芳香烃谱带长度，mm；V_1 为芳香烃体积分数，%；L_2 为烯烃谱带长度，mm；V_2 为烯烃体积分数，%；L_3 为饱和烃谱带长度，mm；V_3 为饱和烃体积分数，%。

本方法适应用于直馏汽油、石脑油、煤油、柴油烃类族组成的分析。但不适用含有焦化产品的汽油、柴油族组成的分析（主要是由于焦化产品中非烃、胶质含量较多，计算芳烃含量时误差较大）。表 5-28 是用荧光色层法测定各种轻质油品族组成数据。

表 5-28　荧光色层法测定轻质油品族组成数据

组成 ＼ 试样名称	三厂直馏汽油	南炼石脑油	东炼 2 号航空煤油	东炼 3 号航空煤油	兰炼 0 号柴油	南炼—10 号柴油
芳香烃(体积分数)/%	2.6	5.1	4.8	8.7	21.5	21.1
烯烃(体积分数)/%	—	0.5	0.5	0.7	2.7	5.4
饱和烃(体积分数)/%	97.4	94.4	94.6	90.6	75.8	73.4

2. 气相色谱法（测定汽油馏分烃类族组成）

（1）直馏汽油烃类族组成测定方法（即直馏汽油烷烃、环烷烃、芳烃含量测定）。

由于重整工艺和其他方面的发展需要，色谱法测定汽油馏分的族组成近三十年已有很大发展（在中国，发展最快的一段时间是 1978～1983 年）。以前，无论用什么方法对烷烃（主要指异构烷烃）和环烷烃，由于二者的化学性质十分接近，物理性质（如沸点）也相近，都无法分离。1968 年 Brunnock 和 Luke 发现了 13x 分子筛（Na 型 4Å）具有分离烷烃和环烷烃的特殊效用，这以后又经过一些改进，使用 13x 分子筛的多孔薄层程序升温的填充柱可在 12min 内分析 C_{11} 以前不同碳数的烷烃、环烷烃（五、六元环），并结合 ZBE 3007—88 方法可在 20min 内（25℃）分析 C_9、C_{10} 及以前各芳烃单体含量。

抚顺石油化工研究院在这方面做了不少的工作，他们采用 13x 分子筛的多孔薄层填充柱用于汽油馏分族组成分析，现已制订为标准方法，该方法的色谱条件及谱图见表 5-29 和图 5-31。

表 5-29　色谱操作条件

项　　目	条　　件	项　　目	条　　件
色谱柱	$\varphi 2mm \times 200mm$	检测器	氢火焰
固定相	13x 分子筛，$2\mu m$	检测器温度/℃	150
载体	201 酸洗红色担体	载气(H_2)流速/(ml/min)	60
柱温/℃	180～350	空气流速/(ml/min)	1000
程升速度/(℃/min)	8,C_8出峰后 12	进样量/μl	0.02～0.05
汽化室温度/℃	200		

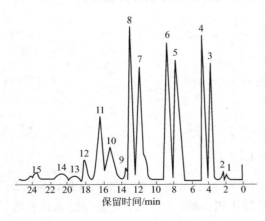

图 5-31　汽油馏分族组成测定色谱图

1—C_5 环烷烃；2—C_5 烷烃；3— C_6 环烷烃；4— C_6 烷烃；5—C_7 环烷烃；6—C_7 烷烃；7— C_8 环烷烃；8—C_8 烷烃；9—苯；10—C_9 环烷烃；11—C_9 烷烃；12—甲苯；13— C_{10} 环烷烃；14— C_{10} 烷烃；15—二甲苯

该方法是将 13x 分子筛微粒（$2\mu m$）涂渍在 201 酸洗红色担体（40～60 目），制成固定相，然后装于长 0.2m、内径 $\phi_{内径}=2mm$ 的色谱柱中，制成多孔薄膜（指分子筛）色谱柱，再用程序升温的方法，用氢焰离子化检测器可分析 60～145℃ 馏分中各族烃类。分离是按 C 数由小到大的顺序分出环烷烃、烷烃、芳烃，见图 5-31，然后根据各组分峰面积用归一法计算各组分百分含量：

60～145℃ 重整原料：$C_i\% = \dfrac{S_i}{\sum\limits_{i=1}^{i} S_i} \times 100$

(5-26)

式中，C_i 为样中 i 组分百分含量（质量分数），%；S_i 为样中 i 组分峰面积，S；$\sum\limits_{i=1}^{i} S_i$ 为样中 i 组分峰面积的和（包含芳烃）。

再分别把烷烃、环烷烃和芳烃各组分相加，便可得到该馏分油中烷烃、环烷烃和芳烃的质量百分含量（见表 5-30）。对于 60～145℃重整原料：芳烃含量 $C_A\%$ 也可由色谱图直接加合求得：

$$C_A\% = \frac{A_i}{\sum A_i} \times 100 \tag{5-27}$$

式中，C_A 为样中芳烃百分含量（质量分数），%；$\sum A_i$ 为样中所有组分峰面积之和，S；A_i 为样中各芳烃峰面积（图 5-31 中峰面积＝9＋12＋15）。

表 5-30　大庆重整原料油的族组成数据

项 目	60～130℃				60～145℃			
	烷烃	环烷烃	芳烃	总 计	烷烃	环烷烃	芳烃	总 计
C_4	0.31			0.31	0.13			0.13
C_5	1.30	0.33		1.63	0.62	0.22		0.84
C_6	13.96	7.90	0.47	22.33	8.82	4.92	0.31	14.05
C_7	24.50	17.35	2.00	43.85	16.14	11.97	1.41	296.52
C_8	20.27	7.79	1.28	29.34	22.34	13.52	3.33	39.19
C_9	2.00	0.55		2.55	11.97	4.30		16.27
合计	62.34	33.92	3.75	100.00	60.02	34.93	5.05	100.00

对初馏点～180℃的馏分油，芳烃含量 $C_A\%$ 可按 ZBE 3007—88 方法测得，该方法的色谱条件见表 5-31。它是采用聚乙二醇-400 或四氰基乙氧基甲基甲烷作固定液，6201 作担体制成极性填充柱，使样品进行分离，其中非芳烃部分全部在苯峰之前馏出，随后各个芳烃按 C 数逐一分离，得到苯、甲苯、二甲苯、三甲苯、四甲苯等各种芳烃，用热导检测器检测，用外标峰高法定量，计算式如下：

$$W_i = \frac{h_i}{h} \times W\% \tag{5-28}$$

式中，h_i 为试样中某芳烃峰高，cm；h 为标样中某芳烃峰高，cm；W 为标样中某芳烃含量（质量分数），%；W_i 为试样中某芳烃含量（质量分数），%。

表 5-31　色谱操作条件（ZBE 3007—88）

项　　目	条件 1	条件 2	项　　目	条件 1	条件 2
固定相	四氰基乙氧基甲基甲烷	聚乙二醇 400	检测器温度/℃	150	150
担体	6201	6201	汽化室温度/℃	120	95
色谱柱	$\phi 4\text{mm} \times 200\text{mm}$	同左	桥电流/mA	180	180
柱温/℃	115～120	94	氢气流量/(ml/min)	60	70
检测器	热导	热导			

定出各 C 数芳烃含量之后，进行加合，即为试样中芳烃总含量（C_A）。

对于样品中其他烃类含量可按下式计算：

初馏～180℃重整原料：

$$C_i\% = \frac{S_i}{\sum\limits_{i=1}^{i} S_i} \times (100 - C_A) \tag{5-29}$$

式中，C_i 为样中 i 组分百分含量（质量分数），%；S_i 为样中 i 组分峰面积，S；$\sum\limits_{i=1}^{i} S_i$ 为样中 i 组分峰面积的和（不包含芳烃）。

除此之外，由于生产高辛烷值汽油的需要，近年来又对宽馏分重整原料（60～180℃）进行了色谱分离分析研究，抚顺石油化工研究院采用 10x 分子筛-101 薄层填充柱，对宽馏分重整原料及重整生成油进行了分析测定。用钴离子交换后的 13x 分子筛多孔薄层填充柱，可对 60～180℃宽馏分重整原料和生成油测定其烷烃、环烷烃和芳烃含量，结果令人满意，其色谱图见图 5-32，但这种分析方法由于过程升温较高（150～450℃），国产色谱仪还满足不了要求，使方法的推广应用受到一定限制。

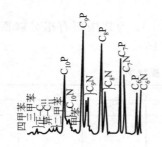

图 5-32　60～180℃重整原料油
族组成测定色谱图
（CoNaX 多孔薄层填充柱）

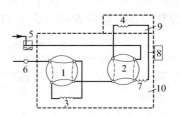

图 5-33　含烯汽油族组成测定流程图
1—四通阀Ⅰ；2—四通阀Ⅱ；3—色谱柱；
4—吸收柱；5—氮气增湿器；6—进样口；
7—阻尼管；8—检测器；9、10—炉子

（2）含烯烃汽油族组成测定方法

许多二次加工产品汽油中含有烯烃（除重整汽油外），对这类汽油（即含烯烃汽油）族组成分析可采用图 5-33 色谱装置来完成。其中色谱柱 3 中的固定液是 N,N'-（α-氰乙基）甲酰胺，担体是 40～60 目的 6201。吸收柱 4 内装的是高氯酸汞吸收剂（用来吸收烯烃），用氢焰离子化检定器（8），通过两次进样和配合四通法的切换来完成分析测定。第一次进样不经过吸收柱（4），经过色谱柱（3），直接得到饱和烃和烯烃总量色谱图（$S+O$），利用阀切换和反吹技术可得芳烃色谱图（A_1），见图 5-34（b）部分，即第一次进样可定出芳烃含量；第二次进样利用阀切换使饱

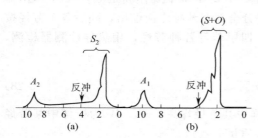

图 5-34　是含烯汽油样品色谱图
（a）经吸收柱；（b）不经吸收柱

和烃和烯烃经过吸收柱（4），则烯烃被吸收留在柱中，只有饱和烃出峰（S_2），再利用阀切换和反吹技术得芳烃色谱图（A_2）即第二次进样可定出饱和烃含量。由两次进样所得的色谱峰面积，按下式计算族组成：

$$芳烃\% = \frac{A_1}{(S+O)_1 + A_1} \times 100 \tag{5-30}$$

$$饱和烃\% = \frac{A_1 S_2}{[(S+O)_1 + A_1]A_2} \times 100 \tag{5-31}$$

$$烯烃\% = 100\% - 芳烃\% - 饱和烃\% \tag{5-32}$$

式中，（$S+O$）为第一次进样饱和烃＋烯烃峰面积，s；A_1 为第一次进样芳烃峰面积，s；S_2 为第二次进样饱和烃的峰面积，s；A_2 为第二次进样芳烃峰面积，s。

3. 质谱法

质谱法测定烃类族组成是目前最好的方法，国外质谱用于烃类族组成的分析已相当普遍。美国材料与实验学学会 ASTM 标准就有 12 个方法；我国在这方面起步较晚，但发展速度很快，目前已经建立了汽油、煤油、柴油、重油、α-裂解烯烃、工业烷基苯及丙烯等烃类

组成测定的方法。

（1）原理，具体如下所述。

定性依据：质谱法用于测定汽油馏分的烃族组成是基于同一族烃都有相似的特征质谱峰。如图 5-35、图 5-36 和图 5-37 所示，无论正二十四烷、正三十二烷还是 3-乙基二十四烷都具有相似的碎片离子峰，如 m/e 为 $43(C_3H_7)^+$、$57(C_4H_9)^+$、$71(C_5H_{11})^+$、$85(C_6H_{13})^+$、$99(C_7H_{15})^+$，并且以 $C_3H_7^+$（m/e 43）和 $C_4H_9^+$（m/e 57）的碎片离子峰的强度最大，这样就可以把这些峰看作是烷烃的特征，同样环烷烃和芳烃也有各自的特征峰组。因此，这些特征峰组可以作为馏分油中各族烃类定性的依据，根据烃类混合物中，某一质荷比的峰强度是各个组成同一质荷比的峰强度（峰高）之和，即同一质量数的峰强度有加和性的原则，可以将各族烃的特征峰组的峰强度（峰高）相加，当作一个峰高看待，作为定量的依据。反过来，当质谱图上出现 m/e 为 43、57、71、85、99 这些峰，就表明样品中含有烷烃。

定量依据：简单地说，同一质量数的峰强度具有加合性，根据烃类混合物中，某一质荷比的峰强度（峰高）是同族烃类中各个组分同一质荷比的峰强度（峰高）之和。如 $C_3H_7^+$ 碎片离子峰是样中所有组分可能产生的该碎片离子峰的加和所致（如汽油中含有 $C_5 \sim C_{11}$ 的各种烷烃，而 $C_3H_7^+$ 是各烷烃对该峰贡献结果的累加），也就是说，同族烃类特征峰组具有加合性（同一质量数的峰强度具有可加性），所以可将各族烃的特征峰组的峰强度相加，当作一个峰高看待，作为定量依据。由于每族的烃类都有自己的特征峰高，要测定其含量时，先作出馏分油（烃类混合物）的质谱图，然后将各特征峰组的峰高（峰强度）相加，由已知的具有代表性的纯化合物在与测定样品相同的实验条件下，预先测得各族烃的灵敏度（单位体积或单位质量的峰高）后，便可建立一组多元一次联立方程式，计算各族烃的含量。这种定量方法通常称为裂片法。

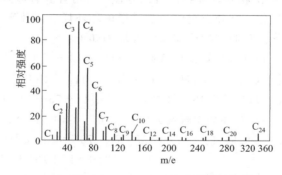

图 5-35　正二十四烷质谱图

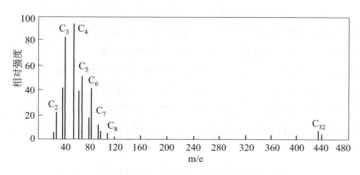

图 5-36　正三十二烷质谱图

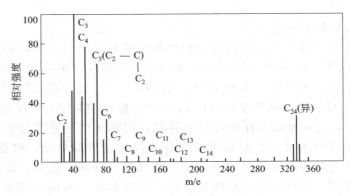

图 5-37　3-乙基二十四烷质谱图

（2）质谱法测定汽油的烃类组成的实验条件如下所示。

电离电压 70eV；发射电流 300μA；分辨率大于 300；进样系统温度 200℃；电离室温度 200℃。在仪器连续运转的条件下，调节离子源推斥极电压使正十六烷的 $\sum 67/\sum 71$ 在 0.22～0.24 之间，则仪器校准达到要求后可投入使用。

（3）方法。由于各族烃类都有它们自己的特征峰组，所以测各族烃类含量时要采用如下作法。

① 首先要在上述条件下得到质谱图，然后将同族烃各特征峰组的峰高相加；

② 再用已知的具有代表性的纯化合物在相同条件下测得各族烃的灵敏度，单位为样品（纯化合物）体积（h/v）或单位为样品净质量（h/w）的峰高；

③ 可建立一组多元一次联立方程组，由此方程组，可计算各族烃类的含量。

测定时，对于汽油馏分，其烃类组成分为键烃单环环烃、双环环烃、烷基苯、茚满（或萘满）及萘类等六个组分，它们的特征谱峰强度加和如下：

$$x_1 \sum (m/e)43(链烷烃链烷峰高) = (m/e)43+57+71+85+99 \tag{5-33}$$

（上式中的数字分别为 $C_3H_7^+$、$C_4H_9^+$、$C_5H_{11}^+$、$C_6H_{13}^+$、$C_7H_{15}^+$ 碎片离子的质核比）

$$x_2 \sum (m/e)41(单环环烷峰高) = (m/e)41+55+69+83+97 \tag{5-34}$$

$$x_3 \sum (m/e)67(双环环烷峰高) = (m/e)67+68+81+82+95+96 \tag{5-35}$$

$$x_4 \sum (m/e)77(烷基苯峰峰高) = (m/e)77+78+79+91+92+105+106+119+$$
$$120+133+134+147+161+162 \tag{5-36}$$

$$x_5 \sum (m/e)103(茚满或萘满峰高) = (m/e)103+104+117+118+131+132+$$
$$145+146+159+160 \tag{5-37}$$

$$x_6 \sum (m/e)128(萘类峰高) = (m/e)127+141+142+155+156 \tag{5-38}$$

从质谱图中将各特征峰的强度相加，便可求得各族烃的总峰强（峰高）。同时需用纯化合物标定出各族烃类的灵敏度，灵敏度指的是相当于单位体积或单位质量的峰强度（峰高）。因为不同碳数的同一族烃类的灵敏度是不同的，通常选择一个具有平均碳原子数的烃的纯化合物，作为每族烃类的标样，一般是用扣除重同位素后强度最大的峰所对应的碳数作为整个组分的平均碳原子数。采用具有此平均碳数的纯化合物作为标样，在与测定试样完全相同的实验条件下，求得灵敏度，这样便可以建立起一组六元一次联立方程式。

$$A_{11}x_1 + A_{12}x_2 + \cdots + A_{16}x_6 = \sum 43$$
$$A_{21}x_1 + A_{22}x_2 + \cdots + A_{26}x_6 = \sum 41$$

$$A_{31}x_1 + A_{32}x_2 + \cdots + A_{36}x_6 = \sum 67$$
$$A_{41}x_1 + A_{42}x_2 + \cdots + A_{46}x_6 = \sum 77$$
$$A_{51}x_1 + A_{52}x_2 + \cdots + A_{56}x_6 = \sum 103$$
$$A_{61}x_1 + A_{62}x_2 + \cdots + A_{66}x_6 = \sum 128$$

上式也可写成如下的矩阵形式

$$\begin{bmatrix} A_{11}A_{12}\cdots A_{16} \\ A_{21}A_{22}\cdots A_{26} \\ \cdots \\ A_{61}A_{62}\cdots A_{66} \end{bmatrix} \begin{Bmatrix} x_1 \\ x_2 \\ \vdots \\ x_6 \end{Bmatrix} = \begin{bmatrix} \sum 43 \\ \sum 41 \\ \vdots \\ \sum 128 \end{bmatrix}$$

转换为逆阵式：

$$\begin{bmatrix} x_1 \\ x_2 \\ \vdots \\ x_6 \end{bmatrix} = \begin{bmatrix} a_{11}a_{12}\cdots a_{16} \\ a_{21}a_{22}\cdots a_{26} \\ \cdots \\ a_{61}a_{62}\cdots a_{66} \end{bmatrix} \begin{bmatrix} \sum 43 \\ \sum 41 \\ \vdots \\ \sum 128 \end{bmatrix}$$

式中，x_1、x_2、x_3、x_4、x_5、x_6分别为链烷、单环环烷、双环环烷、烷基苯、茚满和萘满及萘类的相对含量；A_{11}、A_{12}、$\cdots$、A_{66}为灵敏度；a_{11}、a_{12}、a_{66}为逆阵系数。

解此方程式求得各类烃的相对含量，再进行归一化，便求得各类烃的体积百分含量。全部计算均由电子计算机完成。表 5-32 为质谱法测定汽油馏分族组成数据。

表 5-32　大庆原油汽油馏分的烃族组成（质谱法）

烃族 ＼ 馏分/℃	145～200	180～200	初馏～200(含 1.4％烯烃)
链烷烃	59.7	61.2	58.3
环烷烃	34.8	34.2	33.8
单环环烷	23.4	22.5	—
双环环烷	11.4	11.7	—
芳香烃	5.5	4.6	6.5
烷基苯	4.6	3.6	—
四氢萘	0.7	0.9	—
烷基萘	0.2	0.1	—

4. 核磁共振波谱法（^{1}H-NMR）

（1）定性依据：核磁共振波谱法测定汽油烃族组成，是按照不同的化学结构的烃类中氢的化学位移的差异，作为定性的依据。

（2）定量依据：由核磁共振波谱图中不同化学位移区间的相对峰面积，求取不同基团中氢的百分数，再通过有关经验公式的计算，求得汽油中各类烃中 C 数的百分含量，最后由各族烃类的 C 数百分含量由归一法计算各族烃的质量百分含量％。

（3）测定步骤如下。

① 测定时先作出试油的核磁共振波谱图；

② 根据图中各图的归属（见表 5-33），由不同化学位移区间的峰面积积分值归一后，得到各特征因子（表 5-33 中用 A～I 符号代替）所表示的不同基团中氢原子百分数；

③ 再按照结构信息，由经验公式求得芳烃（AR）、饱和烃（SA）、烯烃（OL）碳原子数的相对含量。不同原油，不同工艺生产的汽油，有不同的经验计算式。下面介绍的是 T&C（裂化、焦化、催化、重整、直馏汽油掺和的汽油）的经验计算式，式中各系数 k 和

样品的馏程（平均碳数）、取代情况及烯烃组成有关。

饱和烃 C 数相对含量 $SA = k_s(1.5F + G + H/2 + I/3 - k_R OL)$ （5-39）

式中，F、G、H、I 为饱和烃氢原子百分数；$k_s = 1.02$；$k_R = 1.93$。

芳烃 C 数相对含量 $\quad\quad\quad AR = k_A(A + E/3)$ （5-40）

式中，A、E 为芳烃氢原子百分数；$k_A = 1.05$。

烯烃 C 数相对含量 $\quad\quad\quad OL = k_c(C - B - D)$ （5-41）

式中，C、B、D 为烯烃氢原子百分数；$k_c = 5.13$。

④ 由 C 数相同含量通过归一法转换为绝对含量，饱和烃、芳烃、烯烃的质量百分比（绝对含量）可用它们碳原子数的相对百分比表示，并由 SA 、SR、OL 归一化，计算各类烃的绝对含量。

$$饱和烃\% = \frac{SA}{SA + OL + AR} \times 100\%$$ （5-42）

$$芳烃\% = \frac{AR}{SA + OL + AR} \times 100\%$$ （5-43）

$$烯烃\% = \frac{OL}{SA + OL + AR} \times 100\%$$ （5-44）

表 5-33　特征因子及其所代表的氢类型[①]

谱区名称	特征因子	谱区范围/(mg/kg)	氢　类　型
芳氢	A	6.45~7.85	
$n-\alpha$ 烯氢	B	5.60~3.00	
环内烯氢	C	4.65~5.60	
$i-\alpha$ 烯氢	D	4.35~4.56	
芳-α 甲基	E	2.05~3.00	
烯-α 亚甲基	F	1.75~2.05	
烯-α 甲基	G	1.45~1.75	
亚甲基(环烷)	F+G	1.45~2.05	

续表

谱区名称	特征因子	谱区范围/(mg/kg)	氢 类 型
亚甲基	H	1.07～1.43	$\begin{matrix} & & CH_3 & & \\ & H_2\ H_2 & | & H_2 & \\ H_3C-C-C-C-C-CH_3 \\ & & H\ \uparrow & \end{matrix}$
甲基	I	0.62～1.07	$\begin{matrix} & & CH_3\ \leftarrow & & \\ & H_2\ H_2 & | & H_2 & \\ H_3C-C-C-C-C-CH_3\ \leftarrow \\ & & H & \end{matrix}$

① 谱区范围是以四甲基硅（TSM）谱峰为零的相对距离（化学位移），其中箭头所指是信号出现在这一谱区范围内的氢。

表 5-34 是用核磁共振波谱法测定五个汽油烃族组成的实验结果与色谱法的对比数据。

表 5-34 核磁共振波谱法与色谱法测定汽油族组成的结果对比

样品名称	饱和烃(质量分数)/%		烯烃(质量分数)/%		芳烃(质量分数)/%	
	NMR	GLC	NMR	GLC	NMR	GLC
三厂加氢裂化汽油	98.0	97.9	—		1.8	2.1
二厂催化裂化汽油	38.4	42.6	45.4	41.0	16.2	16.4
七厂催化重整汽油	42.3	39.6	—	—	57.7	58.5
六厂掺和汽油(一)	55.0	61.0	31.7	26.7	12.7	12.3
六厂掺和汽油(二)	58.0	59.6	29.5	27.3	12.5	13.1

（二）汽油馏分单体烃组成的测定

单体烃组成就是要测定出汽油中存在的各种组分（单体烃）的质量百分含量。所谓单体烃组成就是按照石油馏分中每一种烃的百分含量来表示其组成的方法。原油的组成复杂，含有的单体烃种类繁多，性质相近，一一分离鉴定很困难，目前只能对石油气及低沸点的汽油馏分进行单体烃的测定。对于初馏～200℃的直馏汽油馏分中，经实验证明，沸点最低的烃C_{13}（沸点230℃）。这是由于汽油在分离时的夹带现象所致。汽油含量在100ng/vl以上的烃就有400个以上，但主要的烃只有100～150个，占总体积的90%，较为主要的组成有150～200个，占总体积的95%，因此，要分析这么多的化合物（定性、定量），需用高效色谱柱。20世纪50年代初期，汽油单体烃的测定还是采用精密分馏、液固吸附色谱、光谱等方法联合测定。这些方法消耗大量油样，分析一个试样时间长达几十天。现在，由于气相色谱技术的迅速发展，小于C_{10}的单体的组成已经可以用高效毛细管色谱法直接测定。分析时间缩短到几小时。下面介绍北京石油化工科学研究院在这方面的工作。

1. 毛细管气相色谱法测定直馏汽油单体烃含量

（1）应用范围。适用于测定60～150℃直馏汽油中单体烃的组成。

（2）测定方法。选用高效非极性毛细管色谱柱，各组成按沸点顺序分离。使用氢焰检测器，按保留指数定性，峰面积归一法定量。最初采用的固定相是异十三烷。但异十三烷在柱温高于140℃时，固定液流失严重，所以近期已改用硅油类固定液。一般能分离小于C_{10}的烃类化合物。由于石油组成复杂，碳数愈大，同分异构体愈多；所以对大于C_{10}的烃类的分离定性出现困难，需要采用色谱-质谱连用的方法，才能得到满意的结果。

（3）仪器设备

气相色谱仪：只要可接毛细管柱，带分流器及氢焰检测器（最低检出限量$5×10^{-11}$g/s）的任何型号毛细管气相色谱仪皆可；

毛细管柱：长80m，内径$\phi_内=0.21～0.25$mm玻璃毛细管，内壁涂渍异三十烷，理论板数大于 2000 块/m，总理论板数大于 1.6×10^5 块。

记录器：电子积分仪，微量注射器（1μl）。

色谱条件：柱温为 50＋0.1℃　载气（N_2）入口压力为 1kgf/cm²

汽化室温度：230℃

检测器温度：100℃

氢气流速：35ml/min

空气流速：420ml/min

分流比：200∶1

纸速：1cm/min

进样量：1μl

载气柱后流速：0.55ml/min

测定方法如下所示。

① 配标样，校准。

标样按 1∶2∶3＝环己烷∶正戊烷∶正己烷质量配制。

校准方法是用标样洗净注射器，取 1μL 标样注入汽化室，记录色谱图，计算环己烷保留指数：

$$I_{环己烷} = \frac{\lg t_0 - \lg t_5}{\lg t_6 - \lg t_5} \times 100 + 500 \tag{5-45}$$

式中，t_0、t_5、t_6 分别为环己烷、正戊烷、正己烷的校正保留时间，s。

如果所得的环己烷保留指数与环己烷理论值 662.7 相差不大于 1，则柱性能稳定，可用于分析。

② 样品分析。取 1μl 样品，注入汽化室，记录色谱图。

定性：用下式计算各种烃类（单一组分）保留指数来定性

$$I_i = \frac{\lg x_i - \lg x_z}{\lg x_{z+1} + \lg x_z} \times 100 + 100z \tag{5-46}$$

式中，x_z、x_{z+1}、x_i 分别为正 z 烷、正 $z+1$ 烷和试样中待测组分 i 的校正保留值，可用保留时间或记录纸距离表示。求出各组分在 50℃柱温下的保留指数后，便可定性确定各待测组分。

定量：用峰面积归一化法定量。

首先计算各组分峰面积：微处理机直接打出；手工计算：$A_i = h_i W_{\frac{1}{2}i}$（峰高×半高宽）按下式计算各组分质量百分数：

$$x_i\% = \frac{A_i}{\sum\limits_{i=1}^{n} A_i} \times 100 \tag{5-47}$$

式中，A_i 为 i 组分的峰面积，$\mu V \cdot s$；$\sum\limits_{i=1}^{n} A_i$ 为峰面积之和，$\mu V \cdot s$。

分析一个样需 150min（不含仪器平衡时间），可测出 60～150℃汽油馏分中 130 个单体烃（含量 100ng/μl 以下测不出）。

毛细管气相色谱法测定汽油馏分单体烃含量有许多方法，这些方法的原理一致，主要不同点是：固定（相）液不同，色谱条件不同（主要是柱温有恒温和程升）。

上法固定相是异三十烷，它是早期使用的固定相，其极性最低。因此，烃类完全是按沸点顺序流出。由于异三十烷使用温度低（不能超过 100℃），易流失，所以后来改用甲基硅铜（国产，便宜）和 OV-101（进口、贵、质量高）。

例如用 OV-101 石英毛细管柱，柱长 80m，$\phi_{内}$ 0.3mm，程升（30～130℃）速度 1℃/min，载气 N_2，柱前压 182.38Pa，分流比 300∶1，其他条件同上。分析大港原油初～165℃汽油馏分可定性定量检出 189 种单体烃。

2. 直馏汽油单体芳烃组成的测定

直馏汽油中单体芳烃组成的测定，也可采用毛细管气相色谱法。利用芳烃极性强的特性，选用极性很强的固定液，使样品中的非芳烃部分全部在苯峰之前流出，然后芳烃进入分析柱使其中各个组分逐一分离。图 5-38 是单体芳烃组成测定流程图，其中切割柱长为 2cm，内径为 4mm 的不锈钢填充柱，固定液为 N,N′-双（氰乙基）甲酰基胺，担体为 6201，柱温为 120℃。分析柱为长 98m，内径 0.25mm 的毛细管柱，固定液为 1,2,3-三（氰乙氧基）丙烷，柱温为 90℃。测定时将六通阀置于进样位置 I，从进样口注入加有内标的试样，试样经六通阀进入切割柱，非芳烃先流出由阻尼管放空。然后在苯峰流出之前，切换六通阀到 II 位置，使保留在切割柱中的芳烃及内标物（丙酸乙酯）反冲进入分析柱，得到担体芳烃的色谱图。有人用上述方法对初馏～200℃的直馏汽油进行测定，已分离出 65 个芳烃组分。

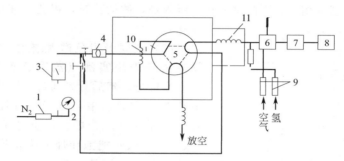

图 5-38　单体芳烃组成测定流程图

1—干燥管；2—柱前压力表；3—流量计；4—进样器；5—六通阀；6—检测器；

7—放大器；8—记录器；9—干燥管；10—切割柱；11—分析柱

3. 催化裂化汽油单体烃组成的测定

二次加工汽油馏分含有烯烃和二烯烃等多种同分异构体，结构更为复杂，所以分离鉴定要比直馏汽油困难得多。由于研究催化裂化等加工工艺的需要，国内外对催化裂化汽油、热裂化汽油的分离与鉴定，都作了不少工作。例如有人曾对大庆催化裂化 60～175℃汽油馏分的单体烃进行了分离鉴定。采用经氯化氢处理的异三十烷玻璃毛细管柱，柱长 100m，内径 0.33mm，柱温为恒温 51℃、60℃、76℃，氢火焰检测器。以保留指数为主要依据，辅之以纯物质、芳烃加氢、不同物质的 dI/dt 规律、沸点与峰序规律等方法定性。峰面积归一法定量。方法对 C_{10} 以前的 307 个峰包括可能有的 394 个组分进行了定性鉴定，其中 45 个组分（占总组分 11%，占总质量 3.99%）尚待定性。测定一个试样需要 245min。

二、煤、柴油馏分组成的测定

对于煤、柴油馏分（200～350℃含 C_{11}～C_{20} 各种烃类，又称中间馏分）组成的测定，与汽油馏分相比，由于沸程升高，分子量增大，组成更为复杂，测定单体烃组成很困难，目前只能测定族组成和结构族组成。

（一）煤、柴油馏分族组成的测定

1. 煤、柴油馏分族组成表示方法

直馏煤、柴油馏分的族组成通常用饱和烃和芳香烃的百分含量表示，对于二次加工油品，增加一项烯烃含量，若需更细致地分类，则饱和烃可分为正构烷烃和非正构烷烃（异构烷烃＋环烷烃），芳香烃分为单环芳烃、双环芳烃和多环芳烃。采用质谱法分析还可以把饱和烃分成烷烃、单环环烷、双环烷烃、三环烷烃，芳烃也可分为单环、双环、多环芳烃等组分。具体表示方法如下：

$$
煤、柴油馏分族组成
\begin{cases}
饱和烃 \begin{cases} 正构烷烃 \\ 异构烷烃＋环烷烃 \end{cases} \\
烯烃 \\
（含二次加工油） \\
芳烃 \begin{cases} 轻芳烃（单环芳烃） \\ 中芳烃（双环芳烃） \\ 重芳烃（三环以上芳烃） \end{cases}
\end{cases}
$$

2. 测定方法

（1）荧光色层法。用于汽油馏分的荧光色层法测定族组成亦可用于煤油、轻柴油族组成的测定，操作条件基本相同，不同之处在于吸附剂，测柴油时，粗孔：细孔硅胶＝1：4（体积比）。

（2）液固吸附色谱-脲素法（或称分子筛法）。该方法是先用实沸点蒸馏装置把试油切割为每50℃窄馏分，然后分别通过液固吸附色谱柱把试油分离为饱和烃、单环（轻）芳烃、双环（中）芳烃、多环（重）芳烃、胶质等组分。再用脲素法（或分子筛法）把饱和烃分为正构烷烃和非正构烷烃两部分。这样就把煤、柴油馏分分离为正构烷烃、异构烷烃和环烷烃、轻芳烃、中芳烃、重芳烃、胶质等六个组分并且同时测得其质量百分含量。分离流程见图5-39。本方法的特点是可以处理较大量的样品，分离得到各个组分还可作进一步的分析，但测定时间较长，现将各操作方法分述于后。

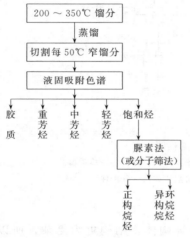

图5-39 液固吸附色谱-脲素法（或分子筛法）测定中间馏分烃族组成流程图

液固吸附色谱法使用的吸附管为玻璃制品，内径20mm，长1.2m，上端有容量为250ml的进料段，下端柱细并带活塞以便调节流速。吸附剂用40～100目细孔硅胶，用量按吸附剂与油样质量比10：1称取。在使用前于150℃，活化5h后，装入吸附柱中。测定时，称取定量试油（约20g）用60～80℃脱芳烃石油醚稀释后，按规定于吸附柱上端加入吸附柱内，然后依次加入不同的洗脱剂。洗脱剂加入的顺序为，石油醚、5％苯＋95％石油醚、10％苯＋90％石油醚、15％苯＋85％石油醚、25％苯＋75％石油醚、苯＋乙醇（1：1）、乙醇、蒸馏水（均用脱芳烃石油醚）。

试样中各族烃类依据其对硅胶吸附能力强弱不同，在不同的洗脱剂冲洗下，依次分为饱和烃、轻芳烃、中芳烃、重芳烃、胶质等组分。在吸附柱下用量筒收集流出物，最初流出的100ml是石油醚，以后每20ml作为一个组分，收集于已恒重的三角瓶中并编号。将各组分分别在水浴上蒸出大部分溶剂，再放入真空烘箱中除去残余溶剂，恒重，求得每个组分的质量，并用阿贝折光仪测定折射率。最后按表5-35中所列折射率范围将相同组分合并，计算

各族烃的百分含量。

在此测定条件下，由于噻吩类含硫化合物在硅胶表面上的吸附能力与芳烃相近，致使测定产生误差。

表 5-35　各类烃的切割点

烃类流出顺序	折射率，η_0^{20}	烃类流出顺序	折射率，η_0^{20}
(1)饱和烃	<1.49	(4)重芳烃	>1.59
(2)轻芳烃	1.49～1.53	(5)胶质	由于颜色太深,测不出折射率,从苯-乙醇冲洗开始计算胶质
(3)中芳烃	1.53～1.59		

（3）尿素络合法测定正构烷烃含量。1940 年德国本根发现六个碳以上的正构烷烃可以和尿素生成结晶络合物，而其他烃类则不能，从此奠定了正构烷烃与其他饱和烃分离的基础。X 射线结构分析证明，尿素在络合反应过程中，由于分子间的氢键作用：

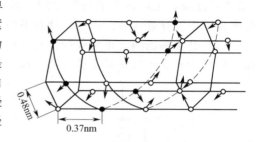

使尿素分子沿螺旋形排布在正六角柱的边缘上，形成方晶系结构，见图 5-40。

螺旋圈是由六个尿素分子组成的一个基本单元晶格，螺旋圈彼此平行，圈距 3.7Å。这使尿素分子排列成一个正六面体通道，其有效直径为 0.49nm，而正构烷烃分子截面直径的变化范围是 0.38～0.42nm，故可以顺利进入通道中；并且由于范德华引力作用能保留在通道中，而异构烷烃分子截面直径大于 5.6Å；环烷烃、芳烃分子直径在 6Å 以上；故此它们都不能与尿素形成络合物。但是，假如异构烷烃分子中有九个碳以上的直链（例如 2-甲基十一烷）；环烷烃分子中有 C_{18} 以上的链状侧链；则由于它们的链状结构部分亦可与尿素形成络合物，测定将引起误差。因此，用尿素络合物法测定正构烷烃含量只适用于小于 350℃ 的石油馏分，当沸点更高时，具有混合结构的烃类开始占优势，分离过程选择性降低，定量结果不佳。尿素络合法测定正构烷烃含量的步骤见图 5-41。按下式计算正构烷烃和非正构烷烃质量百分含量：

图 5-40　尿素络合物的六方晶系结晶结构
○尿素分子中的氧原子；●基本单元中的六个氧原子

$$W_正\% = \frac{W_1}{W_样} \times 100 \qquad (5-48)$$

式中，$W_样$ 为所称取试样质量，g；W_1 为正构烷烃质量，g。

$W_样$ 既可是柱色谱分离得到的饱和烃，也可是 50℃ 窄馏分原样，也可是煤油、轻柴油宽馏分样品。也可采用水作溶剂，乙醇或丙醇作活化剂来测定正构烷烃的含量。

$$W_正\% = \frac{W_2}{W_样} \times 100 \qquad (5-49)$$

式中，$W_样$ 为所称取试样质量，g；W_2 为非正构烷烃质量，g。

正构烷烃与尿素的络合物属于非化学计量的化合物，在络合物中各组分之间的摩尔比不是整数。一般采用的经验数据为 3.3g 尿素/g 正构烷烃。为加速络合物生成，通

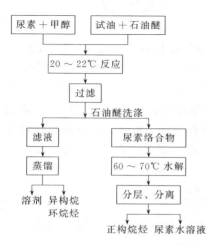

图 5-41　尿素法测定正构烷烃含量流程图

常加入极性有机溶剂（甲醇或乙醇）作为活性剂。活性剂能有效地溶解络合反应的抑制剂。存在于油中的抑制剂一般是芳香烃和含硫化合物。活化剂可以阻止它们吸附在尿素结晶上。此外，活化剂也溶解部分尿素，使尿素与正构烷烃的反应处于均相介质中加速进行。加入石油醚作为溶剂，是为了降低黏度，使反应物紧密接触，反应易于进行。

实验室用的反应器见图 5-42。反应一般在室温下进行。反应最佳温度为 20～22℃，反应时间约 2h。生成的络合物可过滤分离，得到络合物用石油醚洗涤、滤干，再用 60～70℃热水水解。正构烷烃析出，尿素溶于水中，分层分离，取上层烃液蒸去石油醚，称重，是为正构烷烃质量。滤液用蒸馏水洗涤后，蒸去溶剂。称重，得非正构烷烃质量。最后分别计算正构烷烃和非正构烷烃的百分含量。

尿素络合法测定法要考虑以下注意事项。

① 防乳化：水解络合物时要防止正构烷烃乳化。所以水解时要慢慢一滴一滴加入水，或先用室温水润湿络合物，再滴加 60～70℃热水，这样不但可以防止乳化，还可加快水解反应。

② 防止甲醇中毒：因甲醇对人神经有刺激，能减退记忆力，所以操作时要采取防护措施。为消除甲醇对人体的危害，可用乙醇、异丙醇等来代替甲醇，并用水代替石油醚作溶剂（节省石油醚，把尿素溶于 50℃水中，再分段降温至 0℃，这样络合效果好（质量百分含量收率高）但搅拌要快些。因水、油互不溶，搅拌可使反应物分散均匀，络合完全。

（4）分子筛法测定正构烷烃含量。该方法是利用 5Å 分子筛对正构烷烃的选择性吸附，使正构烷烃和非正构烷烃定量分离。仪器装置见图 5-43。

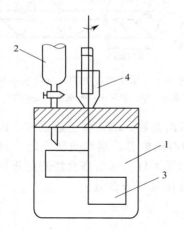

图 5-42　尿素法反应器
1—反应瓶；2—分液漏斗；
3—搅拌器；4—密封装置

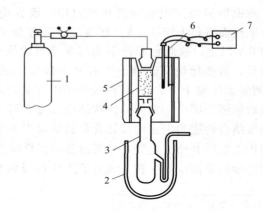

图 5-43　分子筛法测定正构烷烃含量装置图
1—氢气瓶；2—保温瓶；3—收集瓶；4—吸附柱；
5—加热炉；6—温度计；7—温度控制器

将试油用注射器注入装有一定量已活化的 5Å 分子筛吸附柱中，在略高于试油终馏点的温度下，用氢气流将非正构烷烃脱附，定量收集脱附的非正构烷烃，称重，用减差法即可求得正构烷烃含量。或者直接称量吸附有正构烷烃的分子筛，由其增重计算正构烷烃含量。

按下式计算正构烷烃含量：

$$W_n\% = 100 - \frac{W_4 - W_2}{W_1 - W_3} \times 100 = 100 - \frac{W_{\text{非正构烷}}}{W_{\text{样}}} \times 100 \qquad (5\text{-}50)$$

式中，W_1 为注射器＋油重，g；W_2 为收集器重，g；W_3 为进样后注射器＋油重，g；W_4 为收集器＋非正构烷烃重，g。

尿素法和分子筛法均可作为从试油中分离正构烷烃的手段，但用尿素法定量地获取正构烷烃是办不到的。若要取得非正构烷烃作为色谱用标样，通常把两种方法联合使用，即对试油先进行尿素脱蜡后，再用分子筛法吸附正构烷烃，便可以得到色谱用的非正构烷烃。

如果不需要得到分离后的组分，可以用气相色谱法测定煤油馏分中正构烷烃的含量。当试样进入 5 Å 分子筛色谱柱后，正构烷烃被吸附，非正构烷烃作为色谱峰流出，用外标法定量。标样是色谱纯的正构烷烃（$C_9 \sim C_{15}$）加入一定量的非正构烷烃配制而成。非正构烷烃是由试样经多次脱蜡（尿素-分子筛法）取得的。尿素法与分子筛法比较见表 5-36。

表 5-36　尿素法与分子筛法比较

尿　素　法	分子筛法
操作复杂，费时(8h)	操作简单，分析时间短
样品用量大，甲醇对人体有害	样品用量少(可用柱色谱得到的饱和烃进样)，但仪器较复杂
正构烷烃与非正构烷烃分开，并能得到纯正构烷烃和纯非正构烷烃	正构烷烃与非正构烷烃能分开，但得不到纯正构烷烃

（5）质谱法。对大于 200℃ 的石油馏分的烃类族组成分析，因其异构体增多，烃类结构复杂，沸程增高，用气相色谱法测定很困难，而质谱法由于其本身的特点，使它成为中间及重质石油馏分烃族组成分析中的一个重要的手段。

质谱法测定石油馏分烃族组成的基本原理已如前述。对于中间馏分，为了避免各烃类型间碎片离子相互干扰，在进行质谱分析前，需要用液固吸附色谱法（硅胶为吸附剂）将油样分为芳烃和饱和烃两部分，再分别用质谱法进行分析。对中间馏分油采用质谱法可以得出烷烃、单环环烃、三环环烃、烷基苯类、茚满或四氢萘类、茚类、萘、烷基萘、苊类、苊烯类及三环芳烃等共 12 个烃类组成的含量。表 5-37 就是大庆原油煤柴油馏分烃类组成的数据（质谱法）。

表 5-37　煤柴油馏分烃类组成数据（质谱法）

烃类组成(质量分数)/% ＼ 沸点范围/℃	200～250	250～300	300～350	145～360
链烷烃	55.7	62.0	64.5	59.1
正构烷烃(质谱法)	32.6	40.2	45.1	—
异构烷烃	23.1	21.8	19.4	—
总环烷烃	36.6	27.6	25.6	28.6
一环环烷	25.6	18.2	17.1	18.3
二环环烷	9.7	6.9	5.7	7.7
三环环烷	1.3	2.5	2.8	2.6
总芳香烃	7.7	10.4	9.9	12.3
总单环芳烃	5.2	6.6	6.8	8.2
烷基苯	2.6	2.8	3.4	4.7
茚满或四氢萘类	2.1	2.2	1.9	2.4
茚类	0.5	1.6	1.5	1.1
总双环芳烃	2.5	3.6	2.5	3.8
萘	0.2	0	0	—
萘类	2.3	2.9	1.3	3.1
苊类	—	0.4	0.4	0.4
苊烯类	—	0.3	0.8	0.3
三环芳烃	—	0.2	0.6	0.3
总计	100	100	100	100

（6）高效液相色谱法。采用经典的液固吸附色谱法测定烃族组成的缺点是填充柱阻力大；液

相传质速度慢；分析时间长；吸附柱效低；又缺少完备的检测手段。所以近年来在吸附色谱的基础上，又发展了高效液相色谱。下面是采用高效液相色谱测定中间馏分烃族组成的例子。

【例 5-4】 图 5-44 是对 190～360℃ 馏分油进行族组成测定的色谱图。采用 10μ 的无定形硅胶 Lichrosorb 柱，以无水己烷为流动相，用示差析光检测器，可将该馏分油分离为饱和烃、烯烃和芳香烃。芳烃是用反冲方法得到的，如固定相改为 γ-氧化铝，则芳烃可按环数分离，见图 5-45。

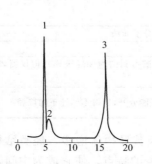 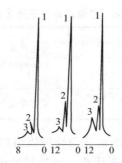 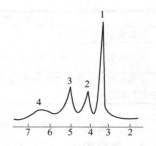

图 5-44　190～360℃
馏分油色谱图
1—饱和烃；2—单烯；3—芳烃

图 5-45　中间馏分油色谱图
1—饱和烃；2—单环芳烃；
3—双环芳烃

图 5-46　柴油馏分色谱图
1—饱和烃；2—单环芳烃；
3—双环芳烃；4—多环芳烃

【例 5-5】 图 5-46 为柴油馏分烃族组成测定色谱图，采用 YWG 硅胶柱和 YWG-NH₂ 氨基柱串联，以己烷作为流动相，用示差析光检测器可将柴油馏分分离为饱和烃、单环芳烃、双环芳烃、多环芳烃等组成。

（二）煤、柴油馏分结构族组成的测定（η-d-M 法）

1. 结构族组成的表示方法（六参数法）

由于族组成表示方法对某些复杂分子的烃类化合物无法表示。例如对 $\underset{}{\bigoplus}$—C₁₀H₁₂ 这样的复杂化合物分子，就很难用族组成的表示方法来说明它究竟是芳烃族、环烷烃族，还是烷烃族，所以为准确表示这类复杂物的组成情况，故采用结构族组成表示方法。

对于上例复杂分子，我们可以认为此种分子是由芳香环、环烷环、烷基侧链这三种基本结构单元组成，那么这三种结构单元在分子中所占的百分数可用下列三个参数来表示：

芳碳率 $C_A\% = \dfrac{C_A}{C_T} \times 100\%$，对上例 $C_A\% = \dfrac{6}{20} \times 100\% = 30$

环烷碳率 $C_N\% = \dfrac{C_N}{C_T} \times 100\%$，对上例 $C_N\% = \dfrac{4}{20} \times 100\% = 20$

烷基碳率 $C_P\% = \dfrac{C_P}{C_T} \times 100\%$，对上例 $C_P\% = \dfrac{10}{20} \times 100\% = 50$

环碳率 $C_R\% = \dfrac{C_R}{C_T} \times 100\%$，对上例 $C_R\% = \dfrac{10}{20} \times 100\% = 50$

$C_A\% + C_N\% = C_R\%$，$C_A\% + C_N\% + C_P\% = 100\%$

三者之和为 100%。除这三个参数之外，为了表示分子中含有多少个环（R_T），多少个芳环（R_A），多少个环烷环（R_N）还要加上下列三个参数：

R_T：分子中总环数，$R_T = 2$（上例）

R_A：分子中芳香环数，$R_A=1$（上例）

R_N：分子中环烷环数，$R_N=1$（上例）

用这六个参数便可以描述这类复杂分子结构族组成情况，此即为结构族组成表示法。

对与石油馏分（复杂）亦可用结构族组成来表示其组成情况，但要注意一点：就是用上述六个参数来表示石油馏分的结构族组成时，要把整个石油馏分当作一种平均分子所组成的物质。此时 C_A、C_N、C_P、R_T、R_A、R_N 都是对平均分子而言的。并且环数不一定是整数，很可能带有小数。一般中间馏分油以上的馏分油用结构族组成这种表示方法。

测定石油馏分的结构族组成方法有直接法和统计图解法（n-d-M，n-d-ν，n-d-A）。

【例 5-6】

$=2:3$（分子比或体积比），求六个参数。

解：$C_T = \dfrac{2}{5} \times 19 + \dfrac{3}{5} \times 21 = 20.2$；

$$C_A\% = \frac{\dfrac{2}{5} \times 10 + \dfrac{3}{5} \times 6}{20.2} \times 100 = 37.6;$$

$$C_N\% = \frac{\dfrac{2}{5} \times 4 + \dfrac{3}{5} \times 8}{20.2} \times 100 = 31.7;$$

$$C_P\% = \frac{\dfrac{2}{5} \times 5 + \dfrac{3}{5} \times 7}{20.2} \times 100 = 1.6;$$

$$R_T = \frac{2}{5} \times 3 + \frac{3}{5} \times 3 = 3;$$

$$R_A = \frac{2}{5} \times 2 + \frac{3}{5} \times 1 = 1.4;$$

$$R_N = \frac{2}{5} \times 1 + \frac{3}{5} \times 2 = 1.6$$

2. 结构族组成的测定方法

（1）直接法。

① 方法原理。把石油馏分看成是由一种平均分子组成的，测定时设定选用不含烯烃和非烃的石油馏分（即对直馏馏分油而言非烃含量忽略不计）。用化学法对该馏分中的芳烃进行完全加氢。

所有芳烃：

即：所有芳环变为环烷环。然后测定加氢前后的馏分油平均分子量 M、M' 及元素组成 $C\%$、$C'\%$、$H\%$、$H'\%$（质量百分含量），通过推算，从而确定相当于该馏分的平均分子的结构族组成。（即 $C_A\%$、$C_N\%$、$C_P\%$、R_T、R_A、R_N）。

② 推算过程。设馏分油加氢前平均分子式为 $C_n H_m$，加氢后平均分子式为 $C_n H_{m'}$

分子式中，n 为平均分子中总 C 原子数；m 为加氢前平均分子中总 H 原子数；m' 为加氢后平均分子中总 H 原子数。

设有 1mol 馏分油，则：

加氢前氢原子数：
$$m = \frac{M \cdot \dfrac{H}{100}}{1.008} \tag{5-51}$$

加氢后氢原子数：
$$m' = \frac{M \cdot \dfrac{H'}{100}}{1.008} \tag{5-52}$$

平均分子中总碳原子数：
$$n = \frac{M \cdot \dfrac{C}{100}}{12.01} = \frac{M\left(1 - \dfrac{H}{100}\right)}{12.01} = \frac{M'\left(1 - \dfrac{H'}{100}\right)}{12.01} \tag{5-53}$$

由于在加氢过程中，芳环上的每个碳原子正好加上一个氢原子。如 [结构式] $\xrightarrow[\text{Pt 或 Ni}]{H_2P}$

[结构式] R，共加上 10 个氢原子，那么 1mol 馏分油加氢前后

氢原子数的变化 $(m' - m)$，可知原馏分油中芳环上的碳原子数是多少个，即：

$$\text{芳环上碳数 } C_A = (m' - m)$$

所以
$$C_A\% = \frac{C_A}{C_T} \times 100 = \frac{m' - m}{n} \times 100 \tag{5-54}$$

把式(5-51)、式(5-52)、式(5-53) 带入式(5-54) 得：
$$C_A\% = \frac{M'H' - MH}{M(100 - H)} \times \frac{12.01}{1.008} \times 100 \tag{5-55}$$

由凝点下降法或蒸气压渗透法测得加氢前后馏分油的平均 M 和 M'，并由元素分析测得加氢前后 $H\%$、$H'\%$，便可计算 $C_A\%$（芳碳率）。

加氢后的馏分油除烷烃外，便是环烷烃。假设馏分油中都是烷烃，则平均分子 $(C_n H_{m'})$ 中氢原子数 $m' = 2n + 2$。

如果加氢后平均分子中只含有一个环烷环，则平均分子中氢原子数 $m' = 2n + 2 - 2$；含两个环烷环 $m' = 2n + 2 - 4$，即多一个环烷环少两个氢。设加氢后平均分子中含 R_T 个环烷环，则 $m' = 2n + 2 - 2R_T$，所以平均分子中总环数：

$$R_T = \frac{2n + 2 - m'}{2} = 1 + n - \frac{m'}{2} \tag{5-56}$$

加氢后平均分子量为 M'，氢原子百分数为 H'，把式(5-53)、式(5-54) 代入式(5-57) 中整理后得：

$$R_T = 1 + 0.005793M'(14.37 - H') \tag{5-57}$$

假定平均分子中所有环都是六元环，且都是稠环（如 [结构式] R ） （无

[结构式] 形式）则第一个环上有 6 个碳原子，以后每增加一个环则增加 4 个碳原子，故环上总碳数 C_R 为：

$C_R = 6 + 4(R_T - 1) = 4R_T + 2$，所以环上碳数占分子中总碳数的百分数为：

$$C_R\% = \frac{C_R}{C_T} \times 100 = \frac{4R_T + 2}{n} \times 100 \tag{5-58}$$

而 $C_R\% = C_A\% + C_N\%$，所以环烷环上碳数占分子中总碳数百分数为：

$$C_N\% = C_R\% - C_A\% \tag{5-59}$$

烷基侧链上碳数占平均分子中总碳数百分数为：

$$C_P\% = 100\% - C_R\% \tag{5-60}$$

假设加氢前馏分油平均分子中的芳环也都是稠环，并设馏分油的平均分子中含 R_A 个芳

环，同理可得芳环上的碳数 $C_A = 6 + 4(R_A - 1) = 4R_A + 2$ 所以

$$C_A\% = \frac{4R_A + 2}{n} \times 100 = \frac{m' - m}{n} \times 100 \tag{5-61}$$

整理后可得平均分子中芳环数：

$$R_A = \frac{m' - m - 2}{4} \tag{5-62}$$

又因为 $R_T = R_A + R_N$，所以

$$R_N = R_T - R_A \tag{5-63}$$

这样六个结构族组成参数便都可以确定出来。

直接法测定中间馏分油结构族组成较准确，但操作条件苛刻（高温、高压、加氢），费时。并且要求加氢时不发生裂解副反应，这点很难办到，所以便会产生误差，再加上假设所测试油不含烯烃和非烃也会带来误差，所以人们便研制出简单可行的方法——统计图解法（n-d-M，n-d-ν，n-d-A）测定结构族组成，下面以 n-d-M 法为例来介绍统计图解法。

（2）n-d-M 法（统计图解法）。

对结构族组成这六个参数，经荷兰瓦特曼学派研究发现，石油馏分的某些物理常数如 d_4^{20}、n_D^{20}（或 n_D^{70}）与烃类分子结构间有着某种规律性：在各族烃类中，当碳数相同时，各族烃类的 d_4^{20}、n_D^{20} 按下列顺序依次减小。

碳数相同时，次序是苯系（带正烷基侧链 n-R），环己烷系（带 n-R 侧链），环戊烷系（带 n-R 侧链），正构 α-烯烃，正构烷烃，异构烷烃。

即碳数相同时，各族烃类中，芳烃 d_4^{20}、n_D^{20} 最大，烷烃最小，环烷烃介于二者之间，并且斯米吞堡还发现：当以各族烃类化合物的 d_4^{20} 与碳原子的倒数 $\frac{1}{C}$ 作图时，可得近似的直线，当用 $\frac{1}{C+Z} - d_4^{20}$ 作图时，便得到直线（Z 对同族烃类是常数，数值很小），而且各族烃类的直线汇聚于一点，如图 5-47 所示。交点对映于 $d_4^{20} = 0.8513$（即 $\frac{1}{C+Z} \to 0$，即 $C \to \infty$ 时）。

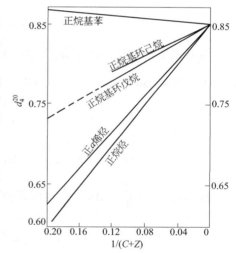

图 5-47　烃类碳原子倒数与相对密度的关系

同理，若以 d_4^{20} 与 $\frac{1}{M+m}$ 作图也可得到直线，并各族烃类直线的交点也汇聚于 $d_4^{20} = 0.8513$ 处，这说明任何烃类，只要其中烷基或烷基侧链上的碳数无限多时（$\frac{1}{C} \to 0$）或分子量无限大时（$\frac{1}{M} \to 0$），它的比重都为 0.8513，这是因为碳链无限长时，在碳链一端有个芳环、环烷换或双键对于分子的性质（理化性质 d_4^{20}、n_D^{20}）影响是很小的。

上述两组直线图可用代数式表示如下：

$$d_4^{20} = 0.8513 - \frac{K}{C+Z} \tag{5-64}$$

$$d_4^{20} = 0.8513 - \frac{h}{M+m} \tag{5-65}$$

同理，如以 n_D^{20} 为纵坐标，以 $\frac{1}{C+Z'}$ 为横坐标或 $\frac{1}{M+m'}$ 为横坐标作图也可得到类似的图，见图 5-47（各族烃类都汇聚于 n_D^{20} 为 1.4750 这点），直线方程如下：

$$n_D^{20} = 1.4750 - \frac{K'}{C+Z'} \tag{5-66}$$

$$n_D^{20} = 1.4750 - \frac{h'}{M+m'} \tag{5-67}$$

式(5-64)、式(5-65)、式(5-66) 和式(5-67) 中 K、h、Z、m、K'、H'、Z'、m' 分别为直线方程的常数，可由表 5-38 查到；M 和 C 指原子数。

这四个式子被称斯米吞堡公式，对 $>200℃$ 馏分油来说均很大，故可忽略 Z、Z'、m、m'，移项后斯米吞堡公式可改写为：

$$\Delta d = d_4^{20} - 0.8513 = -\frac{K}{C} \tag{5-68}$$

$$\Delta n = n_D^{20} - 1.4750 = -\frac{K'}{C} \tag{5-69}$$

$$\Delta d = d_4^{20} - 0.8513 = -\frac{h}{C} \tag{5-70}$$

$$\Delta n = n_D^{20} - 1.4750 = -\frac{h'}{M} \tag{5-71}$$

对石油馏分来说，由于 d_4^{20}、n_D^{20} 都具有可加性，并且馏分油主要由烷烃、环烷烃和芳烃组成，所以 $\Delta d - \frac{1}{C}$，$\Delta n - \frac{1}{C}$ 可有：

$$\Delta d = \Delta d_A + \Delta d_N + \Delta d_P = -\frac{K_A}{C_A} - \frac{K_N}{C_N} - \frac{K_P}{C_P} \tag{5-72}$$

$$\Delta n = \Delta n_A + \Delta n_N + \Delta n_P = -\frac{K'_A}{C_A} - \frac{K'_N}{C_N} - \frac{K'_P}{C_P} \tag{5-73}$$

同理对 $\Delta d - \frac{1}{M}$，$\Delta n - \frac{1}{M}$ 也可得到类似关系：

$$\Delta d = \Delta d_A + \Delta d_N + \Delta d_P = -\frac{h_A}{M_A} - \frac{h_N}{M_N} - \frac{h_P}{M_P} \tag{5-74}$$

$$\Delta n = \Delta n_A + \Delta n_N + \Delta n_P = -\frac{h'_A}{M_A} - \frac{h'_N}{M_N} - \frac{h'_P}{M_P} \tag{5-75}$$

式(5-73)、式(5-74)、式(5-75)、式(5-76) 中 Δd，Δn—C_A、C_N、C_P 和 M 互为函数关系，所以有：$\Delta d = f(C_A, C_A, M)$，$\Delta n = f'(C_A, C_N, M)$ 或 $C_A = \phi(\Delta d, \Delta n, M)$，$C_N = \phi'(\Delta d, \Delta n, M)$，所以，对品均分子的 C 原子百分数其通式为：

$$C\% = a\Delta d + b\Delta n + \frac{c}{M} \tag{5-76}$$

同理对平均分子的环数可得通式：

$$R = a_1 M\Delta d + b_1 M\Delta n + c_1 \tag{5-77}$$

式中，$C\%$ 为示芳环、环烷环或环上总碳数占分子中总碳数的百分数；R 为示芳环数、环烷环数、总环数；M 为平均分子量；$\Delta d = d_4^{20} - 0.8513$；$\Delta n = n_D^{20} - 1.4750$。$a$、$b$、$c$ 和

a_1、b_1、c_1 均为常数

利用式(5-77)、式(5-78)，Van-Nes 和 Van-Westen 经大量实验数据处理，确定了式(5-76)、式(5-77) 中的常数，并推导出了一系列推算石油馏分结构族组成的经验公式，这些公式按测定比重 d、折射率 n 时的温度不同分为 20℃和 70℃两组，见表 5-39。由这些经验公式可计算结构族组成六个结构参数。但计算麻烦，实际应用时也可根据 d_4^{20}、n_D^{20}、M 与这六个参数的关系所对映经验公式制成列线图，列线图也分为 20℃和 70℃两组，每组包括求定 C_A、C_R、R_A、R_T 四张图，两组共八张图，使用时只要测定石油馏分的 d_4^{20}、n_D^{20}（或 d_4^{70}、n_D^{70}）和 M 便可从列线图上查出这六个参数，所以这种方法叫 n-d-M 法。

查法：以 20℃一组为例，首先查 C_A%，再由 C_R%图查得 C_R，再由 R_A 图查 R_A，由 R_T 图查 R_T 由于 $R_T = R_A + R_N$，所以 $R_N = R_T - R_A$。

对高沸点馏分油，由于在 20℃时凝固，就无法测量 d_4^{20}、n^{20}，故需在 70℃时测得 d_4^{70}、n_D^{70}，由 70℃时的四张图查得高凝点馏分油的这六个参数，查法同上。

由于 n-d-M 法中分子量测定比较麻烦，并且以前 M 测定用凝点下降法，该法对高馏分油难以准确测定分子量，故有人提出 n-d-ν 法或 n-d-A 法测结构族组成，即测出 n、d、ν 或 A（苯胺点）制得类似于 n-d-M 法的列线图，也可查得这六个参数。

注意：n-d-M 法求这六个参数应用列线图时，要注意下列几点（即满足下列几点）：

① 对平均分子而言 $\overline{M} > 200$（即大于 200℃直馏馏分油，并馏分油不含烯烃）；

② 平均分子中总环数 R_T 不大于 4，R_A 不大于 2，C_R%不大于 75%，C_A/C_N%不大于 1.5；

③ 含 S 不大于 2%，含 N 不大于 2%，含 O 不大于 0.5%。

因此 n-d-M 法只适用于 200～500℃直馏馏分，因直馏馏分不含烯烃，非烃含量少。

上述要求是因为作者（Van Nes 和 Van Westen）在取原始数据时，所用的馏分油组成含量在这个范围内，一般对中间馏分油、润滑油馏分油均能满足这些要求，对高含芳烃、高含 S 馏分油应采用补正值（或经验公式）来补正。

表 5-40 是大庆 200～500℃馏分油的结构族组成数据。

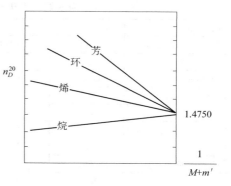

图 5-48 烃类碳原子倒数与折射率的关系

表 5-38 斯米吞堡公式中的常数值

常数 烃类	K	z	h	m	K'	z'	h'	m'
正构烷	1.3100	0.82	18.374	9.5	0.6838	0.22	90591	9.5
正 α-烯烃	1.1465	0.44	16.081	6.2	0.5610	0.44	7.862	6.2
正烷基环戊烷	0.5984	0	8.393	0	0.3920	0	5.498	0
正烷基环己烷	0.5248	0	7.361	0	0.3438	0	4.822	0
正烷基苯	−0.0535	−0.40	−0.750	−50.1	−0.1125	−2.3	−1.578	−26.2

表 5-39 η-d-M 法的计算公式[①]

20℃时测定	70℃时测定
$V = 2.51(n_D^{20} - 1.4750) - (d - 0.8510)$	$x = 2.42(n_D^{20} - 1.4600) - (d - 0.8280)$
$W = (d_4^{20} - 0.8510) - 1.11(n - 1.4750)$	$y = (d_4^{70} - 0.8280) - 1.11(n - 1.4600)$

续表

20℃时测定	70℃时测定
当 $V>0$	当 $x>0$
$\%C_A=430V+3660/M$	$\%C_A=410x+3660/M$
$R_A=0.44+0.055M\cdot V$	$R_A=0.41+0.055Mx$
当 $V<0$	当 $x<0$
$\%C_A=670V+3660/M$	$\%C_A=720x+3660/M$
$R_A=0.44+0.080M\cdot V$	$R_A=0.41+0.080Mx$
当 $W>0$	当 $y>0$
$\%C_R=820W-3S+10000/M$	$\%C_R=775y-3s+11500/M$
$R_T=1.33+0.146M(W-0.005S)$	$S_T=1.55+0.146M(y-0.005S)$
当 $W<0$	当 $y<0$
$\%C_R=1440W-3S+10600/M$	$\%C_R=1400y-3s+12100/M$
$R_T=1.33+0.180M(W-0.005S)$	$R_T=1.55+0.18M(y-0.005S)$

$$\%C_N=\%C_R-\%C_A$$
$$\%C_P=100-\%C_R$$
$$R_N=R_T-R_A$$

① 式中，M 为分子量；n 为折射率；d 为相对密度；S 为硫含量；R_A、R_T、R_N 分别表示芳香环、总环、环烷环的环数；$\%C_A$、$\%C_R$ 分别表示芳香环、总环侧链上碳原子的百分数。

表 5-40　大庆原油 200～500℃馏分的结构族组成

沸点分范围/℃	200～250	250～300	300～350	350～400	400～450	450～500
密度/(g/cm³)20℃	0.8039	0.8167	0.8282	—	—	—
70℃	—	—	—	0.8036	0.8254	0.8412
折射率 n_4^{20}	1.4484	14.561	1.4627			
折射率 n_4^{70}				1.4493	1.4598	1.4680
分子量	193	240	270	323	392	461
$C_P\%$	69.5	73.0	73.5	79.5	73.0	71.5
$C_N\%$	24.5	20.0	17.0	10.0	13.5	17.0
结构族组成 $C_A\%$	6.0	7.0	9.5	10.5	13.5	11.5
R_A	0.10	0.15	0.20	0.30	0.40	0.55
R_N	0.70	0.65	0.80	0.60	1.10	1.35

三、石油馏分和蜡中单体正构烷烃组成的测定

我国石油含蜡较多，馏分油中正构烷烃的分布和含硫，直接影响石油产品的质量。例如喷气燃料的结晶点，柴油和润滑油的凝点等，都与正构烷烃的组成和含量有关；软蜡可降解生成 α-烯烃作为合成润滑油和合成洗涤剂等的化工原料，其正构烷烃分布和含量直接影响裂解产品的质量。石蜡的组成和使用性能也取决于正构烷烃的分布和含量。因此，建立石油馏分和蜡中单体正构烷烃组成的测定方法，很有必要。目前我国已建立了气相色谱法测定石蜡中正构烷烃碳数分布的标准方法和毛细管色谱法测定初馏～500℃中 C_3～C_{41} 各正构烷烃含量的方法，现介绍如下。

（一）气相色谱法测定液体石蜡的碳数分布

本方法可测定液体石蜡中各种正构烷烃（C_8～C_{20}）的含量，该法采用的是填充柱 $h=2.0m$，$\phi_{内}=3～4mm$，不锈钢柱，色谱条件见表 5-41，采用程序升温，样品的分离是按碳数由小到大顺序出峰知，用色谱纯标样定性，再按式(5-78)求正构烷烃含量：

$$p_i\% = \frac{100 \cdot A_i}{\sum\limits_{i=1}^{n} A_i} \times f \qquad (5\text{-}78)$$

式中，$p_i\%$ 为 i 组分正构烷烃的质量分数；A_i 为 i 组分正构烷烃峰面积；$\sum\limits_{i=1}^{n} A_i$ 为正构烷烃峰面积之和；f 为总正构烷烃质量分数，用 SY 2858—82 方法测定。

$$f = \frac{\sum\limits_{i=1}^{n} A_{i正构烷}}{\sum\limits_{j=1}^{m} A_j} \quad (\text{即液蜡中除含正构烷烃外还含有异构烷烃}) 。$$

表 5-41 色谱操作条件

项　目	性　质	项　目	性　质
色谱柱	长 2m,内径 3~4mm	程升速度/(℃/min)	10~13
固定相	阿皮松 L	气化温度/℃	270~280
担体	101 白色担体	载气(H$_2$)/(ml/min)	70~80
检测器	氢焰	空气/(ml/min)	350~450
检测器温度/℃	280	进样量/μl	0.03~0.12
柱温	70~260		

$$a_i\% = \frac{100 \times A_i}{\sum A} \times f \qquad (5\text{-}79)$$

式中，$a_i\%$ 为 i 组分质量分数；A_i 为 i 组分峰面积；$\sum A$ 为正构烷烃峰面积之和；f 为总正构烷烃质量分数。

表 5-42 ZBE 42003—87 方法色谱操作条件

项　目	性　质	项　目	性　质
色谱柱	长 2m,内径 3~4mm	最终温度/℃	280~330
固定相	MS(Silicone high vacuum grease)	升温速度/(℃/min)	3~5
担体	101 白色担体,40~60 目	载气流速(N$_2$)/(ml/min)	18~20
检测器	双氢焰	氢气流速/(ml/min)	20~30
检测器温度/℃	360~380	空气流速/(ml/min)	350~400
气化室温度/℃	360~380	进样量/μl	0.5~1
初始温度/℃	140~160		

（二）气相色谱法测定石蜡的碳数分布

已有标准方法（ZBE 42003—87）适用于含正构烷烃碳数在 C_{18}~C_{44} 范围内的石蜡产品碳数分布的测定。方法是把石蜡试样溶解在异辛烷中，进样后，程序升温，试样组分按碳数顺序出峰。加入色谱纯正构烷烃定性，面积归一化法定量。色谱测定条件见表 5-42。

（三）毛细管气相色谱法测定石油馏分中单体正构烷烃的组成

该法利用馏分油中正构烷烃含量较多（我国原油特点），而相邻碳数的正构烷烃沸点相差又较大的特点，进行定性定量测定，该法可测定初馏点~500℃馏分油中 C_3~C_{41} 各正构烷烃含量，但正构烷烃含量（单体）<0.1% 或正构烷烃总含量低于 6% 时不适用。除新疆克拉玛依低凝原油含蜡量低（2.04%），用该法测定正构烷烃困难外，几乎所有我国原油的初馏点~500℃馏分油都可用该法测正构烷烃含量。

采用 OV-101 毛细管柱，柱长 30m，$\phi_{内}=0.25$mm，进样后程升使正构烷烃与异构体分离，用色谱纯的 $C_9 \sim C_{36}$ 正构烷烃定性，内加法定量。色谱条件见表 5-43，色谱图见图 5-49，该图是柴油馏分（$<350℃$馏分油）$C_9 \sim C_{20}$ 各正构烃峰，再加入内标（纯 C_{12}）的试样在相同色谱条件下得一谱图（内标加入量一般为 $2\% \sim 5\%$）。

表 5-43　石油馏分单体正构烷烃组成测定的操作条件

操作条件 \ 馏分	200～350℃馏分	350～500℃
气化室温度/℃	280	350～360
检测器温度/℃	260	330
色谱柱温升范围/℃	室温～250	180～330
程序升温速度/(℃/min)	5	5
载气流速/(ml/min)	80～100	80～100
分流比	120∶1～200∶1	120∶1～200∶1
进样量/µl	0.1～0.5	0.1～0.5
检测器	氢焰	氢焰

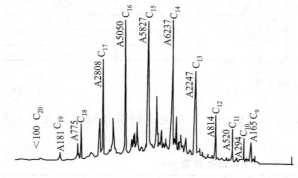

图 5-49　柴油色谱图（未加内标）

然后定性：对含正构烷烃较多的试样可将峰值较大的等间隔的色谱峰确定为正构烷烃，再按内标（C_{12}）的碳数依次推算出各种正构烷烃的碳数。如果试样中各正构烷烃色谱峰不明显时（即含正构烷烃少时），则需加入各碳数正构烷烃先定出各正构烷烃保留时间。

定量计算

（1）按式(5-80)计算校正的内标峰面积 A_n^0：

$$A_n^0 = A_n - A_n' \cdot \frac{A_{n+1}}{A_{n+1}'} \tag{5-80}$$

式中，A_n^0 为校正的内标峰面积，即加入的纯 C_{12} 正构烷烃的峰面积，$\mu v \cdot S$；A_n' 为未加内标试样中碳数为 n 的正构烷烃峰面积，$\mu v \cdot S$；A_{n+1}' 为未加内标试样中比内标碳数大 1 的正构烷烃峰面积（即 C_{13} 正构烷烃峰面积），$\mu v \cdot S$；A_n 为加内标试样中，碳数为 n 的正构烷烃的峰面积，$\mu v \cdot S$ 由加内标色谱图求出；A_{n+1} 为加内标试样中，比内标碳数（n）大 1 的正构烷烃峰面积，$\mu v \cdot S$ 由加内标色谱图求出。

（2）按式(5-81)计算试样中正构烷烃含量：

$$P_i\% = \frac{W_n A_i}{A_n^0 W_样} \times 100 \tag{5-81}$$

式中，A_n^0 为校正的内标峰面积，$\mu v \cdot S$；W_n 为加入内标的质量，g；A_i 为碳数为 i 的正构烷烃峰面积；$W_样$ 为所取试样质量，g；$P_i\%$ 为碳数为 i 的正构烷烃的质量百分数。

四、减压重油馏分组成的测定

减压重油馏分常指 350～500℃ 的重馏分油，含碳原子数为 $C_{20} \sim C_{36}$ 常用作为催化裂化原料油或经过脱蜡精制（除 S、N、O）制取润滑油基础油。所以该馏分油也称润滑油馏分。减压重油馏分的组成分析测定，由于该馏分油组成结构复杂，常采用族组成和结构族组成的分析来表示 350～500℃ 馏分油的烃类组成情况。

（一）族组成的测定

1. 液固吸附柱色谱法

减压重油馏分的族组成测定仍可采用液固吸附色谱法，将重油馏分分为饱和烃、轻芳烃、中芳烃、重芳烃及胶质等组分。例如我国大庆原油 350～500℃ 馏分油的结构族组成数据见表 5-44。

表 5-44　大庆 350～500℃ 窄馏分油的烃族组成

沸点范围 /℃	烃　　　类(质量分数)/%							
	饱和烃	轻芳烃Ⅰ①	轻芳烃Ⅱ①	中芳烃	液体重芳烃②	固体重芳烃	总芳烃	胶质
350～357	73.0	7.8	1.4	6.4	6.5	1.8	23.9	2.2
357～400	74.2	7.4	1.2	7.1	5.8	1.6	23.1	2.3
400～425	70.8	10.1	1.5	7.3	5.3	1.5	25.7	2.7
425～450	69.4	12.2	1.7	6.8	5.2	1.3	27.2	3.2
450～475	68.4	11.4	1.3	9.0	5.7	—	27.4	3.9
475-500	59.3	17.5	1.4	10.7	5.0	—	34.6	5.9

①$1.49 < n_D^{20} \leqslant 1.52$ 为轻芳烃Ⅰ，$1.520 < n_D^{20} \leqslant 1.53$ 为轻芳烃Ⅱ；$1.53 < n_D^{20} \leqslant 1.59$ 为中芳烃；②$n_D^{20} > 1.59$ 为重芳烃。

2. 质谱法

若需取得按类型、碳数不同的族组成分析数据，可采用质谱法。质谱法测定前同样要用液固吸附色谱法将试样分为饱和烃和芳烃两部分，再分别用质谱法进行测定。表 5-45 是大庆重油馏分用质谱法测定其烃类族组成数据，由此可知：用质谱法可以把 350～500℃ 馏分油分成烷烃、环烷烃（包括 6 个组分）、芳烃（包括 13 个组分）、噻吩类（包括 3 个组分）等共 23 个烃类和噻吩类的组成数据。

表 5-45　大庆原油重油馏分的烃类组成（质谱法）

沸点范围/℃ 烃类组成(质量分数)/%	350～400	400～450	450～500	350～500
链烷烃	63.1	52.8	44.7	52.0
正构烷烃(色谱法)	22.0	29.1	29.0	26.1
异构烷烃	41.1	23.7	15.7	25.9
总环烷烃	24.8	33.2	39.0	34.6
一环环烷	11.8	13.6	17.4	14.8
二环环烷	6.8	8.4	10.6	9.6
三环环烷	2.6	5.3	7.3	5.5
四环环烷	2.9	3.3	3.1	4.1
五环环烷	0.7	1.8	0.6	0.6
六环环烷	—	0.8	0	0
总芳烃	11.8	13.8	15.9	13.2
总单环芳烃	6.5	7.8	9.0	7.6
烷基苯	3.4	4.1	5.4	4.1
环烷基苯	1.7	2.1	1.9	2.0
二环烷基苯	1.4	1.6	1.7	1.5
总双环芳烃	3.2	3.3	3.8	3.4
萘类	1.1	1.2	1.3	1.2
苊类、二苯并呋喃	1.0	1.0	1.1	1.0
芴类	1.1	1.1	1.4	1.2
总三环芳烃	1.5	1.4	1.6	1.3
菲类	1.2	0.9	1.0	0.9
环烷菲类	0.3	0.5	0.6	0.4

续表

沸点范围/℃ 烃类组成(质量分数)/%	350～400	400～450	450～500	350～500
总四环芳烃	0.5	0.8	0.8	0.6
芘类	0.4	0.5	0.5	0.4
䓛类	0.1	0.3	0.3	0.2
芘类	0	0.1	0.3	0.1
二苯并蒽	0	0	0	0
未鉴定芳烃	0	0.4	0.4	0.2
总噻吩	0.1	0.2	0.4	0.2
苯并噻吩	0.1	0.1	0.2	0.1
二苯并噻吩	0.1	0.1	0.1	0.1
萘苯并噻吩	0.2	0	0.1	0
总计	100	100	100	100

（二）结构族组成分析

润滑油馏分的结构族组成分析也是采用 $n\text{-}d\text{-}M$ 法或 $n\text{-}d\text{-}\nu$（或 A）法来分析，也可采用计算法和查图法。大港 350～500℃ 馏分油结构族组成见表 5-46。

表 5-46　大港 350～500℃ 馏分油结构族组成及性质

沸点范围/℃	性质及结构族组成							
	n_D^{70}	ρ_{70} /(g/cm³)	M	C_P	C_N	C_A	R_N	R_A
350～400	1.4700	0.8420	285	5.74	25.58	17.02	1.10	0.570
400～450	1.4788	0.8644	361	56.11	30.02	13.87	1.78	0.591
450～500	1.4863	0.8765	403	56.5	28.21	15.29	1.94	0.746

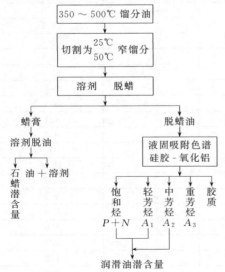

图 5-50　石蜡和馏分润滑油潜含量测定流程图

由此表数据知：大港 350～500℃ 馏分油，烷烃多，环烷烃、芳烃少。

（三）重馏分油石蜡和润滑油潜含量的测定

目的：为生产石蜡、润滑油提供组成含量及性质数据。

350～500℃ 润滑油馏分油，首先用减压蒸馏装置把试油切割为 25℃ 或 50℃（常用之）窄馏分，再对各窄馏分进行溶剂脱蜡，得到的蜡膏进行溶剂脱油，得石蜡的潜含量；得到的脱蜡油作族组成和结构族组成测定，再用液固柱色谱进行分离，测得润滑油潜含量，最后对石蜡和润滑油进行理化性质测定，为工艺设计提供数据。分析流程如图 5-50。

1. 石蜡潜含量的测定

（1）溶剂脱蜡。对各窄馏分进行溶剂脱蜡（当然 350～500℃ 馏分油可同时一次脱蜡得石蜡潜含量，但这样得到石蜡潜含量的数据对石蜡的生产没有指导意义；窄馏分脱蜡除可得收率信息外还可得到石蜡熔点等质量信息，这对石蜡生产具有指导意义。）

溶剂：丙酮：苯：甲苯=35：45：20（体积比），也有用丁酮、苯、甲苯作脱蜡溶剂的。

称取 50～60g 油样于锥形瓶中，按试样：溶剂=1：3（体积比）加入脱蜡溶剂，温热溶解后冷至室温，再放到 −30℃ 冷浴中，冷冻 30min 待蜡结晶析出后，于 −30℃ 下减压过滤，用溶剂（−30℃）洗净滤干，然后将蜡膏和脱蜡油分别蒸去溶剂，恒重，分别得到脱蜡油和蜡膏收率，测定脱蜡油的理化性质。测定数据表 5-47。

（2）溶剂脱蜡：

由于蜡膏中含有一定数量的油，故需脱油才能得到石蜡潜含量。脱油溶剂丁酮：苯=1：1（体积比），溶剂：蜡膏=5：1（体积比）（即稀释比为 5：1），试样（蜡膏）用溶剂溶解，冷至 5℃（或 0℃）时过滤、干燥、恒重得到石蜡潜含量，然后测石蜡熔点等主要性质。测定结果见表 5-48。为生产各种规格石蜡提供基础数据，从而指导石蜡生产。

表 5-47 萨尔图原油润滑油窄馏分在 −30℃ 条件下的脱蜡结果

沸点范围 /℃	脱 蜡 油												蜡 膏	
	收率（质量分数）/% 占馏分	d_4^{20}	运动黏度/(mm²·s)				黏度指数 I	凝点 /℃	折射率 η_4^{20}	平均分子量	酸值/(mg KOH/g)	黏重常数 VGC	收率（质量分数）/% 占馏分	熔点 /℃
			37.8℃	50℃	98.9℃	100℃								
350～375	53.0	0.8722	11.34	7.76	2.79	2.71	98	−24	1.4865	308	0.41	0.826	47.0	39.4
375～400	52.2	0.8711	16.57	10.95	3.50	3.46	93	−18	1.4855	338	0.19	0.823	47.8	46.4
400～425	54.3	0.8807	28.12	17.57	4.71	4.62	91	−16	1.4898	380	0.18	0.829	45.7	51.5
425～450	58.5	0.8906	47.98	27.94	6.38	6.23	87	−16	1.4932	417	0.20	0.837	41.5	55.8
450～475	56.1	0.9008	84.62	46.22	8.97	8.70	86	−14	1.4967	450	0.22	0.845	43.9	56.0
475～500	54.5	0.9056	143.1	73.89	12.13	11.80	78	−17	1.5030	496	0.13	0.846	45.5	58.3
500～525	50.0	0.9094	183.3	93.28	14.61	14.23	83	−17	1.5062	522	0.14	0.848	50.0	60.7

表 5-48 萨尔图原油润滑油窄馏分蜡膏的脱油及精制石蜡的性质[①]

沸点范围 /℃	蜡膏		0℃		5℃脱油蜡		吸 附 精 制 蜡							
	占馏分（质量分数）/%	熔点 /℃	收率（质量分数）/% 占蜡膏 占馏分		收入（质量分数）/% 占蜡膏 占馏分 占原油			收率（质量分数）/% 占脱油蜡 占原油		折射率 η_0^{70}	d_4^{70}	含油量（质量分数）/%	元素分析（质量分数）/% C H	熔点 /℃
350～375	47.0	39.4	83.5	39.9	65.6	30.8	1.36	98.9	1.35	1.4252	0.7624	0.27	85.10	14.92	41.7
375～400	47.8	46.4	89.7	42.9	82.9	39.6	1.70	99.3	1.69	1.4280	0.7668	0.07	—	—	47.5
400～425	45.7	51.5	85.6	39.1	80.8	36.9	1.51	99.5	1.51	1.4304	0.7712	0.35	85.26	14.91	53.6
425～450	41.5	55.8	84.9	35.2	77.5	32.2	1.42	98.6	1.40	1.4331	0.7774	1.45	—	—	58.6
450～475	43.9	56.0	69.1	30.3	60.8	26.7	1.42	99.3	1.42	1.4369	0.7849	1.05	85.20	14.69	62.0
475～500	45.5	58.3	70.1	31.9	59.5	27.1	1.23	98.4	1.21	1.4395	0.7888	0.65	—	—	64.1
500～525	50.0	60.7	61.7	30.8	46.7	23.4	0.97	97.9	0.95	1.4329	0.7966	0.93	85.38	14.4	66.8

① 原料为 −30℃ 脱蜡蜡膏，脱油溶剂：丁酮：苯（1：1），稀释比为 5 倍，洗蜡溶剂用量为 2 倍，精制条件：硅胶（细孔）：油为 5：1，稀释比为 10：1（溶剂：蜡），冲洗石油醚：3ml/g 硅胶（石油醚 60～90℃）。

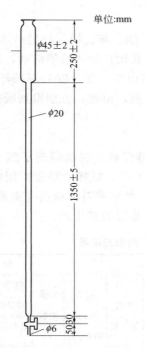

单位:mm

$\phi 45\pm 2$

250 ± 2

$\phi 20$

1350 ± 5

$\phi 6$

50 ± 30

图 5-51　馏分润滑油吸附分离吸附柱

2. 馏分润滑油潜含量的测定

首先称取一定量的样品,如称取脱蜡油 10g,并溶于 30ml 石油醚中。然后装柱:在图 5-51(润滑油潜含量测定仪)所示的吸附柱下塞少许棉花,装入 75g 粒度为 40~100 目,在 400℃下活化 6h 的 γ-Al_2O_3,再加入 75g、40~100 目、在 150℃下活化 5h 的细孔硅胶,用 150ml 60~90℃石油醚润湿吸附柱,待溶剂全部进入硅胶层后,将试样溶液倒入,待全部进入硅胶层后,再加入几克硅胶覆盖。最后再冲洗(洗脱)。其顺序依次为:

150ml 石油醚,375ml 的 5%苯+95%石油醚,300ml 的 20%苯+80%石油醚,225ml 的苯-乙醇(1:1)。流速控制在 2~2.5ml/min,并按表 5-49 指定流出体积收集流出液。胶质(用乙醇+水顶替)流出柱子后,收集流出液,蒸去溶剂便得胶质含量(或用差减法定量)。

各流出物分别蒸去溶剂,恒重,得各族烃类质量,然后根据需要将 $P+N+A_1$ 或 $P+N+A_1+A_2$ 作为馏分润滑油潜含量,然后按馏分收率比例混合,分别测定理化性质。测定数据实例见表 5-50。

表 5-49　按流出体积收集流出液

馏分	流出体积/ml	基本组分	备注
1	80	石油醚	可重复使用
2	250	($P+N$)饱和烃	
3	350	A_1轻芳烃	润滑油潜含量
4	300	A_2中芳烃	
5	150	A_3重芳烃	

表 5-50　大庆混合原油润滑油潜含量及其性质

油样名称	收率(质量分数)/%		d_4^{20} (70℃)	凝点 /℃	折射率 η_D^{70}	运动黏度/(mm²/s)		黏度 ν_{50}/ν_{100}	黏度指数 VI	黏重常数 VGC
	占馏分	占原油				50℃	100℃			
350~400℃原馏分	100	9.4	0.8038	31	1.4480	6.91	2.66	—	—	0.779
脱蜡油	56.2	5.3	0.8673	−10	1.4833	8.75	3.01	2.91	94	0.818
$P+N$	42.2	4.0	0.8390	−2	1.4631	7.81	2.83	2.76	120	0.782
$P+N+A_1$	49.0	4.6	0.8475	−12	1.4684	7.97	2.94	2.81	112	0.793
$P+N+A_1+A_2$	52.4	4.9	0.8534	−8	1.4726	8.31	2.85	2.92	99	0.800
400~450℃原馏分	100	11.87	0.8242	43	1.4578	15.82	4.65	—	—	0.798
脱蜡油	60.1	7.1	0.8835	−4	1.4914	26.08	5.96	4.38	92	0.827
$P+N$	42.7	5.0	0.8587	−4	1.4722	20.75	5.34	3.89	107	0.797
$P+N+A_1$	50.8	6.0	0.8666	−4	1.4771	22.14	5.57	3.97	104	0.799
$P+N+A_1+A_2$	54.0	6.4	0.8708	−6	1.4800	22.48	5.63	3.99	99	0.812
450~500℃原馏分	100	9.1	0.8437	51	1.4687	—	8.09	—	—	0.813
脱蜡油	61.5	5.6	0.8990	−4	1.5005	63.92	10.92	5.85	82	0.838
$P+N$	39.4	3.6	0.8725	−5	1.4780	38.81	8.60	4.51	115	0.807
$P+N+A_1$	48.5	4.4	0.8766	−4	1.4832	46.24	9.49	4.87	109	0.811
$P+N+A_1+A_2$	52.3	4.8	0.8831	−4	1.4870	48.38	9.67	5.00	101	0.819
>500℃渣油	—	41.4	0.8971 (70℃)	—	—	256 (80℃)	106	—	—	0.813
$P+N+A_1$(脱蜡后)	18.2	7.5	0.8930	—	1.4922	165.2	23.12	7.15	81.8	0.818
$P+N+A_1+A_2$(脱蜡后)	21.7	8.9	0.9009	−18	1.4987	221.5	27.44	8.07	82.5	0.825

五、渣油组成的测定

对于＞500℃的减压重油，简称渣油。当其符合某种道路沥青规格时，即可直接作为沥青产品，此时渣油即称为沥青。所以渣油组成的测定也即沥青组成的测定。

近年来，为了节约能源，解决石油供需之间的矛盾，合理、充分利用石油资源，许多国家都十分重视渣油加工和对渣油组成分析和研究。由于我国原油组成较重，一般渣油收率高达40％～50％，并近年来各油田还相继发现和开采了重质馏分油，其渣油收率更高，可达50％～60％（辽曙一区超稠油渣油收率为67.11％），那么要想充分、合理利用这一大部分石油资源，就必须了解渣油的化学组成和结构。但由于渣油组成结构复杂，尽管我国在这方面研究制订了一些分析方法，并取得了一些突破性进展，但与其他轻油组成分析比起来，对渣油组成的了解还相差甚远，所以为充分、合理利用渣油及稠油还需做大量工作。目前，辽宁石油化工大学及石油大学、北京石科院等都投入相当的人力和物力来研究渣油。下面介绍一些已经成型的渣油组成分析方法。

（一）渣油润滑油（高黏润滑油）和地蜡潜含量的测定

由渣油可生产的产品有：高黏润滑油、沥青、地蜡，为了了解各种产品的收率和性质，为制订合理的生产加工方案提供数据，故对渣油进行地蜡、高黏润滑油潜在含量的分析，其分析流程见图5-52。

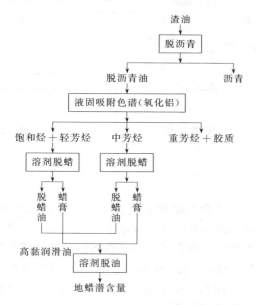

图 5-52　高黏润滑油及地蜡潜含量测定流程图

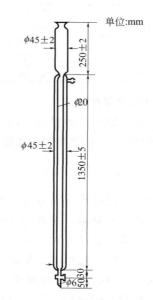

图 5-53　双层液固吸附色谱柱

1. 渣油脱沥青

由于减渣中集中了原油中所含胶质、沥青质的绝大部分，胶质、沥青质的存在不但影响高黏稠油及地蜡产品的质量，而且也影响它们的测定，故首先要脱沥青。

脱沥青方法：工厂是利用溶剂脱沥青（如丙烷脱沥青等），实验室分析时是利用胶质、沥青质在硅胶上有强的吸附能力的性质，把渣油溶于石油醚中，加入粗孔硅胶（100～200目），混匀后过滤分离，硅胶相放入脂肪抽提器中用石油醚抽提至回流液滴无色为止［此时沥青质及一部分胶质（非中性胶质，即极性胶质）便留在硅胶固相上，油分被石油醚抽提一

下]，抽提液与油相合并，蒸去石油醚，恒重后，计算脱沥青油收率。所以

$$沥青质\% = 100\% - 脱沥青油\%$$

2. 渣（高黏）润滑油潜含量的测定

（1）取样：含沥青质少的渣油，不必脱沥青，可直接取样分析，取脱沥青油（或渣油）12.5～15.0g，用50ml石油醚稀释，使渣油完全溶解。

（2）装柱：双层液-固吸附柱见图5-53所示。先在柱下端塞少许棉花，再按试样：氧化铝=1：20质量比，取100～200目碱性氧化铝在400℃下活化6h，装于柱中并敲紧。然后用300ml石油醚润湿氧化铝，柱外循环水保持在45～50℃保温。待石油醚全部进入氧化层后，加入试样溶液，当其全部进入氧化铝层后加几克氧化铝覆盖，以免反混。

（3）洗脱：依次加入表5-51所列溶剂洗脱，调节流速为3.5ml/min，并按此表规定的收集体积依次分别收集各流出液，得到饱和烃和轻芳烃（$P+N+A_1$）、中芳烃（$P+N+A_1$）、重芳烃加胶质（A_3）三部分，分别蒸去溶剂恒重。

（4）脱蜡（测高黏润滑油潜含量）：将得到的 $P+N+A_1$ 和 A_2 分别按试样：溶剂=1：4（体积比），加入脱蜡溶剂（丁酮：苯：甲苯=35：45：20），先在水浴上恒温加热至透明，冷至室温，再放到-22℃的冷浴中进行溶剂脱蜡，得到蜡膏和脱蜡油，脱蜡油蒸去溶剂、恒重。根据需要按产率比例混合得到 $P+N+A_1$ 或 $P+N+A_1+A_2$ 组分，作为渣油润滑油潜含量。测定实例数据列于表5-52（下部分）中。

表 5-51　洗脱剂用量及各流出液的组成

冲洗液	用量	收集体积	组分	切割点折射率
纯石油醚	300ml	150ml	石油醚	—
5%苯+95%石油醚	4ml/g吸附剂	同此溶剂用量	$P+N+A_1$、	<1.55
20%苯+80%石油醚	4ml/g吸附剂	同此溶剂用量	A_2、	1.55～1.57
苯-乙醇	3ml/g吸附剂	同此溶剂用量	A_3	>1.57

3. 地蜡潜含量的测定

上述溶剂脱蜡所得的蜡膏，用丁酮：苯=10：1的溶剂分别在20℃、10℃二段脱油（溶剂脱油）、恒重，计算收率即为地蜡潜含量。

（二）渣油族组成的测定

如前所述，对低沸点馏分化学组成的研究，是按其化学结构不同分为不同烃类的组分。但是渣油组成十分复杂，对其组成的研究只能根据渣油在某些选择性溶剂中的溶解能力或其他物化性质不同，分成几种不同组分。这样，分离条件若改变了，则所得各组分的性质和数量都不同。我国广泛应用的是把渣油分离为饱和烃（族）（Saturates）、芳香烃（族）（Aromatics）、胶质（Resins）、沥青质（Asphaltenes）等四组分，简称四组分（SARA）。分离通常采用经典的液固吸附色谱法。近年来，随着高效液相色谱技术的迅速发展，也开始应用于渣油四组分的分离中，此外，按渣油分离后组分的数目不同，还有三组分和多组分法。

1. 渣油四组分的测定

所谓渣油四组分，就是把渣油分为饱和烃、芳香烃、胶质、沥青质四个组分，简称SARA法。

（1）液固吸附柱色谱法（常规四组分法）。其测定流程见图5-54。

该方法是利用沥青质不溶于正庚烷的原理，将渣油（或沥青）试样用正庚烷沉淀出沥青质，脱沥青质的油分用氧化铝柱色谱分离为饱和烃、芳烃、胶质。

测定时取渣油（或沥青）试样1～2g，溶于正庚烷中，正庚烷加入量是按每克样加30g

正庚烷，置于沥青质抽提器中，加热回流 0.5h，使样品与正庚烷混均，静置 1h，使沥青质沉淀，然后过滤，滤出的沉淀物放入沥青质抽提器中，用滤液抽提 1h，以除去沉淀物中非沥青质部分，然后用苯溶解沥青质，再除去苯，真空干燥、恒重，得到沥青质的质量。

用石油醚溶解脱除沥青质的试样，用氧化铝柱色谱进行分离，吸附分离器柱内装 100～200 目的中性氧化铝（含水 1%），柱温保持在 50℃，（用循环水完成），按表 5-54 顺序依次加入洗脱剂。石油醚冲出物为饱和烃，甲苯冲出物为芳烃，乙醇和甲苯冲出物为胶质，各组分分别蒸去溶剂，真空干燥，恒重，按下式计算其含量：

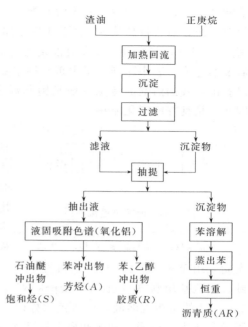

图 5-54 渣油四组分测定流程图

$$沥青质\% = \frac{G_1}{W} \times 100\% \qquad (5\text{-}82)$$

$$饱和烃\% = \frac{G_2}{W} \times 100\% \qquad (5\text{-}83)$$

$$芳烃\% = \frac{G_3}{W} \times 100\% \qquad (5\text{-}84)$$

$$胶质\% = 100\% - 沥青质\% - 饱和烃\% - 芳烃\% \qquad (5\text{-}85)$$

式中，G_1、G_2、G_3 分别为沥青质、饱和烃、芳烃的质量，g；W 为试样质量，g。

表 5-52 洗脱剂用量及各流出液组成

冲洗液	加入量/ml	流出组分	组分颜色
石油醚	80	饱和烃	无色
甲苯	80	芳烃	棕色
甲苯	40	胶质	黑色
甲苯-乙醇(1:1 体积比)	40	胶质	黑色
乙醇	40	胶质	黑色

若样品的沥青质含量小于 10%，可取一份样品按上法测定沥青质，另取一份样品用氧化铝吸附色谱测定饱和烃、芳烃、胶质加沥青含量。后者减去第一份样品测得的沥青质含量，可得到胶质含量。这样，由于沥青质测定及色层分离同时进行，可缩短分析周期，减少样品在转移过程中的损失，实测各地渣油四组分含量的数据见表 5-53。

表 5-53 各地渣油的四组分含量

组分含量 / 渣油产地	饱和烃 (质量分数)/%	芳香烃 (质量分数)/%	胶质 (质量分数)/%	沥青质 (质量分数)/%	胶质/沥青质	饱和烃/芳烃
大 庆(石蜡基)	36.7	33.4	29.9	<0.1	—	1.1
任 丘(石蜡基)	22.6	24.3	53.1	<0.1	—	0.9
胜 利(含硫中间基)	21.4	31.3	45.7	1.6	28.5	0.7
孤 岛(环烷基)	11.0	34.2	46.8	8.0	5.9	0.3
阿拉伯(轻质)	9.2	50.5	28.9	11.4	2.5	0.2
伊 朗(重质)	6.0	52.2	33.7	8.1	4.2	0.1
科威特	5.9	53.2	31.0	9.9	4.1	0.1

由表中数据可知，原油产地不同，渣油族组成差别很大，在石蜡基大庆原油的渣油中，

饱和烃最多，胶质最少，几乎没有沥青质；在环烷基孤岛原油的渣油中，饱和烃较少，胶质较多，沥青质含量高达 8%；而任丘原油比较特殊，虽然属于石蜡基原油，但其渣油含胶质高达 53.1%，与胜利、孤岛渣油接近。对于这种原油不能单纯用原油分离的指标去估计其渣油的组成。表中还列举了中东几种主要原油的渣油组成的数据。与我国四种渣油比较，可以看出，我国渣油的特点一般是饱和烃多，芳烃少，胶质多（大庆渣油除外），沥青质少。因此，是良好的裂化原料。

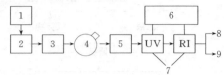

图 5-55　液相色谱流程图

1—溶剂；2—过滤器；3—泵；4—进样阀；5—色谱柱；
6—记录仪；7—检测器；8—收集；9—废液

（2）高效液相色谱法。高效液相色谱法（HPLC）是近年来开发的测渣油四组分的快速分析方法，该方法用于渣油（或沥青）四组分的测定能大大缩短分析时间。据文献报导，测定时将渣油（或沥青）试样先用正庚烷沉淀分离出沥青质，并用质量法定量。脱沥青质部分用高效液相色谱法分离为饱和烃、芳香烃和极性化合物（胶质）三部分。液相色谱流程见图 5-55。

实验采用 WatessALC/GPC-244 型色谱仪，仪内配有紫外检测器和示差折光仪。色谱柱内装键合相氨基填料（Micro-Bandapak-NH$_2$）柱长 30cm、柱内径 4mm。将脱沥青质组分配成 2mg/ml 的正庚烷溶液，注入色谱柱内，进样量 10μL。最初由正庚烷冲洗出来的是饱和烃，用示差折光仪检测。其次冲出来的是芳香烃，用紫外鉴定器检测。柱内残留的胶质是强极性物质，故改用极性较强的醋酸乙酯、乙醇、正庚烷（40:40:20）混合溶剂冲洗，仍用紫外鉴定器检测。最后根据峰面积（或峰高）定量。高效液相色谱法与经典的液固吸附色谱法比较，其结果相当吻合，见表 5-54。

表 5-54　液相色谱法和常规四组分法实验结果对比

样 品	实验方法	饱和族（质量分数）/%	芳香族（质量分数）/%	极性物（质量分数）/%	正庚烷不溶物（质量分数）/%
胜华 100 号	四组分法	14.32	33.22	44.17	8.29
	HPLC 法	14.55	31.57	45.85	8.29
大庆渣油	四组分法	39.95	34.71	24.88	0.46
	HPLC 法	41.58	30.86	32.25	0
任丘渣油	四组分法	25.9	31.7	42.4	<0.1
	HPLC 法	24.03	30.29	46.52	0.6
胜利 100 号	四组分法	26.8	32.6	38.6	2.0
	HPLC 法	28.35	32.8	40.72	3.38
兰州 100 号	四组分法	33.4	28.9	37.3	0.4
	HPLC 法	33.58	31.27	39.42	0.45

2. 多组分法

四组分法比较简单易行，但是，要更深入了解渣油（沥青）的结构组成，把渣油分成四个组分往往满足不了科研和生产的需要，因此，又发展了多组分分离法。

以下是对我国几种渣油进行六组分分离的实例。方法仍采用液固吸附色谱，固定相是含水 5% 的氧化铝，以较简单的溶剂梯度冲洗，成功地把渣油分为六个组分。然后测定各组分中重金属镍的分布及其结构参数，为渣油的综合利用提供了基础数据。分离方案见图 5-56。分离方法是先将正戊烷加入到渣油试样中（40:1），把渣油分为正戊烷可溶物和正戊烷不溶物两部分。然后在中性氧化铝（100～200 目，含水 5%）吸附柱上，依次用正庚烷、正庚烷加苯（85:15）、正庚烷加苯（1:1）、苯和苯加乙醇（1:1）进行梯度冲洗，把正戊烷可溶质分为组分 1（饱和烃＋轻芳烃）、组分 2（重芳烃或多环芳烃）、组分 3 和组分 4 及组分 5

三个胶质组分，最后是正戊烷不溶物（正戊烷沥青质）等，共计 6 个组分。组分 1 还可以用含水 1％的氧化铝吸附色谱进一步分离为饱和烃、单环芳烃、双环芳烃、多环芳烃等。表 5-55 是对四种渣油分离的实测数据（上述溶剂比例均为体积比数据）。

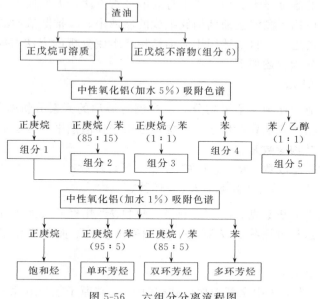

图 5-56　六组分分离流程图

表 5-55　四种渣油六组分分离结果

组分含量 渣油产地	组分1 (质量分数)/%	组分2 (质量分数)/%	组分3 (质量分数)/%	组分4 (质量分数)/%	组分5 (质量分数)/%	正戊烷不溶物 (质量分数)/%	残留物及损失 (质量分数)/%
胜利	44.6	11.6	13.4	7.3	11.2	10.5	1.4
大庆	63.8	9.8	11.1	6.1	7.4	0.4	1.4
任丘	34.1	9.0	11.7	9.6	20.5	12.0	3.1
临盘	40.4	12.9	15.8	7.7	8.1	13.8	1.3

3. 质谱法

质谱法测定渣油中各族烃类，与前述的重油法类似，也是将渣油先用液固吸附柱色谱分离为饱和烃、芳香烃、胶质＋沥青质（此部分不能进行质谱分析，以免污染质谱系统）。其中：

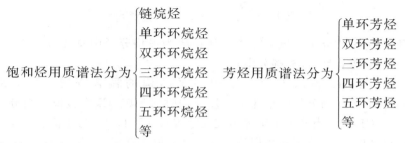

共 25 种烃族（含胶质和沥青质）。

（三）渣油结构族组成的测定

前面已讨论用 $\eta\text{-}d\text{-}M$ 法（或 $\eta\text{-}d\text{-}v$ 法）测定 200～500℃馏分油的结构族组成。但这个方法只局限于馏分中平均分子的总环数 R_T 不大于 4，芳环数 R_A 不大于 2 的条件下使用，显然对于结构组成更复杂的渣油是不适用的。许多实验证实，渣油主要是由硫、氮、氧原子等的缩合系芳香环化合物所组成。在这些芳香环上一般都有长度不等的烷基侧链及数目不等的环烷环。它们的结构复杂，其结构单元无规律性，并且随产地不同而差别甚大。因此，分离鉴定其结构族组成的难度极大。为了寻求有效的分析方法，人们做了大量的工作，并已把近代的物理测试技术应用到测定渣油结构族组成的领域中。在推断渣油的平均分子结构族组成方面，取得了一定的进展。目前适用于渣油结构族组成分析的方法有密度法（$E\text{-}d\text{-}M$ 法）和核磁共振波谱法。分别叙述如下。

1. 密度法（$E\text{-}d\text{-}M$ 法）

（1）该方法是把渣油作为一个平均分子。在测得渣油的元素分析数据、C％、H％、$\overline{M}$（d_4^{20}）通过一系列经验公式换算，用七个结构参数来描述渣油平均分子的结构族组成。对平均分子而言的这七个结构参数是：

f_a—芳香度；C—总碳数；R—总环数；R_N—环烷环数；

CI—缩合指数；C_A—芳环上碳数；R_A—环数。

也就是说，用元素分析数据，C/％、H％、$\overline{M}$ 和 d_4^{20} 用经验公式可计算出表示渣油结构的这七个结构参数，这种方法称 $E\text{-}d\text{-}M$ 法，也叫密度法。下面着重介绍确定这个结构参数的经验式及定义。

（2）计算方法（经验式）。

① 缩合指数 CI。当分子中全部为烷烃结构时，其碳原子数与氢原子数有下列关系：

$$H = 2C + 2 \tag{5-86}$$

设分子中无不饱和烃。分子中每形成一个环，即减少两个氢原子，每组成一个芳碳原子，即减少一个氢原子。则有：

$$H = 2C + 2 - 2R - C_A \tag{5-87}$$

令

$$\mathrm{CI} = \frac{2(R-1)}{C} f_a = \frac{C_A}{C} \tag{5-88}$$

则

$$\mathrm{CI} = \frac{2(R-1)}{C} \tag{5-89}$$

整理上式，则有：

$$\mathrm{CI} = \frac{2(R-1)}{C} = 2 - H/C - f_a \tag{5-90}$$

式中，H/C 为平均分子中氢碳原子之比；R 为平均分子中总环数；C_A 为平均分子中芳碳原子数；f_a 为芳香度，（芳碳分率）。

这里 $2(R-1)/C$ 表示平均分子中环系结构的稠合程度，称为缩合指数 CI（Condensation Index）。当分子中全部是烷烃结构时 $R=0$、CI 为负值；当分子中全部是单环结构时 $R=1$，CI＝0；当分子中全部是烷烃结构时 $R>1$，CI 为正值。对于三维空间的萘环结构（金刚石晶格），缩合指数可以达到一个最大值 2.0。

② 芳香度 f_a。链烷烃的摩尔体积 V_m 具有可加性，可用下式表示：

$$V_m = \sum_i n_i V_i - \phi_m \tag{5-91}$$

$$\left(\frac{M_c}{d}\right)_c = \frac{M_c}{d} - 6.0\left(\frac{100 - \%C - \%H}{\%C}\right) \tag{5-92}$$

式中，V_i 为平均分子中 i 元素的摩尔体积；n_i 为平均分子中 i 元素的质量分数；ϕ_m 为终端基团的摩尔自由体积。

对于具有环结构分子，还应减去摩尔体积收缩量 K_m。对于渣油大分子，ϕ_m 可忽略，则有：

$$V_m = \sum_i n_i V_i - K_m \tag{5-93}$$

用已知化学结构的芳碳率高的一系列物质（例如：石墨、纤维素等）为模型物质求得 K_m 值。

$$K_m = (9.1 - 3.65H/C)R \tag{5-94}$$

又因平均分子量等于其摩尔体积与相对密度的乘积，故有：

$$V_m = \frac{M}{d} \sum_i n_i V_i - (9.15 - 3.65H/C)R \tag{5-95}$$

上式两边除以总碳原子数，则有

$$\frac{M_c}{d} = \sum_i \frac{n_i V_i}{C} - (9.1 - 3.65H/C)(R/C) \tag{5-96}$$

$$\frac{M_c}{d} = \frac{1201}{d} \times \%C \tag{5-97}$$

$$\frac{H}{C} = 11.92\left(\frac{\%H}{\%C}\right) \tag{5-98}$$

式中，M_c 为以每个碳原子计的平均分子量；$\dfrac{M_c}{d}$ 为每个碳原子计的摩尔体积；$\%C$ 为平均分子中碳的百分数；$\%H$ 为平均分子中氢的百分数。

由式(5-98)、式(5-99) 可知，$\dfrac{M_c}{d}$、H/C、f_a 三者有函数关系。用已知结构的高芳碳含量的烃类作标准物，通过研究找到它们的关系式：

$$f_a = 0.09\left(\frac{M_c}{d}\right)_c - 1.15\left(\frac{H}{C}\right) + 0.77 \tag{5-99}$$

$$\left(\frac{M_c}{d}\right)_c = \frac{M_c}{d} - 6.0\left(\frac{100 - \%C - \%H}{\%C}\right) \tag{5-100}$$

式中，$\left(\dfrac{M_c}{d}\right)_c$ 为校正后的以每个碳原子计的摩尔体积。

因为渣油中含有非烃化合物，故需对每个碳原子的摩尔体积进行校正。这里相对密度还可以根据试样的元素分析数据，用下面经验公式求得：

$$d_4^{20} = 1.4673 - 0.043(\%H) \tag{5-101}$$

③ 总碳数 C。

$$C = \frac{M \times \%C}{1201} \tag{5-102}$$

④ 总环数 R。

$$R = \frac{(CI)C}{2} + 1 \tag{5-103}$$

⑤ 芳碳数 C_A。

$$C_A = f_a C \tag{5-104}$$

⑥ 芳环数 R，烷环数 R。设平均分子中芳环均是渺位缩合型结构

$$R_A = \frac{C_A - 2}{4} \tag{5-105}$$

$$R_N = R - R_A \tag{5-106}$$

　　E-d-M 法不需要贵重仪器，方法简便。只需要测得渣油试样的元素分析数据（%C，%H）和平均分子量，便可求得渣油的结构参数，因而得到广泛的应用。表 5-56 和表 5-57 就是用密度法取得的国内外渣油结构参数的数据。但公式推导所用的标准物一般是呈渺位缩合型结构，故对于分子量很大，多数呈迫位缩合的沥青质是不适用的。

　　（3）密度法计算实例

　　【例 5-7】 已测得渣油平均分子量 $M = 976$，元素分析数据为 %C = 86.0，%H = 10.8。

　　求：CI、f_a、R、R_A、R_N、C 和 C_A 七个参数

　　解：

$$H/C = 11.92 \times \frac{\%H}{\%C} = 1.50$$

$$d_4^{20} = 1.4673 - 0.0431(\%H) = 1.002$$

$$\frac{M_C}{d} = \frac{1201}{d \cdot (\%C)} = 13.9$$

$$\left(\frac{M_C}{d}\right) = \frac{M_C}{d} - 6.0\left(\frac{100 - \%C - \%H}{C\%}\right) = 13.7$$

$$f_a = 0.09\left(\frac{M_C}{d}\right)_C - 1.15\left(\frac{H}{C}\right) + 0.77 = 0.23$$

$$\text{CI} = 2 - \frac{H}{C} - f_a = 0.22$$

$$C = M \times \%C \times \frac{1}{1201} = 70$$

$$R = \left(C \times \frac{\text{CI}}{2}\right) + 1 = 8.7$$

$$C_A = Cf_a = 19.6$$

$$R_A = \frac{C_A - 2}{4} = 4.4$$

$$R_N = R - R_A = 4.3$$

表 5-56　渣油及组分用密度法计算的结构参数

样品 \ 结构参数	f_a	CI	C	C_a	R	R_A	R_N	R_A/R_N
大庆渣油	0.13	0.15	64.5	8.4	5.8	1.6	4.2	0.38
芳香烃	0.13	0.14	72	9.4	1.9	1.9	4.1	0.46
胶质	0.27	0.23	109	29.4	13.5	6.9	6.6	1.05
任丘渣油	0.18	0.18	67	12.0	7	2.5	4.5	0.56
芳香烃	0.15	0.15	55	8.2	5.3	1.6	3.7	0.43
胶质	0.33	0.23	113	37.2	14	8.8	5.2	1.69
胜利渣油	0.20	0.18	67	13.4	7	2.9	4.1	0.70
芳香烃	0.13	0.16	59	7.6	5.7	1.4	4.3	0.33
胶质＋沥青质	0.29	0.23	103	29.9	12.9	7.0	5.9	1.19
孤岛渣油	0.22	0.18	71	15.7	7.4	3.4	4.0	0.85
芳香烃	0.18	0.18	65	11.7	5.9	2.4	3.5	0.60
胶质＋沥青质	0.36	0.25	100	36	13.5	8.5	5.0	1.70

表 5-57 与国外渣油结构参数的比较（密度法）

结构参数 样品	H/C	f_a	R_A	R_N	R_A/R_N
我国四种渣油	1.6~1.7	0.13~0.22	1.6~3.4	4.0~4.5	0.38~0.85
饱和烃	2.0	—	—	—	—
芳香烃	1.6~1.7	0.13~0.18	1.4~2.4	3.5~4.3	0.33~0.69
胶质	1.4~1.5	0.27~0.36	6.9~8.8	5.0~6.6	1.05~1.70
中东渣油	1.5	0.31~0.32	4.6~5.4	3.5~4.1	1.1~1.5
饱和烃	2.0	—	—	—	—
芳香烃	1.5	0.29~0.30	3.1~3.2	4.1~4.3	0.74~0.92
胶质	1.3	0.39~0.41	7.5~8.4	3.7~3.8	—

2. 核磁共振波谱法

借助 ^{1}H-NMR 及 ^{13}C-NMR 谱图，可得到化合物中有关氢原子和碳原子结合情况的直接信息。例如 ^{1}H-NMR 根据化学位移的不同可定性说明氢原子在分子中结合型式，从而推知分子中碳原子的结合型式。按照核磁共振谱图中各种类型质子的吸收面积之比，等于质子数目之比，可以由谱图中各类型质子峰面积，计算出各类氢的百分含量。结合元素组成及平均分子量等数据，就可以计算出各种类型的氢含量。由氢含量并依据试样的性质，作某些合理而必要的假定，便可推算出描述渣油结构的各种参数来。现把我国采用的几种方法介绍于后。

（1）威廉法（Williams）：由质子核磁共振波谱测得试样的氢分布，结合元素分析及平均分子量数据，可以计算 f_a、BI、C_P、C_N、C_A、R_N 和 R_A 等七个结构参数。这里 BI 称为支化指数，它表示 CH_3/CH_2 之比值，说明分子中烷链烃的异构化程度。

（2）布朗-兰特纳法（Brown-Ladner）：本法可省去平均分子量的测定，由元素分析数据及质子核磁共振测得的氢分布数据，计算芳香度、取代度、缩合度三个参数来确定渣油的结构族组成，计算式如下：

$$f_a = \frac{C/H - H_a/x - H_0/y}{C/H} \tag{5-107}$$

$$\sigma = \frac{H_a/x + O/H}{H_a/x + H_A + O/H} \tag{5-108}$$

$$H_{au}/C_a = \frac{H_a/x + H_A + O/H}{C/H - H_a/x - H_0/y} \tag{5-109}$$

$$x = y = 2 \tag{5-110}$$

式中，f_a 为芳香度，芳香环碳原子占总碳原子的分率；σ 为取代度，芳香环系外围碳的取代率；H_{au}/C_a 为缩合度，假定未被取代时的芳香环上的氢与芳环上碳原子数的比值；C/H 为碳、氢原子比；O/H 为氧、氢原子比；H_A 为芳环上的氢占总氢的分数；H_a 为芳碳侧链上 a 位碳原子上的氢占总氢的分数；H_0 为除 a 位氢外其他非芳香部分的氢占总氢的分数；x 为在 a 位取代基上氢对碳的原子比；y 为除 a 位外其他非芳香部分的氢对碳的原子比。

表 5-58 是质子核磁共振波谱测定各类氢的化学位移及归属。表 5-59 是四种渣油及组分质子核磁共振波谱测定的氢分布数据。

表 5-58 ¹H-NMR 测定各类氢的化学位移及归属

符号	化学位移 δ[①]/(ng/μl)	质 子 类 型
H_A		芳环上的氢
H_α	6.2~9.2	连接芳环 α 位上的饱和基团中的氢
H_β	2.0~4.0 1.0~2.0	烷及环烷的亚甲基、次甲基中的氢 离芳环 β 位或更远的亚甲基中的氢 或 β 位的甲基氢
H_γ	0.5~1.0	烷基 γ 位或离芳环 γ 位更远的甲基上的氢

① δ 相对于四甲基硅烷的化学位移 ng/mg。

表 5-59 质子核磁共振测定的氢分布

样品 　 氢类型	H_A	H_α	H_β	H_γ
大庆渣油	0.03	0.03	0.79	0.16
饱和烃	—	—	0.84	0.16
芳烃	0.05	0.04	0.78	0.13
胶质	0.06	0.08	0.73	0.14
任丘渣油	0.04	0.06	0.72	0.18
饱和烃	—	—	0.78	0.22
芳烃	0.04	0.05	0.72	0.18
胶质	0.06	0.09	0.68	0.17
胜利渣油	0.04	0.06		0.19
饱和烃	—	—	0.78	0.22
芳烃	0.04	0.06	0.70	0.20
胶质＋沥青质	0.05	0.08	0.71	0.17
孤岛渣油	0.05	0.07	0.71	0.17
饱和烃	—	—	0.77	0.23
芳烃	0.05	0.09	0.70	0.17
胶质＋沥青质	0.07	0.09	0.67	0.16

（3）用¹³C-NMR 求芳香度。由 C 核磁共振波谱测得碳分布，直接求取芳香度。表 5-60 列出各类碳的化学位移及归属。表 5-61 是四种渣油¹³C-NMR 测定的碳分布数据。由此按芳香度定义有下列关系式：

$$f_a = A_1 + A_2 + A_3 + A_4 \qquad (5\text{-}111)$$

式中，A_1、A_2、A_3、A_4 分别为化学位移，ng/μl。

据此可求得各种试样的芳香度，方法比¹H-NMR 更为简便。

表 5-62 列出我国四种渣油及其组分用核磁共振波谱法测得的结构族组成数据。

表 5-60 各类碳的化学位移及归属

符号	化学位移 δ/(ng/μl)	碳 的 类 型
A_1	150~170	被 OH 或 OR 取代的芳环上碳原子，吡啶中取代的 C-2 碳原子
A_2	130~150	被烷基取代的芳环碳原子，芳环缩合点上的碳原子
A_3	100~130	未被取代的芳环碳原子（带有氢）
A_4	8~58	饱和碳原子

表 5-61 ¹³C 核磁共振波谱测定的碳分布

样品 　 碳类型	A_1	A_2	A_3	A_4
大庆渣油	0	0.09	0.05	0.86
芳烃	0	0.11	0.05	0.84
胶质	0.01	0.12	0.12	0.74

续表

碳类型 样品	A_1	A_2	A_3	A_4
任丘渣油	0.04	0.13	0.02	0.81
芳烃	0.02	0.11	0.04	0.83
胶质	0.06	0.17	0.07	0.70
胜利渣油	0.04	0.12	0.03	0.81
芳烃	0	0.15	0.03	0.82
胶质＋沥青质	0.04	0.17	0.04	0.74
孤岛渣油	0.04	0.14	0.03	0.79
芳烃	0.02	0.12	0.07	0.78
胶质＋沥青质	0.02	0.18	0.13	0.67

表 5-62　渣油及组分用质子核磁共振及 C 核磁共振测算的结构参数

结构参数 样品	Williams 法							Brown-Ladner 法			^{13}C-NMR
	f_a	BI	%C_P	%C_N	%C_A	R_A	R_N	f_a	H_{au}/C_a	σ	f_a
大庆渣油	0.10	0.190	74	16	10	2.1	4.3	0.16	0.49	0.33	0.14
饱和烃	—	0.194	84	16	0	0	—	—	—	—	—
芳烃	0.14	0.164	71	15	14	1.2	4.5	0.16	0.68	0.39	0.16
胶质	0.26	0.168	58	16	26	7.6	5.5	0.28	0.53	0.40	0.25
任丘渣油	0.18	0.236	63	19	18	3.0	3.9	0.21	0.53	0.43	0.19
饱和烃	—	0.275	79	21	0	—	—	—	—	—	—
芳烃	0.17	0.238	64	19	17	1.9	3.3	0.19	0.56	0.39	0.17
胶质	0.30	0.222	51	19	30	9.6	5.3	0.32	0.47	0.44	0.30
胜利渣油	0.18	0.250	62	20	18	3.5	3.9	0.22	0.51	0.43	0.19
饱和烃	—	0.288	79	21	0	—	—	—	—	—	—
芳烃	0.14	0.262	65	21	14	1.4	3.5	0.19	0.65	0.43	0.18
胶质＋沥青质	0.27	0.213	54	19	27	8.0	5.2	0.30	0.45	0.44	0.25
孤岛渣油	0.21	0.219	60	19	21	3.4	3.9	0.24	0.57	0.41	0.21
饱和烃	—	0.315	78	22	0	—	—	—	—	—	—
芳烃	0.20	0.210	61	19	20	2.2	3.5	0.21	0.73	0.47	0.21
胶质＋沥青质	0.34	0.216	47	19	34	8.8	4.5	0.35	0.46	0.39	0.33

用不同的方法得到的结构参数，可以互相对比和补充，表 5-62 的数据说明，不同的方法求得的 f_a、R_A、R_N 值都比较接近，四种渣油及相应组分的 f_a 值都以大庆渣油最小，孤岛渣油最大。渣油及芳碳组分中，环烷环多于芳环（$R_A/R_N<1$）。而胶质部分则是芳环占优势（$R_A/R_N>1$），见表 5-62。大庆渣油及组分的支化指数 BI 较小，C_P 很高，取代度小，说明分子中的侧链长而异构化程度小，侧链数也少。这是石蜡基油的特点。

上面讨论了渣油族组成的测定和结构族组成的测算方法。综合应用这些方法，可以对不同产地的渣油进行分离测定，为渣油的深度加工、合理利用提供数据，各步骤归纳于图 5-57 中。

表 5-63 是我国四种渣油性质测定的数据。由表中数据可知，大庆渣油的残碳值、硫、氮及金属含量都很低，是深度加工的好原料。胜利、孤岛渣油的硫含量都比大庆、任丘油高。这四种渣油的钒含量极少（小于 5ng/μl）。而国外的中东渣油钒含量为 50~150ng/μl，委内瑞拉重质渣油的钒含量则高达 1000ng/μl 以上，但我国渣油的氮含量较高（除大庆渣油外），与伊朗渣油含氮量（0.5%~0.8%）相近。我国渣油镍含量则与中东渣油（20~50ng/μl）接近。

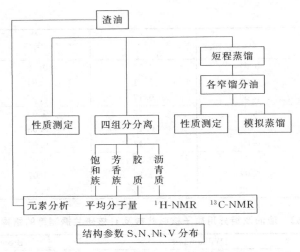

图 5-57　渣油的分离测定流程图

表 5-63　我国四种渣油的性质

渣油产地 项目	大庆	任丘	胜利	孤岛
占原油(质量分数)/%	40	41	47	53
密度(20℃)/(g/cm³)	0.940	0.959	0.9797	0.9875
黏度(100℃)/(mm²/s)	142.9	365.1	671.2	138.1
残碳(质量分数)/%	8.5	17.0	13.3	16.2
元素分析				
碳(质量分数)/%	36.6	85.9	85.5	83.9
氢(质量分数)/%	12.5	11.3	11.6	11.3
硫(质量分数)/%	0.16	0.47	1.35	2.86
氮(质量分数)/%	0.28	0.91	0.5	0.88
钒(ng/μl)	0.15	1.2	4.3	1.4
镍(ng/μl)	10	42	52	26
沥青性质				
针入度(25℃)/(1/10mm)	>250	96	148	164
延度(25℃)/cm	3.9	9.3	12.9	>100
软化点/℃	35	54	45.5	46

在沥青性质方面，因为道路沥青规格要求延度不小于 40cm，所以，只有孤岛渣油可以直接生产道路沥青，其他渣油必须通过进一步加工，才能达到道路沥青规格的要求。

第三节　非烃组成的测定

石油中含有氧、氮、硫等元素，虽然含量不多，一般是百分之几到万分之几，但它们均是以非烃化合物的状态存在的，其分布一般是随着石油馏分沸点升高而增加，主要集中在渣油以及重油的二次加工的产品中。它们的存在对石油加工（例如，能引起催化剂中毒）、石油产品的使用性能（例如影响油品的安定性）以及设备腐蚀都有很大影响。在石油加工过程中，绝大多数的精制过程都是为了解决非烃化合物的脱除问题。因此，首先必须对石油中含有的非烃化合物的组成有所了解，建立相应的测定方法。然而这类化合物结构复杂，它们大多数存在于重质油中，其分离和鉴定都是一个难题。

目前，一般对二次加工的汽油中的非烃类，还可以进行单体非烃组成的测定。而对于分子量更大的非烃化合物，则只能作类型的测定。通常也是先用液固吸附色谱、离子交换色谱、凝胶渗析色谱、溶剂抽提等方法相互配合，按性质、按结构类型把非烃化合物分离出来，再采用气相色谱、红外、质谱、库仑等近代的检测手段，对其进行定性、定量的分析。不同产地的原油，其非烃化合物的类型和含量差别很大。所以没有一个常规的方法可以遵循，只能按照不同的原油的特点，不同的分析对象，拟定一个分离鉴定的方法，使大多数含氮、含氧或含硫的杂环化合物与烃类及其他含硫等化合物分开，尽量使各种类型的化合物集中在少数几个分离后的组分中，使每个分离后的组分只含有少数的杂原子化合物。以便使后继的鉴定工作易于进行。

下面按分离鉴定的对象和目的的不同，介绍几个典型的测定方法。

一、重油馏分中非烃组成的测定

该方法是按重油中非烃组分的酸碱性不同，把其分成酸、碱和中性氮化物，而其中的烃类可分为饱和烃、单环、双环、多环芳碳等，共计七个组分。而已分出的烃类化合物还可以经凝胶色谱再分为窄馏分，并进一步作质谱或其他分析。其分离流程见图 5-58。

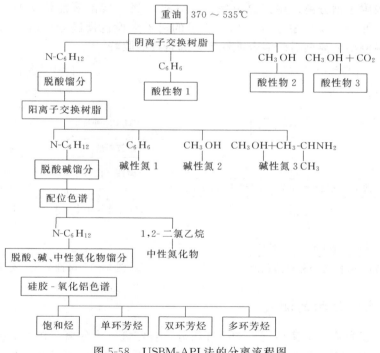

图 5-58 USBM-API 法的分离流程图

首先，把油样的环己烷溶液加入装有阴离子交换树脂（Amberlyst-A_{29}）的色谱柱中，用环己烷冲洗，得到脱酸馏分，然后分别以苯、甲醇以及二氧化碳饱和的甲醇溶液冲洗，得到不同强度的酸性化合物；第二步是脱酸馏分进入阳离子交换树脂（Amberlyst15）的色谱柱中，用环己烷冲洗，得到脱酸碱馏分，接着分别以苯、甲醇以及异丙胺的甲醇溶液冲洗，得到不同强度的碱性化合物；第三步是利用配位色谱分离中性氮化物。所用的色谱柱为下部装填阴离子交换树脂，上部装填载有三氯化铁的白土，其质量比为 5 : 7。当脱酸碱馏分的环己烷溶液加入柱子后，柱上由黄色变为绿色（或蓝色），表示中性氮化物和铁盐反应形成稳定的配价络合物。然后用环己烷冲洗，分离出烃类后，再改用

1,2-二氯乙烷冲洗,络合物溶于1,2-二氯乙烷中。当这种溶液,流经大孔强阴离子交换树脂时被分解,由于配位体的交换反应使络合物离解,三氯化铁吸留在树脂上,中性氮化物随冲洗剂流出色谱柱;第四步是脱酸、碱、中性氮化物馏分通过氧化铝-硅胶双吸附剂色谱柱,依次用正庚烷、正庚烷+5%苯、正庚烷+15%苯、甲醇+25%苯+25%乙醚、甲醇等溶剂冲洗;分离为饱和烃、单环芳烃、双环芳烃、多环芳烃等组分。这就是USBM-API美国矿务局、美国石油学会制定的用以研究试样馏分的七组分分离法。本法可用于分离重质馏分油和渣油。用于渣油分离时,还要先用正戊烷(或正庚烷)沉淀沥青质后,得到的脱沥青油,再作色谱分离。

上述方法得到的各个组分,是按酸、碱性分离的,从化学结构的观点看,分离效果很差,如果要获得确切的定性、定量数据,还需要作进一步的鉴定,现叙述如下。

(一) 含氧化合物 (酸性氧化物) 的测定

将阴离子交换树脂分离后的混合酸性组分用凝胶渗析色谱法(GPC)进行分离,得到的含酚组分继续用碱性氧化铝分离,可得到满意的结果。其分离流程见图5-59。

由于羧酸在溶液中形成二聚物,所以能用GPC法与其他酸性组分分离。其他酸性组分用碱性氧化铝吸附色谱分离。用三氯甲烷、乙醇和85%乙醇溶液能依次冲出咔唑、酚类和酰胺类化合物。此外,GPC柱子还流出极少量的离子交换色谱法分离时带来的芳烃。用红外光谱法可以检测出分离前后的混合酸性组分的特征吸收峰。

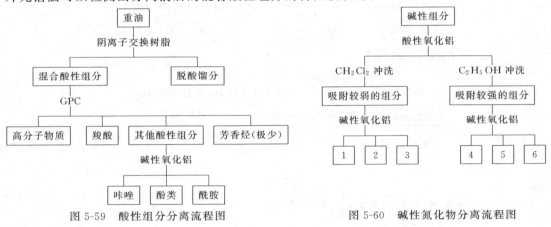

图 5-59 酸性组分分离流程图　　　　图 5-60 碱性氮化物分离流程图

(二) 碱性氮化物的测定

上述离子交换色谱法分离所得到的碱性组分,若作进一步分离,在每个组分中便可获得更简单的组成。然后再用红外吸收光谱作定性定量的测定。分离流程图见图5-60。

例如:把用阳离子交换树脂分离得到的碱性组分溶于环己烷中,然后用酸性氧化铝色谱柱分成两个组分,再使其分别通过碱性氧化铝色谱柱。依次用90%环己烷-10%二氯甲烷、二氯甲烷和无水乙醇冲洗,得到6个亚组分。同理,在测得组分的平均分子量之后,如果能够作出与碱性氮化物组分主要官能团类似的标准物质的红外吸收光谱图,算出它们的表观积分吸收强度,根据贝尔定律可计算出各种官能团结构的大致含量。

(三) 含硫化合物的测定

由于重油馏分中含硫化合物与芳香族化合物的极性非常接近,所以难以用色谱法分离。

这时可以把硫化物氧化为砜或亚砜。由于砜和亚砜的极性比芳香烃强得多，所以易于分离。然后进一步用近代仪器分析方法鉴定。

二、焦化汽油中非烃组成的测定

原油中的非烃化合物，在常减压蒸馏后，大部分集中在重油和渣油中。重油和渣油二次破坏加工时，它们便裂解成低分子的非烃化合物，进入汽、柴油馏分中，是二次加工油品不安定的主要原因。为了对焦化汽油安定性进行研究，有必要对其中非烃组成作定性定量的测定。下面是胜利焦化汽油中硫醇、硫酚及氮化物分离测定的例子。

（一）溶剂萃取分离

采用氢氧化钾-双甘醇-水（50∶10∶40）作为酸性组分的萃取剂，2％硫醇-甲醇（10∶500）作为含氮化合物的萃取剂，其中硫醇硫的总量可以用硝酸银电位滴定法测得，碱性氮总量可用高氯酸电位滴定法测得。

（二）气相色谱法测定

（1）硫醇、硫酚的定性、定量分析。选用填充柱（3.5m×4mm），固定相为5％聚乙二醇、丁二酸酯，60～80目6201担体；氢火焰离子检测器；程序升温，硫醇和硫酚能有效的分离。主要是采用已知样品对照定性和在5％硅油柱上作双柱定性，并以峰面积定量。在所获得的20多个3～8碳的硫醇中，已定性的只有苯硫酚、异丙硫醇等9个化合物，还有11个组分未能定性。

（2）酚类的定性、定量分析。分离所得的酸性物质，以0.1mol/L硝酸银除去硫醇和硫酚，然后使酚类与六甲基二硅胺烷反应，转化为酚类的三甲基硅醚衍生物，再用涂有磷酸三甲酚脂的毛细管柱进行分析。采用已知样品对照和参考有关文献结果定性，归一化法定量。

（3）氮化物的定性定量分析。采用色谱固定液为10％的聚乙二醇20000＋2.5％氢氧化钾的3.5m的填充柱，可以使氮化物得到有效的分离，本法是用已知样品对照定性，并将苯胺类乙酰化生成相应的衍生物对照定性，用峰面积乘校正因子归一化法定量。分离得到41个组分，已定性的有18个组分，包括吡咯（4.7％）、吡啶类（30.7％）、苯胺类（4.5％）、喹啉类（0.8％）。除吡啶类氮化物比较安定外，其他的苯胺类、吡咯类、喹啉类氮化物都易被空气氧化变色，生成黑色沉渣，其存在是焦化汽油不安定的主要原因之一。

三、石油馏分中硫化物的测定

不同原油中含有硫、氮、氧化合物的数量差异很大，因此，在实际测量中，应从需要出发，没有必要对油中各种非烃化合物作全面的测定，而是有针对性地测定某一种非烃化合物的含量。下面将讨论石油馏分中不同的非烃化合物的测定方法。Martin等人曾提出气相色谱与微库仑法联合测定石油馏分中硫化物的分布。该方法是将试油直接进入非极性色谱柱，其中的硫化物按沸点分离，接着被分离的硫化物依次进入库仑仪的燃烧管中，各组分相继燃烧生成二氧化硫；然后进入滴定池，用电生碘离子滴定，该方法的优点是试油中的硫化物不必预先分离。这是由于库仑检测器对硫化物响应，而对烃类不响应这一特点决定的。

测定方法是选用长6.1m，内径4.76mm的色谱填充柱，固定液是SE-30，担体是30～60目Chromosorb W（经酸、碱洗后），柱子程序升温从60℃至400℃，载气为氮或氩气。用本法曾对中东原油加工得到的汽油、焦化石脑油、轻质催化循环油、煤油等中的硫化物进行了测定。

四、石油馏分中氮化物的测定

我国原油氮含量较高，世界上原油平均含氮量约为 0.1%，而我国原油含氮量大都在 0.3% 以上。其中高升原油氮含量高达 1.06%。由于含氮化合物会使催化剂中毒失效，对于油品的安定性有直接的影响，特别是对含氮高的原油，氮化物组成的研究更为必要。

国内近年来对柴油中氮化物的分析做过不少工作。例如，以胜利炼油厂生产的直馏柴油、催化裂化柴油、加氢精制催化裂化柴油为对象，用低电压质谱对 1mol/L 盐酸抽提出的碱性氮化物进行类型分析，又用色谱/质谱分析验证了低电压质谱法进行类型分析的结果。

低电压质谱（15eV）根据有机分子中含奇数个氮原子的化合物其分子峰为奇数的规则，对三个样品作出的低电压质谱图中为奇数的分子离子峰，作了类型归属。得到苯胺/吡啶系、喹啉系、氢化喹啉系、环戊喹啉/二苯胺系（直馏柴油无苯胺类）等化合物的定性结果。表 5-64 是 1mol/L 盐酸抽提出胜利柴油碱性氮化物低电压质谱类型定性结果。

表 5-64　胜利柴油碱性氮化物类型

样　品	化合物	通　式	分　子　量
催化裂化柴油	苯胺系/吡啶系	$C_nH_{2n-5}N$	107～191
	四氢喹啉系	$C_nH_{2n-7}N$	133～189
碱性氮化物	喹啉系	$C_nH_{2n-11}N$	143～185
	环戊喹啉/二苯胺系	$C_nH_{2n-3}N$	183～225
加氢精制催化	苯胺/吡啶系	$C_nH_{2n-5}N$	121～205
裂化柴油碱性	四氢喹啉系	$C_nH_{2n-7}N$	161～203
	喹啉系	$C_nH_{2n-11}N$	199
氮化物	环戊喹啉/二苯胺系	$C_nH_{2n-3}N$	183～211
直馏柴油碱性	吡啶系	$C_nH_{2n-5}N$	121～163
	四氢喹啉系	$C_nH_{2n-7}N$	161～245
氮化物	喹啉系	$C_nH_{2n-11}N$	157～241
	环戊喹啉	$C_nH_{2n-3}N$	211～225

对上述三个柴油样品作色谱分离曾得到 100 多个峰，对各组分定性是根据它们的质谱特性和质量色谱来完成的。结果鉴定出苯胺系、吡啶系、喹啉系、氢化喹啉系、环烷喹啉系、二苯胺系和苯并喹啉系等七类 100 多种化合物，并由色谱给出各个组分的定量结果。色谱条件是用 OV-17 涂层大孔径玻璃毛细管柱（50m×0.4mm），程序升温 120～220℃。经色谱分离催化柴油得 129 个峰，其中已定性 86 个峰。加氢精制裂化柴油得 116 个峰，其中已定性 81 个峰。直馏柴油得 105 个峰，其中已定性有 49 个峰。定量结果按化合物类型归纳于表 5-65 中。

表 5-65　三种柴油碱性氮化物色谱/质谱分析汇总

样品 组成	催化柴油	加氢柴油	直馏柴油
苯胺系(质量分数)/%	71.57	57.50	—
吡啶系(质量分数)/%	2.52	5.91	10.86
喹啉系(质量分数)/%	15.60	16.19	45.6
未鉴定(质量分数)/%	10.31	20.40	43.54

低电压质谱法快速方便，但灵敏度较低，只能得到类型分析数据。色/质连用灵敏度高，且可得到单体氮化物的结果。实验表明，直馏柴油碱性氮化物中有吡啶系、喹啉系，无苯胺系。二次加工柴油碱性氮化物包括吡啶系、苯胺系和喹啉系，并以苯胺系为主。加氢柴油苯胺系比催化柴油中少。可以说明加氢精制起到脱除苯胺的作用。

此外，又曾对胜利和加利福尼亚直馏柴油窄馏分中含氮化合物进行了比较详细的测定。

其方法以胜利柴油为例，把胜利直馏柴油（204～482℃）切割为16个窄馏分。用阳离子交换树脂分离各馏分的碱性氮化物。分析结果表明，氮化物含量随馏分沸点升高而迅速增加。胜利柴油馏分中沸点300℃以前的馏分含氮量只占全馏分氮含量的2%，且主要是碱性氮化物（约占总氮90%）。360℃以后馏分则主要为中性氮化物（约占总氮60%）。

轻柴油馏分中碱性氮化物的定性定量由色谱/质谱法进行，由单一化合物浓度按类型归并。重柴油中的碱性氮沸点较高，用毛细管色谱分离得不到满意结果，故采用低电压质谱法进行定性、定量分析。轻、重柴油馏分中碱性氮化物类型定量结果见表5-66。数据说明，美国加州和胜利柴油中碱性氮化物类型基本相同，轻柴油馏分中以烷基喹啉为主，重柴油馏分中则以苯并喹啉、烷基喹啉和四氢喹啉类、二氢喹诺酮为主。其中苯并喹啉的含量较轻柴油馏分高得多。

表 5-66　柴油馏分中的碱性氮化物

碱性氮化物类型	轻柴油馏分(204～360℃)				重柴油馏分(360～480℃)			
	胜　利		加　州		胜　利		加　州	
	占油/(ng/μl)	占碱氮化物(质量分数)/%	占油/(ng/μl)	占碱氮化物(质量分数)/%	占油/(ng/μl)	占碱氮化物(质量分数)/%	占油/(ng/μl)	占碱氮化物(质量分数)/%
烷基吡啶	62.3	6.10	183	8.40	350	10.6	500	8.62
四氢喹啉与二氢喹诺酮	130	12.7	370	16.9	815	24.7	1190	20.6
喹诺酮、吲哚	183	17.9	332	15.2	320	9.96	514	8.86
烷基喹啉	372	36.4	755	34.5	805	24.4	1670	28.8
环戊喹啉	58.7	5.80	83.8	3.80	250	7.59	512	8.83
苯并喹啉	149	14.6	95.0	4.30	733	22.2	1380	33.7
烷基咔唑	—	—	7.30	0.30	17	0.5	33.6	0.58
未鉴定	66.1	6.50	364	16.6	—	—	—	—
总计	1020	100	2190	100	3300	100	5800	100

利用色谱与微库仑仪联用，测定油中有机氮化合物的类型分布，亦是一个好办法。例如国内有人用气相色谱/微库仑测定了胜利、任丘、江汉、南阳四种催化柴油的中性氮化物和碱性氮化物的类型分布。

柴油样品首先用1:3盐酸抽提，将其碱性氮化物与中性氮化物分离，然后分别进样，以便测定碱性氮化物和中性氮化物的类型分布。色谱柱用不锈钢管，长8m，内径4mm，固定相为无规聚丙烯载在101白色单体上，并用3.5%的碳酸钾预涂，以消除担体上的酸性中心。加氢催化剂为Ni-MgO。库仑池测量电极为镀铂黑的铂片；参比电极是铅-硫酸铅电解电池；发生阳极和发生阴极为亮铂。池内为硫酸钠电解液。样品从色谱柱前注入，经分离定性后，所得各组分氮化物在加氢催化剂作用下，转化为氨，依次进入库仑滴定池，用电生氢离子滴定。测量补充氢离子所需电量，根据法拉第电解定律，即可求得各组分氮化物的含量。用归一化法得到相对含量。定性方法是采用纯标样定性、按碳数规律定性和选择性化学反应定性（用乙酐与苯胺作用使碱氮中原谱图内胺类峰形消失，则苯胺与喹啉类可鉴别开来）三者结合进行。测定结果见表5-67。由表可知，催化柴油的碱性氮化物主要是苯胺类和喹啉类，中性氮化物主要是咔唑类和吲哚类。中性氮化物含量远高于碱性氮化物，前者约为后者的3～5倍。同时，在这四种催化柴油中，各种氮化物类型占总氮的相对含量百分数基本上在同一水平。苯胺类占总氮9%～13%，喹啉类占总氮5.5%～10%，咔唑类占总氮45%～58.7%，吲哚类占总氮22%～30%。

表 5-67　催化裂化柴油中氮化物类型和分布

氮化物类型	油样名称	胜利催柴	任丘催柴	南阳催柴	江汉催柴
碱性氮 /(ng/μl)	总 N/(ng/μl)	492.0	683.0	342.6	600.0
	碱 N/(ng/μl)	75.5	138.0	80.0	88.9
	碱 N 占总 N/%	15.0	20.2	23.0	14.8
	邻碱苯胺	4.7	9.4	6.2	7.1
	C_2-苯胺	26.4	48.0	26.9	34.1
	C_3-苯胺	13.5	21.7	12.6	14.5
	苯胺类占碱 N%	59.0	57.0	57.0	62.0
	苯胺类占总 N%	9.0	12.0	13.0	9.3
	喹啉	4.5	7.7	4.2	4.8
	异喹啉	7.2	—	9.2	7.8
	C_2-喹啉	2.8	15.7	3.6	3.5
	C_3-喹啉	14.9	34.8	18.2	17.1
	C_5-喹啉	0.98	0.8	—	—
	喹啉类占碱 N%	40.0	42.0	43.0	37.0
	喹啉类占总 N%	6.0	8.6	10.0	5.5
中性氮 /(ng/μl)	总 N/(ng/μl)	370.0	514.0	236.0	485.7
	中 N 占总 N/%	75.0	75.0	69.0	80.9
	吲哚	2.4	2.2	1.9	5.0
	C_1-吲哚	15.7	28.3	11.3	17.9
	C_2-吲哚	27.5	50.3	20.5	33.6
	C_3-吲哚	69.1	127.1	44.8	76.8
	吲哚类占中 N/%	31.0	41.0	33.0	27.0
	吲哚类占总 N/%	23.0	30.0	23.0	22.0
	咔唑	19.2	20.4	13.7	17.6
	C_1-咔唑	27.3	25.4	14.4	22.4
	C_3-咔唑	62.3	57.6	36.8	62.1
	C_4-咔唑	146.4	201.8	92.8	250.2
	咔唑类占中 N/%	69.0	59.0	67.0	73.0
	咔唑类占总 N/%	52.0	45.0	46.0	58.7

五、石油馏分中氧化物的测定

石油中的氧化物常为有机酸性化合物，通常包括有酚类、环烷酸和脂肪酸类。一般认为，主要是环烷酸类化合物。但是，随着原油产地不同，其结构和含量都有很大的差别。国内有人针对辽河原油在加工时对常、减压蒸馏装置的腐蚀严重的情况，对辽河原油的石油酸的分布和组成进行了测定。方法是从该原油常减压蒸馏得到 11 个馏分中，用碱抽提出石油酸。对各馏分油及其石油酸的性质进行了测定，从而获得石油酸的分布数据。见表 5-68。

测定各馏分中石油酸组成的方法，是将各馏分油分离出来的石油酸进行酯化反应，转变为相应的甲酯混合物，然后分别进行色谱-质谱分析。经质谱定性，已确定结构的化合物列于表 5-68 中。尚有部分化合物因无标准谱图未能确定结构。由表中甲酯的结构可推出各组分中石油酸的结构组成。测定数据表明，辽河原油中含石油酸 0.34%，它们主要分布在常二线至减四线各馏分中。汽、煤油馏分中石油酸含量很低，随着馏分变重，石油酸含量增多，其分子量增加，则酸性减弱。酸性较强的石油酸集中在常二线至减四线的馏分中。

表 5-68 馏分油及石油酸的性质

编号	馏分油名称	馏分油性质					石油酸分布		石油酸性质	
		占原油（质量分数）/%	中平均沸点/℃	d_4^{20}	酸值/(mgKOH/g)	酸度/(mgKOH/100ml)	馏分中石油酸含量（质量分数）/%	石油酸分布（质量分数）/%	酸值/(mgKOH/g)	平均分子量
1	蒸顶油	4.94	—	0.7245	—	0.058	<0.0015	—	—	—
2	常顶油	2.20	—	0.7266	—	0.12	<0.0025	—	—	—
3	常一线油	8.08	178.5	0.7985	—	1.60	0.0125	0.301	—	—
4	常二线油	18.90	282.4	0.8443	0.65	52.92	0.287	16.155	220.7	254.2
5	常三线油	3.55	372.3	0.8775	0.96	—	0.554	5.872	167.8	334.2
6	常四线油	2.12	393.7	0.8789	0.93	—	0.605	3.815	148.9	376.8
7	减一线油	3.22	321.3	0.8795	0.94	—	0.524	5.037	192.9	290.8
8	减二线油	8.45	393.6	0.8869	1.10	—	0.675	17.000	160.1	350.4
9	减三线油	9.71	427.6	0.9045	0.77	—	0.603	17.466	125.3	447.7
10	减四线油	7.39	493.0	0.9107	1.02	—	0.858	18.900	107.4	522.3
11	渣油	30.90	—	0.9620	0.16	—	—	15.470	96.0	584.4

第四节 我国原油的特点

由于石油中烃类及非烃化合物的结构组成与比例不同，因此，组成是决定石油各馏分性质最本质最基础的因素。中华人民共和国成立以来，随着我国各新油田的不断勘探、开采和加工工业的发展，我国石油战线的科技工作者对各地的原油评价、组成分析都做了大量的工作，积累了大量数据，为合理利用石油资源提供了重要的依据。

一、我国原油的密度及直馏馏分的分布

原油的密度常用来表示石油的类别属于重质或轻质原油。但烃类的密度是不同的。密度相同的原油，若组成不同，则各直馏馏分的百分含量或实沸点曲线可能差别很大。因此，原油中各馏分的分布是极其重要性质。各种原油密度及直馏馏分分布的数据见表 5-69。表中数据说明，我国原油密度大部分在 0.86 以上，是属于偏重的原油。

表 5-69 各油田原油相对密度及直馏馏分含量

编号	油田名称	相对密度 σ_4^{20}	汽油初馏～180℃，（质量分数）/%	轻柴油180～350℃（质量分数）/%	重馏分油350～500℃（质量分数）/%	渣油＞500℃（质量分数）/%
1	大庆（萨尔图）	0.8615	8.0	20.8	27.1	44.1
2	大庆（喇嘛甸子）	0.8666	8.7	18.7	28.7	43.9
3	扶余	0.8565	7.7	20.6	31.9	39.8
4	胜利（混合）	0.9005	6.1	19.0	27.5	47.4
5	胜利（滨南）	0.9024	7.3	23.3	24(350～480℃)	45.4(＞480℃)
6	胜利（孤岛）	0.9640	1.9	14.0	28.9	55.2
7	华北（雁翎）	0.8902	1.5	21.3	33.9	43.3
8	华北（任丘）	0.8837	4.9	21.1	34.9	39.1
9	华北（霸县）	0.8386	11.3	36.5	36.3	15.9
10	大港	0.8826	7.8	27.1	36.4	28.7
11	东北一号	0.8660	16.6	28.5	27.0	27.9
12	克拉玛依	0.8708	12.2	28.0	27.4(350～480℃)	32.4 (＞480℃)
13	克拉玛依低凝油	0.8773	9.1	26.2	27.0	37.7

续表

编号	油田名称	相对密度 σ_4^{20}	汽油 初馏～180℃，(质量分数)/%	轻柴油 180～350℃ (质量分数)/%	重馏分油 350～500℃ (质量分数)/%	渣油＞500℃ (质量分数)/%
14	黑油山	0.9149	4.0	21.8	28.6(350～480℃)	45.6(＞480℃)
15	南疆柯参1井	0.7727	34.9	49.2	8.4(350～420℃)	7.5(＞420℃)
16	五七	0.8735	10.0	24.5	20.5	45.0
17	玉门(老君庙)	0.8662	12.3	29.2	25.2	33.2
18	陕甘一号	0.8456	16.5	30.9	30.7	21.9
19	南阳	0.8618	3.5	21.5	25.8(350～480℃)	50.2(＞480℃)
20	冷湖	0.8042	37.9	38.0	6.0(350～380℃)	15.5(＞380℃)
21	河南一号	0.8310	17.5	30.1	28.5	23.9
22	科威特	0.8685(σ_{15}^{15})	18.1	25.3	21.1	32.2
23	阿尔及利亚(哈桑买希)	0.8081(σ_{15}^{15})	31.0	30.2	27.3	9.6
24	印尼(米希斯)	0.8483(σ_{15}^{15})	11.9	27.2	27.6	33.0
25	美国(加州惠明顿)	0.9130	15.1	20.0	14.5	46.0(＞423℃)
			初馏～200℃	(200～350℃)	(350～423℃)	

我国原油多为石蜡基原油，含烷烃多，芳碳少，即使与国外密度接近的原油相比，也是汽油含量少（10%左右），渣油含量高（35%～50%）。例如科威特原油密度与大庆原油近似，但其收率较大庆原油高15%以上，渣油含量低12%；美国加州惠明顿原油密度很大（0.913），比胜利原油密度要大0.012，但汽油收率仍比胜利原油高。

二、汽油的组成

我国各地主要原油中直馏汽油的族组成数据见表5-70。表中数据说明，各主要原油中直馏汽油的组成不但正构烷烃含量高，而且环烷烃含量大部分都在40%左右（玉门直馏汽油除外），因此，虽然直馏汽油辛烷值较低，但经催化重整，则易于制取芳烃，且感铅性较好。

三、煤、柴油馏分的组成

各种原油的煤、柴油馏分的组成分析见表5-71。表中数据说明我国原油煤、柴油馏分含烷烃很高，其中正构烷烃含量占23%～41%左右（大港柴油正烷烃略少），而芳烃及环烷烃含量少。表5-72是各种柴油馏分中正构烷烃含量、原油凝点及原油蜡含量对照表。表中数据指出，陕甘一号原油及南疆柯参1号原油虽因含轻馏分多，所以含蜡量不很高，凝点也较低；但其中正构烷烃含量仍十分高。前者正构烷含量接近30%，后者含量超过50%。因此，与国外相比，我国柴油馏分的十六烷值较高，燃烧性能好，但凝点较高。航煤馏分的质量热值较高，但结晶点也较高，要进一步加工才能生产低结晶点的喷气燃料和低凝柴油。

表 5-70 汽油馏分的烃族组成

原油产地	馏分范围	烷烃(质量分数)/% 正构	烷烃(质量分数)/% 异构	环烷烃(质量分数)/%	芳烃(质量分数)/%
大庆	60～145℃	38	15	43	4
	初～200℃	57		39	4
胜利	60～145℃	17.5	32.5	42	8
	60～180℃	49		42	9

续表

原油产地	馏分范围	烷烃(质量分数)/%		环烷烃(质量分数)/%	芳烃(质量分数)/%
		正构	异构		
任 丘	初～145℃	56		42	2
大 港	初～145℃	18.6	22.5	47	12
	60～180℃	38		46	16
辽宁一号	初～145℃	35		54	11
克拉玛依	初～200℃	58		33	9
玉 门	初～200℃	62		29	9
南疆柯参1井	初～200℃	72.9		22.4	4.7
科威特	40～200℃	70		21	9
米纳斯	16～204℃	59		40	1
美国加州惠明顿	50～210℃	35		54	11
美国宾夕法尼亚	40～200℃	70		22	8
伊 朗	45～200℃	70		21	9

表 5-71　煤油、柴油馏分的组成

原油产地 馏分范围 组成	大 庆 145～350℃ (质量分数) /%	胜 利 145～350℃ (质量分数) /%	任 丘 145～360℃ (质量分数) /%	陕甘一号 轻柴油 (质量分数) /%	大 港 145～350℃ (质量分数) /%	雁 翎 145～350℃ (质量分数) /%	米纳斯 177～350℃ (体积分数) /%	美加州 260～343℃ (体积分数) /%
烷 烃	62.6	53.2	65.4	60.2	44.4	75.7	49	2
正 构	41	23	30	29	—	37	—	—
异 构	21.6	30.2	35.4	31.2	—	38.7	—	—
环烷烃	24.2	28.0	23.8	26.7	34.4	18.6	34.1	54
一 环	16.4	19.6	17.4	15.8	20.6	15.1	14.2	18
二 环	5.6	7.0	5.4	9.4	10.4	3.0	12.9	15
三环及大	2.2	1.4	1.0	1.5	3.4	0.5	7.0	21
于三环芳烃	13.2	18.8	10.8	13.1	21.2	5.7	17	44
一 环	7.0	13.5	7.2	8.6	13.2	4.0	5.0	26
二 环	5.3	5.0	3.4	4.3	7.3	1.6	10.0	16
三 环	0.9	0.3	0.2	0.2	0.7	0.1	2.0	(噻吩类)2

表 5-72　柴油馏分正构烷烃含量及原油含蜡量

项目 原油产地	原　油		柴油正构烷烃(质量分数)/%		
	凝点/℃	含蜡量(质量分数)/%	200～250℃	250～300℃	300～350℃
大 庆	31	25.8	38～39	35～41	42～43
胜 利	28	14.6	12.9	20.0(240～300℃)	36.0
任 丘	36	22.8	(200～240℃)	33.0(250～320℃)	—
雁 翎	36	20.8	26.6(180～250℃)	39.4	36.6
陕甘一号	17	10.2	36.1	23.6	34.8
南疆柯参1井	6	5.8	28.1	53.4	47.6
米纳斯	32	20	54.7	—	—
科威特	−17.8	—	—	—	—

四、减压馏分油的组成

减压馏分油常用作裂化原料或生产润滑油。表 5-73 为我国各地原油裂化原料油的性质及组成数据。表 5-74 为各种减压馏分油的族组成数据。表中数据说明，我国原油中 300～500℃馏分仍然是含蜡多、密度小、芳碳少、饱和烃多、含硫、氮低的特点（孤岛除外）。因此，是良好的二次加工原料。

表 5-73　裂化原料油的性质及组成

原油产地	大庆（混合）	胜利	大港	任丘	陕甘一号	克拉玛依[①]（混合）	孤岛
收率占原油(质量分数)/%	30.36	27.0	36.4	34.9	31	28.6	28.9
沸程/℃	350～500	355～500	350～500	350～500	350～500	350～500	350～500
含蜡量(质量分数)/%	44.5	27	30	47～52	30	16	3.0
相对密度.d_4^{20}	0.8582	0.8876	0.8892	0.8690	0.8726	0.8852	0.9361
残碳(质量分数)/%	0.016	—	0.07	0.061	—	—	—
结构族组成：C_P%	70.1	62	59.5	68	68.0	53～58	38
C_N%	20.2	25	26.1	20.5	17.5	30～35	38
C_A%	9.7	13	14.4	11.5	14.5	9～12	24
R_N	1.02	1.4	1.62	1.35	1.2	1.5～2.2	2.0
R_A	0.40	0.5	0.054	0.45	0.55	0.3～0.4	0.9
元素组成(质量分数)/% S%	0.08	0.47	0.13	0.27	0.11		1.31
N%	0.04	—	0.09	0.09			0.19

① 结构族组成为 350～420℃馏分。

表 5-74　几种减压馏出油的烃族组成数据（质谱法）

组成 m% 原油产地 馏分范围	柯参1井 350～400℃	任丘蜡油	胜利蜡油减四线	霸县混合油 350～500℃	米纳斯 343～427℃	米纳斯 427～510℃	美国加州	
							343～427℃	427～510℃
链烷烃	62.2	42.7	31.9	38.0	53.1	44.5	2	3
总环烷	34.2	34.4	36.0	40.5	36.2	45.2	44	53
一环环烷	17.6	5.3	10.0	10.1	17.0	23.0	9	5
双环环烷	8.6	4.4	10.9	8.4	6.6	10.9	9	8
三环环烷	4.4	5.9	7.3	8.7	12.6	11.3	8	14
四环环烷	3.6	16.7	7.8	9.5			10	15
五环以上环烷		2.1		3.8			8	11
总芳烃	3.3	19.3	27.2	21.3	10.7	10.3	54	44
烷基苯	1.1	3.2	7.1	4.0	2.8	2.8	7	3
茚满	0.2	3.1	4.1	1.6	1.7	1.8	7	4
二环烷苯	0.3	2.8	3.1	1.7	0.8	0.9	5	4
萘类	0.1	1.9	2.6	0.5	3.4	2.8	12	10
多环芳烃	1.6	7.4	10.3	13.5	2.0	2.0	24	19
未鉴定	—	0.9						
噻吩类	0.3	0.4	0.8	0.4			4	4
胶质	—	3.2	4.2					

五、渣油的组成

几种原油大于 500℃渣油中四组分的分析结果见表 5-75。表中数据说明，我国大部分渣油的沥青质含量极少（孤岛原油除外）。与国外胶质量接近的渣油比较，我国渣油的沥青质/胶质的比值很小，且 C/H 比值较低。这有利于渣油的深度加工，但不利于直接生产沥青。

表 5-75　渣油的组成

组成 原油产地	饱和烃 (质量分数) /%	芳香烃 (质量分数) /%	胶质 (质量分数) /%	沥青质 (质量分数) /%	沥青质 /胶质	碳 (质量分数) /%	氢 (质量分数) /%	碳/氢
大　庆	36.7	33.4	29.9	<0.1	<0.03	86.6	12.5	6.9
胜　利	21.4	31.3	45.7	1.6	0.035	85.5	11.6	7.4
任　丘	22.6	24.3	53.1	<0.1	<0.02	85.45	12.08	7.07
孤　岛	11.0	34.2	46.8	8.0	0.17	83.9	11.3	7.4
陕甘一号	41.4	31.4	27.2	0	0			
大　港	—	—	—	—	—	86.46	12.48	6.9
河南二号	34.3	33.7	32.0	0	0	86.3	12.4	7.0
米纳斯	57.5	28.8	11.0	1.4	0.13	86.3	12.4	7.0
科威特	16.9	52.8	24.0	6.3	0.26	83.5	10.3	8.1
委内瑞拉	7.8	34.0	41.8	16.4	0.39	82.5	10.4	7.9
国外减渣[①] 沥青一般组成	5～15	30～45	30～45	5～20				

① 从国外减压渣油制得的道路沥青。

六、非碳、氢元素的含量

各种原油中非碳、氢元素的含量见表 5-76。从表中数据可知，我国大多数原油硫含量都很低。其中含硫较高的孤岛和江汉原油的含硫与世界各地原油比较，也还是它们的最高含量的 2/5。但含氮量偏高，大部分在 0.3% 以上。

我国原油的钒含量很低，镍含量略高。从表 5-77 中看出，我国原油中镍/钒比值较国外原油要高得多，所以二次加工中镍的影响较钒为大。另外，个别原油（例如大庆、吉林扶余）砷含量特别高，因此，对重整工艺影响较大。

综上所述，我国大部分原油具有以下特点。

① 轻质油收率低、裂化原料及渣油收率高；

② 原油中烷烃多，其中正构烷烃高。故此含蜡高，芳烃含量少，H/C 比值高；

③ 渣油中沥青质少，沥青质/胶质比值很小；

④ 含硫量低，含氮量偏高；

⑤ 钒含量低，镍含量中等，镍/钒的比值高。

表 5-76　各地原油中非碳氢元素的含量

原油产地	硫(质量分数)/%	氮(质量分数)/%	钒/(ng/μl)	镍/(ng/μl)	铁/(ng/μl)	铜/(ng/μl)	砷/(ng/ml)
大庆	0.12	0.13	<0.08	2.3	0.7	0.25	2800
胜利101油库	0.08	0.41	1	26	—	—	—
孤岛	1.8～2.0	0.5	0.8	14～21	16	0.4	—
滨南	0.3	0.24	—	—	—	—	—
大港	0.12	0.23	<1	18.5	—	0.8	0.220
任丘	0.3	0.38	0.7	15	1.8	—	—
玉门	0.1	0.3	<0.02	18.8	6.8	0.46	—
克拉玛依	0.1	0.23	<0.4	13.8	8	0.7	—
五七	1.35～2.0	0.36～0.3	0.4	12.0	<1	0.5	—
雁翎混合原油	0.47	0	0.4	12(雁24井)	50(雁24井)	2	—
辽曙一区超稠原油	0.42	0.4	1.02			1.3	—
霸县混合原油	0.1	0.41	<0.1			0.3	—
	0.05	—	<1	176.3	78.7	—	—

续表

原油产地	硫(质量分数)/%	氮(质量分数)/%	钒/(ng/μl)	镍/(ng/μl)	铁/(ng/μl)	铜/(ng/μl)	砷/(ng/ml)
陕甘一号	5.5	0.067	230	1.3〜2	0.4	—	1630
世界各地原油的最高含量	委内瑞拉	0.77（美加州）	委内瑞拉	138（美加州）	—	—	（美加州）<0.01
世界各地原油的最低含量	0.02	0.02	0.1	<1	—	—	

表 5-77　各种原油中镍/钒比值

原油产地	钒/(ng/μl)	镍/(ng/μl)	钒/镍
大庆	<0.08	2.3	>28
胜利	1	26	26
孤岛	0.8	21	26.3
大港	<1	18.5	>18.5
任丘	0.7	15	21.43
玉门	<0.02	18.8	>940
克拉玛依	<0.4	13.8	>34
五七	0.4	12.0	30
霸县	<0.1	1.3	>13
米纳斯	<0.4	10	>25
委内瑞拉	133	13	0.098
科威特	31	9.6	0.31
前苏联罗马什金	53.7	21.5	0.42
辽曙一区超稠原油	1.02	276.3	0.038

此外，我国还有少量性质比较特殊的原油，它们又可以分为两种。一种是轻质原油，如南疆柯参一号，霸县陕甘一号，冷湖及河南（文留）等原油。另一种是低凝、高密度、高胶质原油。如黑油山及克拉玛依 3 号低凝原油，大港的羊三木原油及胜利的孤岛原油以及辽河油田曙光一区的超稠油，这些原油适宜于生产低凝产品或生产沥青。

参 考 文 献

［1］ 廖克俭，戴跃玲，丛玉凤．石油化工分析．北京：化学工业出版社，2005.

［2］ 沈本贤．石油炼制工艺学．北京：中国石化出版社，2015.

［3］ 张文勤．有机化学．北京：高等教育出版社，2014.

［4］ 孙乃有，甘黎明．石油产品分析．北京：化学工业出版社，2013.

［5］ 王宝仁，孙乃有．石油产品分析．北京：化学工业出版社，2013.

［6］ 潘翠娥，杜桐林．石油分析．武汉：华中理工大学出版社，1991.

［7］ 王雷，李会鹏编著．炼油工艺学．北京：中国石化出版社，2011.

［8］ 汽油柴油质量检验委员会．汽油柴油质量检验．沈阳：辽宁大学出版社，2005.

［9］ 张温媚，闻环，刘慧琴．浅析化工和石油产品中的元素分析．技术管理．2014，（8）：181-182.

［10］ 张战军，温丽瑗，吴世逑．卡尔费休法测定石油产品水分的影响因素分析．广州化工．2015，（12）：2936-2938.

［11］ 刘新颖，王武俊．石油产品常压馏程的分析测定．价值工程．2015，（22）：175-177.

［12］ 蔡华，韩君华，洪丽静．建立液体石油产品烃类族组成的测定及影响因素的分析．广州化工．2016，（16）：134-135.

［13］ 中国石油化工股份有限公司科技开发部．石油产品国家标准汇编．北京：中国标准出版社，2005.

［14］ 中国石油化工股份有限公司科技开发部．石油和石油产品试验方法国家标准汇编．北京：中国标准出版社，2005.

［15］ 中国石油化工股份有限公司科技开发部．石油和石油产品试验方法行业标准汇编．北京：中国标准出版社，2005.

［16］ 孙兆林．原油评价与组成分析．北京：中国石化出版社，2006.

［17］ 候祥麟．中国炼油技术．北京：中国石化出版社，2001.

［18］ 林世雄．石油炼制工程．上、下册．北京：石油工业出版社，2009.

［19］ 戴永川，赵德智．石油化学基础．北京：中国石化出版社，2009.

［20］ 李振宇，卢红，任文坡．我国未来石油消费发展趋势分析．化工进展．2016，（6）：1739-1747.

［21］ 中国石油天然气集团公司职业技能鉴定指导中心．油品分析工．北京：中国石油大学出版社，2012.

［22］ 侯芙生．中国炼油技术．第3版．北京：中国石化出版社，2011.